高等学校教材

普 通 化 学

（第二版）

同济大学无机及普通化学教研室　编

吴庆生　主编

高等教育出版社·北京

内容提要

本书在普通高等教育"十五"国家级规划教材《普通化学》的基础上,结合教育部相关教学指导委员会制定的普通化学课程教学基本要求修订而成。全书分三个模块:基础知识(第1～7章)、拓展知识(第8章)和化学前沿讲座(第9章),具体内容包括绪论、物质结构、化学反应的基本规律、电化学基础、溶液与胶体、溶液中的化学平衡、元素与化合物、化学交叉领域概述、化学前沿讲座。这种模块化编排有利于各高校根据不同的学时要求选择适当的教学内容。

本书可作为高等学校非化学化工类专业普通化学或大学化学课程的教材,也可供相关专业参考。

图书在版编目(CIP)数据

普通化学／同济大学无机及普通化学教研室编;
吴庆生主编. --2版. --北京:高等教育出版社,
2022.8

ISBN 978-7-04-051784-2

Ⅰ. ①普… Ⅱ. ①同… ②吴… Ⅲ. ①普通化学-高等学校-教材 Ⅳ. ①O6

中国版本图书馆 CIP 数据核字(2019)第 075463 号

Putong Huaxue

| 策划编辑 | 郭新华 | 责任编辑 | 郭新华 | 封面设计 | 李卫青 | 版式设计 | 王艳红 |
| 插图绘制 | 于 博 | 责任校对 | 高 歌 | 责任印制 | 高 峰 | | |

出版发行	高等教育出版社	网　　址	http://www.hep.edu.cn
社　　址	北京市西城区德外大街4号		http://www.hep.com.cn
邮政编码	100120	网上订购	http://www.hepmall.com.cn
印　　刷	人卫印务(北京)有限公司		http://www.hepmall.com
开　　本	787mm×1092mm 1/16		http://www.hepmall.cn
印　　张	21.75		
字　　数	530 千字	版　　次	2004 年 7 月第 1 版
插　　页	1		2022 年 8 月第 2 版
购书热线	010-58581118	印　　次	2022 年 8 月第 1 次印刷
咨询电话	400-810-0598	定　　价	46.00 元

本书如有缺页、倒页、脱页等质量问题,请到所购图书销售部门联系调换
版权所有　侵权必究
物 料 号　51784-00

序

　　化学是一门研究物质在分子、原子层次变化的科学,肩负着创造新物质的使命。而普通化学以其导论性课程的定位在人才培养中发挥着十分重要的作用。我国著名的物理化学家、化学教育家、北京大学傅鹰教授编著的一本《大学普通化学》影响了几代化学人及相关理工科学子。

　　如今,国内高等学校的普通化学课程建设已是硕果累累,教材建设也成绩斐然,这本《普通化学》(第二版)就是其中的杰出代表。该书是由国务院特殊津贴专家、上海市"教学名师奖"获得者吴庆生教授带领一批中青年骨干教师,在传承傅鹰先生"普通化学"精神和同济大学"普通化学"特色的基础上,根据时代发展的需求编写而成的。这本《普通化学》,从早期的讲义,到几家出版社多个版本的演进,最终成为国家精品课程、国家级精品资源共享课乃至国家级一流本科课程的配套教材,使用者由几十所高校扩展到上百所,受到了广大读者的一致好评。

　　该书由基础知识、拓展知识和化学前沿讲座的三大模块设计组成,理实交融,很好地体现了学科交叉的时代特征。通过基础知识部分深入浅出的阐述、拓展知识向十多个领域渗透、前沿讲座对九大热点话题的讨论,充分诠释了化学这门中心的、实用的和创造性科学的深刻内涵。该书通过"原子-分子-晶体"结构的介绍,将分布于各章的化合物内容归纳为"元素与化合物"一章,便于读者理清"元素→小分子化合物→高分子聚合物→超分子组装体"这样一个由小到大、由简单到复杂、由量变到质变的物质构造脉络及其构效关系。给大家展示出化学创造新物质世界的美丽画面。该书通过化学与材料、能源、环境、生命、医药等交叉知识介绍,给我们描绘出化学创造美好未来的图像。

　　总之,这是一本值得推荐的理工科非化学类专业学生的好教材,也可作为有良好中学化学基础的朋友学习拓展化学知识的参考书。

李亚栋

清华大学化学系教授

中国科学院院士

2022 年 2 月

第二版前言

近些年来，教育部高等学校教学指导委员会陆续制定了各类课程的教学基本要求，普通化学课程教学基本要求也应运而生。为了紧跟当今科技发展的步伐，也为了进一步适应当今社会对人才培养的需求，根据"基本要求"的精神，在第一版(普通高等教育"十五"国家级规划教材)的基础上对本书进行了修订。本次修订坚持基本原理论述"少而精"、拓展内容介绍"广而新"等特点，注重加强知识的先进性、交叉性和综合性，注重对学生科学素质和综合能力的培养。主要特色如下：

1. 模块化编排教材内容。本书包括基础知识(第1~7章)、拓展知识(第8章)和化学前沿讲座(第9章)三个模块。模块之间由浅入深，体现循序渐进原则；由细至粗，贯彻点面结合思想和夯实基础精神。这种模块化编排既方便不同高校、不同专业在使用本书时取舍，也有利于师生在课堂教学中明了主次并突出重点。比如，对普通化学有较高要求的专业可采用本书全部内容；对其常规要求的专业可选用本书第2~7章；而课程学时较少的专业则可选用本书第2~6章或其中的部分模块进行教学。

2. 调整和扩充基础知识部分。根据教学的需要调整了某些知识点的介绍顺序，并通俗、简明地引入了一些新的知识点，比如石墨烯、结构化学中的相对论效应、电子互斥理论中的泡利效应等。第7章将第一版中独立分章的"元素与无机化合物""有机化合物""有机高分子化合物"及结构化学中的"超分子作用与超分子化学简介"合并为"元素与化合物"一章，使目录更简洁，脉络更清晰；让学生清楚地理解"元素→小分子化合物→高分子聚合物→超分子组装体"这样一个由小到大、由简单到复杂、由量变到质变的物质构造脉络及构效关系。

3. 充分拓展化学交叉学科知识。第8章合并了第一版中多章交叉领域内容，采取了内容精简和领域拓宽的"纵缩横展"处理，尽可能全面地介绍与化学相关的交叉领域，其覆盖面广泛拓展到材料、信息、能源、环境、生命、医药、食品、农林、海洋、地矿、冶金、土木、建筑、机械、车辆、道路、交通、航空、航天、体育、刑侦等几乎所有能触及的理工农医法教领域，极大地丰富了知识的交叉面，让学生能够在短时间内了解更多的与化学交叉的知识，进一步认清化学的中心科学地位，从而对化学产生更加浓厚的兴趣。

4. 不断更新数字化教学资源(扫描二维码获取)，及时介绍应用化学前沿领域。第9章主要结合当今科技发展动态，以讲座形式讨论近期与化学相关的热点话题。这些选题新颖的系列讲座，对拓宽学生的科学视野和培养学生的创新精神是非常有益的。由于这部分内容是作为课外讲座安排的，需要体现时代感和关注度，所以内容需要及时更新。为此，本书采取了两

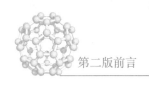

项措施:一是在纸质版中每个讲座只给出题目和摘要,主体内容放在二维码或网络版中,这既有利于内容更新,又压缩了纸质版的版面(第 8 章有类似处理);二是每年更新一次二维码中的讲座内容,使之及时跟上科技发展形势,让"化学前沿讲座"常讲常新。

5. 本书对一些重要概念和科技术语都加注了英文表达,以便让学生在查阅资料、撰写论文、国际交流及社会实践中更加得心应手。

本书第 1 章由吴庆生编写,第 2 章由姚天明编写,第 3 章和第 9 章中的(9.4)节由陈云编写,第 4 章和第 9 章中的(9.6)节由王丽编写,第 5 章和第 9 章中的(9.5)节由范丽岩编写,第 6 章由顾金英编写,第 7 章中的(7.1)节、第 8 章中的(8.10)节和第 9 章中的(9.2)节由闫冰编写,第 7 章中的(7.2)节由蒋忠良编写,第 7 章中的(7.3,7.4)节和第 9 章中的(9.7)节由杨勇编写,第 8 章中的(8.1,8.4,8.5,8.6,8.11,8.12)节和第 9 章中的(9.3)节由温鸣编写,第 8 章中的(8.2,8.8,8.9)节和第 9 章中的(9.8)节由邹蓉夫编写,第 8 章中的(8.3,8.7,8.13)节由石硕编写,第 9 章中的(9.1)节由吴彤编写,第 9 章中的(9.9)节由柳华杰编写。全书由吴庆生负责修改定稿。

本书的出版得到了同济大学教务处及化学科学与工程学院各级领导的关心、鼓励和支持,高等教育出版社的编辑对书稿进行了认真审阅,在此表示深深的谢意。

感谢清华大学李亚栋院士在百忙之中为本书欣然作序;感谢西北工业大学胡小玲教授审阅书稿;感谢同济大学 施宪法 教授参加本书大纲的讨论并提出有益的建议。

由于时间仓促,且编者的知识水平有限,书中的错误和不妥之处在所难免,敬请各位同仁和广大读者批评指正。

编 者

2022 年春于同济大学化学馆

第一版前言

　　普通化学课程是高等工科教育中必不可少的基础课程。按照当今普通高校本科教学计划的安排,普通化学课程实际上成了所有非化学化工类专业本科生所接受的最后的和最高的化学教育。它在很大程度上影响到当代和今后中国的工程技术骨干所具有的基本化学素养。应该从当代科学技术及经济发展对我国大学毕业生的基本要求,从我们所培养的学生将要承担的责任和面临的挑战来审视我们的普通化学教育,框定课程教学的基本要求及相应的教材内容。因此,大学的普通化学课程,应比较系统、全面地向学生讲授和介绍化学的基本原理和基础知识,使学生懂得化学变化的基本规律,实施和控制化学反应的基本手段,并了解当代化学科学发展的大致情形和主要方面。同时还应向学生介绍由化学所提供的新技术、新方法、新工艺、新材料在不同专业领域中的重要应用,以加深学生对化学的总体了解,提高学生把化学规律、知识、技术、方法应用到本专业工作中去的能力和素养。而随着科学技术的发展,化学已越来越多地与其他新兴学科、高新技术领域相互渗透、相互交叉,不仅大大推动了这些新学科、新技术的发展,同时也为化学科学技术自身的发展开拓了新的领域,找到了新的生长点。当今生命科学、环境科学、能源科学、材料科学、信息科学、生物工程、航天工程等新兴科学及高新技术领域的发展无不与化学息息相关。这方面的知识、信息自然成了普通化学课程必不可少的拓展内容。本教材的内容选材正是体现了这样的指导思想。

　　本教材全书由"基础部分"和"应用讲座"两部分内容组成。"基础部分"是全书的核心部分,是应该在教学计划规定的课时内完成的教学内容。而"应用讲座"部分,则可作为教学计划规定以外的补充内容,安排课外讲座,各校根据专业需要自由选择。

　　"基础部分"由基本理论(包括第一、二、三、四章)、基础知识(包括第五、六、七章)及拓展内容(包括第八、九、十章)三个部分,组成了既有区别又紧密相关的三个不同的层面。涵盖了当今普通化学中最主要的基本内容,符合国家规定的普通化学课程教学基本要求。

　　本教材在内容选材编排方面体现了:对基本原理的论述少而精,对基础知识和拓展内容的介绍广而新的特色。把水溶液中的各类化学平衡容纳于第三章中;把原子结构、分子结构、晶体结构及超分子作用等内容全部归并入第四章中,充分体现了少面精的原则。同时也为引入新内容、介绍新观点和新知识留下相当多的篇幅和课时,教材用了1/3左右的篇幅介绍新的内容,例如:超分子作用与超分子化学、有机化合物的波谱分析、生物工程与生物技术、现代化学与可持续发展、绿色化学、化石能源深度利用的新技术、新能源的开发利用等新颖内容,体现了广而新的特色。

本教材基础部分第一章及应用讲座的第四、五讲由吴庆生编写。第二章、第八章及应用讲座第三讲由朱志良编写。第三章、第四章的第五节、第十章及应用讲座第一、二讲由施宪法编写。第四章第一、二、三、四节及第九章由赵国华编写。第五章由吴介达编写。第六章由蒋忠良编写。第七章由杨勇编写,应用讲座第六讲由闫冰编写。全书由施宪法最后修改定稿。

本教材被评为普通高等教育"十五"国家级规划教材,得到教育部、教学指导委员会、高等教育出版社、同济大学教务处及院系各级领导的关心、鼓励和支持,在此表示深深的感谢。

本教材的出版得到了本教研室全体同志的热心关怀和共同参与,是本教研室全体同志共同努力的结晶。特别是顾金英为本书收集了全部常数数据,提供了习题(计算题)的标准答案。沈锦晶、蒋燕、贾朋静等为全书提供了打印稿。在此一并表示感谢。承蒙高等教育出版社朱仁教授审阅书稿并提出诸多宝贵意见,特此深表谢意。

限于编者的知识,水平,本教材的缺点和错误在所难免。敬请各位同仁和广大读者批评指正。

编　者

二〇〇四年三月于同济大学

目 录

第 1 章　绪论

国际化学年

1.1　化学是一门中心的、实用的和创造性的科学[1]

世界是由物质组成的,化学(chemistry)则是人类用以认识和改造物质世界的主要方法和手段之一。化学主要是在分子和原子层次上研究物质的组成、结构、性质与变化规律,并不断创造新的物质。

化学是一门既古老又年轻的科学。说它古老,是因为自从人类学会使用火,就开始了最早的化学实践活动。从远古的制陶、铸铜、冶铁、酿酒、麻染等萌芽期,到公元元年前后炼丹术/炼金术的丹药期,再到近代"燃素说"的燃素期,无一不留下了化学发展的古老印记。说它年轻,是因为随着现代物理学的理论和方法、结构表征与检测的仪器和手段、数理统计与大数据分析、计算机与互联网技术等诸方面的快速发展,化学正以前所未有的铿锵步伐向前迈进。实验与理论相辅相成,科学与技术交相辉映,使之发生着日新月异的变化。不仅实现了从定性到定量、从宏观到微观、从静态到动态、从离线到在线、从稳态到亚稳态、从单一体系到复杂体系的飞跃,而且仍在不断地深化和发展,并向更多的学科领域交叉、渗透与融合,处处散发出勃勃生机。

1.1.1　化学是一门中心科学

化学是自然科学中最重要的基础学科之一,是一门承上启下且纵横关联的中心科学。当今最具活力的材料科学、生命科学、医药卫生、环境科学、能源科学、食品科学、农林科技、冶金科技等,无不以化学为重要基础;几乎其他所有的科学和工程领域,如海洋、地矿、信息、土木、建筑、航空、航天、道路、交通、车辆、体育、刑侦、国防等,也都与化学息息相关。所以说以化学为中心的学科辐射面是相当宽阔的,本书第 8 章"化学交叉领域概述"将具体阐述化学与它们的关系。

1.1.2　化学是一门实用的科学

化学与人们的工作和生活密切相关。无论是工作环境还是工作用品,无论是衣食住行还是身体健康,都离不开化学。当人们每天工作时,空气中有没有 $PM_{2.5}$ 的污染,窗外有没有鸟

---

[1] 布里斯罗 R. 化学的今天和明天:化学是一门中心的、实用的和创造性的科学. 华彤文,译. 北京:科学出版社,2001.

语花香,室内有没有甲醛散发;饮用水中含有多少有益的矿物质,排污池内挥发出来的难闻气味是什么;使用的办公用品是由金属还是高分子材料制造的,它们为什么会生锈或老化等,都涉及化学问题。而在日常生活中,从柴米油盐酱醋茶到果蔬鱼虾肉蛋奶;从煮蒸炖烤炒炸煎到山珍海味八菜系;从衣帽鞋袜巾带线到洗晒熨烫印染藏;从肥皂牙膏洗涤剂到润肤美容化妆品;从金银珠宝红珊瑚到花鸟鱼虫字画印;从水泥钢材木家具到涂料油漆黏合剂;从绿水青山古文物到医药卫生防疫情,哪一个不与化学息息相关?由此可见,化学的实用性是几乎没有什么学科能与之相比拟的。

1.1.3 化学是一门创造性的科学

创造是化学的独特魅力,更是化学的终极追求。纵观化学的发展史,就是创造新分子、构建新物质、探索新反应和发现新规律的历史。化学家发挥"天马行空"的想象,施展"出神入化"的创造,构筑成今天这个五光十色的世界。我们可以从如下四个方面理解化学的创造性。

其一,化学创造了整个物质世界,并不断更新着它的模样。从人类学会使用火开始,经历了凿石、烧陶、铸铜、冶铁、蒸水、发电、刻芯等一系列跨越百万年的化学创造或者化学参与的技术变革,把人类从原始社会的石器时代,向青铜时代、铁器时代、蒸汽时代、电气时代、信息化时代等不断推进,世界也变得越来越具有现代化的气息。

其二,化学创造了人们美好的生活,并不断满足着人们日益增长的物质文化需要。化学合成技术的兴起,结束了人类完全依靠自然的历史。以合成氨为代表的化肥、农药等合成技术的发明,解决了地球上几十亿人的温饱问题;以青霉素为代表的各种药物的人工合成,保障了人类健康并大大延长了人类的平均寿命;塑料、合成橡胶和合成纤维三大合成材料的出现,使人们穿得靓丽舒适,住得温馨安逸,干得轻松高效。化学谱写了现代文明的新篇章。

其三,化学一直并将永远为人类创造新物质、认识新反应、改变新面貌。目前,自然界中存在的和人工合成的物质有亿万种,并且化学家还在不断地合成和发现更多的新物质;同时在此基础上又不断创造大量新结构和新材料,使这个物质世界更加丰富多彩。比如,我们亲眼所见的室内照明就在沿着油盏灯、煤油灯、汽灯,沼气灯、电石灯、白炽灯、卤灯、日光灯、LED灯(半导体发光二极管光源)的方向快速发展;家居装饰和防护用的涂料也从大漆、石灰乳,发展到清漆、色漆、调和漆,进而发展到乳胶漆类水性涂料和自动除污的纳米涂层等一系列新型产品。化学的创造随处可见。

其四,化学自身也仍在不断地创造和发展之中,并已成为当今最为活跃和最具发展潜力的学科;同时仍将不断地为其他相关学科提供创造性的思想和方法。正如本章的引言所述,化学虽历经万千沧桑,但"归来仍是少年"。当今的化学无论是方法手段的创新,还是机理认识的深化;无论是稀有分子的创造,还是新型材料的构建;无论是绿色化学的原子经济性,还是"碳达峰""碳中和"的全球行动,均如同阪上走丸,突飞猛进,并跨越学科的界限影响着世界。充分体现出化学这门变化科学的变化,这门创造性科学的魅力。

1.2 化学学科的主要分支

化学按照研究对象、目的、任务和内在逻辑的不同,传统上分为无机化学(inorganic chemistry)、有机化学(organic chemistry)、分析化学(analytical chemistry)和物理化学(physical chemistry)四大分支,俗称"四大化学"。然而这些分支现在已经发生了很大的演变。一方面随着科学技术的进步和生产的发展,各门学科之间的相互交叉渗透日益增强,形成了许多应用化学的新分支和边缘学科,如高分子化学、生物化学、核化学,还有医药化学、农业化学、材料化学、环境化学、地球化学、海洋化学、计算化学、激光化学,等等;另一方面原有的"四大分支"中的某些内容,已经发展成为一些新的独立分支,如化学热力学、化学动力学、结构化学、配位化学、金属有机化学、稀有元素化学、电化学、胶体化学、界面化学,仪器分析化学等。

在化学的四大分支学科中,无机化学是研究无机物(即所有元素的单质和化合物,除碳氢化合物及其衍生物外)的来源、组成、结构、性质、反应和应用的学科;有机化学是研究有机物(即碳氢化合物及其衍生物)的组成、结构、性质、反应、合成和应用的学科。无机化学和有机化学都以物种为主要研究对象。尽管无机物种类占比不到已知物质的10%,但已知的化学反应却以无机化学反应为主。这是因为有机物种虽多,可涉及元素却少,以至于物质类型远少于无机物,最终导致有机化学反应远少于无机化学反应。分析化学是研究物质的组成、含量、结构和形态等化学信息的分析方法及理论的一门科学,分别对应于定性分析、定量分析和结构分析,主要解决体系中"有什么""有多少""如何构造"等问题,也戏称为化学的"千里眼"和"顺风耳"。物理化学是以物理学的原理和实验技术为基础,以丰富的化学现象和体系为对象,探索、归纳和研究化学体系的性质和行为,发现并建立化学体系中的基本规律和理论,构成化学科学的理论基础,故也称为理论化学。其主要任务是探讨和解决化学反应的方向和限度问题(化学热力学)、化学反应的速率和机理问题(化学动力学)、物质结构与性质的关系问题(物质结构)。显然,普通化学(general chemistry)不是化学的一个传统分支,也不是一门新兴的交叉学科,而是主要介绍当代化学学科的基础知识、基本理论和基本技能概貌的一门重要课程,是化学学科的导论。普通化学是培养全面发展的现代科学工作者和工程技术人员应具有的科学素质和智能结构的必要组成部分,是提高人们化学素养和科学精神的重要课程。

1.3 普通化学的学习目的、内容和方法

普通化学是高等院校理工科非化学化工专业的基础必修课(也可作为化学专业导论性课程)。掌握了普通化学的基本理论,就能更好地了解大千世界中各种物质的性质及其变化规律;具备了牢固的化学知识,就有潜力去开拓新材料、新能源、新药物、新机械、新工程;锻炼好娴熟的化学实验技能,就有能力去应对未来社会实践中纷繁复杂的变化和挑战。所以,全面系统地学好普通化学,既能为后续的理工科专业课程的学习打下坚实基础,又能更好地用科学的、发展的、变化的观点去认识问题、分析问题和解决问题,从而将自己成功塑造成一个"知

识、能力、人格"三位一体的社会主义建设者和接班人。

全书共分为三个模块：基础知识(第1～7章)、拓展知识(第8章)和化学前沿讲座(第9章)。基础知识部分又可分为物质结构篇、反应原理篇、溶液化学篇和元素化学篇四方面内容，主要包括绪论、物质结构、化学反应的基本规律、电化学基础、溶液与胶体、溶液中的化学平衡、元素与化合物。这是本书的核心内容，需要重点掌握。拓展知识部分全面地介绍了与化学相关的交叉学科，从化学与材料、生命、医药、能源、环境、食品、农林，到化学与海洋、地质、冶金，乃至体育、刑侦，直至各大工程领域，充分体现了化学的中心科学地位。在化学前沿讲座部分，选取了人们普遍关心的前沿热点话题进行讲解，比如纳米科技、稀土材料、形状记忆合金、$PM_{2.5}$、手性药物、太阳能利用、导电高分子、基因组计划、冠状病毒等，为大家打开一扇扇发展中的化学前沿窗口。为便于及时更新内容，这里只给出框架式摘要，本书拓展资源有详细内容可供进一步学习。另外，本书各章还通过二维码对书中内容进行扩充，试图从不同的角度为学生打开一扇扇探求新知识的窗户。

普通化学是一门化学导论性课程，其特点是涉猎面广、内容丰富、高低错落、深度有限。因此，学习方法必须有针对性。既要掌握重点、突破难点，又不能平均使用力量；偶尔浅尝辄止，知其然而不追求处处都知其所以然。鉴于此，学习时应尽量做到如下几点：

其一，理论与实践相结合。化学是一门实验科学，化学的许多重大发现和研究成果都是通过实验得到的；而化学的一些理论和规律也需要通过实验来检验。

其二，线下与线上相结合。随着现代科学的快速发展，大数据、云计算、人工智能、在线讲座、线上课程等网络资源丰富多彩，是课堂教学的良好补充，应充分加以利用。

其三，师教与自学相结合。大学与中学的学习方法最大区别就在于自学能力的培养，要利用大量的课余时间博览群书、聆听讲座、训练习题、温故知新。这样一来，定会实现筑牢"三基"的目标。

第 2 章　物质结构

巡游物质结构
理论探索之路

　　自然界物质种类繁多,性质千差万别,其根本原因在于微观结构的差异。从原子、分子及分子聚集体等不同层次,研究物质的微观结构及其与宏观性质之间关系,了解物质结构的基本理论和知识,对于人们掌握物质性质及其变化规律并有效利用,具有重要的意义。

2.1　原子结构与元素周期律

2.1.1　微观粒子运动的基本特征

　　"原子(atom)"一词来源于希腊语,意为物质不可再分的最小构成单位。然而原子能否再分,原子的结构究竟如何? 人们对这一问题的认识,经历了一个实验探索、理论假定、修正发展的历史过程。19 世纪初,道尔顿(Dalton J)通过定比定律、分比定律等化学实验的结果,提出"化学原子"学说,认为元素的最基本单位是原子。道尔顿原子学说奠定了现代化学的基础,但没有解决原子内部结构的问题。1897 年汤姆孙(Thomson J J)发现了电子,这种来自原子内部的带电荷粒子,使人们认识到原子并不是实心圆球,在物理上也并不是不可再分的,其内部还有更精细的结构。20 世纪初,卢瑟福(Rutherford E)通过 α 粒子散射实验提出了原子的有核模型:带正电荷的原子核位于原子中心,集中了几乎全部的原子质量,带负电荷的电子绕核运动。这一理论在解释氢原子线状光谱时遇到了严峻挑战。1913 年,玻尔(Bohr N)受到普朗克(Plank M)能量量子化和爱因斯坦(Einstein A)光子论的启发,在卢瑟福有核原子模型的基础上引入了量子化条件,提出了玻尔原子结构模型。他指出,原子中电子运动的轨道是以核为圆心的不同半径的同心圆,是不连续的;在这些不连续的轨道上运动的电子,能量也是不连续的,即量子化的。玻尔原子结构模型,解释了原子发射光谱是分立的线状光谱而非连续的带状光谱、原子能够稳定存在等客观事实,取得了巨大成功。然而,玻尔原子结构模型也存在着明显的局限性:他在描述原子中电子的运动规律的时候,仍沿用了以牛顿力学为基础的经典物理学理论框架,只是人为地加上量子化条件,没有真正涉及微观粒子运动的本质问题。

　　现在我们知道,微观粒子的运动事实上并不遵循经典物理学规则。20 世纪 20 年代以后,以德布罗意(de Broglie)微观粒子波粒二象性为基础发展起来的现代量子力学理论,描述了

电子、原子、分子等微观粒子的运动规律。量子力学奠定了现代物质结构的理论基础。

1. 量子化特征

微观粒子运动遵循量子力学规律,与经典力学运动规律不同的重要特征是"量子化 (quantization)"。"量子化"是指微观粒子的运动及运动过程中能量变化是不连续的,是以某一最小量为单位呈现跳跃式变化的。

"量子化"这一重要概念是普朗克于1900年首先提出的。他根据黑体辐射实验的结果,提出"能量的传递与变化是不连续的,是量子化的"这一大胆假说。这一与传统物理学观念相悖的、革命性的假说,是现代量子力学发展的开端,是科学发展史上具有划时代意义的里程碑之一。普朗克把能量的最小单位称为"能量子",简称"量子"。以光或辐射形式传递的能量子具有的能量 E 与辐射的频率 ν 成正比:

$$E = h\nu \qquad (2-1)$$

式中,$h = 6.626 \times 10^{-34} \, \text{J} \cdot \text{s}$,称为普朗克常量。

原子光谱是分立的线光谱而不是连续光谱的事实,是微观粒子运动呈现"量子化"特征的一个很好的证据。按照经典电磁学理论,原子中的电子在环绕原子核不断高速运动时,会不断地对外辐射出电磁波,随之,原子的能量将逐渐降低,电子绕核运动的圆周半径将逐渐减小,而辐射的电磁波波长应不断逐渐增长。据此推断,原子应不断地辐射波长连续增长的电磁波,即其发射光谱应为一连续光谱;且电子最终会落到原子核上,导致原子"毁灭"。然而,实验事实表明,原子光谱是分立的线光谱;也没有出现电子落到原子核上所产生的原子"毁灭"现象。图2-1是氢原子光谱的谱线系。由图可见,氢原子光谱的谱线的波长不是任意的,其相应的谱线频率也是特定且不连续的,是跳跃式变化的。

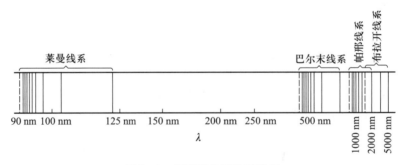

图 2-1　氢原子光谱的谱线系

2. 波粒二象性

20世纪初,爱因斯坦的光子理论阐述了光具有波粒二象性(wave-particle dualism),即传统中被认为是波动的光也具有粒子的特性:光在传播时的干涉、衍射等现象,表现出光的波动性;而光与实物相互作用时所发生的现象,如光的发射、吸收、光电效应等,又明显地表现出其粒子性。

1924年德布罗意受光具有波粒二象性的启发,提出分子、原子、电子等微观粒子也具有波粒二象性。对于质量为 m、以速度 υ 运动着的微观粒子,不仅具有动量 $p = m\upsilon$(粒子性特征),而且具有相应的波长 λ(波动性特征)。两者间的相互关系符合下列关系式:

$$\lambda = \frac{h}{p} = \frac{h}{mv} \qquad (2-2)$$

式中,λ 称为物质波的波长或德布罗意波长。式(2-2)就是著名的德布罗意关系式,它把物质粒子的波粒二象性联系在一起。根据这一关系式,原则上可求得任何动量为 p 的粒子所对应的物质波的波长。

例如:以 $1.0 \times 10^6 \mathrm{m \cdot s^{-1}}$ 的速度运动的电子,其德布罗意波波长为

$$\lambda = \frac{6.626 \times 10^{-34} \mathrm{J \cdot s}}{(9.1 \times 10^{-31} \mathrm{kg}) \times (1.0 \times 10^6 \mathrm{m \cdot s^{-1}})} = 7 \times 10^{-10} \mathrm{m}$$

这个波长相当于分子大小的数量级。因此,当一束电子流经过晶体时,应该能观察到由于电子的波动性引起的衍射现象。这一推断在 1927 年由截维孙(Davisson C)和革末(Germer L)通过电子衍射实验(见图 2-2)得到了证实。以后的实验又发现了许多其他的粒子流,如质子射线、α 射线、中子射线、原子射线等通过合适的晶体靶时都会产生衍射现象,其波长都符合德布罗意关系式。这些实验结果有力地证明了德布罗意提出的物质粒子具有波粒二象性的假说是科学的、正确的,具有普适性意义。这就为量子力学的建立提供了坚实的理论基础和实验支持。

依据德布罗意关系式还可以看出,粒子的质量越大,对应的德布罗意波波长就越小。因此,一些质量(尺度)较大的宏观物体,其物质波波长与本身尺寸相比就显得微不足道,其波动的性质就表现得很不明显;而对于诸如电子这样的微观粒子,其德布罗意波波长与自身尺寸相比不可忽略,这时粒子的波动性就表现得非常明显。由此也不难理解:不能像对待宏观物体那样以经典力学理论来描述微观粒子的运动,波粒二象性是微观粒子运动的基本特征。

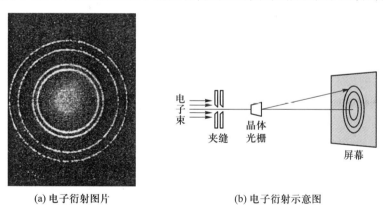

(a) 电子衍射图片　　　　　　(b) 电子衍射示意图

图 2-2　电子衍射示意图

3. 微观粒子运动规律的统计性特征

既然电子等微观粒子的运动也具有波动性,那么微观粒子的物质波代表什么物理意义?为此,在 1926 年,玻恩(Born M)提出了对微观粒子物质波的统计解释:微观粒子物质波是一种概率波(probability wave),在空间任何一点上波的强度与粒子在此处出现的概率密度成正比。

电子流通过合适的金属箔片时会在感光屏上产生十分规律的明暗相间的衍射图谱,如

图 2-2 所示。图中明亮的衍射环是电子出现概率较高的部位,暗处则表示电子出现的概率较低。因此,物质波的物理意义与机械波(如水波、声波)、电磁波等不同,机械波是介质质点的振动,电磁波是电场和磁场的振动在空间传播的波。而物质波的强度则反映了粒子在该处出现概率密度的大小,故称概率波。大量电子的定向运动,由于表现出波动性,产生如图 2-2 所示的衍射图像。如果设想以单个电子来进行实验,结果会怎样?当一个电子通过晶体到达感光屏上时,出现的是一个感光亮点,但如果无数次重复实验,将每次在感光屏不同位置上出现的亮点叠加起来,也能得到图 2-2 那样的图案。这就揭示了微观粒子运动波动性的统计特征。

2.1.2　原子中电子运动状态的描述

1. 波函数与原子轨道

原子是由原子核与一定数目的绕核运动的电子组成的。只要搞清楚原子内每个电子的运动状态及其具有能量的高低,原子的结构也就完全清楚了。原子中电子的运动明显具有波粒二象性,也就是说原子中电子的运动应服从某种"波"的性质,可以用某种波动规律来表述原子中电子的运动特征与所处的状态。1926 年奥地利物理学家薛定谔(Schrödinger E)根据德布罗意物质波的思想,以微观粒子的波粒二象性为基础,参照电磁波的波动方程,建立了描述微观粒子运动规律的波动方程,即著名的薛定谔方程:

$$\frac{\partial^2 \psi}{\partial x^2} + \frac{\partial^2 \psi}{\partial y^2} + \frac{\partial^2 \psi}{\partial z^2} + \frac{8\pi^2 m}{h^2}(E-V)\psi = 0 \tag{2-3}$$

式中,m 为电子的质量,E 是体系的总能量,V 是体系的势能。

薛定谔方程,即式(2-3)是函数 ψ 对三维空间坐标变量 x,y,z 的二阶偏微分方程。ψ 是薛定谔引入的一个物理量,它是电子空间坐标 x,y,z 的函数:$\psi = \psi(x,y,z)$。薛定谔用 $\psi(x,y,z)$ 来描述或表征电子运动的波动性,因此 $\psi(x,y,z)$ 应该服从或遵循某种波动的规律,即符合波动方程式(2-3)的要求。

式(2-3)把代表电子粒子性的物理量 m,E,V 和代表电子波动性的物理量 ψ 联系在一起,表达了波粒二象性的原理,并表明了原子中电子的运动遵从波动的规律。薛定谔方程是现代量子力学及原子结构理论的重要基础和最基本的方程式。薛定谔方程不是用数学方法推导出来的。其正确性、真理性是靠大量实验事实来证明的。

薛定谔方程是一个二阶偏微分方程。其中 ψ 称为波函数(wave function),它描述了核外电子的一种运动状态。它是空间坐标 (x,y,z) 的函数,$\psi = \psi(x,y,z)$;也可用球坐标 (r,θ,ϕ) 表示:$\psi = \psi(r,\theta,\phi)$。

在一定条件下,通过求解薛定谔方程,可得到一系列波函数 $\psi(r,\theta,\phi)$ 的具体表达式,以及其对应状态的能量 E。所求得的每一波函数 $\psi(r,\theta,\phi)$,都对应于核外电子运动的一种特定运动状态,即一个定态(steady state),其相应的能量 E 即为该定态的能级(energy level)。例如,基态氢原子的波函数为

$$\psi_{1s} = \sqrt{\frac{1}{\pi a^3}} e^{-r/a_0}$$

相应的基态 1 s 的能级为 -2.18×10^{-18} J。

通常习惯地把这种描述原子中的电子运动状态的波函数 ψ 称为原子轨道(atomic orbital)。应该特别强调的是,这里所称的"轨道"是一个借用名词,是指原子核外电子的一种与波函数 $\psi(x,y,z)$ 相对应的、具有确定能量 E 的特定运动状态,而不是经典力学中描述质点运动的几何轨迹,也不是玻尔理论所指的那种有固定半径的圆形轨道。原子轨道相应的能量 E 也称为原子轨道能级(energy level of atomic orbital)。

2. 四个量子数

薛定谔方程是一个复杂的二阶偏微分方程,在求解薛定谔方程过程中,根据数学运算的要求,需要自然地引入三个条件参数,用 n,l,m 表示。当 n,l,m 的取值确定后,方程的解——波函数 $\psi(r,\theta,\phi)$ 才具有确定的具体的数学形式,常采用 ψ_{nlm} 表示。而 n,l,m 的取值也不是任意的,为了使所得到的方程具有合理的物理意义,n,l,m 的取值必须是量子化的,故把 n,l,m 称为量子数。

一组确定的、允许的量子数 (n,l,m) 确定了一个相应的波函数 ψ_{nlm},代表了核外电子绕核运动的一种运动状态,即代表一个原子轨道,电子以这种状态运动时所具有的能量 E,对应于一个特定的原子轨道能级。

电子除了绕核运动(亦称轨道运动)外,本身还具有自旋运动。因此,运用量子力学原理描述电子运动时,还必须引入一个描述电子自旋运动的量子数,称为自旋量子数 m_s,它决定了电子的自旋运动状态。

由此可见,要完整地描述核外电子的一种运动状态,必须有四个量子数 (n,l,m,m_s)。四个量子数的取值和物理意义分述如下:

① 主量子数 n。表征原子轨道离核的远近,即通常所指的核外电子层的层数。n 是决定原子轨道能级高低的主要因素,故称主量子数。例如,对于氢原子或类氢离子等单电子体系,电子的轨道能量 E 仅与主量子数 n 有关:

$$E = -\frac{Z^2}{n^2} \times 2.179 \times 10^{-18} \text{J} \tag{2-4}$$

式中,Z 为类氢离子的核电荷数。n 取值越大,轨道能量越高,电子出现概率密度最大的区域离核越远。

n 的取值:$n=1,2,3,4,\cdots$,为自然数,共 n 个取值。也可按光谱学的习惯分别用符号 K,L,M,N,O,P,$\cdots$ 表示相应的电子层(能层)。

② 角量子数 l。表征原子轨道角动量的大小。l 值与原子轨道的空间形状有关,l 值不同,轨道形状、电子云形状也不同。通常把 n 相同而 l 不同的波函数 ψ 称为不同的电子亚层。

l 的取值:$l = 0,1,2,3,\cdots,(n-1)$,共 n 个取值。通常按光谱学习惯,分别用 s,p,d,f,$\cdots$ 表示各电子亚层(轨道;能级)。

对于多电子原子,角量子数 l 对其能量也将产生影响,但不如 n 的影响大;当 n 相同时,l 的影响就明显了。

③ 磁量子数 m。表征原子轨道角动量在外磁场方向(z 轴)上分量的大小。m 值与原子轨道的空间伸展方向有关,它表示在同一角量子数 l 下,电子亚层在空间可能采取的不同伸展方向。

m 的取值：$m = 0$，± 1，± 2，± 3，$\cdots$，$\pm l$，共 $(2l + 1)$ 个取值。

例如，$l = 0$，$m = 0$，在空间只有一种取向，只有一个轨道：s 轨道；$l = 1$，$m = 0$、± 1，在空间有三种取向，表示 p 亚层有三个轨道：p_x，p_y，p_z；$l = 2$，$m = 0$、± 1、± 2，在空间有五种取向，表示 d 亚层有五个轨道：d_{xy}，d_{yz}，d_{zx}，d_{z^2}，$d_{x^2-y^2}$。

当电子处于外磁场下，不同 m 值的原子轨道的能级将产生分裂，在能量上有微小差异；在无外磁场下，n、l 相同、m 不同的原子轨道，其能级量是相同的，称为简并轨道。

④ 自旋量子数 m_s。表征电子自旋运动角动量的取向，即电子自旋角动量在外磁场方向（z 轴）上分量的大小。电子的自旋运动方式只有两种，通常用 ↑ 和 ↓ 表示，故 m_s 的取值只有两个：$m_s = \pm \dfrac{1}{2}$。

四个量子数与各电子层可能存在的电子运动状态数列于表 2-1。

表 2-1　核外电子运动可能存在的状态数

主量子数	电子层	原子轨道符号	原子轨道数	电子运动状态数
$n = 1$	K	1s	1	2
$n = 2$	L	2s　2p	1　3	8
$n = 3$	M	3s　3p　3d	1　3　5	18
$n = 4$	N	4s　4p　4d　4f	1　3　5　7	32
n			n^2	$2n^2$

3. 原子轨道的图形

核外电子运动状态，即原子轨道 ψ 可由求解薛定谔方程得到其具体的函数表达式 $\psi_{nml} = \psi(r, \theta, \phi)$。利用数学上的变量分离法，可将波函数 $\psi(r, \theta, \phi)$ 分解为两个独立函数的乘积：

$$\psi(r, \theta, \phi) = R(r) \cdot Y(\theta, \phi)$$

$R(r)$ 只是电子离核距离 r 的函数，与 θ、ϕ 无关，即与轨道的空间取向无关，称为波函数的径向部分；$Y(\theta, \phi)$ 只是 θ 和 ϕ 的函数，与 r 无关，即决定于轨道的空间取向，与离核距离无关，称为波函数的角度部分。

当描述电子运动状态的一组量子数 (n, l, m) 确定后，即可得到该电子波函数的 $R(r)$ 和 $Y(\theta, \phi)$ 函数的具体形式。例如，当 $n = 1$，$l = 0$，$m = 0$ 时，对应的原子 1s 轨道可分别表述为

径向部分　　　　$R_{1s} = 2\sqrt{\dfrac{1}{a_0^3}}\,e^{-r/a_0}$，　　　角度部分　　　　$Y_{1s} = \sqrt{\dfrac{1}{4\pi}}$

总的 $\psi_{1s} = (R_{1s}) \cdot (Y_{1s}) = \left(2\sqrt{\dfrac{1}{a_0^3}}\,e^{-r/a_0}\right) \cdot \left(\sqrt{\dfrac{1}{4\pi}}\right)$

将波函数 ψ 的角度部分 $Y(\theta, \phi)$ 随角度 (θ, ϕ) 变化作图，所得图像称为原子轨道的角度分布图（angular distributing-chart of atomic orbital）。

图 2-3 是常见的 s，p，d 原子轨道角度分布图。这些角度分布图实际上应为空间立体图，但通常采用其平面投影图来表示。

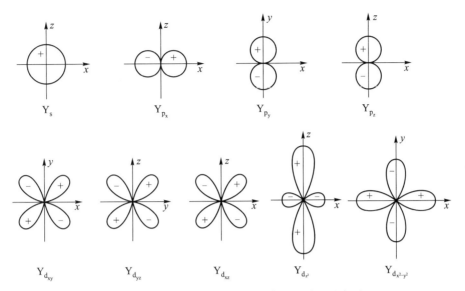

图 2-3 s、p、d 原子轨道角度分布图的平面示意图

原子轨道径向部分的图形,通常并不以 $R(r)$ 对 r 作图,而是采用 $D(r) = r^2R^2(r)$ 对 r 作图。$D(r)$ 称为原子轨道的径向分布函数,它表示在离核半径为 r、厚度为 dr 的球壳薄层中,电子出现总概率随半径 r 的分布变化规律。图 2-4 是氢原子各种状态的径向分布函数图。

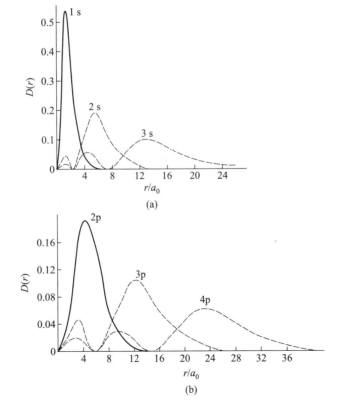

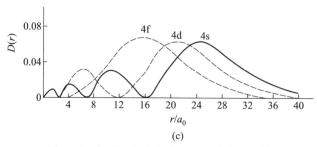

图 2-4　氢原子各种状态的径向分布函数图

4. 电子云和概率密度

波函数 ψ 本身尚没有明确、直观的物理意义。但 $\psi^2(r,\theta,\phi)$ 却是与电子在坐标为 (r,θ,ϕ) 位置附近的微小空间 $\mathrm{d}\tau(r,\theta,\phi)$ 中出现的概率 $\mathrm{d}P$ 有关的：$\mathrm{d}P = \psi^2(r,\theta,\phi) \cdot \mathrm{d}\tau(r,\theta,\phi)$，故 $\psi^2(r,\theta,\phi) = \mathrm{d}P/\mathrm{d}\tau(r,\theta,\phi)$，表示了核外电子在空间某位置上单位体积内出现的概率大小，称为电子在此空间位置上出现的概率密度。

由于电子运动具有波粒二象性，根据量子力学原理，其运动规律无法采用经典力学中确定的轨道来描述。虽然在任一指定时刻，原子中电子的准确位置是无法确定的，但电子在指定位置出现的概率却是确定的，是可以计算的。如果在一个相当长的时间间隔内不断跟踪该电子，则可以发现该电子在原子核外空间的不同位置出现的概率是有规律的，具有确定的空间分布。这种出现概率的空间分布表现出波动的特点。因此，核外电子运动的波动性表现为一种概率波，这是对电子运动波动性的一种统计力学说明。

若用黑点的疏密程度来表示空间各点电子出现的概率密度的大小，ψ^2 大的地方，黑点较密；ψ^2 小的地方，黑点较疏。这种以黑点疏密程度来形象地表示电子在空间概率密度分布的图形，称为电子云(electron cloud)。图 2-5 是各种原子轨道的电子云示意图。

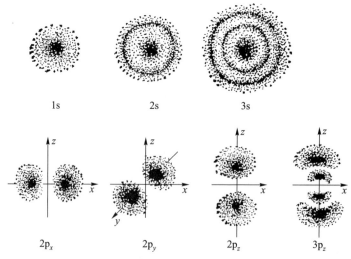

图 2-5　各种原子轨道的电子云示意图

由于 $\psi(r,\theta,\phi) = R(r) \cdot Y(\theta,\phi)$，因此，$\psi^2(r,\theta,\phi) = R^2(r) \cdot Y^2(\theta,\phi)$。将 ψ^2 的角度部分 $Y^2(\theta,\phi)$ 随角度 (θ,ϕ) 变化作图，所得图像称为电子云的角度分布图(angular distributing-chart of electron cloud)。图 2-6 是 s、p、d 电子云角度分布图的平面示意图。

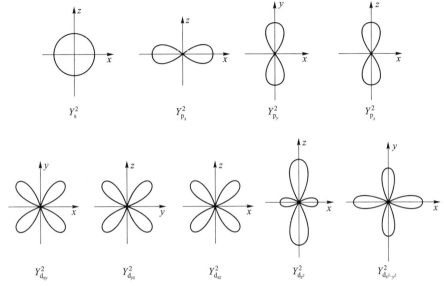

图 2-6 s、p、d 电子云角度分布图的平面示意图

电子云的角度分布图与原子轨道的角度分布图的形状相似,但有两点区别:

① 原子轨道的角度分布图有正、负号,因为 $Y(\theta,\phi)$ 值在不同 (θ,ϕ) 变化范围内有正、负值;而电子云的角度分布图都为正值,因为不管 (θ,ϕ) 取值如何,$Y^2(\theta,\phi)$ 总为正值。

② 电子云的角度分布图形比相应的原子轨道分布图要"瘦"一些,因为 $|Y(\theta,\phi)|<1$,故 $|Y^2(\theta,\phi)|<|Y(\theta,\phi)|$。

对于电子云的径向分布,实际上图 2-4 已有表示,因为 $D(r)$ 包含了 $R^2(r)$ 项。

电子云界面图也是一种常用的表示核外电子运动范围的一种图形。把电子出现的概率密度相等的各点联结成一个等密度面,选择其中一个合适的等密度面作为电子云的界面,使界面内电子出现的总概率很大(如 $\geqslant 90\%$),界面外出现的概率很小,这种表示的图形称为电子云界面图。图 2-7 是氢原子 1s、2p、3d 电子云界面图。

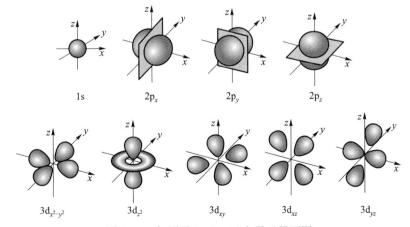

图 2-7 氢原子 1s、2p、3d 电子云界面图

2.1.3　原子轨道能级顺序及核外电子排布

1. 原子轨道能级的顺序

对于氢原子或类氢离子,核外只有一个电子,这个电子仅受到原子核的吸引作用,电子的能量只与主量子数 n 有关,如式(2-4)所示。主量子数越大,离核的位置越远,所受到的吸引力越小,能量越高。

对于多电子原子,每个电子不仅受到原子核的吸引,还受到同原子内其他电子的排斥。这两种作用的相对大小,决定了原子轨道的能级高低。其中,原子核对电子的吸引作用主要取决于核电荷数的大小和电子离核的距离远近;而多电子原子内电子间的相互作用很难确定其大小,通常归结为屏蔽效应和钻穿效应。

（1）屏蔽效应

在多电子原子中,可以把其余电子对指定电子的排斥作用近似地看成其余电子抵消了一部分核电荷对该电子的吸引作用,这种效应称为屏蔽效应(shielding effect)。如果以 Z 表示核电荷数,σ 表示由于其他电子的排斥作用而使核电荷数被抵消的部分,则($Z-\sigma$)称为有效核电荷数(effective nucleus charge),用符号 Z^* 表示,则有 $Z^*=Z-\sigma$。σ 称作屏蔽常数(shielding constant)。

由于电子的屏蔽效应使 $Z^*<Z$。屏蔽效应越大,Z^* 就越小,被屏蔽电子受核的引力越小,电子的能量升高越多。原子中任一轨道上的电子,受到内层电子的屏蔽要比同层电子的屏蔽作用大。通常,可按下述 Slater 方法近似估算 σ 值:

① 外层电子对内层电子的屏蔽常数 σ 为零,因为外层电子对内层电子不产生屏蔽作用。

② 同层电子间的屏蔽常数 $\sigma=0.35$;但第一层电子间的屏蔽常数取值为 $\sigma=0.30$。

③ 第($n-1$)层电子对第 n 层电子的屏蔽常数取值为 $\sigma=0.85$。

④ 第($n-2$)层及其以内各层电子对第 n 层电子的屏蔽常数取值均为 $\sigma=1.00$。

⑤ 原子内所有电子对指定电子的屏蔽常数的总和,即为该电子在原子中受到的总的屏蔽作用。

例如,氯(Cl)原子的电子排布为 $1s^22s^22p^63s^23p^5$,按 Slater 方法近似估算 Cl 原子的一个 3p 电子受到的屏蔽作用为

同层(第三层)电子: $\sigma_1=(7-1)\times0.35=2.10$

($n-1$)层(第二层)电子: $\sigma_2=8\times0.85=6.80$

($n-2$)层以内(第一层)电子: $\sigma_3=2\times1.00=2.00$

总的屏蔽作用为: $\sigma=\sigma_1+\sigma_2+\sigma_3=2.10+6.80+2.00=10.90$

作用在 Cl 原子的一个 3p 电子上的有效核电荷数为

$$Z^*=Z-\sigma=17-10.90=6.10$$

应该指出:同一电子层中不同电子亚层(即 n 相同,l 不同)的电子,其对外层其他电子的屏蔽作用,或其受到的同层或内层的其他电子的屏蔽作用,严格说来是有差别的。但在要求不太精确的情况下,可近似认为这些屏蔽作用是相同的,由 σ 不同造成的能级高低差别很小,影响不大;屏蔽效应的影响主要表现在对不同层的原子轨道能级高低的影响上。对于不同层电子间的屏蔽,主量子数 n 越大,原子轨道离核越远,相应的电子云径向分布图中最大峰值离

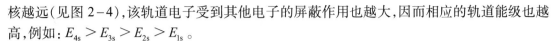

核越远(见图2-4),该轨道电子受到其他电子的屏蔽作用也越大,因而相应的轨道能级也越高,例如:$E_{4s} > E_{3s} > E_{2s} > E_{1s}$。

(2) 钻穿效应

这是基于电子云径向分布特点的一种形象化描述。外层电子能够避开其他电子的屏蔽而钻穿到内层,在离核较近的地方出现,这种效应称为钻穿效应(penetration effect)。由图2-4(c)可以看出,当n相同、l不同时,l值越小,电子云径向分布曲线的峰数越多,而且第一个峰出现的地方离核也越近。因此,对于同一主层的各电子亚层,由于它们的电子云径向分布的特点各不相同,因而ns电子在离核相近的区域内出现的总概率要比np电子大,nd、nf电子则更少些,其钻穿效应强弱顺序为:ns $>$ np $>$ nd $>$ nf。

钻穿效应导致电子在离核较近的区域内出现的概率增大,因而受到其他电子的屏蔽减少,受核的吸引增强,相应的能级降低。钻穿效应使各电子亚层能级的顺序为:$E_{ns} < E_{np} < E_{nd} < E_{nf}$。

屏蔽效应使核对电子的有效吸引减弱,将导致轨道能级升高;而钻穿效应使核对电子的有效吸引加强,将导致轨道能级降低。两者的影响刚好相反。两者彼此的消长决定了原子轨道实际能级的高低。

(3) 近似能级图

由于屏蔽效应和钻穿效应的作用,在多电子原子中,轨道能级的实际高低除决定于主量子数n以外,还与角量子数l有关。美国著名化学家鲍林(Pauling L)根据光谱实验数据,提出了多电子原子轨道的近似能级图(energy level diagram)(见图2-8)。

从近似能级图可知,若n不同而l相同,则n越大,能级越高,例如:$E_{1s} < E_{2s} < E_{3s} < \cdots$,这时屏蔽效应起决定作用。若$n$相同而$l$不同,则$l$越大,能级越高,即:$E_{ns} < E_{np} < E_{nd} < E_{nf}$,这时钻穿效应起决定作用。对于$n$、$l$都不同的相邻的原子轨道,例如:2p和3s,3d和4s,等等,比较它们的能级高低就比较困难,因为它们的屏蔽效应和钻穿效应引起的结果是相反的。这时就要看两种效应谁占主导地位:当屏蔽效应的影响占主导地位时,主量子数n比较大的,能级比较高,其结果导致出现的能级顺序为$E_{2p} < E_{3s}$;相反,若钻穿效应占主导地位,则主量子数n比较大的,能级反而较低,其结果导致出现$E_{4s} < E_{3d}$、$E_{5s} < E_{4d}$这样的能级顺序,这种现象称为能级交错。

这个近似能级图,对于正确列出各元素原子的电子排布是十分有用的。为了便于记忆,可按图2-9所示方式,把各电子层按n层次由小到大顺序排列,然后按图中箭头所示方向顺序去读,可得到各能级高低的先后顺序。

2. 电子在原子轨道中排布的基本原则

根据原子光谱实验结果和量子力学原理,人们总结出了基态多电子原子核外电子排布的三个基本原则。

(1) 泡利不相容原理

泡利不相容原理(Pauli exclusion principle)是指在同一原子中,不能有两个电子处于完全相同的状态。这是由奥地利物理学家泡利(Pauli W)根据实验结果指出的。即在同一原子中不可能有两个电子具有完全相同的四个量子数。因此,每一轨道中最多只能容纳两个自旋方向相反的电子,即由同一组量子数(n,l,m)所确定的一个原子轨道中,最多只能容纳两个电子,

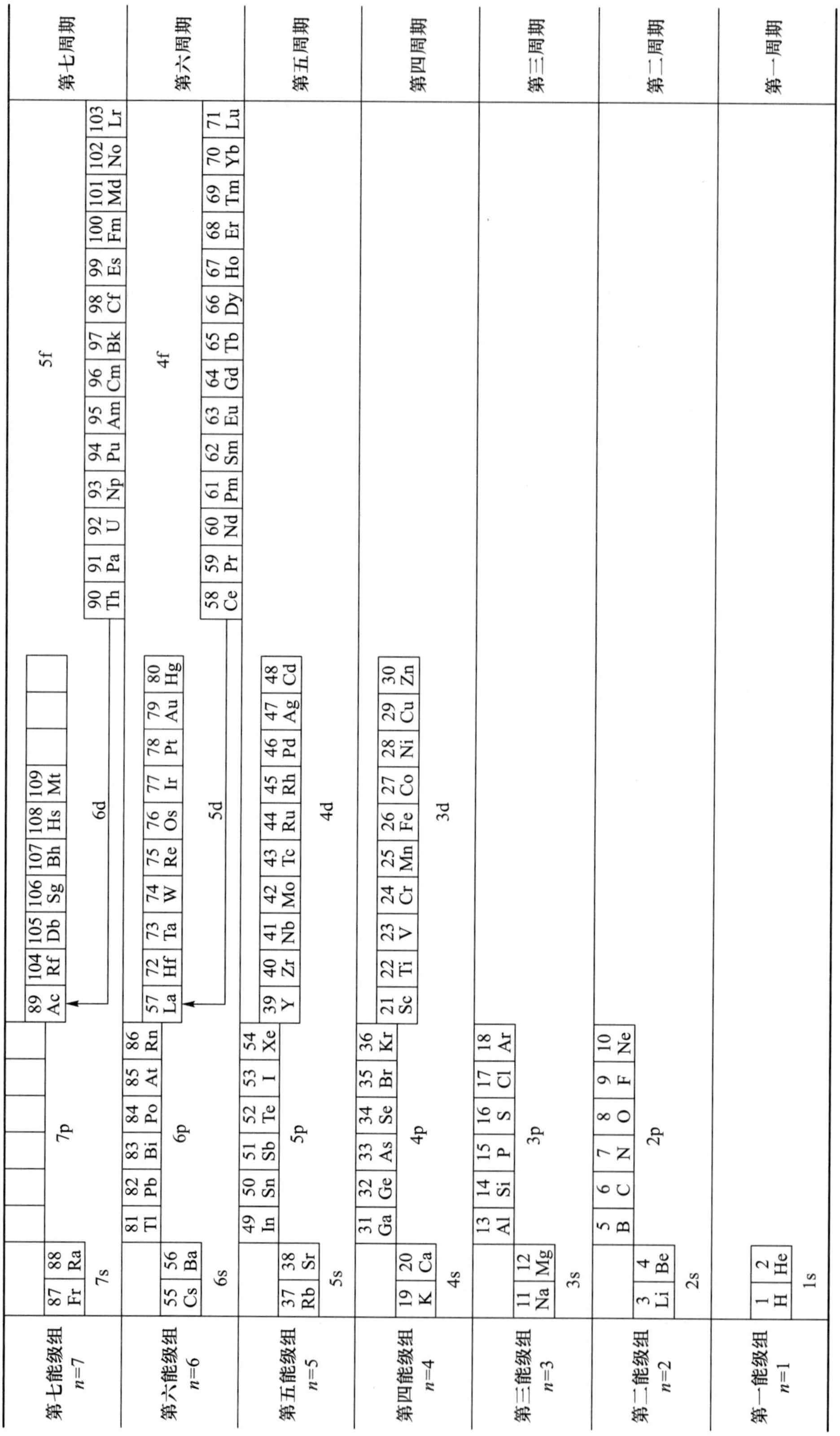

第七能级组 n=7

- 7s：87 Fr，88 Ra
- 5f：90 Th，91 Pa，92 U，93 Np，94 Pu，95 Am，96 Cm，97 Bk，98 Cf，99 Es，100 Fm，101 Md，102 No，103 Lr
- 6d：89 Ac，104 Rf，105 Db，106 Sg，107 Bh，108 Hs，109 Mt
- 7p：（空）

第七周期

第六能级组 n=6

- 6s：55 Cs，56 Ba
- 4f：58 Ce，59 Pr，60 Nd，61 Pm，62 Sm，63 Eu，64 Gd，65 Tb，66 Dy，67 Ho，68 Er，69 Tm，70 Yb，71 Lu
- 5d：57 La，72 Hf，73 Ta，74 W，75 Re，76 Os，77 Ir，78 Pt，79 Au，80 Hg
- 6p：81 Tl，82 Pb，83 Bi，84 Po，85 At，86 Rn

第六周期

第五能级组 n=5

- 5s：37 Rb，38 Sr
- 4d：39 Y，40 Zr，41 Nb，42 Mo，43 Tc，44 Ru，45 Rh，46 Pd，47 Ag，48 Cd
- 5p：49 In，50 Sn，51 Sb，52 Te，53 I，54 Xe

第五周期

第四能级组 n=4

- 4s：19 K，20 Ca
- 3d：21 Sc，22 Ti，23 V，24 Cr，25 Mn，26 Fe，27 Co，28 Ni，29 Cu，30 Zn
- 4p：31 Ga，32 Ge，33 As，34 Se，35 Br，36 Kr

第四周期

第三能级组 n=3

- 3s：11 Na，12 Mg
- 3p：13 Al，14 Si，15 P，16 S，17 Cl，18 Ar

第三周期

第二能级组 n=2

- 2s：3 Li，4 Be
- 2p：5 B，6 C，7 N，8 O，9 F，10 Ne

第二周期

第一能级组 n=1

- 1s：1 H，2 He

第一周期

图 2-8　鲍林的原子轨道近似能级图

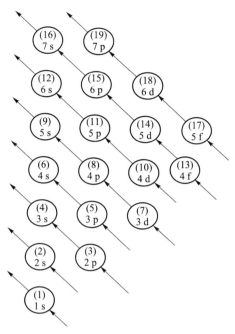

图 2 – 9 近似能级排序方式示意图

注:图中每个小圈代表一组原子轨道,圆括号中的数字代表该组轨道排入近似能级图的顺序

但 m_s 必须不同,一个为 $+\dfrac{1}{2}$,另一个为 $-\dfrac{1}{2}$。

（2）能量最低原理

在基态时,电子在原子轨道中的排布,在不违背泡利原理的前提下,总是优先排入能量尽可能低的轨道,这就是能量最低原理(the lowest energy principle)。只有当能量最低的轨道占满后,电子才依次进入能量较高的轨道。

（3）洪特规则

洪特规则(Hund rule)是指在能量相同的原子轨道,即所谓等价轨道(如 3 个 p 轨道、5 个 d 轨道、7 个 f 轨道.,亦称为简并轨道)中排布的电子,总是尽可能分占不同的等价轨道而保持自旋相同。量子力学原理表明,电子的这种排布方式,避免了同一轨道中两个电子间的斥力,无须消耗电子配对能,使整个原子能量处于较低状态。因此,洪特规则实际上是能量最低原理的一种具体体现。

作为洪特规则的特例,使等价轨道处于全充满(p^6,d^{10},f^{14})或半充满(p^3,d^5,f^7)或全空(p^0,d^0,f^0)状态时的电子排布方式是比较稳定的。

3. 原子中电子的实际排布

（1）电子排布式和电子构型

根据电子在原子轨道中排布的三条基本原则,利用近似能级图给出的填充顺序,可以写出各元素原子的核外电子排布式:先将原子中各个可能轨道的符号,如 1s,…,2p,…,3d,…等,按 n、l 递增的顺序自左至右排列,然后在各个轨道符号的右上角用一个小数字表示该轨道中的电子数,没有填入电子的全空轨道则不必列出。

例如,Be 原子,$Z=4$,电子排布式为:$1s^22s^2$。表示 Be 原子的 4 个电子,2 个排在 1s 轨道中,2 个排在 2s 轨道中。

O 原子,$Z=8$,电子排布式为:$1s^22s^22p^4$。Ti 原子,$Z=22$,电子排布式为:$1s^22s^22p^63s^23p^63d^24s^2$。

应该指出,按能级的高低,电子的填充顺序虽然是 4s 先于 3d,但在写电子排布式时,仍要把 3d 放回到 4s 前面,与同层的 3s、3p 轨道连在一起写。

由于各种原子在化学反应中一般只是价层电子发生变化,内层电子和原子核是一个相对稳定不变的实体,可用一个与其具有相同电子排布的稀有气体元素的元素符号加上方括号来代表,称为"原子实"。也可更简化一些,把原子的内层排布略去不写,只写出其外层价电子的排布,这样的电子排布式称为价层电子排布式,或称价层电子构型。

例如,Ti 原子的电子排布式为 $1s^22s^22p^63s^23p^63d^24s^2$,可写作 $[Ar]3d^24s^2$,其价层电子排布式为 $3d^24s^2$。

本书所附的元素周期表中列出了元素的原子基态价层电子排布式。

（2）简并轨道上的电子排布

对于主量子数和角量子数都相同的轨道,在没有外磁场作用时,能级相同,为简并轨道。如 3 个 p 轨道,5 个 d 轨道,7 个 f 轨道。简并轨道上的电子排布,仅用电子排布式无法完全表明电子的分布情形。可借助于电子排布图做进一步的补充描述。

例如:Sc 原子,$Z=21$,价层电子排布式为 $3d^14s^2$,电子先排满 4s,再排入 3d,是按轨道能级高低排的。电子排布图如图 2-10(a)所示。

Cr 原子,$Z=24$,价层电子排布式为 $3d^54s^1$,电子优先填入能级较高的 3d 轨道而并不是在能级较低的 4s 轨道上配对,使 $3d^5$ 处于半充满状态,符合洪特规则。电子排布图如图 2-10(b)所示。

Cu 原子,$Z=29$,价层电子排布式为 $3d^{10}4s^1$,电子优先排满能级较高的 3d 轨道,而不优先在 4s 轨道中配对,因为 $3d^{10}$ 为全充满状态,特别稳定。电子排布图如图 2-10(c)所示。

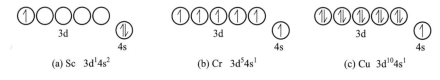

(a) Sc　$3d^14s^2$　　　(b) Cr　$3d^54s^1$　　　(c) Cu　$3d^{10}4s^1$

图 2-10　原子的电子排布图

应该说明,从 41 号元素 Nb 到 48 号元素 Cd,电子排布中出现的例外情况较多。例如,第 41 号元素 Nb 的价层电子排布为 $4d^45s^1$,而不是 $4d^55s^0$;45 号元素 Rh 价层电子为 $4d^85s^1$,而不是 $4d^75s^2$ 等。类似的情况在第五、六周期中经常出现。这是由于越到后面几个周期相邻轨道能级间的差别变得越小,能级交错变得更加复杂,电子排布经常出现例外。

2.1.4　结构化学中的相对论效应[1][2]

根据电子德布罗意物质波的属性,1926 年薛定谔提出描述电子运动的波动方程,即薛定

① 周公度. 相对论效应在结构化学中的作用. 大学化学,2005,20(6):50-59.
② 张晨曦,王彦著,杜俊,等. 相对论效应在分子结构教学中的案例分析. 大学化学,2014,29(3):29-31.

谔方程。就像电磁波方程决定着光的传播那样,薛定谔方程为研究电子、原子和分子提供了基本的方法,奠定了非相对论量子力学的理论基础,对物理学和化学等学科的发展起了巨大作用。薛定谔本人及后人把这个量子波动力学应用到各种光学问题上(如解释光与电子的碰撞、研究原子在电磁场中的性质、研究光的衍射等)都很成功,也为处理与光谱有关的问题提供了很好的方法。1933 年薛定谔获得了诺贝尔物理学奖。然而,这个已在科学实践中证明是非常有用的薛定谔方程,在推导时竟然是从牛顿力学出发,不考虑相对论效应,不区别电子运动质量与静止质量间的差别,认为质量不随速度而改变。

1928 年英国物理学家狄拉克(Dirac P)在研究氢原子能级分布时,将有自旋角动量的电子在高速运动时的相对论性效应一并考虑,提出了一个正确地描述电子运动的相对论性量子力学方程,即狄拉克方程。该方程中所依赖的相对论效应的基础,是原子中高速运动的电子,其相对质量 m 随平均运动速度 v,按下列关系增加:

$$m = \frac{m_0}{\sqrt{1 - \left(\dfrac{v}{c}\right)^2}}$$

由于电子运动所导致的质量 m 增加,将使电子运动轨道半径减小、能量降低,即由相对论效应产生的轨道收缩。利用这个方程给出的氢原子能级的精细结构,与实验结果符合得很好。从这个方程还可自动导出电子的自旋量子数应为 1/2,以及电子自旋磁矩与自旋角动量之比的朗德 g 因子为轨道角动量情形时朗德 g 因子的 2 倍。电子的这些性质都是过去从分析实验结果中总结出来的,并没有理论的来源和解释。狄拉克方程却自动地导出这些重要基本性质,是理论上的重大进展。利用这个方程还可以解释高速运动电子的许多性质,例如,后述的镧系收缩效应,决定 Pb、Bi 等元素特性的 6s 惰性电子对效应等。这些成就促使人们相信 1933 年狄拉克在诺贝尔物理学奖获奖词中所说:"目前可以用普通量子力学描述任何(微观)粒子的运动,但只有粒子速度很小时它才适用。当粒子速度可与光速相比时,它就失效了"。在这里,狄拉克显然是指薛定谔方程的"局限性"。

2.1.5 元素周期表

原子核外电子排布周期性是元素周期律的微观基础,元素周期表(见书末)则是元素原子的电子排布方式周期律的集中表现形式。

1. 元素的周期

元素周期表目前有七个周期,各周期数与各能级组相对应(图 2-8)。每周期元素的数目等于相应能级组内各轨道所容纳的最多电子数。如表 2-2 所示。

表 2-2 各周期元素的数目

周期	能级组	能级组内各原子轨道	元素数目
1	1	1s	2
2	2	2s 2p	8
3	3	3s 3p	8

周期	能级组	能级组内各原子轨道	元素数目
4	4	4s 3d 4p	18
5	5	5s 4d 5p	18
6	6	6s 4f 5d 6p	32
7	7	7s 5f 6d …	26(未完)

元素在元素周期表中所处的周期数,等于该元素原子核外电子的最高能级所在的能级组数,亦即该原子所具有的电子层数。例如,K 原子,$Z=19$,电子排布式为:$1s^22s^22p^63s^23p^64s^1$,最高能级 4s 属于第四能级组;共有 4 层电子,$n=4$,故 K 元素应处在元素周期表中的第 4 周期。

2. 元素的族

元素周期表中共有 16 个族,元素在元素周期表中的族数,显得较为复杂,主要取决于该元素的价层电子数或最外层电子数:

ⅠA 族到ⅦA 族元素,其族数等于各自的最外层电子数,即等于它们的价层电子数(ns 电子与 np 电子数的总和);

零(0)族元素,电子排布最外层是一个满层(ns^2 或 ns^2np^6),通常条件下既不会失去电子也不会得到电子,可认为价层电子数为零,故为 0 族,或称为ⅧA 族;

ⅠB 和ⅡB 族元素,其族数应等于它们各自的最外层电子数,即 ns 电子的数目,但其价层电子应包括 ns 电子和 $(n-1)d$ 电子;

ⅢB 到ⅦB 族元素,其族数等于各自的最外层 ns 电子数和次外层 $(n-1)d$ 电子数的总和。这与各元素的价层电子数目基本一致,但其中处于ⅢB 族的镧系元素和锕系元素的价层电子除 ns 电子和 $(n-1)d$ 电子外,还包括部分 $(n-2)f$ 电子;

Ⅷ族元素,占据元素周期表中三个纵行,这些元素的价层电子数为 ns 与 $(n-1)d$ 电子的总和,分别为 8、9、10,理应分别为ⅧB 族、ⅨB 族、ⅩB 族,但因这三列元素性质十分相似,故虽分属于三个纵行,仍合并为一个族,称为Ⅷ族,或称为ⅧB 族,为一特例。

3. 元素的分区

按各元素原子的价层电子构型的特点,元素周期表可划分为五个区:s 区,p 区,d 区,ds 区和 f 区,如图 2-11 所示。

(1) s 区元素

它是最后一个电子填充在基态原子 s 轨道上的元素,包括ⅠA、ⅡA 族元素,其价层电子构型为 $ns^{1\sim2}$。该区元素的氧化数为 +1、+2,等于其族数。除氢以外,s 区元素均为活泼金属。

(2) p 区元素

它是最后一个电子填充在基态原子 p 轨道上的元素,包括ⅢA 到ⅦA 族元素和 0 族元素,其价层电子构型为 $ns^2np^{1\sim6}$(He 例外,$1s^2$)。该区的右上方属典型的非金属元素,而左下方元素则带有明显的金属性,多为低熔点金属,处于对角线两侧的元素的单质往往具有半金属及半导体性质。该区元素通常具有几种不同的正氧化数,最高氧化数等于其族数。其中 O 元素和 F 元素是活泼性特强的非金属元素,一般不呈正氧化态。O 元素只有在与 F 元素生成的二

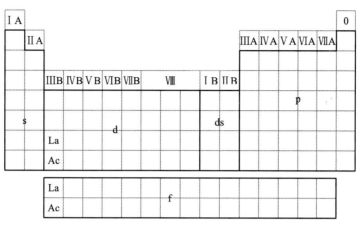

图 2-11 元素周期表分区图

元化合物中呈正氧化态,在过氧化合物中氧化数为-1,其余均为-2;F 元素在任何化合物中氧化数均为-1,不呈正氧化数。0 族元素一般不参与化学反应,比较惰性。

（3）d 区元素

它的最后一个电子基本上填充在 $(n-1)$d 轨道上,包括ⅢB 到ⅦB 族及第Ⅷ族元素,其价层电子构型为 $(n-1)d^{1\sim10}ns^{0\sim2}$。该区元素属过渡金属元素,在化合物中大多具有不同的氧化数,可能的最高正氧化数等于其族数,常见的稳定氧化数为+2 或+3。

（4）ds 区元素

它包括Ⅰ B、Ⅱ B 族元素,其价层电子构型为 $(n-1)d^{10}ns^{1\sim2}$。该区元素亦属过渡金属元素,氧化数多为+1 或+2,但也有可能失去少数次外层的 d 电子而具有更高的氧化数,如 Cu^{2+}、Au^{3+} 等。

（5）f 区元素

它的最后一个电子基本上填充在 f 轨道上,包括镧系第 57 号到 71 号元素和锕系第 89号到 103 号元素,价层电子构型为 $(n-2)f^{0\sim14}(n-1)d^{1\sim2}ns^2$。其中,La、Ac 分别为镧系和锕系的第一元素,f 电子数为零;而元素 Th 的价层电子构型为 $5f^06d^27s^2$,也没有 f 电子,这三个元素是 f 区元素中的特例。该区元素也属于过渡金属元素,但一般将 d 区元素和 ds 区元素合称为过渡元素,而把 f 区元素称为内过渡元素。氧化数可为+3 或+4,最常见为+3。该区元素的化学性质十分相近。

2.1.6 元素性质的周期性

化学元素(chemical element)简称元素,是具有相同核电荷数的一类原子的总称。元素性质实际上是指元素原子的性质,为简便起见通常略去"原子"二字。一些元素性质的具体种类,比如元素的电离能、电负性等,也都做了这个省略。由于原子结构具有周期性,导致元素性质也具有周期性。下面对几种重要的元素性质进行分析和阐述。

1. 原子半径

原子半径(atomic radius)是元素的一个重要参数,对元素及其化合物的性质有较大影响。由于核外电子具有波动性,电子云没有明显的边界,从这一观点看,讨论单个原子的半径是没

有意义的。现在讨论的原子半径是人为规定的物理量,可以把原子半径理解为原子相互作用时的有效作用范围。

由于气态和液态的单质、共价化合物、金属晶体中的原子间作用力的性质各不相同,因而在不同条件下通过测定原子间距离而求得的原子半径分别属于不同类型:通过测定共价化合物的核间距离求得的原子半径称为共价半径;由测定金属晶体中核间距离求得的原子半径称为金属半径;而稀有气体是由单原子分子构成的,原子间的作用力只有范德华力,其原子半径称为范德华半径。通常,原子半径是指上述三类中的一种。同一类型的原子半径可以相互比较,不同类型的原子半径之间缺乏可比性,一般不作简单的比较。

各元素的原子半径列于表2-3。从表2-3可以看出,同周期或同族元素的原子半径具有十分明显的周期性变化规律。

（1）同周期元素原子半径的变化

同周期元素的原子半径具有以下几方面的周期性变化规律:

① 同一周期中各元素原子半径自左至右逐渐缩小。因为同一周期各元素的原子具有相同的电子层数,随原子序数增加,其核电荷数 Z 递增,虽然总电子数也相应增加,但对短周期来说,新增加的电子是排入最外层轨道的,受到内层电子的屏蔽作用较大,使得增加的电子数抵消不掉增加的核电荷数,因而随原子序数的递增,核对最外层电子的有效吸引还是逐步增大的,故使原子半径在同一短周期中自左至右呈现缩小的趋势。随着外层电子逐渐增多,外层电子间的排斥力逐渐增大,故缩小幅度逐渐减小。

在长周期中原子半径缩小的趋势显得较为缓慢。因为对过渡元素而言,随原子序数的增加,新增的电子是填入次外层的,其受到的屏蔽作用较小,抵消的核电荷数较多,且对外层电子的屏蔽效应较大,$\sigma = 0.85$,故有效核电荷数递增的幅度不如同周期的主族元素大。

② 每一周期的最末一个元素——0 族元素的原子半径突然增大,这是因为稀有气体测得的是范德华半径,因而显得特别大。

③ 自第 4 周期起,在 Ⅰ B,Ⅱ B 族(ds 区)元素附近,原子半径突然增大。这是由于此时次外层 d 轨道已全部填满电子,对最外层电子的屏蔽作用较强,使核对最外层 s 电子吸引很弱所造成的。

④ 镧系收缩是指整个镧系元素原子半径随原子序数增加而缩小的现象。镧系收缩与同一周期中元素的原子半径自左至右递减的趋势是一致的,但不同的是:镧系元素随原子序数增加的电子是填在 4f 轨道上,其对最外层的 6s 电子和次外层 5d 电子的屏蔽作用较强,使得核对 5d、6s 电子的吸引很弱,因而镧系元素的原子半径随原子序数的增加而缩小的幅度很小。

从元素 Ce 到元素 Lu 共 14 个元素,原子半径从 0.183 nm 降至 0.173 nm,仅减少0.010 nm,这就造成了镧系收缩的特殊性,直接导致了以下两方面的结果:一是由于镧系元素中各元素的原子半径十分相近,使镧系元素中各个元素的化学性质十分相近。二是使得镧系之后同一第 6 周期各过渡元素的原子半径都相应地缩小,与上面第 5 周期各相应的过渡元素的原子半径几乎相等,因而它们的物理化学性质也都十分相似,在自然界中常常彼此共生,难以分离。

表 2-3　元素的原子半径

(单位：pm)

1 IA	2 IIA	3 IIIB	4 IVB	5 VB	6 VIB	7 VIIB	8 VIII	9 VIII	10 VIII	11 IB	12 IIB	13 IIIA	14 IVA	15 VA	16 VIA	17 VIIA	18 0
H 37																	He 122
Li 152	Be 111											B 88	C 77	N 70	O 66	F 64	Ne 160
Na 186	Mg 160											Al 143	Si 117	P 110	S 104	Cl 99	Ar 191
K 227	Ca 197	Sc 161	Ti 145	V 132	Cr 125	Mn 124	Fe 124	Co 125	Ni 125	Cu 128	Zn 133	Ga 122	Ge 122	As 121	Se 117	Br 114	Kr 198
Rb 248	Sr 215	Y 181	Zr 160	Nb 143	Mo 136	Tc 136	Ru 133	Rh 135	Pd 138	Ag 144	Cd 149	In 163	Sn 141	Sb 141	Te 137	I 133	Xe 217
Cs 265	Ba 217	La 188	Hf 159	Ta 143	W 137	Re 137	Os 134	Ir 136	Pt 136	Au 144	Hg 160	Tl 170	Pb 175	Bi 155	Po 153		

La 188	Ce 183	Pr 183	Nb 182	Pm 181	Sm 180	Eu 204	Gd 180	Tb 178	Dy 177	Ho 177	Er 176	Tm 175	Yb 194	Lu 173

（2）同族元素原子半径的变化

同族元素的原子半径具有以下两方面的周期性变化规律：

① 同族元素从上至下，随电子层数增加，原子半径增大，但增大的幅度从上到下却逐渐减小。这是因为周期变长，每个周期中包含的元素数目增多，同一周期中元素自左向右原子半径的缩减总幅度加大，部分抵消了从上到下原子半径增大的幅度。

② 过渡元素中每族元素的原子半径，从该族的第一个元素(属第 4 周期)到第二个元素(属第 5 个周期)是明显增加的，但第二个元素与第三个元素(属第 6 周期)的原子半径却都十分相近。这是镧系收缩所造成的结果。

2. 电离能

使基态的气态原子或离子失去一个电子所需要的最低能量，称为电离能(inonization energy)。

处于基态的气态原子失去一个价电子，形成氧化数为 +1 的气态阳离子所需要的最低能量，称为该元素的第一电离能。由氧化数为 +1 的阳离子再失去一个价电子所需要的能量，称为第二电离能，依此类推。对于同一元素，第一电离能最小，其余各级逐级增大，这是因为阳离子比中性原子更难失去电子，而阳离子氧化数越高，失去电子越难。

电离能的大小反映了原子失去电子的难易程度。表 2-4 列出了元素的第一电离能的参考数据。

元素的第一电离能也具有周期性的变化规律：

（1）同族元素电离能的变化

① 对于主族元素而言，同族元素从上到下，由于电子层数增加，原子半径增大，核对最外层电子有效吸引力降低，价电子容易离去，故电离能递降。

② 对于过渡元素而言，每族第一个元素与第二个元素间电离能变化规律不明显；而第三个元素的电离能几乎都比第二个元素的电离能大，这是由于镧系收缩使每族过渡元素中第二、第三个元素的原子半径相近，但从上到下有效核电荷却增加很多，因而核对外层电子的有效吸引加强了，故电离能也随之增大。

（2）同一周期中各元素电离能的变化

① 同一周期各元素的电离能自左至右，总的趋势是递增的。这与原子半径递降的趋势相一致。

② 每个周期中第一个元素的电离能在同周期各元素中最低。这是因为每周期的第一个元素(IA 族)与其前一个元素(0 族)相比，新增加一个电子就是增加了一个电子层，而其内层排布又恰好构成一个特别稳定的稀有气体原子的电子构型，脱去外层这个电子就形成了这种稳定结构，故电离能很小。

③ 每个周期中最后一个元素，即稀有气体元素，在同周期各元素中电离能最高。这是因为稀有气体元素原子的电子构型十分稳定，从中失去一个电子是相当困难的，故电离能显得特别高。

④ 尽管同一周期各元素的电离能从左至右总趋势是递增的，但在每一周期各元素电离能递增的过程中，在ⅢA 族及ⅥA 族处有两个下降的转折点(低谷)，如图 2-12 所示。

表 2-4 元素的第一电离能 (单位: kJ·mol⁻¹)

IA	IIA											IIIA	IVA	VA	VIA	VIIA	0
H 1312.0																	He 2372.3
Li 520.2	Be 899.5											B 800.6	C 1086.4	N 1402.3	O 1313.9	F 1681.0	Ne 2080.7
Na 495.8	Mg 737.7											Al 577.5	Si 786.5	P 1011.8	S 999.6	Cl 1251.2	Ar 1520.6
K 418.8	Ca 589.8	Sc 633.0	Ti 658.8	V 650.9	Cr 652.9	Mn 717.3	Fe 762.5	Co 760.4	Ni 737.1	Cu 745.5	Zn 906.4	Ga 578.8	Ge 762.2	As 944.4	Se 941.0	Br 1139.9	Kr 1350.8
Rb 403.0	Sr 549.5	Y 599.9	Zr 640.1	Nb 652.1	Mo 684.3	Tc 702.4	Ru 710.2	Rh 719.7	Pd 804.4	Ag 731.0	Cd 867.8	In 558.3	Sn 708.6	Sb 830.6	Te 869.3	I 1008.4	Xe 1170.3
Cs 375.7	Ba 502.8	La 538.1	Hf 659.0	Ta 728.4	W 769.9	Re 760.3	Os 839.4	Ir 865.2	Pt 864.4	Au 890.1	Hg 1007.1	Tl 589.4	Pb 715.6	Bi 703.3	Po 812.1	At	Rn 1037.1
Fr 392.0	Ra 509.3	Ac 498.8	Th 608.5	Pa 568.3	U 597.6	Np 604.5	Pu 581.4	Am 576.4	Cm 580.8	Bk 601.1	Cf 607.9	Es 619.4	Fm 627.1	Md 634.9	No 641.6		

La 538.1	Ce 534.4	Pr 527.2	Nd 533.1	Pm 538.4	Sm 544.5	Eu 547.1	Gd 593.4	Tb 565.8	Dy 573.0	Ho 581.0	Er 589.3	Tm 596.7	Yb 603.4	Lu 523.5

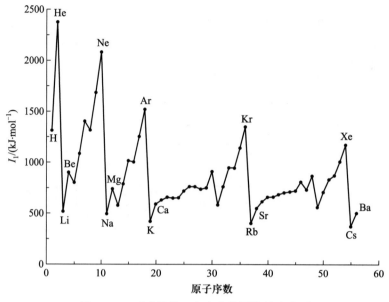

图 2−12 元素的第一电离能的周期性变化图

ⅢA 族元素的电离能比其左右元素的都低,是该周期中的第一个"低谷"。这是因为ⅢA 族元素原子的价层电子构型为 ns^2np^1,比较容易失去其 np^1 电子,变成较稳定的 ns^2 结构,因而 ⅢA 族元素的电离能反而比ⅡA 族元素低。

ⅥA 族元素的电离能也比其左右相邻的元素低,形成同一周期中的第二个"低谷",这是因为 ⅤA 族元素原子的价层电子构型为 ns^2np^3,属半充满状态,是相对稳定的结构,而 ⅥA 族元素的价层电子构型为 ns^2np^4,容易失去一个 np 电子变为半满构型,故ⅥA 族元素的电离能反而比ⅤA 族元素低。

⑤ 长周期中的过渡元素,由于原子半径和有效核电荷数变化不大,因而从左到右各元素的电离能虽然总的趋势是增加的,但增加的幅度较小,规律性不甚明显。

3. 电子亲和能

基态的气态原子获得一个电子变成氧化数为 −1 的气态阴离子,所放出的能量为电子亲和能(electron affinity energy)。表 2−5 列出了一些元素的电子亲和能数据。

表 2−5　一些元素的电子亲和能　　　　　　　　单位:$kJ \cdot mol^{-1}$
（括号内的数值为理论值）

H	72.8							He	(−21)
Li	59.6	Be	(−240)	O	141.0	F	328	Ne	(−29)
Na	52.9	Mg	(−230)	S	200.4	Cl	348.3	Ar	(−35)
K	48.3	Ca	(−156)	Se	195	Br	324.7	Kr	(−39)
Rb	46.9	Sr	(168)	Te	190.1	I	295	Xe	(−40)
Cs	45.5	Ba	(−52)	Po	(180)	At	(270)	Rn	(−40)

电子亲和能可用来衡量原子获得电子的难易程度,其周期性变化规律如下:

① 同一周期中,各元素的电子亲和能的绝对值自左至右递增,表示元素得电子能力递增,非金属性变强。

② 同族元素,自上至下,电子亲和能的绝对值变小,表示元素得电子能力递减,非金属性变弱而金属性变强。

③ 在同族元素中,电子亲和能最大的往往不是该族的第一个元素(属第二周期),而是第二个元素(属第三周期),然后再向下递降。这是因为第 2 周期各元素,如 O 和 F,原子半径小,电子出现的概率密度较大,因而电子间斥力较大,当获得一个电子形成负离子时,必须消耗较多的能量克服电子的斥力,因此电子亲和能就小。而第 3 周期的原子半径较大,电子概率密度相对较小,电子的斥力也小,因此电子亲和能反而大。但在化学反应中,F 原子和 O 原子得电子的能力,都是同族元素中最强的,这是因为化学反应时决定一种元素化学活泼性的因素是多方面的,电子亲和能只是其中的一个因素,还有其他因素必须考虑,如成键的强弱等。

4. 电负性

原子在共价键中,对成键电子吸引能力的大小,称为元素的电负性(electronegativity)。通常以符号 χ 表示。电负性是一种相对比较的结果,鲍林(Pauling L)指定电负性最强的元素 F 的电负性 $\chi_F = 4.0$,作为比较的相对标准,并从热化学数据计算得到其他元素的电负性数据(见表 2-6)。

单一元素电负性值的数据本身并不重要,元素间相互比较的电负性差值更有意义,它反映了原子间成键能力的大小和成键后分子的极性大小。

电负性的变化也具有明显的周期性,它和元素的金属性、非金属性密切相关。通常,非金属元素的电负性都较大,除 Si 以外都大于 2.0;而金属元素的电负性都较小,除铂系元素和金以外都小于 2.0。电负性最大的元素是最活泼的非金属元素 F,而电负性最小的元素则是最活泼的金属元素 Cs 和 Fr。

5. 元素的金属性和非金属性

所谓元素的金属性和非金属性,只是一种笼统而定性的提法,一般用它来表示元素的原子在化学反应中得失电子的倾向,或其氧化物、水化物的酸碱性等性质。当然,显示金属性的元素并不一定就是金属元素,而非金属元素也有可能具有某种程度的金属性。

同一周期各元素的金属性自左至右逐渐减弱,而非金属性却逐渐增强。同族元素自上而下,金属性增加,而非金属性减弱。这一趋势在第 2、3 周期中和各主族元素中表现得较为典型,规律明显。

最典型的非金属元素,出现在周期表的右上方,F 是最强的非金属元素;最典型的金属元素在周期表的左下方,Cs 和 Fr 是最强的金属元素。而过渡元素和内过渡元素属金属元素。

表 2－6　鲍林的元素电负性数据

1 IA	2 IIA	3 IIIB	4 IVB	5 VB	6 VIB	7 VIIB	8	9 VIII	10	11 IB	12 IIB	13 IIIA	14 IVA	15 VA	16 VIA	17 VIIA	18 0
H 2.2																	He
Li 1.0	Be 1.6											B 2.0	C 2.6	N 3.0	O 3.4	F 4.0	Ne
Na 0.9	Mg 1.3											Al 1.6	Si 1.9	P 2.2	S 2.6	Cl 3.2	Ar
K 0.8	Ca 1.0	Sc 1.4	Ti 1.5	V 1.6	Cr 1.7	Mn 1.6	Fe 1.8	Co 1.9	Ni 1.9	Cu 1.9	Zn 1.7	Ga 1.8	Ge 2.0	As 2.2	Se 2.6	Br 3.0	Kr
Rb 0.8	Sr 1.0	Y 1.2	Zr 1.3	Nb 1.6	Mo 2.2	Tc 1.9	Ru 2.3	Rh 2.2	Pd 2.2	Ag 1.9	Cd 1.7	In 1.8	Sn 2.0	Sb 2.0	Te 2.1	I 2.7	Xe
Cs 0.8	Ba 0.9	La 1.2	Hf 1.3	Ta 1.5	W 2.4	Re 1.9	Os 2.2	Ir 2.2	Pt 2.3	Au 2.5	Hg 2.0	Tl 2.0	Pb 2.3	Bi 2.0	Po 2.0	At 2.2	Rn
Fr 0.7	Ra 0.9	Ac 1.1															

2.2 化学键和分子结构

化学键(chemical bond)是指分子或晶体中相邻两个或多个原子或离子之间的强作用力。根据作用力性质的不同,化学键可分为离子键、共价键和金属键等基本类型。不同的分子或晶体具有不同的化学组成和不同的化学键结合方式,因而具有不同的微观结构和不同的化学性质。

2.2.1 离子键

1. 离子键的形成

1916 年,德国化学家柯塞尔(Kossel W)提出了离子键理论(ionic bond theory),解释电负性差别较大的元素间所形成的化学键。

当带有相反电荷的离子相互接近时,彼此通过静电引力吸引,逐渐靠近,并使体系的总能量不断降低,这表明正、负离子间有一种形成化学键的趋势。但当两个或多个异性离子彼此吸引达到很近的距离时,正、负离子的电子云之间,以及它们的原子核之间的斥力将随着核间距的缩小而迅速变大,并使整个体系的能量也迅速增大。

当原子核间的距离达到某一个特定值 r_0 时,正、负离子间的引力和斥力达到平衡,体系的总能量降至最低。此时体系处于相对稳定状态,正、负离子间形成一种稳定牢固的结合,即形成了化学键。这种由正、负离子间的静电引力形成的化学键称为离子键(见图 2–13)。

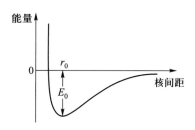

图 2–13 离子键形成过程的能量曲线

例如,在高温下使 Cl^- 和 Na^+ 结合成气相 NaCl 分子的化学键,为离子键。通过离子键形成的化合物或晶体,称为离子化合物或离子晶体。

2. 离子键的特征

(1) 无方向性

由于离子电荷的分布可看作是球形对称的,在各个方向上的静电效应是等同的。因此,离子间的静电作用在各个方向上都相同,离子键无方向性。

(2) 无饱和性

同一个离子可以和不同数目的带异性电荷离子结合,只要离子周围的空间允许,每一离子尽可能多地吸引带异性电荷离子,因此,离子键无饱和性。但不应误解为一种离子周围所配位的带异性电荷离子的数目是任意的。恰恰相反,晶体中每种离子都有一定的配位数,它主要取决于相互作用的离子的相对大小,同时要求异性电荷离子间的吸引力应大于带同性电荷离子间的排斥力。

3. 影响离子键强弱的主要因素

离子键本质上是一种静电作用。因此,正、负离子间的静电作用越强,它们生成的离子键也越强。而正、负离子的静电作用大小,则是与离子所带电荷(绝对值)大小及离子半径大小密切相关的。通常用离子电荷 Z 与其半径 r 之比 Φ（称为离子势）表示离子静电作用之强弱。此外，离子的电子构型亦将影响到离子静电作用的大小。特别是当离子的离子势大小差不多时，离子的电子构型将是决定形成的离子键强弱的主要因素。

（1）离子半径，离子电荷与离子势 Z/r

离子半径 r 是指离子在晶体中的接触半径。把晶体中的正、负离子看作是相互接触的两个球，两个原子核之间的平均距离——核间距 d，即为正、负离子半径之和，即 $d = r_+ + r_-$（见图 $2-14$）。核间距 d 的数值可由实验测得。并可由此求出各种常见离子的半径。

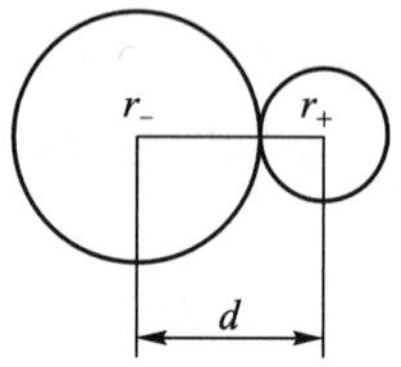

图 $2-14$　离子半径的测算示意图

元素的离子半径周期性变化规律与原子半径的变化规律大致相同：同一主族各元素的电荷数相同的离子，离子半径随核外电子层数的增加而增大，如 $r_{F^-} < r_{Cl^-} < r_{Br^-} < r_{I^-}$；$r_{Mg^{2+}} < r_{Ca^{2+}} < r_{Sr^{2+}} < r_{Ba^{2+}}$；同一周期各元素的离子，当电子构型相同时，随着离子电荷数的增加，正离子半径减小，负离子半径增大，如 $r_{Na^+} > r_{Mg^{2+}} > r_{Al^{3+}}$，$r_{F^-} < r_{O^{2-}} < r_{N^{3-}}$。而负离子半径总比同周期元素的正离子半径大。同一元素的高价正离子总比低价正离子小。

离子电荷 Z 是指离子所带的电荷。按照物理原理，离子电荷（绝对值）越大，其静电作用越强。而当所带电荷相同时，离子半径越小，其静电作用越强。对于同种构型的离子晶体，离子电荷越大，半径越小，正、负离子间引力越大，晶格能越大，化合物的熔点、沸点一般也越高。

通常用离子势 $\Phi = Z/r$ 来表示 Z 及 r 对离子静电作用的综合影响。离子势越大，则对带异性电荷离子的静电作用越强，生成的离子键越牢固。

（2）离子的价层电子构型

通常，原子得到电子形成负离子时电子将填充在最外层轨道上，形成稀有气体的电子层结构；而原子失去电子形成正离子时，先失去最外层的电子。

例如，Fe 原子的价层电子构型为 $3d^6 4s^2$，在电离成 Fe^{2+} 时，首先失去 4s 上的 2 个电子，而不是失去 3d 上的 2 个电子。然后 Fe^{2+} 再失去 1 个 3d 电子而成为 Fe^{3+}。

负离子的价层电子构型，与稀有气体的价层电子构型相同。例如，Cl^-：$3s^2 3p^6$；O^{2-}：$2s^2 2p^6$。

正离子的价层电子构型，既有与稀有气体相同的电子层构型，也还有其他多种构型。根据离子的外层电子构型中的电子总数，可分为 2 电子构型、8 电子构型、18 电子构型、18+2 电子构型和 9～17 不饱和电子构型五种离子电子构型：

① 2 电子构型：$1s^2$。如 Li^+、Be^{2+} 等。

② 8 电子构型：$ns^2 np^6$。如 Na^+、Mg^{2+}、Al^{3+}、Sc^{3+}、Ti^{4+} 等。

③ 9～17 电子构型：$ns^2 np^6 nd^{1-9}$。如 Mn^{2+}、Fe^{2+}、Fe^{3+}、Co^{2+}、Ni^{2+} 等 d 区元素的离子。

④ 18 电子构型：$ns^2 np^6 nd^{10}$。如 Cu^+、Ag^+、Zn^{2+}、Cd^{2+}、Hg^{2+} 等 ds 区元素的离子及 Sn^{4+}、Pb^{4+} 等 p 区的高氧化态金属正离子。

⑤ （18+2）电子构型：$(n-1)s^2 (n-1)p^6 (n-1)d^{10} ns^2$。如 Sn^{2+}、Pb^{2+}、Sb^{3+}、Bi^{3+} 等 p 区的低氧化态金属正离子。

离子的电子构型对离子化合物性质的影响较大。如 NaCl 和 AgCl 均为由 Cl^- 与 +1 价正离子形成的离子化合物,但由于 Na^+ 为 8 电子构型,而 Ag^+ 为 18 电子构型,两者的电子构型不同,具有 18 电子构型的 Ag^+ 比 8 电子构型的 Na^+ 表现出更强的静电作用,故两者性质也不同:$NaCl$ 易溶于水,而 $AgCl$ 难溶于水;Ag^+ 易形成配合物,而 Na^+ 却不易形成配合物。

2.2.2 共价键

1. 共价键理论的发展历史

在柯塞尔提出离子键理论的同一时期,美国化学家路易斯(Lewis G)提出了共价键理论,解释电负性相差较小的元素或同种非金属的原子之间所形成的化学键。他认为这类原子间可通过共用电子对使分子中各原子具有稳定的稀有气体的原子结构。例如:

$$H:H \qquad :\overset{..}{\underset{..}{Cl}}:\overset{..}{\underset{..}{Cl}}: \qquad H:\overset{..}{\underset{..}{Cl}}: \qquad :N::N:$$

或用短线"—"表示共用电子对:

$$H—H \qquad Cl—Cl \qquad H—Cl \qquad N≡N$$

这种原子间靠共用电子对结合起来的化学键叫作共价键(covalent bond)。通过共价键形成的化合物叫共价化合物(covalent compound)。

1927 年,德国物理学家海特勒(Heitler W)和伦敦(London F)首次用量子力学方法处理氢分子结构,在现代量子力学的基础上说明了共价键的本质,进而发展成现代化学键理论。

用量子力学方法处理分子体系的薛定谔方程很复杂,严格求解经常遇到困难,必须采取某些近似假定以简化计算。由于近似处理方法不同,现代化学键理论产生了两种主要的共价键理论。

一种是由美国化学家鲍林(Pauling L)和斯莱特(Slater J)提出的价键理论(valence bond,VB),简称 VB 法或电子配对法。价键理论在讨论化学键的本质时,着眼点是由原子形成分子的基础,即形成化学键的原因,以及成键原子在成键过程中的行为和作用。价键理论指出,若两个原子各自具有未成对的价层电子,当它们彼此靠近时,双方的未成对电子就可能彼此自旋配对,成为一对共用电子对。而这对共用电子对将被限定在两个原子间的一个局部小区域内运动,在两个原子中间形成一个较密的电子云区域,借此把两个原子紧密地联在一起,形成一个共价键。在 1931 年,鲍林和斯莱特在电子配对法的基础上,又提出了杂化轨道理论,以解决多原子分子的立体结构问题,进一步发展和完善了价键理论。

另一种共价键理论是由莫立根(Mulliken R)、洪特(Hund F)和伦纳德·琼斯(Lennard Jones J)在 1932 年前后提出的分子轨道理论(molecular orbital,MO),简称 MO 法。分子轨道理论的着眼点在于成键过程的结果,即由化学键所构成的分子整体。一旦形成了分子以后,成键电子不再仅属于成键原子,仅局限于在成键原子间的小区域内运动,而将在整个分子所形成的势场中运动,其运动状态和相应的能量可用类似于原子中的波函数来描述,这种描述整个分子中电子运动状态的波函数称为分子轨道。采用近似处理,将组成分子的各原子的原子轨道通过线性组合得到各种能级高低不同的分子轨道,电子遵照一定规则依次排布在分子轨道上。分子轨道理论据此解释了共价键的形成,并能较好地解释了分子的磁性、大 π 键、单电子键等共价键的一些特性。但分子轨道理论的数学处理较为复杂,且不像价键理论那样形象直观,也无法解释共价化合物的空间几何构型。VB 法和 MO 法各有其成功和不足之处,但

都得到广泛的应用。限于篇幅,本章将着重介绍价键理论。

2. 价键理论中的共价键

（1）共价键的形成

以氢分子的形成为例来说明共价键的形成。用量子力学理论处理 H_2 分子体系,得到 H_2 分子势能曲线,描述了氢分子的能量与两个 H 原子核间距之间的关系,并说明了电子状态对成键的影响,如图 2-15 所示。

若两个电子的自旋方向相同,则当两个氢原子相互靠近时,两个原子核间的电子出现的概率密度变小,体系的总能量高于两个单独存在的氢原子能量之和,原子间越靠近,体系的能量越高。因此,不可能形成稳定的氢分子,这代表了两个氢原子组成体系的排斥态。

而若两个电子的自旋方向相反,则当两个氢原子相互靠近时,两个原子核间电子出现的概率密度变大,体系的总能量降低,低于两个单独的氢原子能

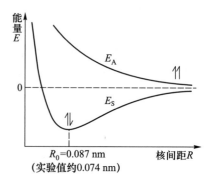

图 2-15　两个氢原子体系的能量变化曲线
E_A—排斥态,表示两个氢原子相互排斥;
E_S—基态,表示两个氢原子形成 H_2 分子

量之和。当两个氢原子核间达到某一距离 R_0 时,体系的总能量达最低,表示在两个氢原子间生成了稳定的共价键,形成了 H_2 分子,即为氢分子的基态。

价键理论把上述用量子力学方法处理氢分子的结果推广到一般共价键的成键过程,指出共价键的本质是由于成键原子的价层轨道发生了部分重叠,结果使核间电子出现的概率密度增大,导致体系的能量降低,这表示成键原子相互结合形成了稳定的新体系,即形成了分子。这就是共价键的本质。

（2）价键理论的要点

① 两个含有未成对价电子(亦称孤电子,独电子,单电子)的原子相互接近时,它们的未成对价电子可以相互配对,形成稳定的共价键。

例如,H 原子的核外电子排布为 $1s^1$,有一个未成对的 1s 价电子;Cl 原子的核外电子排布为 $1s^2 2s^2 2p^6 3s^2 3p^5$,有一个未成对的 3p 价电子;H 的 1s 电子和 Cl 的 3p 电子可以由自旋相反方式互相配对,形成共价单键 H—Cl。

Ne 原子的核外电子排布为:$1s^2 2s^2 2p^6$,无未成对电子,一般不能构成共价键。故稀有气体总以单原子分子存在。

因此,一个原子含有几个未成对电子,则最多只能和几个自旋相反的单电子配对,形成几个共价键。这就是共价键的饱和性。这是与离子键明显不同的。

例如,N 原子的核外电子排布为 $1s^2 2s^2 2p^3$,有 3 个未成对电子,可以构成 3 个共价键,如

NH_3;或一个共价三键,如 $N \equiv N$。

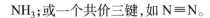

② 形成共价键时,在可能范围内原子轨道之间必须沿电子出现的概率密度最大的方向进行重叠。这是因为成键电子的原子轨道重叠越多,其电子出现的概率密度也越大,形成的共价键越牢固。这就是共价键的方向性。

例如,当 H 的 1s 电子和 Cl 的一个未成对 3p 电子(如 $3p_x$)配对形成共价键时,必须沿着 x 轴的方向才可能达到电子云最大程度的重叠(见图 2-16)。

③ 原子轨道重叠时必须符合对称性匹配原则。只有当对称性相同的原子轨道以位相相同的部分重叠时,两原子间电子出现的概率密度才会增大,才能形成化学键,这称为对称性匹配原则。

所谓对称性相同,是指发生重叠的原子轨道对于键轴应该具有相同的对称性。例如,当两个原子沿 x 轴方向成键时(键轴为 x 轴),其中 s 轨道、p_x 轨道对于键轴都是呈轴对称的,两者具有相同的对称性;而 p_y、p_z、d_{xz}、d_{yz} 轨道对于通过键轴的平面呈镜面反对称,这些轨道之间也具有相同的对称性。因此,若两个原子沿 x 轴方向成键时,两个原子的 $s-s$、p_x-p_x、$s-p_x$ 轨道间具有相同的对称性,可沿键轴方向以轨道极大值"头碰头"方式互相重叠;p_y-p_y、p_z-p_z、p_z-d_{xz}、p_y-d_{xy} 轨道间也具有相同的对称性,可沿键轴方向以"肩并肩"方式互相重叠;而 $s-p_y$、$s-p_z$、p_x-p_y、p_x-p_z、p_x-d_{yz}、$d_{xz}-d_{yz}$ 或 d_{xy} 轨道的对称性不同,不能重叠。同时,具有相同对称性的原子轨道重叠时,重叠部分的原子轨道波函数的正、负符号也必须相同,这样相互叠加的效应将使电子出现的概率密度增大,称为有效重叠或正重叠;如果重叠部分的波函数的正、负符号相反,则重叠的结果是使电子出现的概率密度减小,不能形成化学键,称为无效重叠或负重叠。$s-p_y$、$s-p_z$ 或 p_x-p_y、p_x-p_z 轨道间的重叠亦属无效重叠,或称为零重叠,如图 2-16 所示。只有当原子的轨道发生正重叠时,才能有效地形成化学键。

由上述理论可抽提出共价键的成键三原则:参与成键的原子轨道需对称性匹配、能量相近、最大重叠。

(3) 共价键的特征

与离子键不同,共价键是具有饱和性和方向性的化学键。

(4) 共价键的类型

根据原子轨道重叠方式的不同,共价键可分为 σ 键和 π 键两种主要类型,其他还有 δ 键等。

① σ 键。成键的两个原子轨道沿键轴方向,以"头碰头"的方式发生重叠,其重叠部分集中在键轴周围,对键轴呈圆柱形对称性分布,即沿键轴旋转任何角度,形状和符号都不会改变。这种共价键称为 σ 键,见图 2-16(a)、(b)、(c)所示。

② π 键。成键的原子轨道沿键轴方向,以"肩并肩"的方式发生重叠,其重叠部分对通过键轴的某一特定平面(如 xOy 平面或 xOz 平面)呈镜面反对称性,即重叠部分的形状在镜面的两侧是对称的,但镜面两边的符号正好相反。这种重叠方式得到的重叠区域对称地分布在镜面两侧,而镜面平面为其节面,即在键轴上轨道重叠为零。这种共价键称为 π 键,见图 2-16(d)、(e)所示。

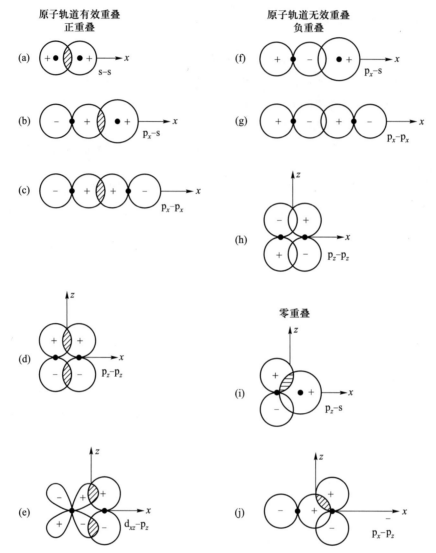

图 2−16　原子轨道重叠的几种方式

通常来说，σ 键比 π 键重叠得更深、更多，故更牢固。

3. 杂化轨道理论和分子的空间构型

价键理论虽然能够成功地解释许多双原子分子化学键的形成，但对多原子分子的空间构型的解释却遇到了困难。为了解释和预测各种共价分子的几何构型，1931 年，美国化学家鲍林在价键理论的基础上，提出了杂化轨道理论(theory of hybrid orbital)。

（1）杂化轨道理论要点

杂化轨道理论认为，当原子间相互化合形成分子时，同一原子内(通常是中心原子)部分能量相近的原子轨道(价层轨道)会相互混合、重新组合，形成新的原子轨道。能量相近的原子轨道间相互混合、重组、趋于平均化的过程称为原子轨道的杂化。经杂化后得到的新的平均化的原子轨道称为杂化轨道。杂化前后，轨道总数不变(轨道数守恒)，但杂化轨道在成键时更有利于轨道间的重叠,即成键能力增强,因此原子轨道经杂化后生成的共价键更牢固,生成的分子更稳定。一定数目和一定类型的原子轨道间杂化所得到的杂化轨道具有确定的空间几何构型,由此形成的共价键和共价分子也相应地具有确定的几何构型。

(2)杂化轨道的类型

由于成键原子所具有的价层轨道的类型和数目不同,杂化轨道类型也不尽相同,其成键情况也必然不同。现着重介绍 s 轨道与 p 轨道间杂化的几种类型。

① sp 杂化。sp 杂化是指由一个 ns 轨道和一个 np 轨道组合形成两个相同的 sp 杂化轨道,每个 sp 杂化轨道含有 $\frac{1}{2}$ s 轨道和 $\frac{1}{2}$ p 轨道的成分,sp 杂化轨道间的夹角为 $180°$。

例如,气态的 $BeCl_2$ 分子的结构。Be 原子的核外电子构型是 $1s^22s^2$。成键时,Be 原子的一个 2s 电子可激发到 2p 轨道,使 Be 原子的核外电子构型变为 $1s^22s^12p^1$。与此同时,Be 原子的一个 2s 轨道和一个 2p 轨道发生杂化,形成两个 sp 杂化轨道,这两个 sp 杂化轨道由于正负相位所含比例的不同而呈现一头大一头小的形状,并且由于空间因素使之呈直线伸展。它们分别与两个 Cl 原子的 3p 轨道重叠,形成两个 Be—Cl 键,从而形成空间构型呈直线形的 $BeCl_2$ 分子,见图 2-17。

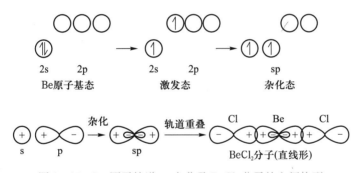

图 2-17 Be 原子轨道 sp 杂化及 $BeCl_2$ 分子的空间构型

值得指出的是,在实际反应中,激发、杂化和成键是同步进行的,其中的能量关系也是一体化的。

② sp^2 杂化。sp^2 杂化是由 1 个 ns 轨道和 2 个 np 轨道组合形成 3 个完全相同的 sp^2 杂化轨道,每个 sp^2 杂化轨道含有 $\frac{1}{3}$ s 轨道和 $\frac{2}{3}$ p 轨道的成分,杂化轨道间的夹角为 $120°$。

例如:BF_3 分子的结构。B 原子的核外电子构型为 $1s^22s^22p_x^1$。当 B 原子与 F 原子成键时,B 原子的 1 个 2s 电子激发到 $2p_y$ 轨道上,使 B 原子的核外电子构型变为 $1s^22s^12p_x^12p_y^1$。同时 B 原子的 1 个 2s 轨道和两个 2p 轨道发生杂化,形成 3 个 sp^2 杂化轨道,分别与 3 个 F 原子的 2p 轨道重叠,形成 3 个共价键。由于 3 个 sp^2 杂化轨道在同一平面上,夹角为 $120°$,所以 BF_3 分子的空间构型是平面三角形,见图 2-18。

③ sp^3 杂化。sp^3 杂化是由一个 ns 轨道和三个 np 轨道组合形成 4 个完全相同的 sp^3 杂化轨道,每个 sp^3 杂化轨道含有 $\frac{1}{4}$ s 轨道和 $\frac{3}{4}$ p 轨道的成分,sp^3 杂化轨道间的夹角为 $109°28'$。

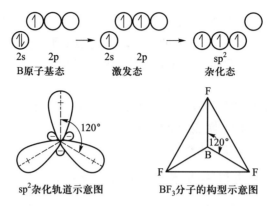

图 2-18　B 原子轨道 sp^2 杂化及 BF_3 分子的空间构型

例如:CH_4 分子的结构。C 原子的核外电子构型为 $1s^22s^22p_x^12p_y^1$。在形成 CH_4 分子时,C 原子的 1 个 2s 电子激发到 $2p_z$ 轨道,使 C 原子的核外电子构型变为 $1s^22s^12p_x^12p_y^12p_z^1$。同时 C 原子的 1 个 2s 轨道和 3 个 2p 轨道杂化,组成 4 个 sp^3 杂化轨道,分别与 4 个氢原子的 1s 轨道重叠,形成 4 个共价键。由于 sp^3 杂化轨道间的夹角为 $109°28'$,所以 CH_4 分子的空间构型是正四面体形,见图 2-19。

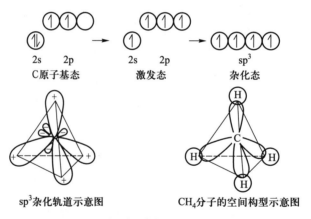

图 2-19　C 原子轨道 sp^3 杂化及 CH_4 分子的空间构型

由 s 轨道与 p 轨道形成的杂化轨道及其相关分子的空间构型列于表 2-7 中。

表 2-7　s 轨道与 p 轨道形成的杂化轨道及其相关分子的空间构型

杂化轨道类型	sp	sp^2	sp^3	不等性 sp^3	
参加杂化的原子轨道	1 个 s,1 个 p	1 个 s,2 个 p	1 个 s,3 个 p	1 个 s,3 个 p	
生成杂化轨道数	2	3	4	4	
成键轨道夹角	$180°$	$120°$	$109°28'$	$90°\sim109°28'$	
空间构型	直线形	平面三角形	正四面体形	三角锥形	V 形
实　例	$BeCl_2$	BF_3	CH_4	NH_3	H_2O

（3）等性杂化与不等性杂化

① 等性杂化。在形成分子过程中,所有杂化轨道都参与成键,每一个杂化轨道均生成了一个共价键,形成分子后,每一个杂化轨道具有完全相同的特性,在空间的分布也完全对称、均匀。这种杂化轨道称为等性杂化轨道。

前面介绍的各组杂化轨道的例子都属于等性杂化:CH_4 分子中碳原子的等性 sp^3 杂化轨道,4 个 sp^3 杂化轨道完全相同,在空间呈完全对称的均匀排布,指向正四面体的 4 个顶角方向。同样,BF_3 分子中硼原子与 3 个氟原子成键时用的是 3 个等性 sp^2 杂化轨道,$BeCl_2$ 分子中铍原子与二个氯原子成键时用的是 2 个等性 sp 杂化轨道。

② 不等性杂化。在形成分子过程中,杂化轨道中还包含了部分不参与成键的价层轨道(通常这些轨道中已含有孤对电子,不具备形成共价键的能力),形成分子后,同一组杂化轨道分为参与成键的杂化轨道和不成键的杂化轨道两类,这两类杂化轨道的特性是不等同的,因而在空间分布不是完全对称和均匀的。这种杂化轨道称为不等性杂化轨道。

例如,NH_3 分子中的 N 原子,在形成分子时发生了不等性 sp^3 杂化。4 个 sp^3 杂化轨道中,3 个 sp^3 轨道各有一个未成对电子,可以分别和 3 个 H 原子形成 3 个 N—H 共价键;而第 4 个 sp^3 杂化轨道中已含有 2 个自旋相反的配对电子,不能再形成共价键,因此,这是一个不参与成键的 sp^3 杂化轨道。3 个与 H 的 $1s$ 成键的 sp^3 杂化轨道中的电子配对成键后为 N 原子和 H 原子所共有,同时受两个原子核的吸引;而一个不成键的 sp^3 轨道包含的一对孤对电子仅属于 N 原子所有,只受到 N 一个原子核的吸引,因而孤对电子所占有的杂化轨道在原子核附近的电子云分布较密,对成键电子对的排斥比成键电子对之间的排斥作用更大。因此,NH_3 分子中三个 N—H 键间的夹角要比理论值小一些,不是 109°28′,而是 107°18′,见图 2−20。所以,严格地讲,NH_3 分子中 N 杂化轨道空间分布应是一个提拉了的四面体,由 3 个 H 原子和一个 N 原子组成的 NH_3 分子空间构型应为三角锥形。

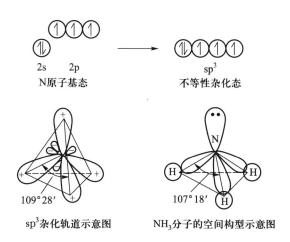

sp^3杂化轨道示意图　　　　NH_3分子的空间构型示意图

图 2−20　N 原子的不等性 sp^3 杂化和 NH_3 分子的空间构型

H_2O 分子中的 O 原子也是采用不等性 sp^3 杂化。4 个杂化轨道中,有 2 个杂化轨道参与成键,分别与两个 H 原子形成两个 O—H 键。另两个杂化轨道中各有一对孤对电子。因此,由两个 H 原子和一个 O 原子组成的 H_2O 分子,空间构型为 V 形,而且由于两个 O—H 键受两

组孤对电子的排斥压迫,使得 H_2O 分子中两个 O—H 键之间的键角变得更小,大约在 104°40′,见图 2-21。

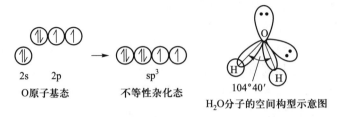

2s   2p   sp³
O原子基态   不等性杂化态   104°40′
                                      H_2O分子的空间构型示意图

图 2-21　O 原子的不等性 sp³ 杂化和 H_2O 分子的空间构型

按杂化轨道理论,由原子轨道杂化所得到的一定数目的杂化轨道,它们之间因相互排斥而远离,由此决定了共价键的方向和共价分子的几何构型。应当指出的是:在杂化轨道中电子对间的排斥作用,并非完全来自静电作用,而更多的来自电子间的泡利效应。泡利效应是电子在原子或分子体系中的一种基本性质。由泡利效应而产生的斥力,主要是自旋同向的电子间轨道回避的量子效应,是一种近程相互作用。

2.2.3　配位键与配位化合物

1. 配位化合物的基本概念

将过量浓氨水滴加到硫酸铜的浅蓝色溶液中,开始时有蓝色的 $Cu_2(OH)_2SO_4$ 沉淀生成,继续加入过量的氨水,蓝色沉淀消失,得到一种深蓝色溶液。如果在此深蓝色溶液中加入乙醇,将会有一种深蓝色的晶体析出,其化学组成为 $CuSO_4 \cdot 4NH_3$。将该深蓝色晶体再次溶于纯水中,会发现水溶液中除了 SO_4^{2-} 以外,几乎检测不到独立移动的 Cu^{2+} 和 NH_3 分子,其中 Cu^{2+} 与 4 个 NH_3 分子稳定地结合在一起,形成了 $[Cu(NH_3)_4]^{2+}$ 形式的复杂离子。进一步实验分析表明:在深蓝色晶体 $CuSO_4 \cdot 4NH_3$ 的水溶液中,存在着如下的解离过程:

$$CuSO_4 \cdot 4NH_3 \longrightarrow [Cu(NH_3)_4]^{2+} + SO_4^{2-}$$

所以,那个深蓝色晶体应该是 $[Cu(NH_3)_4]SO_4$。显然,在此溶液中独立运动的 $[Cu(NH_3)_4]^{2+}$ 能稳定存在,它几乎失去了原来简单离子 Cu^{2+} 的性质,如颜色变为深蓝色,与碱不再生成蓝色胶状沉淀等。它是由一个简单正离子如 Cu^{2+} 和几个其他化学基元如 NH_3 分子,通过特殊的共价键——配位键进一步结合而形成的复杂离子。这种复杂离子就称为配离子。凡是由中心原子或离子(统称为中心形成体)和围绕它的分子或离子(称为配位体或配体)完全或部分通过配位键结合形成的复杂分子或离子都称为配位分子或配位离子,统称为配位化合物(coordination compound),简称配合物,早期称为络合物。

配位离子不仅在溶液中,而且在晶体中也仍然保持确定的空间构型,如 $[Cu(NH_3)_4]^{2+}$ 呈平面正方形[①],$[Ag(NH_3)_2]^+$ 呈直线形,$[ZnCl_4]^{2-}$ 呈正四面体形,$[Fe(CN)_6]^{3-}$ 呈正八面体构型。在这些配位离子中,Cu^{2+}、Ag^+、Zn^{2+}、Fe^{3+} 等处在中心位置,称为中心形成体,或简称为中

---

① 可用姜-泰勒效应解释。

心,它可以是中心原子(central atom)或中心离子。而NH_3分子,Cl^-、CN^-等,则按特定的空间位置在中心形成体周围配位,即为配体(ligand)。

配体中直接与中心形成体结合的原子称为配位原子(coordination atom),一个中心周围直接连接的配位原子的个数称为该中心的配位数(coordination number)。不同元素的离子(原子)作为中心时都有其特征的配位数。最常见的配位数是 2、4、6。以$[Fe(CN)_6]^{3-}$配离子为例,其中Fe^{3+}为中心离子,CN^-为配体,电负性较小的 C 为配位原子,Fe^{3+}的配位数为 6。

在配合物组成中,中心与配体以配位键结合构成了配离子,称为内界;除此以外的其他离子,与中心相距较远,与配离子(内界)以静电引力结合,在溶液中可以解离分开,称为外界。

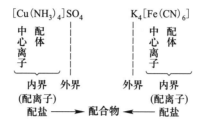

配合物中配体所带电荷总数与中心的电荷数之和即为配离子所带的电荷。若配体所带电荷与中心所带电荷正好抵消,或配体与中心都不带电荷,则生成的配合物为中性分子,只有内界,如 $Co(NH_3)_3Cl_3$、$Fe(CO)_5$ 等。否则,生成的就是构成配合物内界的配离子,包括配阳离子,如 $[Cu(NH_3)_4]^{2+}$, $[Fe(H_2O)_6]^{3+}$ 等;配阴离子,如 $[Fe(CN)_6]^{3-}$, $[Fe(CN)_6]^{4-}$, $[BF_4]^-$ 等。配阳离子、配阴离子都可以和外界——其他酸根离子或简单阳离子组成盐,如 $[Cu(NH_3)_4]SO_4$,$K_3[Fe(CN)_6]$,$NH_4[BF_4]$等;也可以由配阴离子与配阳离子彼此结合成配盐,如$[Cu(NH_3)_4]_2[Fe(CN)_6]$。

2. 配位化合物的命名

国际纯粹与应用化学联合会(IUPAC)规定的配位化合物命名法则,即配合物的系统命名法,其关键在于正确命名配离子(或配位分子),然后再按普通盐类的方法命名。系统命名的主要规则如下:

(1) 对配离子或配位分子的命名

① 先命名配体,再命名中心形成体,两者中间用一个"合"字联结起来,表示这是一个配离子或配位分子。配体名前用中文数字代表该配体的数目,中心离子的名字后用圆括号加上罗马数字表示中心离子的氧化数。

如:$[Cu(NH_3)_4]^{2+}$ 命名为 四氨合铜(Ⅱ)离子 或 四氨合铜(Ⅱ)阳离子

  $[Fe(CN)_6]^{3-}$ 六氰合铁(Ⅲ)离子 或 六氰合铁(Ⅲ)酸根离子

② 当配离子或配位分子中含有不止一种配体时,配体命名顺序为:先命名酸根离子,后命名中性分子。注意:在写配离子的化学式时,不同配体的书写顺序刚好与命名顺序相反,先写中性配体,再写酸根配体。当同时有几种不同的酸根离子作配体时,命名顺序为先简单后复杂,先无机后有机。而若同时有几种不同的中性分子作配体时,其命名顺序也是如此:水→氨→有机分子。例如:

$[Cr(NH_3)_2(NO_2)_2Cl_2]^-$	二氯二硝基二氨合铬(Ⅲ)酸根离子
$[Co(NH_3)_3(H_2O)_2Cl]^{2+}$	一氯二水三氨合钴(Ⅲ)阳离子
$[Co(NH_3)_3Cl_3]^0$	三氯三氨合钴(Ⅲ)(配位分子)

（2）按普通盐类命名法则命名整个配盐分子：先命名阴离子（酸根部分），后命名阳离子部分，当中用"化"字或"酸"字联结，称为"某化某"或"某酸某"，而不管配离子是阴离子或阳离子。例如：

$K_3[Ag(S_2O_3)_2]$	二硫代硫酸根合银(Ⅰ)酸钾
$[Co(NH_3)_6]Cl_3$	三氯化六氨合钴(Ⅲ)
$[Cu(NH_3)_4]SO_4$	硫酸四氨合铜(Ⅱ)
$K[Pt(C_2H_4)Cl_3]$	三氯一乙烯合铂(Ⅱ)酸钾
$Fe_3[Fe(CN)_6]_2$	六氰合铁(Ⅲ)酸亚铁
$Fe_4[Fe(CN)_6]_3$	六氰合亚铁(Ⅱ)酸铁
$[Co_2(CO)_8]$	八羰基合二钴(0)(氧化数为 0 也可不标)

3. 配位键

配位化合物的中心形成体与配位原子间相互结合的键，是一类新的化学键，因为无论是中心或是配体中的元素，其氧化数都已满足。历史上，它们的结合是当时的化学键理论所无法解释的，因此当时人们用 complex 来命名这类化合物。当然，现在人们已经清楚地知道，这种化学键的实质，是一种特殊的共价键，称为配位共价键，简称配位键（coordinate bond）。

（1）配位键的特点

配位键的本质也是由共用电子对形成的共价键。与典型的共价键不同，配位键具有如下特点：

① 中心与配位原子形成的共价键，其共用电子对并不是由成键原子双方分别提供的，而是由成键原子一方，即配位原子单独提供的，因此这种特殊共价键称之为配位键；

② 中心具有空余的价电子轨道（所谓价电子轨道是指中心原子的价电子所占有的轨道，以及与其能级相近的轨道），可以接纳配体提供的电子对；

③ 配位原子中具有未成键的外层电子对（即孤对电子），可以填充到中心的空余价电子轨道中，配体与中心通过共用这对电子，形成配位键，将两者结合。

通常，在配合物中用箭头表示配位键（以区别普通的共价键），方向是从配体指向中心形成体。例如：

$$H_3N: + Ag^+ + :NH_3 \longrightarrow [H_3N{\rightarrow}Ag{\leftarrow}NH_3]^+$$

（2）配合物的空间构型

无论是在晶体中，还是在溶液中，配离子或配位分子都有确定的空间构型。价键理论用轨道杂化的概念，对配合物的空间构型做了很好的解释。

配合物形成时，中心形成体用于接纳来自配体孤对电子的空轨道，即用于形成配位键的空轨道，是中心离子（原子）经过轨道杂化后的价层空轨道。其轨道杂化方式和空间排布方式决定了配位键的空间排布，也决定了配离子或配位分子的几何构型。而其轨道杂化方式，则取决于其价电子构型,同时还与配体的配位能力有关。因而中心形成体的价电子构型和配体的配位能力共同决定了配离子、配位分子的空间构型。

例如,Fe^{3+}的价电子构型为$3d^5$,3d 轨道为半满,4s、4p、4d 全空,价层电子轨道中电子排布见图 2-22。

当 Fe^{3+} 与弱配体 F^- 形成$[FeF_6]^{3-}$配合物时,Fe^{3+} 的 1 个 4s 轨道、3 个 4p 轨道和 2 个 4d 轨道发生杂化,形成 6 个 sp^3d^2 杂化轨道,接纳 6 个 F^- 的 6 对配位电子,形成六个配位键。sp^3d^2 杂化轨道为正八面体空间构型,因此,形成的$[FeF_6]^{3-}$配合物具有正八面体结构。

当 Fe^{3+} 与强配体 CN^- 形成$[Fe(CN)_6]^{3-}$配合物时,Fe^{3+} 的 3d 轨道上 5 个电子重组配对并占据其中的 3 个 3d 轨道,空出的 2 个 3d 轨道再与 1 个 4s 轨道、3 个 4p 轨道发生杂化,形成 6 个 d^2sp^3 杂化轨道,接纳 6 个 CN^- 的 6 对配位电子,形成六个配位键,d^2sp^3 杂化轨道的空间构型亦为正八面体,因而形成的$[Fe(CN)_6]^{3-}$配合物同样也具有正八面体结构。

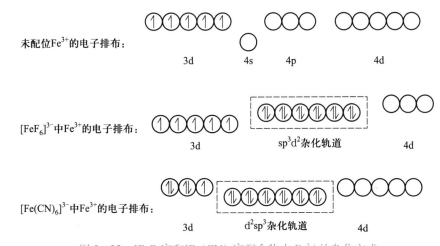

图 2-22 $[FeF_6]^{3-}$和$[Fe(CN)_6]^{3-}$配合物中 Fe^{3+} 的杂化方式

一些典型的配位化合物的中心离子的配位数、轨道杂化方式及配合物的空间构型参见表 2-8。

表 2-8 中心离子的配位数、轨道杂化方式及配合物的空间构型

配位数	杂化轨道	空间构型	实 例	类型
2	sp	○—●—○ 直线形	$[Ag(NH_3)_2]^+$	外轨型
4	sp^3	正四面体形	$[Zn(NH_3)_4]^{2+}$	外轨型

续表

配位数	杂化轨道	空间构型	实例	类型
4	dsp^2	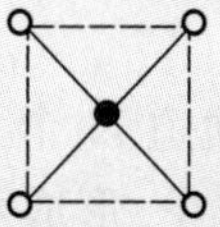 平面正方形	$[Ni(CN)_4]^{2-}$ （3d、4s、4p；dsp^2）	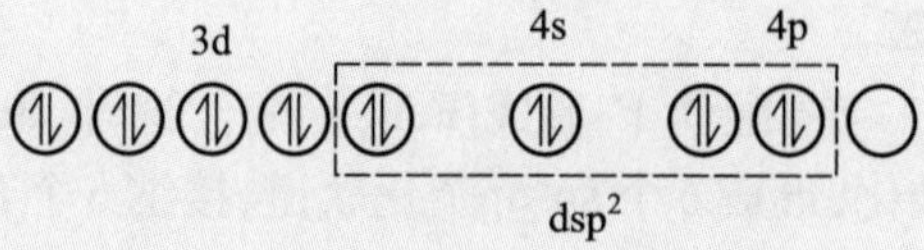 内轨型
6	d^2sp^3	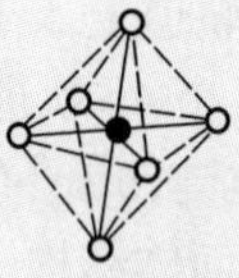 正八面体形	$[Fe(CN)_6]^{3-}$ （3d、4s、4p；d^2sp^3）	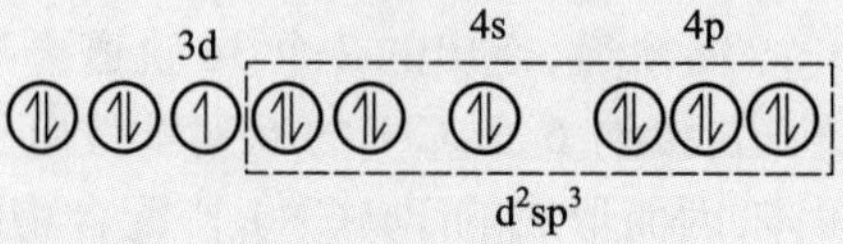 内轨型
6	sp^3d^2	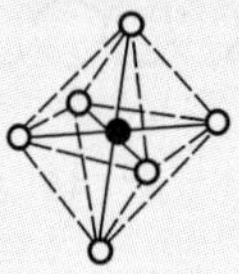 正八面体形	$[FeF_6]^{3-}$ （3d、4s、4p、4d；sp^3d^2）	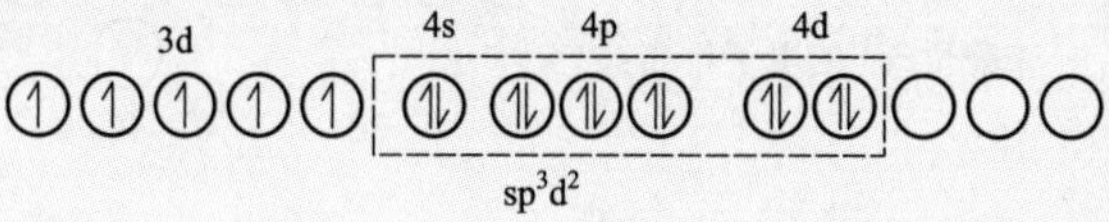 外轨型

（3）内轨型配合物和外轨型配合物

在配合物中，以 $(n-1)d$、ns、np 等轨道杂化形成的配合物称内轨型配合物；由 ns、np 或 ns、np、nd 等轨道杂化形成的配合物称外轨型配合物。因此，采用 sp、sp^3、sp^3d^2 杂化方式成键的配合物属外轨型，采用 dsp^2、d^2sp^3 杂化轨道成键的配合物属内轨型，参见表 2-8。

由于内轨型配合物中，配体提供的电子对填充到中心的内层轨道，即 $(n-1)d$［甚至 $(n-2)f$］轨道上，使内轨型配合物中配体与中心间的平均距离，要比类似组分的外轨型配合物更短，键能更强，配合物更稳定。

某个配合物是内轨型还是外轨型，取决于中心形成体的价层电子排布方式、价层电子空轨道的数目及类型、配体的强弱和配位数等因素。可分下面几种情形：

① 配合物只能取外轨型。中心的价电子构型和实际配位数限定了可能的成键轨道的类型，使得生成的配合物必须取外轨型。

当中心的价电子构型为 $(n-1)d^8$、$(n-1)d^9$、$(n-1)d^{10}$ 及大多数 $(n-1)d^7$，形成六配位的配合物时，中心无法通过归并内层 $(n-1)d$ 轨道，腾出 2 个空的 $(n-1)d$ 轨道，用来和最外层的 ns、np 杂化形成 d^2sp^3 杂化轨道，接纳配位电子对。只可能以最外层的 ns 轨道，np 轨道和 nd 轨道杂化，形成 sp^3d^2 杂化轨道，故只能形成外轨型配合物。

当中心为 d^9，d^{10} 两种价电子构型，形成四配位配合物时，也只能是外轨型。

例如，$[Zn(NH_3)_4]^{2+}$，$[Ni(H_2O)_6]^{2+}$ 即属上述情形，但 $[Cu(NH_3)_4]^{2+}$ 例外。

② 配合物倾向于形成更稳定的内轨型。当中心的价电子构型为 $(n-1)d^0$ 到 $(n-1)d^3$ 时，至少具有 2 个空的内层 $(n-1)d$ 轨道，因此不论是四配位或六配位，中心无须配对重组就总有足够多的空的内层价电子轨道供选用，既可生成外轨型配合物也可生成内轨型配合物。但由

于内轨型配合物一般比相应的外轨型配合物更稳定,因而体系总是倾向于生成更稳定的内轨型配合物。例如,$[Cr(H_2O)_6]^{3+}$ 就是如此。当中心的价电子构型为 d^4 时,无须配对重组就具有一个内层空 $(n-1)d$ 轨道可以接纳配位电子对。这类中心在四配位的情况下通常以 dsp^2 杂化,生成内轨配合物。

③ 既可形成外轨型,也可形成内轨型。当中心的电子构型为 $(n-1)d^4$、$(n-1)d^5$、$(n-1)d^6$ 包括少数 $(n-1)d^7$,形成六配位配合物时;或者,当中心的电子构型为 $(n-1)d^5$ 到 $(n-1)d^8$,形成四配位配合物时,需根据具体情况来判断究竟是生成外轨型配合物还是内轨型配合物。

在这种情况下,若形成内轨型配合物,必须使部分未配对的 $(n-1)d$ 电子先行配对,空出足够的内层 $(n-1)d$ 轨道来接纳配位电子对。这需要消耗一部分能量,即电子配对能。在形成配合物时释放出的键能,将有一部分被电子配对能抵消。因此,从能量角度看,若生成内轨型配合物时,体系的净能量降低得比生成相应的外轨型配合物时更多,则内轨型配合物更稳定,将优先生成内轨型配合物。反之,将生成外轨型配合物。

由于电子配对能通常差别不大,而键能的大小则是与中心的价电子构型、特别是与配体的配位能力密切相关。对于同一中心形成体,当配体的配位能力较强时(称为强配体),形成配位键的键能较大,抵消了电子配对能后,仍能使体系有较大的能量降低,故易形成内轨型配合物。当配体的配位能力较弱时(称为弱配体),其与中心形成体之间的作用较弱,形成的配位键键能较小,抵消了电子配对能后,所能造成的体系能量降低较少,不如生成外轨型配合物时体系能量降低更大,则此时更易生成外轨型配合物。

④ 配合物的磁性。不同的配合物表现出不同的磁学性质,有的为顺磁性,有的为逆磁性;有的磁矩较高,有的则具有较低的磁矩。这与配合物中心形成体的价层电子构型密切相关,即与中心形成体的价层电子中所含有的未成对电子数 N 密切相关。配合物的磁矩 μ 与 N 存在如下关系式:

$$\mu = \sqrt{N(N+2)}\mu_B \tag{2-5}$$

式中,μ_B 为磁矩单位,即玻尔磁子。

配合物的磁矩 μ 是可以通过实验方法测得的。根据实测的磁矩 μ 的值,可推算出配合物中心形成体价层电子中未配对电子的数目 N。由此可进一步推断中心形成体在形成配合物时,哪些价层轨道用来接纳配位电子对,这些轨道可能采取什么杂化方式。这为判断配合物是属于内轨型还是外轨型提供了一种有效的方法。有时也可作为一种结构分析手段,用来判断配合物的空间构型。

2.3 分子的极性、分子间作用力和氢键

离子键、共价键、配位键,以及后面将要述及的金属键是在物质的原子层次(原子间、离子间)存在的作用力,这几种被称为化学键的作用力都是强相互作用,键能为 $100 \sim 800\ \text{kJ} \cdot \text{mol}^{-1}$。然而,影响物质宏观性质的,还有另一类重要因素,这就是分子间作用力。这种分子间作用力早期是由范德华(van der Waals)首先提出的,因此也广义上称之为范德华

力。实际上,后来人们发现分子间的作用力种类很多,除了经典的范德华力之外,还有疏水作用、芳环堆积、π–π 相互作用、卤键、氢键等。为区别起见,通常仅把由分子偶极引起的分子间作用力狭义上称为范德华力,也叫分子间力。分子间的作用力比化学键弱得多,其结合能只有几个到几十个千焦每摩尔。但气体分子能凝聚成液体和固体,主要依靠分子间作用力。它们是决定物质的熔点、沸点、溶解度等物理化学性质的主要因素。分子间作用力与分子的极性密切相关。

2.3.1　分子的极性和偶极矩

1. 分子的极性

分子是由带正电荷的原子核和带负电荷的电子所组成的体系。任何一个分子不论正、负电荷怎样分布,都可以找到一个正电荷中心和一个负电荷中心。根据正、负电荷中心重合与否的情况,可以把分子分为极性分子和非极性分子。正、负电荷中心互相重合的分子称为非极性分子;正、负电荷中心不互相重合的分子则称为极性分子。

对于同核双原子分子,如 H_2、O_2、Cl_2 等,由于组成分子的原子电负性相同,原子间共价键为非极性键,分子中电荷呈对称分布,正、负电荷中心互相重合,故这类分子都是非极性分子。

对于异核双原子分子,如 HCl、HF、CO 等,由于组成原子的电负性不等,原子间共价键为极性键,分子中电荷分布不对称,正、负电荷中心不重合,形成了一个小的电偶极子,具有了极性,故这类分子都是极性分子。

对于多原子分子而言,分子是否有极性,不仅取决于原子间化学键是否有极性,而且还与分子的空间构型有关。例如,CO_2 分子中 $C═O$ 键虽为极性键,但 CO_2 分子为直线形结构($O═C═O$),键的极性互相抵消,分子的正、负电荷中心互相重合,因此 CO_2 是非极性分子;SO_2 分子中 $S═O$ 键为极性键,SO_2 分子为“V”形结构$\left(\begin{smallmatrix}&S&\\O&&O\end{smallmatrix}\right)$,键的极性不能相互抵消,整个分子的正、负电荷中心不互相重合,因而 SO_2 是极性分子。

2. 偶极矩

分子极性的强弱,可由实验方法测得的偶极矩来量度。偶极矩等于正、负电荷中心间的距离 d 和偶极上一端所带电荷量 q 的乘积,用符号 $\vec{\mu}$ 表示,其大小为 μ,单位为 $C \cdot m$(库仑·米)。

$$\vec{\mu} = q \cdot \vec{d} \tag{2-6}$$

偶极矩是一个矢量,其方向是从正电荷指向负电荷。

非极性分子的偶极矩等于零。偶极矩不等于零的分子是极性分子,偶极矩越大,分子的极性越强。

偶极矩还常被用来判断一个分子的空间构型。例如,NH_3 和 BCl_3 均为四原子分子,这类分子的空间构型一般有两种:平面三角形和三角锥形。实验测得这两个分子的偶极矩分别为 $\bar{\mu}_{NH_3} = 4.34 \times 10^{-30}$ $C \cdot m$ 和 $\bar{\mu}_{BCl_3} = 0$。这表明,NH_3 是极性分子而 BCl_3 是非极性分子,由此可断定,BCl_3 分子具有平面正三角形的构型,而 NH_3 分子的构型则为三角锥形。

2.3.2 范德华力

范德华力(也称分子间力)是一种弱的相互作用力,且是一种短程吸引力,与分子间距离的 6 次方成反比,随分子间距离的增大而迅速减小。根据范德华力产生的特点,可以分为色散力、诱导力和取向力三种类型。

① 色散力(dispersion force)。对任何一个分子,即使是非极性分子而言,由于分子中的电子绕原子核在不停地运动,原子核与电子云间的相对位移是经常发生的,这使得分子中的正、负电荷中心会不断出现暂时的偏移,分子发生瞬时变形,产生了瞬时偶极(instantaneous dipole)。分子中原子的个数越多、原子半径越大或原子中电子个数越多,则分子变形越显著。当两个非极性分子相互接近时,一个分子产生的瞬时偶极会诱导邻近分子的瞬时偶极采取异极相邻的排列[见图 2-23(a)、(b)]。这种瞬时偶极与瞬时偶极间产生的作用力称为色散力。虽然每种瞬时偶极状态存在的时间极短,但任何分子(极性的、非极性的)中这种由于电子运动造成的正、负电荷中心的相互分离状态却是时刻存在的,因而色散力始终存在于所有分子之间。

② 诱导力(induced force)。当极性分子和非极性分子相互靠近时[见图 2-24(a)],在极性分子固有偶极(permanent dipole)电场的影响下,非极性分子也会产生诱导偶极(induced dipole)[见图 2-24(b)]。极性分子的固有偶极与非极性分子的诱导偶极之间产生的吸引力称为诱导力。需要注意的是,极性分子同样也会在另一个极性分子的固有偶极电场的影响下产生诱导偶极,因此诱导力同样也会出现在极性分子与极性分子之间。

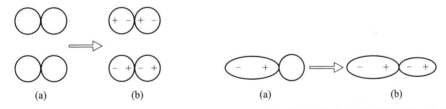

图 2-23 非极性分子间的相互作用   图 2-24 非极性分子与极性分子间的相互作用

③ 取向力(orientation force)。当极性分子相互靠近时[见图 2-25(a)],由于它们固有偶极之间同性相斥、异性相吸的静电作用,而使它们在空间按异极相邻形式定向排列逐渐靠拢,并进一步相互诱导而增大极性[见图 2-25(c)]。这种在极性分子固有偶极间产生的吸引力称为取向力。取向力与分子的偶极矩的平方成正比,即分子的极性越大,取向力越大。但与热力学温度成反比,温度越高,取向力越弱。

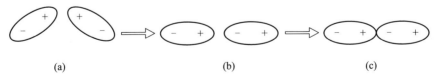

图 2-25 极性分子间的相互作用

综上所述,通常所说的范德华力有三种,它们分别存在于不同的场合:色散力存在于所有分子之间,对大多数分子而言,色散力是主要的分子间作用力。相互作用的两个分子间,只要有一个分子是极性的,就可能存在诱导力;两个分子都是极性的,则还有取向力的存在。表 2-9 列出了一些分子中上述三种范德华力作用能的分配情况。

表 2-9　一些分子中范德华力作用能的分配

物质分子	取向能/($kJ \cdot mol^{-1}$)	诱导能/($kJ \cdot mol^{-1}$)	色散能/($kJ \cdot mol^{-1}$)	总作用能/($kJ \cdot mol^{-1}$)
H_2	0	0	0.17	0.17
Ar	0	0	8.49	8.49
Xe	0	0	17.41	17.41
CO	0.003	0.008	8.74	8.75
HCl	3.30	1.10	16.82	21.22
HBr	1.09	0.71	28.45	30.25
HI	0.59	0.31	60.54	61.44
NH_3	13.30	1.55	14.73	29.58
H_2O	36.36	1.92	9.00	47.28

2.3.3　氢键

当氢原子与某一电负性很大的原子 X 以共价键相结合,共用电子对强烈地偏向 X 原子一边,使氢原子几乎成为裸露的氢原子核而带正电荷,其周围的正电场可对另一个电负性大的带有孤对电子的原子 Y 产生吸引力,这种吸引力形成的弱键就称为氢键(hydrogen bond)。氢键可用 X—H---Y 表示。氢键中 X、Y 一般是 F、O、N 等电负性大、原子半径较小的原子。X 和 Y 可以是同一种元素(如 O—H---O,F—H---F 等),也可以是两种不同元素(如 N—H---O 等)。

氢只有与电负性大、半径小、且有孤对电子的 F、N、O 三种原子结合,例如,H_2O、NH_3、HF 等同类或异类分子之间,才能形成吸引力较强的氢键。生物体内许多重要的生物分子中都含有 N、O 原子及 N—H、O—H 键,因而氢键在生物体内普遍存在,对生物分子的性质及生化反应的特性有重大影响,是一种十分重要的分子间作用力。

需要指出的是,除了上述引力较强的经典的氢键外,当氢与其他电负性较大的原子,如 Cl 原子结合,形成氢键情况则不同。这是因为 Cl 的电负性虽然很大,但其原子半径也较大,当 HCl 与另一个分子中的 Cl 原子接近时,Cl 原子间的排斥力将抵消或减弱 H 与 Cl 原子间的吸引力,这时形成的氢键将非常弱。近年来对分子结构的研究还发现,弱的氢键还存在于许多不同的场合,例如,C—H---O,C—H---N 等。相对于经典的氢键,这些弱的氢键对物质性质的影响也较小,往往人们并不注意它的存在。因此,通常所称的氢键,指的是吸引力较强的经典的氢键。

氢键的主要特点有:

① 氢键的键能一般在 40 $kJ \cdot mol^{-1}$ 以下,比化学键弱,比范德华力强,但处于相同的数

量级,属分子间力的范畴,故通常把氢键划入分子间作用力,而不看作化学键,但当其原子间距离较近时也可看作次级键。

② 氢键具有非严格的饱和性和方向性。这一点与共价键的特征十分相似,因此把这种分子间作用力也称为某键(如氢键、卤键等)。因为 X 电负性很大,X—H 键的偶极矩很大,其共用电子对完全偏向 X 电子一端,使其中 H 原子实际上接近于 H^+,而 H 原子的半径又特别小,H^+ 的半径就更小了,这就使 X—H 中的 H 原子实际上形成了一个极强的正电荷中心,能强烈吸引另一个电负性很强的原子 Y 而形成氢键。但当 H 与 Y 形成氢键时,由于 H 特别小,使得 X 和 Y 彼此靠近。这使第三个电负性大的原子 Y′ 因受到 X 和 Y 的排斥力而难于再接近 H(见

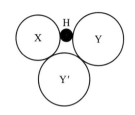

图 2–26 氢键具有饱和性和方向性的示意图

图 2–26),故一个 X—H 通常只能形成一个氢键。这就是氢键具有饱和性的根源。同时,为了减少 X、Y 之间的斥力,X—H---Y 之间的键角应尽可能接近 180°,这就是氢键有方向性的根据。

对于弱的氢键,如 C—H---O,C—H---N 等,由于吸引力较弱,H---O、H---N 间距较长,它们往往不像经典的氢键那样具有严格的方向性和饱和性。

氢键除在分子间形成外,在分子内也可存在,比如硝酸中,就既含有分子间氢键,又含有分子内氢键。

2.3.4 范德华力和氢键对物质性质的影响

范德华力和氢键对物质的物理性质,如熔点、沸点、溶解度等有较大的影响。

1. 物质的熔点和沸点

对于同类型的单质和化合物,其熔点和沸点一般随相对分子质量的增加而升高。这是由于物质分子间的色散力随相对分子质量的增加而增强的缘故。

对于含分子间氢键的物质,其熔点、沸点较同类型无氢键的物质要高。如图 2–27 所示,对于大多数同系列氢化物,其沸点随相对分子质量的增大而升高。但 NH_3、H_2O、HF 由于分子间存在氢键,使得其沸点远高于同系列化合物。如果物质中含有分子内氢键,则通常对其熔点和沸点具有降低效应。

2. 物质的溶解性

物质的溶解性也与分子间作用力有关,主要表现为如下两点:

(1) 相似相溶

分子极性相似的物质易于互相溶解。例如,I_2 易溶于 CCl_4、苯等非极性溶剂,但难溶于

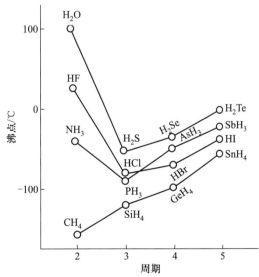

图 2–27 第Ⅳ～Ⅶ主族氢化物的沸点变化规律

水。这是由于 I_2 为非极性分子,与苯、CCl_4 等非极性溶剂有着相似的分子间力(色散力)。而水为极性分子,分子间除色散力外,还有取向力、诱导力及氢键。要使非极性分子能溶于水,必须克服水的分子间力和氢键,需要消耗能量,因而较为困难。

(2) 分子间能形成氢键的物质易互相溶解

例如,乙醇、羧酸等有机化合物都易溶于水,因为它们与 H_2O 分子之间能形成氢键,使分子间互相缔合而溶解。

2.4　晶　体　结　构

2.4.1　晶体的特征

固体并不一定就是晶体,固态物质可分为晶体(crystal)和非晶体(non-crystal)两大类。晶体一般都有整齐、规则的几何外形。例如,食盐晶体是立方体型,明矾是正八面体型。非晶体则没有一定的几何外形,因此又称无定形体(amorphous solid),如玻璃、沥青、树脂、石蜡等。近年人们还发现了准晶体,其结构特征介于晶体与非晶体之间。

晶体具有以下一些特征。

1. 规整的几何外形和周期性的晶格结构

规整的几何外形是晶体内部原子、分子或离子等微观粒子有规则排列的宏观表现。一般将晶体中重复出现的最小单元(晶胞,unit cell)作为结构基元。然后将每个结构基元用一个几何上的点来代表,称为点阵点、阵点或结点,整个晶体就被抽象成一组点,称为点阵(lattice)。如果从点阵中一点出发,选取 3 个互不平行的、连接相邻两个点阵点的单位向量,由此决定的平行六面体称为点阵单位。点阵包含着无数平行并置的点阵单位,由此而形成的由 3 组直线交织成的网格,称为晶格(crystal lattice)或空间格子。图 2-28 为晶体物质微观粒子的周期性结构。

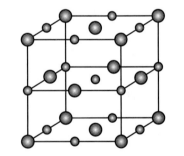

图 2-28　晶体物质微观粒子的周期性结构

2. 具有确定的熔点

在一定压力下将晶体加热,温度达到其熔点时,晶体才开始熔化。在晶体未全部熔化之前,即使再加热,体系温度也不会上升。此时所提供的热量被用于晶体相变所需的能量,直至全部转变为液态,温度才会继续上升。而非晶体则无一定熔点,但有一段软化的温度范围。例如,松香在 50~70 ℃ 软化,然后熔化为液体。

3. 具有各向异性的特征

晶体的某些性质,如光学性质、力学性质、导电与导热性及溶解性等,从不同方向测量时常得到不同的数值。例如,云母特别容易裂成薄片,石墨不仅容易分层裂开,而且其电导率在平行于石墨层的方向比垂直于石墨层的方向要大得多。晶体在不同方向上具有不同的物理化学性质,这种特性称为各向异性(anisotropy)。非晶体则无此特性。

4. 单晶和多晶

晶体可分为单晶和多晶。单晶(single crystal)是由一个晶核沿各个方向均匀生长形成的,其晶体内部粒子基本上按单一规则整齐排列。如单晶硅、单晶锗等。单晶必须在特定条件下才能形成,自然界较为少见。通常天然晶体是由很多单晶颗粒无序聚集而成,尽管每一晶粒是各向异性的,但由于晶粒排列杂乱,各向异性互相抵消,使整个晶体失去了各向异性的特征,这种晶体叫作多晶体(polycrystal)。

2.4.2 晶体的基本类型

按照晶体微观粒子的种类及其作用力的不同,可把晶体分为离子晶体、原子晶体、分子晶体和金属晶体四种基本类型。

1. 离子晶体

在离子晶体(ionic crystal)的晶格中交替排列着正离子和负离子,正、负离子通过离子键相互结合。由于离子键没有饱和性和方向性。因此,在空间因素允许的条件下,正离子将与尽可能多的负离子接触,负离子也将与尽可能多的正离子接触,正、负离子在空间的排列可以描述为"不等径圆球的紧密堆积",此时体系处于能量最低、结构最稳定的状态。参见图 2-29 所示的氯化钠离子晶体结构。

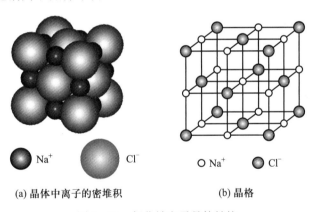

| (a) 晶体中离子的密堆积 | (b) 晶格 |

图 2-29 氯化钠离子晶体结构

由于离子晶体形成这种不等径圆球的紧密堆积,因此,每种离子往往具有较高的配位数。如氯化钠晶体,Na^+ 和 Cl^- 的配位数均为 6,即每一个离子的最邻近周围有六个带异号电荷离子,整个晶体呈电中性。可以把整个晶体看作是一个大分子,化学式 NaCl 只代表氯化钠晶体中 Na^+ 离子数和 Cl^- 离子数的比例是 1:1,并不代表一个氯化钠的分子,但习惯上也把 NaCl 称为氯化钠的分子式。

活泼金属的盐类和氧化物的晶体都属离子晶体。例如,氯化钠、溴化钾、氧化镁、碳酸钙晶体等。

与其他类型晶体比较,离子晶体常表现出以下一些共性:具有较高的熔点、沸点和硬度,但比较脆,延展性差;在熔融状态或在水溶液中具有优良的导电性,但在固体状态时,由于离子被限制在晶格的一定位置上振动,因此几乎不导电,导热性也差。

由于组成离子晶体的离子电荷、离子半径和离子的价层电子构型的不同,晶体的性质也有明显的差别。例如,MgO 和 CaO 这两种典型的离子晶体,离子的电荷数相等,但镁离子的离子半径(66 pm)比钙离子的离子半径(99 pm)小,Mg^{2+} 对 O^{2-} 的作用比 Ca^{2+} 强,因而氧化镁的晶体具有更高的熔点和更大的硬度。

2. 原子晶体

原子作为晶体的基本粒子,彼此间以共价键相互结合,这样的晶体就称为原子晶体(atomic crystal),或称共价网格晶体(covalent network crystal)。

由于共价键具有方向性和饱和性,因此,原子晶体中原子的排列不可能采用紧密堆积方式。以典型的金刚石晶体为例,每个碳原子能形成 4 个 sp^3 杂化轨道,最多可与 4 个碳原子形成共价键,组成正四面体,每个碳的配位数为 4。碳原子构成的正四面体在空间上重复排列,即组成了金刚石晶体结构(见图 2-30)。

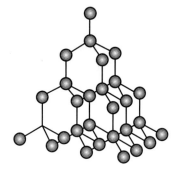

图 2-30 金刚石的晶体结构

属于原子晶体的物质并不多。除 C、Si、Ge 等单质外,周期系的第ⅣA、ⅤA、ⅥA 族元素之间形成的化合物也常形成原子晶体,如 SiC、GaAs、SiO_2、BN 等。

原子晶体一般具有很高的熔点和很大的硬度,在工业上常被选为磨料或耐火材料。尤其是金刚石,由于碳原子半径较小,共价键的强度较大,要破坏 4 个共价键或改变键角,将会受到很大阻力,所以金刚石的熔点可高达 3550 ℃,是所有单质中最高的;硬度也很大,是所有物质中最硬的。

由于原子晶体中没有离子,无论固态或熔融态都不能导电,所以一般是电绝缘体。但某些原子晶体如 Si、Ge 等,在高温下可表现出一定的导电性,是优良的半导体材料。

3. 分子晶体

在分子晶体(molecular crystal)中排列着分子,分子之间以范德华力或氢键等分子间作用力相结合(分子内的原子之间则以共价键结合)。由于范德华力没有方向性和饱和性,分子组成晶体时可做密堆积。但共价键分子本身具有一定的几何构型,所以分子晶体一般不如离子晶体堆积得紧密。

由于分子间力比共价键、离子键弱得多,分子晶体一般具有较低的熔点、沸点和较低的硬度;这类晶体无论在固态或是在熔化时都不导电。只有当极性很强的分子(如 HCl等)所组成的晶体溶解在水中时,才会因电离而导电。

大多数有机化合物和 CO_2、SO_2、HCl、H_2、Cl_2、N_2 等共价化合物及稀有气体 Ne、Ar、Kr、Xe 等在低温下形成的晶体都是分子晶体。图 2-31 是低温下 CO_2 的晶体结构。

4. 金属晶体

(1) 金属键和金属原子的密堆积

金属元素的电负性小,电离能也较小,金属原子间难以形成正常的共价键或离子键。在晶体中,金属原子的外层价

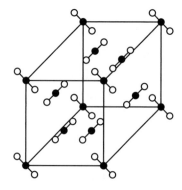

●碳原子　○氧原子

图 2-31 低温下 CO_2 的晶体结构

电子易脱离原子核的束缚,在各个正离子形成的势场中自由流动,形成所谓"自由电子"或"离域电子",它们并不固定在单个原子(或正离子)的附近,而是为整个晶体中的全部原子(或离子)所共有。这些共用电子起到把金属原子或离子"黏合"在一起的作用,形成了另一种重要的化学键——金属键。与经典的共价键两个原子共用一对电子的情况有所不同,金属键是多个原子共用在整个金属晶体内流动的自由电子,因此经常称之为改性共价键。

在金属晶体(metallic crystal)中,金属原子靠金属键结合在一起,金属原子倾向于紧密堆积在一起,组成极为紧密的结构,即密堆积,使每个原子拥有尽可能多的相邻原子(通常是8或12个原子),从而形成"少电子多中心"键。金属原子密堆积的结构形式,已被 X 射线衍射结果所证实。在金属中最常见的密堆积方式有三种(见图2-32)。

① 面心立方最密堆积(face cubic closest packing)。其特点是各密堆积层按 ACBACBACB…方式作最密堆积,重复的周期为3层,如图2-32(a)所示。这种堆积方式中可找出立方晶胞,每个原子配位数为12。例如,Ca、Sr、Ni、Cu、Ag、Al、Pb、γ-Fe 等晶体常取此种结构。

② 六方最密堆积(hexagonal closest packing)。将密堆积层的相对位置按 ABABAB…方式作最密堆积,重复的周期为2层,如图2-32(b)所示。这种堆积方式可划出六方晶胞,每个原子配位数也为12。例如,Mg、La、Y、Ti、Zr、Hf、Co、Cd 等。

③ 体心立方密堆积(body cubic packing)。这种堆积方式不是最密堆积,每个原子配位数为8,如图2-32(c)所示。这种堆积方式中可找出立方晶胞。例如,Na、K、Ba、Cr、Mo、W、α-Fe 等晶体中常见此种结构。

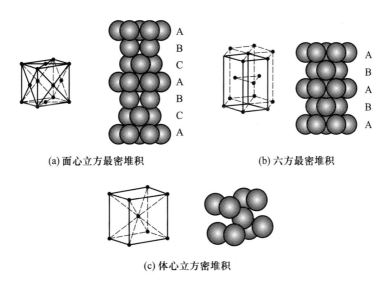

(a) 面心立方最密堆积　　　　　　　　(b) 六方最密堆积

(c) 体心立方密堆积

图2-32　金属晶体中的密堆积方式

金属单质晶体除上述三种基本堆积外,还有其他较复杂的情况。有些金属可以几种不同的晶体结构存在。例如,纯铁在910 ℃以下为体心立方密堆积,叫作 α-Fe ;当温度为910～1394 ℃,则由体心立方密堆积转变成面心立方最密堆积,称作 γ-Fe 。

（2）金属的共性

在金属晶体中，由于自由电子的存在和晶体的密堆积结构，使金属具有以下一些共同性质。

① 金属光泽。金属中的自由电子很容易吸收可见光，使金属晶体不透明，当被激发的电子跳回低轨道时又可发射出各种不同波长的光，因而具有金属光泽。

② 良好的导电性。金属的导电性与自由电子的流动有关。在外加电场的影响下，自由电子将在晶体中定向流动，形成电流。不过，在晶体内的原子和离子不是静止的，而是作一定幅度的热振动，这种振动对电子的流动起着阻碍的作用，同时，正离子对电子具有吸引力，这些因素产生了金属特有的电阻。受热时原子和离子的振动加剧，电子的运动受到更多的阻力，因此，一般随着温度升高，金属的电阻增大。

③ 良好的导热性。金属的导热性也与自由电子的运动密切相关。电子在金属中运动，会不断地与原子或离子碰撞而交换能量。因此，当金属的某一部分受热时，原子或离子的振动得到加强，并通过自由电子的运动把热能传递到邻近的原子和离子，很快使金属整体的温度均一化。因此，金属具有良好的导热性。

④ 良好的机械性能。金属的密堆积结构，允许其在外力下使一层原子相对于相邻的一层原子滑动而不破坏金属键，这是金属显示良好延展性等机械性能的原因。

（3）固体能带理论

能带理论（energy band theory）是在分子轨道理论基础上用量子力学研究金属电导理论过程中发展起来的一种近似理论。

在金属晶体中，金属原子靠得很近，它们的部分原子轨道可组合成分子轨道。一块金属中包含数量极多的原子，这些原子的原子轨道可组成极多的分子轨道。例如，1 g 钠中约有 3×10^{22} 个原子，每个钠原子用一个 3s 轨道参与组合，可得到约 3×10^{22} 个分子轨道，其中一半为成键轨道，一半为反键轨道。因此，分子轨道的数目巨大，使得各相邻分子轨道间的能级非常接近。它们实际上连成一片，构成了一个具有一定能量界限（即一定宽度）的能带。按能量最低原理，金属的价层电子将优先排入晶体的成键分子轨道，即优先在能带下半部的低能轨道中排布，使整个体系能量降低，这就形成了金属键，这种解释即为金属键的能带理论。能带的下半部充满电子，叫作价带（valence band）或满带（full band），其中的电子无法自由流动、跃迁；而能带上半部分子轨道能量较高，可部分填充电子或是全空的能带，叫作导带（conduction band）或空带（empty band）。通常有两种情况，一种情形是金属的价电子能带是半满的，另一半空着（如金属钠）；另一种情形是金属的价电子能带虽满，但与上面一个能级的空带部分重叠，形成了一个未满的导带（如在金属镁中 3s 能带与 3p 能带的部分重叠），见图 2-33。导带中的电子在外电场作用下，可在整个晶体范围内运动而形成电流，这就是自由电子。因此，金属是电、热的良导体。

在半导体和绝缘体中，价带与导带并不直接相连，其间还隔有一段空隙，被称为禁带（forbidden band）。通常半导体的禁带能量宽度（带隙）小于 3 eV，电子容易获得能量从价带越过禁带而被激发进入导带，造成导电条件。温度越高，半导体受到的热激发越强，电子跃迁到导带中的概率越大，电导率也随之增大。绝缘体禁带能量宽度通常 ≥5 eV，价带中的电子难以被激发跃迁到导带，因此，通常不能导电，见图 2-34。

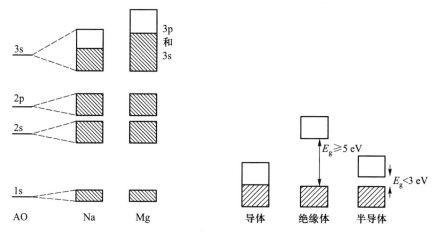

图 2-33　Na 和 Mg 的能带结构　　　图 2-34　导体、半导体和绝缘体的能带结构特征

5. 混合键型晶体

还有相当多的晶体是由不同的键型混合组成的,称为混合键型晶体,或过渡型结构晶体。

混合键型晶体的典型例子是石墨晶体。石墨中的碳原子采用 sp^2 杂化,每个碳原子与相邻三个碳原子以 σ 键结合,形成不断延伸的正六角形蜂巢状的平面结构层(见图 2-35)。这时每一个碳原子还有一个垂直于 sp^2 杂化轨道平面的 2p 轨道,并具有一个 2p 电子。这些互相平行的 p 电子"肩并肩"互相重叠,即形成遍及整个平面的离域 π 键(或称大 π 键)。这些 π 电子可以在每一层平面内自由运动,产生类似金属键的性质。而平面结构层与层之间靠范德华力结合,再形成石墨晶体。石墨晶体中既有共价键又有金属键的作用,而层间结合又是靠范德华力,因此石墨是混合键型晶体。石墨晶体既有金属光泽,在层平面方向又有很好的导电性和导热性。且由于层间结合力较弱,容易滑动,兼有金属晶体和分子晶体的特性;而层内以短于金刚石的共价键整片相连,表现出原子晶体性质,故有比金刚石更高的熔点。

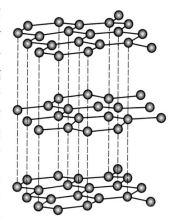

图 2-35　石墨的层状结构

2004 年,英国曼彻斯特大学盖姆(Geim A)和诺沃消洛夫(Novoselov K)发现,他们能用一种非常简单的方法——透明胶带粘揭法,对石墨薄片进行层层剥离,最后得到了仅由一层碳原子构成的薄片,这种仅由碳原子以 sp^2 杂化轨道组成六角形蜂巢状二维结构,就是石墨烯。现已发现,石墨烯由于特殊的电子结构(离域 π 键),具有优异的光学、电学、力学特性,被认为是一种未来革命性的碳纳米材料,在材料、能源、电子、信息、生物、医学等诸多领域具有广阔的应用前景。由此,盖姆和诺沃消洛夫共同获得了 2010 年诺贝尔物理学奖。

6. 液晶

液晶,即液态晶体(liquid crystal,LC),是指既可以像液体一样流动,又具有某些晶体结构特征的"相态",它除了兼有液体和晶体的某些性质(如流动性、各向异性等)外,还具有特殊的光电等理化特性,20 世纪中叶开始被广泛应用在轻薄型的显示技术上。对液晶的研究现已发展成为一个引人注目的科技领域。

在最简单的液晶相——向列型液晶相中,液晶的棒状分子之间互相平行排列,但它们的重心排列是无序的,在外力作用下互相穿越,并且发生流动,如图 2-36(a)所示。因此,这类型液晶具有相当大的流动性。

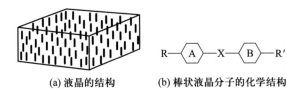

(a) 液晶的结构   (b) 棒状液晶分子的化学结构

图 2-36 液晶的结构

要呈现液晶相,化合物的分子必须满足一定的结构要求:首先,液晶分子在几何形状上,应是刚性的线形结构,长轴不易弯曲,分子为各向异性的,长度与直径之比 L/D 一般大于 4。其次,常在分子的中间部位引进双键、三键或共轭环,形成共轭体系,如图 2-36(b)中的 A 和 B;液晶分子中所含的环,可以是苯环、酯环、杂环和稠环分子。最后,末端基团 R 也是构成液晶不可缺少的部分,它是柔软易弯曲的基团。末端含有极性或可极化的基团。通过分子间库仑力、色散力的作用,使分子保持取向有序。

液晶分子可以有棒状、盘状、板状等几何形状,它们可以是较小的分子,也可以是聚合物。液晶材料主要是脂肪族、芳香族、硬脂酸等有机化合物。目前,由有机化合物合成的液晶材料已有数千种之多。由于生成的环境条件不同,液晶可分为热致液晶和溶致液晶两大类:只存在于某一温度范围内的液晶相称为热致液晶;某些化合物溶解于水或有机溶剂后而呈现的液晶相称为溶致液晶。液晶也存在于生物结构中,溶致液晶和生物组织有关,研究液晶和活细胞的关系是当今生物物理研究的重要内容之一。

电场与磁场对液晶有巨大的影响,向列型液晶相的介电性行为是各类光电应用的基础。用液晶材料制造的显示器,在 1970 年代以后发展很快,因为它们有容积小、耗电微、低电压操作、易设计多色面板等诸多优点。

2.4.3 离子极化及其对晶体结构和性质的影响

前面已经提及,晶体的四种基本类型是按它们内部粒子间的作用力性质不同来划分的。如果晶体内部粒子间作用力的性质发生下列变化,则必将引起晶体类型的改变。从成键机理来看,离子键和共价键是两种完全不同的化学键。从键的极性来看,可以把典型的离子键和典型的非极性共价键分别看作是化学键极性的两个极限。需要注意的是:在这两个极限之间,存在着一系列中间的过渡状态,即离子性不太明显的离子键和极性大小不等的共价键。考虑到这些中间过渡态的存在,实际上离子键和共价键之间并非都是那么界限分明。

当共价键两端的原子间电负性相差增大,共用电子对严重向电负性大的原子一端偏移,共价键极性将会变大,这会使共价键中带有愈来愈多的离子键特性;当共价键两端原子间的电负性相差足够大时,甚至会发生共用电子对完全转移至电负性大的原子上,变成正、负离子,从而使共价键转变为离子键。以离子键结合起来的正、负离子之间,除了起主要作用的静电引力之外,也会因为离子的变形性,使得正、负离子间还存在极化作用,以致发生负离子的电子云向正离子一边偏移,造成正、负离子间部分电子云重叠,使之带有部分共价键性质,离子键向共价键过渡,甚至进一步向共价键转化,如图2-37所示。

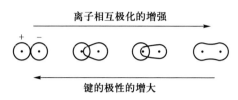

图2-37 离子极化与离子键/共价键间的转化

化学键性质的变化必然会引起晶体结构和性质的变化。虽然在大多数情况下,这种变化还不足以导致晶体类型的改变,但却使大多数离子晶体带有不同程度的分子晶体的特性。使它们在熔点、硬度、溶解度、颜色等方面呈现出较大的差别。

1. 离子的极化

简单离子,如 Na^+、Cl^- 等,都可以看作是球形的,其正、负电荷中心重合,如图2-38(a)所示。复杂离子,有时离子内部因电荷分布不均匀而具有极性,如 OH^-。但是所有离子在外电场中,其原子核和电子云都会发生相对位移,而产生诱导偶极,就像分子中的情形一样。这个过程就称为离子极化(ionic polarization)。每个离子都带有电荷,其周围都有电场存在。只要两个离子彼此充分接近,它们就会相互作用,发生极化。如图2-38(b)、(c)所示。

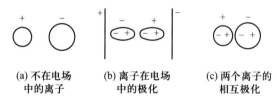

(a) 不在电场　　(b) 离子在电场　　(c) 两个离子的
中的离子　　　　中的极化　　　　相互极化

图2-38 离子的极化作用

2. 决定离子极化强弱的主要因素

在离子相互接近发生极化时,离子本身作为带电荷体,是使其他离子发生极化的作用力。常用离子的极化力(polarization force)来描述某离子使其他离子发生极化的能力强弱。另一方面,离子本身同时又是被其他离子极化的对象。即在其他离子的静电场作用下,发生极化。常用离子的变形性(deformability)来描述某离子受其他离子作用时,自身发生极化程度的大小。

(1) 离子的极化力

离子的极化力与离子的电荷、半径及外层电子构型有关。(阳)离子的电荷越大、半径越小,所产生电场的强度越大,离子的极化力越大。例如,$Al^{3+}>Mg^{2+}>Na^+$;如果电荷相等,半径相近,则离子的极化力决定于外层电子构型:具有18电子构型的离子(如 Cu^+、Cd^{2+} 等)和 $18+2$ 电子构型的离子(Pb^{2+}、Sb^{3+} 等)极化力最强,$9\sim17$ 电子构型的离子(例如 Mn^{2+}、Fe^{2+}、Fe^{3+} 等)极化力较强,外层具有8电子构型的离子(如 Na^+、Ca^{2+} 等)极化力最弱。

(2) 离子的变形性

离子的变形性主要决定于离子半径的大小。离子半径大,核电荷对电子云的束缚较弱,因此离子变形性大,例如,$I^->Br^->Cl^->F^-$。离子的电荷对变形性也有影响,对正离子来说,离子电荷越大,变形性越小;而对负离子来说离子电荷越大,变形性越大。当半径相近、电荷相等时,最外层有 d 电子的离子的变形性一般比较大,例如,Hg^{2+} 的变形性大于 Sr^{2+}。

一般说来,负离子由于半径大,外层具有 8 个电子,所以它们的极化力较弱,变形性比较大。相反地,正离子具有较强的极化力,变形性却不大。所以当正、负离子相互作用时,主要是正离子对负离子的极化作用,使负离子发生变形。但一些最外层为 18 电子构型的正离子,如 Cu^+、Cd^{2+} 等的变形性也是比较大的,因此在这种情况下还必须考虑正离子的变形性,此时相互极化作用将进一步增强。

3. 离子极化对晶体结构和性质的影响

离子极化使离子晶体中的离子键逐渐向共价键过渡,因而使相应的离子晶体带有若干共价特性,使晶体的溶解度、颜色等都发生一定的变化,如表 2－10 所示。

表 2－10　离子极化引起晶体结构和性质的变化

晶体	AgF	AgCl	AgBr	AgI
离子半径之和/pm	262	307	322	342
实测键长/pm	246	277	288	299
键型	离子键	过渡型	过渡型	过渡为共价键
晶体构型	NaCl	NaCl	NaCl	ZnS
溶解度/(mol·dm^{-3})	易溶	1.34×10^{-5}	7.07×10^{-7}	9.11×10^{-9}
颜色	白色	白色	淡黄	黄

由于 Ag^+ 具有 18 电子层结构,其极化力和变形性都较大。因而在卤化银晶体中,银离子与卤离子间的相互极化很强,不仅要考虑 Ag^+ 对卤离子的极化作用,而且必须考虑卤离子对 Ag^+ 的极化作用,引起 Ag^+ 发生变形。这种相互极化的结果使卤化银的离子键中带有明显共价性。而且从 AgF 到 AgI,随着卤离子变形性的增大,离子相互极化的作用增强,离子键中共价键的成分越来越多。F^- 离子半径很小,其变形性小,因而 Ag^+ 与 F^- 间相互极化程度较小,AgF 基本保持为离子键。到 AgI 时已基本过渡为共价键了。

键性的变化引起了晶体物理化学性质的变化,其中溶解度的变化是十分典型的。一般离子晶体都易溶于水。但卤化银中却只有 AgF 是易溶于水的,其余三种都难溶于水。说明只有 AgF 还保有典型的离子键的特性,而其余卤化银都呈现较强的共价性。其次,化合物的熔点变化也是很明显。一般离子晶体的熔点都比较高,而分子晶体的熔点比较低。例如,NaCl 和 AgCl 具有相同的晶体构型,且 Na^+ 和 Ag^+ 的电荷相同,半径相近,但同是氯化物晶体的 NaCl 和 AgCl,前者熔点(801 ℃)大大高于后者(455 ℃)。这也是因为 NaCl 是典型的离子晶体,而 AgCl 的键性已不完全是离子键,它带有明显的共价特性。离子极化还会导致离子晶体的颜色加深、硬度降低等物理化学性质的变化,在无机化学中有多方面的应用。

2.4.4　晶体缺陷和晶体材料

纯净、完美的晶体是一种理想的状态,实际的晶体总是存在着种种缺陷。所谓"缺陷"

(defect)指的是晶体中一切偏离理想点阵结构的地方。毫无疑问,晶体的缺陷将影响到晶体的性质。一方面,缺陷将使晶体的某些优良性能下降。例如,金属晶体中存在位错,原子间的结合力减弱,使金属的机械强度降低。另一方面,晶体缺陷正是人们改造晶体使之具有特定性能的用武之地。改变晶体缺陷的种类和数量,可制得某些特殊性能的晶体,开拓许多重要的应用。

1. 晶体缺陷的种类

晶体缺陷的种类繁多,若按几何形式分类有:点缺陷(如杂原子置换、空位、间隙原子等,其中包含肖特基缺陷和弗兰克尔缺陷)、线缺陷(如位错)、面缺陷(如堆垛层错、晶粒边界等)和体缺陷(如包裹杂质、空洞)等。若按缺陷的形成和结构分类有:本征缺陷——指不是由外来杂质原子形成而是晶体结构本身偏离点阵结构造成的;杂质缺陷——指杂原子进入基质晶体中所形成的缺陷。

2. 晶体缺陷造成晶体性质的变化

晶体缺陷使得晶体在光、电、磁、声、热学上出现新的特性。例如,单晶硅、锗都是优良半导体材料,而人为地在硅、锗中掺入微量砷、镓形成的有控制的晶体缺陷,作为晶体管材料成为集成电路的基础。离子晶体的缺陷有时可使绝缘性发生变化,如在 AgI 中掺杂 +1 价正离子后,室温下就有了较强的导电性,这类固体电解质能在高温下工作,可用于制造燃料电池、离子选择电极等。杂质缺陷还可使离子型晶体具有绚丽的色彩。如 $\alpha - Al_2O_3$ 中掺入 CrO_3 呈现鲜艳的红色,常称"红宝石",而且可用于激光器中作晶体材料。晶体缺陷带来晶体性质的变化,给新材料的开发应用提供广阔的空间。

思考题与习题

1. 以下几位科学家对原子结构理论各有什么贡献?

(1) 德布罗意(de Broglie)

(2) 巴尔末(Balmer)

(3) 爱因斯坦(Einstein A)

(4) 玻尔(Bohr N)

(5) 薛定谔(Schrödinger E)

2. 试解释下列概念:

(1) 波粒二象性　　　　(2) 波函数　　　　　　(3) 电子云

(4) 电子云界面图　　　(5) 波函数的角度分布图　(6) 电子云的角度分布图

(7) 量子数　　　　　　(8) 屏蔽效应　　　　　(9) 钻穿效应

(10) 电离能　　　　　 (11) 电子亲和能　　　　(12) 电负性

3. "s电子是在一个球面上运动,p电子则是在一个类似哑铃的表面上运动的,"这种说法对不对? 为什么?

4. 波函数的角度分布图与电子云的角度分布图有何区别? 为什么会产生这些差别?

5. 写出四个量子数的名称,这四个量子数的取值各有什么限制? 并说明各量子数的物理意义。

6. 指出 1s、2p、3d、4f、5s 这些原子轨道相应的主量子数 n,角量子数 l 的值各为多少? 每种轨道所包含的轨道数目是多少?

7. 假定有下列各套量子数,指出其中哪些实际上不可能存在的,并说明原因。

(1) $(3,2,2,\frac{1}{2})$ (2) $(3,0,-1,\frac{1}{2})$ (3) $(2,2,2,2)$

(4) $(1,0,0,0)$ (5) $(2,-1,0,\frac{1}{2})$ (6) $(2,0,-2,\frac{1}{2})$

8. 原子中核外电子排布遵循的基本原则是什么? 试画出原子轨道能级高低的近似能级图。

9. 如何简单计算某个原子核作用在指定电子上的有效核电荷之值? 请举例加以说明。

10. 试计算 K、Al、S、Cr 四种元素的原子核作用在外层电子上的有效核电荷数。

11. 什么是能级交错? 为什么会发生能级交错? 试举例说明。

12. 原子失去电子变成离子时,优先失去哪些轨道中的电子?

13. 写出 Fe、Fe^{2+}、Fe^{3+}、Cu、Cu^{2+}、Ba、Ba^{2+}、Bi、Bi^{3+}、Pb、Pb^{2+} 的核外电子排布式及价层电子排布式。

14. 在下列电子构型中,哪种属于原子基态? 哪种属于原子激发态? 哪种纯属错误?

(1) $1s^2 2s^3 2p^1$ (2) $1s^2 2p^2$ (3) $1s^2 2s^2 2p^1$

(4) $1s^2 2s^2 2p^6 3s^1 3d^1$ (5) $1s^2 2s^2 2p^5 4f^1$ (6) $1s^2 2s^2 3p^7$

15. 指出下列所写的各元素的电子排布,违背了什么原理? 并写出正确的电子排布式:

(1) 硼 $1s^2 2s^3$ (2) 氮 $1s^2 2s^2 2p_x^2 2p_y^1$ (3) 铍 $1s^2 2p^2$

16. 试用元素原子结构的周期性变化具体说明元素周期表的微观基础。

17. 从原子轨道能级分组说明,为什么元素周期表中第 1 周期只有两个元素,第 2、第 3 周期各有八个元素,第 4 周期却有十八个元素?

18. 周期表可划成哪几个区? 这些区中元素各有什么特征?

19. 试从金属性、电离能、电负性和原子半径等四个方面,比较 As、Se、S 三个元素。

20. 简单说明元素的电离能、电子亲和能、电负性的周期性变化规律。

21. O 的电离能稍低于 N。写出这两个元素原子的电子构型,并解释两者电离能高低的反常结果。

22. 用电子排布构型解释:

(1) 金属原子半径大于同周期中非金属原子半径。

(2) H 表现出既和 Li 又与 F 相似的性质。

(3) 从 Ca 到 Ga 原子半径的减小比 Mg 到 Al 的半径缩小大。

(4) 元素 Zr 和 Hf、Nb 和 Ta、Mo 和 W 之间的化学性质十分相似。

23. 请简要地解释下列一些有关化学键的基本问题。

(1) 离子键的本质   (2) 共价键具有饱和性和方向性

(3) σ 键与 π 键的区别   (4) 等性杂化和不等性杂化

(5) 氢键和氢键形成的条件

24. 命名下列配合物,并指出配离子的电荷数、中心离子的化合价:

$[Cu(NH_3)_4]SO_4$、$K_2[PtCl_4]$、$Na_3[Ag(S_2O_3)_2]$、$Fe_3[Fe(CN)_6]_2$、$Fe_4[Fe(CN)_6]_3$、$[Co(NH_3)_6]Cl_3$、$[Co(NH_3)_4Cl_2]Cl$、$K_2[Co(SCN)_4]$、$[Pt(NH_3)_2Cl_2]$、$K_2[Zn(OH)_4]$、$Na_2[SiF_6]$、$[Ni(CO)_4]$

25. 有两个组成相同但颜色不同的配位化合物,化学式均为 $CoBr(SO_4)(NH_3)_5$。向红色配位化合物中加入 $AgNO_3$ 后生成黄色沉淀,但加入 $BaCl_2$ 并不生成沉淀;向紫色配位化合物中加入 $BaCl_2$ 后生成白色沉

淀,但加入 $AgNO_3$ 后并不生成黄色沉淀。写出它们的结构式和名称,并简述推理过程。

26. 用氨水处理含有 Ni^{2+} 及 Al^{3+} 的溶液,先形成一种有色沉淀,继续加氨水,沉淀部分溶解形成深蓝色的溶液,剩下的沉淀是白色的,再加入过量的 OH^- 处理沉淀,则沉淀溶解,形成澄清溶液;如果向此澄清液中慢慢加入酸,则又有白色沉淀,继续加酸过量,则沉淀又溶解。试写出上述每步反应的方程式。

27. 试解释 $[Fe(H_2O)_6]^{2+}$ 是高自旋的,但 $[Co(NH_3)_6]^{3+}$ 是低自旋的原因。

28. 写出下列各种离子的电子排布式,并指出它们的外层电子数分别属于 8、9～17、18、18+2 类型中的何种类型?

$$Fe^{2+}、Ti^{4+}、V^{3+}、Sn^{4+}、Bi^{3+}、Hg^{2+}、I^-、Al^{3+}、Tl^+、S^{2-}$$

29. 根据价键理论写出下列分子的结构式(用一根短线表示一对共用电子)。

$$Br_2、OF_2、PCl_3、SiH_4、CS_2、HCN、H_2O_2$$

30. 根据杂化轨道理论预测下列分子的空间构型:

$$SiHCl_3、NF_3、PH_3、H_2Se$$

31. 试说明,键的极性和分子的极性在任何情况下是否都是一致的?

32. 不用查表,分别指出在下列各组化合物中,哪个化合物中键的极性最大? 哪个化合物中键的极性最小?

(1) $NaCl、MgCl_2、AlCl_3$ (2) $SiCl_4、PCl_5、SCl_6$

(3) $LiF、NaF、KF、RbF、CsF$ (4) $HF、HCl、HBr、HI$

33. 下列化合物的分子之间是否有氢键存在?

$$C_2H_2、NH_3、C_2H_5OH、H_3BO_3、CH_4$$

34. 分子间力主要有哪几种? 分子间力的大小对物质的物理性质有何影响?

35. 用金属的自由电子理论解释金属的特性。

36. 在组成分子晶体的分子中,原子间是共价结合;在组成原子晶体的原子间也是共价结合。那么,为什么分子晶体与原子晶体的性质会有很大差别?

37. 已知下列两类晶体的熔点为

(1) NaF:993 ℃; $NaCl$:801 ℃; $NaBr$:747 ℃; NaI:661 ℃

(2) SiF_4:-90.2 ℃; $SiCl_4$:-70 ℃; $SiBr_4$:5.4 ℃; SiI_4:120.5 ℃

试说明为什么钠的卤化物的熔点总是比相应硅的卤化物的熔点高? 为什么钠的卤化物的熔点递变和硅的卤化物不一致?

第 3 章 化学反应的基本规律

在生活和生产实践中,人们要面对各种与物质变化有关的化学问题,如化学反应中物质性质的改变、物质间量的关系、能量的交换与传递、变化速率的快与慢、发生变化的可能性与现实性等。虽然化学变化纷繁复杂,但是基本规律却清晰明了。掌握好化学反应的基本规律,有助于人们更好地认识和利用化学反应,甚至可以设计和控制化学反应,让化学更好地为人类服务。本章拟对化学反应的质量和能量关系及化学反应的方向、限度和速率的基本规律进行介绍,这些规律的一些重要应用在后续章节中也会陆续呈现。

3.1 基 本 概 念

3.1.1 体系与环境

宇宙空间是由物质组成的,物质之间又是相互联系的。为了研究方便,人们常常把被研究的对象与其周围的物质划分开来,这种被划出来作为研究对象的物质系统叫作体系(system)。例如,研究烧杯内溶液中进行的硝酸银和氯化钠的反应,其反应物和产物组成的混合溶液及氯化银沉淀就可作为一个体系。体系之外,且与体系有密切联系的其他部分叫作环境(surroundings)。

1. 体系的分类

根据体系与环境之间物质和能量交换情况的不同,可将热力学体系分为三类:

敞开体系:体系与环境之间既有物质交换,又有能量交换。

封闭体系:体系与环境之间没有物质交换,只有能量交换。

孤立体系:体系与环境之间既没有物质交换,又没有能量交换。

例如,敞口容器中的热水,水既可以蒸发又可以通过空气传热,就构成了敞开体系;若容器用塞子塞紧,此时容器内外只能进行热量交换,而没有物质交换,则构成封闭体系;若再把塞紧塞子的容器放入保温瓶中,瓶内抽成真空,则该体系可近似看成孤立体系。严格地说,绝对的孤立体系是不存在的,因为目前尚没有一种材料能够将热、声、光、电、磁等所有的能量完全隔绝。

2. 体系的性质

体系的热力学温度、压强、密度、体积等宏观物理量称作体系的热力学性质,简称为性质。按性质的特性可分为两大类:

(1) 广度性质

广度性质的数值与体系中物质的数量成正比,具有加和性,所以又称容量性质。如体积、质量及随后将介绍的热力学能、焓等均是广度性质。

(2) 强度性质

强度性质的数值与体系中物质的数量无关,不具有加和性,而取决于体系的自身特性。如浓度、压强、温度、密度等均是强度性质。

3.1.2 状态与状态函数

任何体系的状态(state)都可以用一些宏观可测的物理量,如温度、压强、体积、组成等进行描述。当体系的各项性质确定后,体系即处于某种确定的状态;反之,当体系的状态确定后,各种性质也具有确定的数值。因此,体系的状态就是体系性质的综合表现;而那些能够表征体系特性的宏观性质,或者说能够描述体系状态的宏观物理量,就称为体系的状态函数(state function)。

体系的各状态函数之间是相互关联的。比如,对于一定量的理想气体而言,如果知道压强、体积、温度这三个状态函数中的任意二个,就可以用理想气体状态方程确定第三个状态函数的数值。

状态函数具有两个重要的特征:

① 体系的状态确定后,状态函数就具有单一的确定值。如在标准大气压下纯水与冰平衡时,体系的温度为 $0℃$。

② 体系的状态发生变化时,状态函数也发生变化,其变化量只取决于体系的起始状态(简称始态)和最终状态(简称终态),与变化所经历的途径无关。如将 293.15 K 的水加热到 353.15 K,温度变化量 $\Delta T = 353.15\ K - 293.15\ K = 60.00\ K$。至于是用煤气灯加热还是用电炉加热,还是将水先加热到 373.15 K 再冷却到 353.15 K 等都对 ΔT 的值无影响。

从状态函数的第二个特征可以看出,无论体系经历多么复杂的变化,只要体系最终回到始态,状态函数的变化值一定为零。

凡是状态函数,必然具有上述两个特征;通常也可用上述特征来判断某种性质是否为状态函数,只要体系的某个性质具备上述两个特征,则该性质一定是状态函数。

3.1.3 过程与途径

体系的状态会因环境条件改变而发生变化,体系所发生的一切变化均称为热力学过程(process);实现过程的具体步骤或路线称为途径(path)。

例如,在 101.325 kPa 的压强下,将 298 K 的水转变为 328 K 的水,这就是一个过程,完成这个过程可以有以下三种不同的途径;而各种途径中又可以包含多个不同的过程(见图3-1)。

通俗点讲,过程代表着变化,途径联系着轨迹或路线。尽管一个变化过程有着不同的途径,但状态函数的增量却只有唯一的数值,可谓殊途同归。

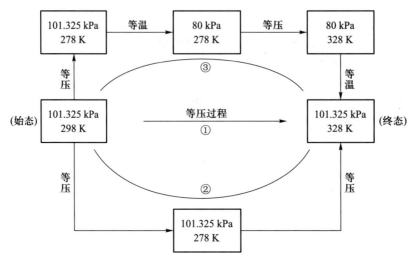

图 3-1　过程与途径示意图

根据体系性质的变化和环境条件的不同,可以把热力学过程分为多种类型,典型的过程有:等温过程(isothermal process)、等压过程(isobaric process)、等容过程(isochoric process)、绝热过程(adiabatic process)、循环过程(cyclic process)。

3.1.4　热力学标准状态

物质的热力学函数值和物质所处的状态密切相关,除了温度、压强、体积等常见的热力学函数外,还有一些重要的热力学函数(后面将要介绍的热力学能 U、焓 H、熵 S、吉布斯自由能 G 等)的绝对值无法确定,在计算它们的相对值时,需建立一个公共的参考态作为标准状态。

国际纯粹与应用化学联合会(IUPAC,international union of pure and applied chemistry)推荐温度 T 时,压力处于 $p^{\ominus}=100\ kPa$($p^{\ominus}$ 称为标准压力)下的物质状态为热力学标准状态(standard state,简称标准态,在函数的右上角用符号 $\ominus$ 表示)。该规定中没有给定温度的数值,故任何温度下都存在一个标准状态。常将 298.15 K 作为参考温度。通常如不特别说明,就是指 $T=298.15\ K$。既然标准状态的压力已经指定,那么标准状态下热力学函数的变化量就与压力无关。

对于不同聚集状态的物质体系,标准状态的含义有所不同:纯气体的标准状态是指气体处于标准压力 $p^{\ominus}$ 下的状态;混合气体的标准状态是指各个组分气体的分压力都为标准压力 $p^{\ominus}$ 的状态;固体或液体纯相的标准状态是指处于 $p^{\ominus}$ 时 $x_i=1$,即摩尔分数为1的状态;溶液中溶质的标准状态是指在 $p^{\ominus}$ 下其浓度为 $1\ mol \cdot dm^{-3}$(即标准浓度 $c^{\ominus}$;严格讲应为 $1\ mol \cdot kg^{-1}$,即 $b^{\ominus}$)时的状态。

应该指出的是,标准状态是人为指定的理想状态,并不一定真实存在,更不等于实际体系的指定状态。

3.1.5　理想气体状态方程与分压定律

1. 理想气体状态方程

理想气体状态方程(ideal gas equation)是描述理想气体的温度 T、压强 p、体积 V 和物质的

量 n 之间关系的方程。即

$$pV = nRT \qquad (3-1)$$

式中，R 是摩尔气体常数(gas constant)，其数值及单位为 $8.3145\ \text{J} \cdot \text{mol}^{-1} \cdot \text{K}^{-1}$。

严格遵守理想气体状态方程的气体称为理想气体。理想气体是一种理论模型，按此模型，理想气体分子只有位置而不占体积，是一个"质点"；气体分子间没有相互作用力；气体分子在不停地运动，分子间及分子与器壁的碰撞为"弹性碰撞"。因此，严格来说理想气体是不存在的。实际上，温度在室温及以上，压力在一个 $p^{\ominus}$ 及以下的大部分气体，都能够近似符合理想气体状态方程。因为此时分子间距较大，引力较小，分子本身占有的体积与气体分子运动的空间相比也比较小。

2. 道尔顿分压定律

混合气体是由两种或两种以上的气体构成的，其中每一种气体为一个组分。混合气体的压强是各个组分对压强的贡献之和，称为总压(p)。每个组分对压强的贡献称为分压(p_i，partial pressure)，为该组分气体单独处于与混合气体同温、同体积下产生的压强。混合气体的总压等于各组分的分压之和，这就是道尔顿(Dalton J)1801 年提出的气体分压定律，即

$$p = \sum_{i=1}^{n} p_i \qquad (3-2)$$

严格说来，道尔顿分压定律只对理想气体适用。对于低压下的实际气体，则能近似地服从道尔顿分压定律。根据理想气体状态方程，有

$$p_i = \frac{n_i RT}{V} \qquad (3-3)$$

$$p = \sum_{i=1}^{n} p_i = \sum_{i=1}^{n} \frac{n_i RT}{V} = \frac{RT}{V} \sum_{i=1}^{n} n_i = \frac{nRT}{V} \qquad (3-4)$$

式中，V 为混合气体总体积，T 为气体的热力学温度，而 n_i 和 n 分别为组分 i 和混合气体的物质的量。式(3-3)与式(3-4)两式相除，得

$$\frac{p_i}{p} = \frac{n_i}{n} \qquad (3-5)$$

$$p_i = p \times \frac{n_i}{n} \qquad (3-6)$$

式(3-5)表明组分 i 的压力分数等于其摩尔分数；而式(3-6)则表明组分 i 的分压等于总压力与组分 i 的摩尔分数之积。这也是分压定律的另一种表示形式。

在等温等压下，气体的体积与该气体的物质的量成正比，于是可得

$$\frac{p_i}{p} = \frac{V_i}{V} = \frac{n_i}{n}\ \text{或}\ \varphi_i = x_i \qquad (3-7)$$

3.1.6　相与界面

热力学上，把体系中物理性质和化学性质完全相同的均匀部分称为相(phase)。不同的相之间存在着界面(interface)。越过界面，有些性质会发生突变。如由液态水变为气态水时，

越过气、液相界面,其密度、折射率等性质都大不相同。另外,处于界面附近的原子或分子的受力情况与相内部也不同,往往存在剩余引力,使得表面的分子具有额外的势能,称为界面能(或表面能)。一般来说,体系中存在的界面越多,能量就越高,体系也会越不稳定。

对于相这个概念,要注意如下几点:

① 由于任何气体均能无限混合,所以混合气体只有一个相(即气相)。这种只有一个相的体系称为单相体系或均相体系。

② 液态物质视其互溶程度,可以是一相(如水与酒精的混合物)、两相(如水和油的混合物)、甚至三相(如水、油和汞的混合物)。

③ 固态物质,除固溶体(固体溶液)外,每一种固态物质即为一个相,体系中有多少种固体物质即有多少相。含有两个或两个以上相的体系称为多相体系或非均相体系。

④ 单相体系中不一定只有一种组分物质(如气体混合物);同一种物质体系也不一定只有一相(如冰水混合物);聚集状态相同的物质组成的体系也不一定就是单相体系(如油和水的混合物)。

由此可见,相和物质的聚集状态没有必然的一致性。物质的聚集状态通常有气态、液态和固态,特殊条件下还能形成等离子态、中子态、超固态等。同一种聚集状态,也不一定就是单相体系;但是单相体系中却只有一种聚集状态。

3.2　化学反应中的质量守恒与能量守恒

在发生化学反应的过程中,不仅有新物质生成,而且总是伴随着能量的变化。因此认清化学反应中各物质间的质量关系和能量关系对于指导科学实验和生产实践都具有十分重要的意义。本节介绍化学反应中遵循的两个基本定律:质量守恒定律和能量守恒定律。

3.2.1　化学反应的质量守恒定律

1. 质量守恒定律

质量守恒定律(law of mass conservation)认为,在孤立体系中,无论发生何种变化,体系的总质量始终保持不变。这一观念早在 17 世纪我国明清之际进步思想家王夫之就已在《思问录》中提出过:"天地之数,聚散而已矣,其实均也"。1748 年俄国科学家罗蒙诺索夫(Lomonosov M)明确指出:在密闭容器中进行的化学反应,全部产物的质量等于全部反应物的质量,并认为这是化学反应普遍遵循的基本规律之一,也就是化学反应中的质量守恒定律。但是罗蒙诺索夫提出的这一定律除了俄国人外很少有人知晓。所以,法国科学家拉瓦锡(Lavoisier A)被认为是质量守恒定律的发现人,他在 1777 年通过实验推翻了"燃素说",质量守恒定律获得公认。化学反应质量守恒定律还可表述为物质不灭定律:在化学反应中,质量既不能被创造,也不能被毁灭,而只能由一种形式转变为另一种形式。

2. 化学反应计量方程式

根据质量守恒定律,所有的化学反应都可以用化学反应计量方程式(通常称为化学方程式或化学反应式)来表示,其通式为

$$0 = \sum_{B} \nu_{B}B \qquad (3-8)$$

式中，B 代表化学反应中的各种物质，包括所有反应物和生成物；ν_{B} 为物质 B 的化学计量数（stoichiometric number），其绝对值等于物质化学式前的系数。化学计量数可以是整数，也可以是简单分数。通常规定，反应物的化学计量数为负值，生成物的化学计量数为正值。

3. 化学反应进度

化学计量数的基本含义是每进行 1 mol 反应，有 ν mol 的 B 物质发生变化。1 mol 反应即指进度为 1 mol 的化学反应。具体到给定的化学反应可描述为

$$dD + eE \Longequal gG + hH \qquad (3-9)$$

在反应过程中，反应物的减少和生成物的增加是按照 d、e、g、h 的比例发生的，亦即其中任一物质的变化量 Δn_{B} 是与其化学计量数 ν_{B} 成正比的，其比值用 ξ 表示，称为给定反应进行到此状态时的反应进度，简称为反应进度（extent of reaction），表示为

$$\xi = \frac{\Delta n_{D}}{\nu_{D}} = \frac{\Delta n_{E}}{\nu_{E}} = \frac{\Delta n_{G}}{\nu_{G}} = \frac{\Delta n_{H}}{\nu_{H}} \qquad (3-10)$$

通式为

$$\xi = \frac{\Delta n_{B}}{\nu_{B}} = \frac{n_{B}(\xi) - n_{B}(0)}{\nu_{B}} \qquad (3-11)$$

式中，$n_{B}(\xi)$ 和 $n_{B}(0)$ 分别表示反应进度为 ξ 和 0 时 B 的物质的量。由式（3-10）可以看出，在计算反应进度时，无论选取反应物或生成物中的任何一种物质，反应进度都具有相同的数值。ξ 的单位为 mol。反应进度与反应方程式的写法有关，所以在谈到 ξ 的具体量值时，必须同时指出化学反应的计量方程式。

例如，氢气的燃烧反应可以用化学计量方程式表示为如下两种形式：

$$0 = (-2)H_2 + (-1)O_2 + (+2)H_2O \text{ 或 } 2H_2 + O_2 \Longequal 2H_2O \qquad (3-12)$$

$$0 = (-1)H_2 + \left(-\frac{1}{2}\right)O_2 + (+1)H_2O \text{ 或 } H_2 + \frac{1}{2}O_2 \Longequal H_2O \qquad (3-13)$$

式（3-12）表示：反应进度为 1 mol 时，消耗 2 mol H_2 和 1 mol O_2，生成 2 mol H_2O；式（3-13）表示：反应进度为 1 mol 时，消耗 1 mol H_2 和 $\frac{1}{2}$ mol O_2，生成 1 mol H_2O。由此可见，反应进度与反应计量数的值有关。

3.2.2 能量守恒——热力学第一定律

1. 热和功

热和功是能量传递的两种形式。热和功不是体系本身的能量，而是体系与环境之间交换或传递的能量，因此只有当体系经历一个过程时才有热和功。热和功不是体系的性质，也不是状态函数，二者均与过程变化有关。

在热力学中，把体系与环境之间因温度的差异而交换或传递的能量称为热（heat，用 Q 表

示);把除了热以外,其他一切交换或传递的能量称为功(work,用 W 表示)。从体系角度出发,若体系从环境吸热(获得能量),Q 为正值;体系向环境放热(损失能量),Q 为负值。环境对体系做功(获得能量),W 为正值;体系对环境做功(损失能量),W 为负值。热和功的单位都采用 J 或 kJ 表示。

热力学中涉及的功可分为两大类:体系因体积变化而与环境交换的功称为体积功(亦称膨胀功,或无用功,W_e),除此之外的功(如电功、表面功等)称为非体积功(亦称非膨胀功,或有用功,W')。

在讨论热力学基本定律时,一般只考虑体积功。定温条件下,体积功的计算式为

$$W_e = -\int_{V_1}^{V_2} p\mathrm{d}V \tag{3-14}$$

若外压 p 恒定,则有

$$W_e = -p\int_{V_1}^{V_2} \mathrm{d}V = -p\Delta V \tag{3-15}$$

2. 热力学能

英国物理学家焦耳(Joule J)历经多年实验证明:在绝热的条件下,将一定量的物质,从同样的始态出发,升高相同的温度,达到同样的终态,所消耗的各种形式的功在数量上完全相等。表明了体系具有一个只取决于始态和终态的物理量,该物理量与具体的途径无关,反映了体系的内部能量,这个物理量被称为热力学能(U, thermodynamic energy),曾称为内能,单位为 J 或 kJ。

根据焦耳的实验结果,可以看出,绝热条件下,热力学能的改变量就等于绝热过程中的功:

$$\Delta U = W(Q = 0) \tag{3-16}$$

式(3-16)可作为热力学能的定义式。

热力学研究的是宏观静止的平衡体系,无整体运动,也不考虑电磁场、离心力等外力场的影响。所以热力学能主要指体系内分子运动的平动能、转动能、振动能、电子运动能、核运动能及分子间相互作用的势能等能量的总和,但不包括体系整体运动的动能和体系整体处于外力场中所具有的势能。

热力学能 U 的绝对值尚无法测定,只能测定其变化值 ΔU。它是一个广度性质,一定条件下与体系中物质的量成正比。

3. 热力学第一定律

人们经过长期的生产实践和科学实验证明:能量既不能被消灭,也不能被创造,但可以从一种形式转化为另一种形式,或者从一种物质传递到另一种物质,在转化和传递的过程中,能量的总值保持不变。这是自然界一个普遍的基本规律,即能量守恒定律(law of energy conservation)。在热力学中称为热力学第一定律(first law of thermodynamics)。

实验证明,体系从始态(热力学能为 U_1)变到终态(热力学能为 U_2)其热力学能的变化值(ΔU)既可用绝热过程的功来测定,又可用无功过程的热交换来衡量,两者所得的结果是一致的。即

$$\Delta U = U_2 - U_1 = W \ (Q = 0) \tag{3-17}$$

$$\Delta U = U_2 - U_1 = Q \quad (W = 0) \tag{3-18}$$

如果体系和环境既有热交换,又有功的传递,则体系热力学能的变化值可表示为

$$\Delta U = U_2 - U_1 = Q + W \tag{3-19}$$

式(3-19)可作为热力学第一定律的数学表达式。式中的功是总功,$W = W_e + W'$。

例 3-1 体系始态的能量状态为 U_1,在经历了下述两个不同的变化途径后,能量的变化值 ΔU 各为多少? 两种不同变化途径达到的终态能量 U_2 为多少? 这一结果说明了什么?

(1) 从环境吸收了 480 J 的热量,又对环境做了 270 J 的功;

(2) 向环境放出了 60 J 的热量,而环境对体系做了 270 J 的功。

解:(1) 由题意知,$Q = 480 \text{ J}$,$W = -270 \text{ J}$

所以,$\Delta U = U_2 - U_1 = Q + W = 480 \text{ J} + (-270 \text{ J}) = 210 \text{ J}$

$$U_2 = U_1 + \Delta U = U_1 + 210 \text{ J}$$

(2) 由题意知,$Q = -60 \text{ J}$,$W = 270 \text{ J}$

所以,$\Delta U = U_2 - U_1 = Q + W = (-60 \text{ J}) + 270 \text{ J} = 210 \text{ J}$

$$U_2 = U_1 + \Delta U = U_1 + 210 \text{ J}$$

从计算结果可知,体系经历了(1)、(2)两个不同的变化途径后,体系的热力学能变(ΔU)均为 210 J,体系的终态能量 U_2 均抵达($U_1 + 210 \text{ J}$)这一相同的能量状态。这一结果说明,只要体系的始态和终态相同,尽管经历不同的变化途径,体系的热力学能变都相同;反之,当体系从同一始态出发,不管经历何种途径,只要热力学能变相同,则都会抵达同一个终态。这也体现了状态函数"殊途同归"的特性。

3.2.3 化学反应的热效应

化学反应的热效应通常是指不做非体积功,且始态和终态具有相同温度时,体系吸收或放出的热量,通常称为反应热(heat of reaction)。绝大多数化学反应是在等压或等容条件下发生的,所以根据反应条件的不同,通常将反应热分为等压反应热(Q_p)和等容反应热(Q_V)两种类型。而根据反应性质的不同,反应热又有燃烧热、生成热、溶解热、中和热、稀释热等不同的种类。

1. 等容反应热与热力学能变

不少化学反应是在等容条件下进行的,如在高压釜中水热合成沸石分子筛和人工水晶,用弹式热量计测定反应热等。等容过程中,体系的体积变化 $\Delta V = 0$,所以体积功 $W_e = 0$。根据热力学第一定律

$$\Delta U = Q + W = Q_V + 0 = Q_V \tag{3-20}$$

上式表明,在等温等容不做非体积功时,等容反应热等于体系的热力学能变。于是,人们可以通过在弹式热量计中测定等容反应热的办法获得热力学能变 ΔU 的数值。

2. 等压反应热与焓变

所谓等压是指化学反应过程的始态压力(p_1)和终态的压力(p_2)相等,且等于环境的压

力（p）。

若在此等压过程中，体系体积膨胀，即 $V_2 > V_1$，$\Delta V > 0$，则体系对环境做功，按照功的取值规定 $W_e < 0$；反之，若体系体积压缩，即 $V_2 < V_1$，$\Delta V < 0$，则环境对体系做功，$W_e > 0$。所以无论哪种情况都有 $W_e = -p\Delta V = -p(V_2 - V_1)$。又由于不做非体积功，$W' = 0$，所以 $W = W_e + W' = W_e + 0 = -p\Delta V = -p(V_2 - V_1)$

根据热力学第一定律有

$$\Delta U = Q + W = Q_p - p\Delta V$$

则

$$
\begin{aligned}
Q_p &= \Delta U + p\Delta V \\
&= (U_2 - U_1) + p(V_2 - V_1) \\
&= (U_2 - U_1) + (p_2 V_2 - p_1 V_1) \\
&= (U_2 + p_2 V_2) - (U_1 + p_1 V_1)
\end{aligned}
\tag{3-21}
$$

式中，U、p、V 都是状态函数，其组合仍应是状态函数，故可定义一个新的状态函数：

$$H = U + pV \tag{3-22}$$

热力学上把这个新组合的状态函数 H 称作焓（enthalpy）。将此定义式代入式（3-21），得

$$Q_p = H_2 - H_1 = \Delta H \tag{3-23}$$

上式表明，在等温等压不做非体积功时等压反应热等于体系的焓变，H 应具有能量单位，一般用 kJ 表示。因为 U、V 是广度性质，所以尽管 p 为强度性质，但 H 却仍表现为广度性质。热力学能 U 的绝对值无法获知，所以焓的绝对值也无法获得。作为（$U + pV$）的组合函数，H 并没有明确的物理意义，只有在等压，不做非体积功的特定过程中，焓的变化与过程的等压反应热才相等。于是，可通过测量等压反应热 Q_p 来获取焓变 ΔH 的数值。

一般在敞开体系中进行的化学反应都是处在大气压力下，通常可看作等压过程。因而，Q_p 的测量和 ΔH 的求算具有广泛的意义。

例 3-2 在 1170 K 和标准大气压下，1 mol $CaCO_3(s)$ 分解为 $CaO(s)$ 和 $CO_2(g)$，吸热 178 kJ。计算该过程的 Q、W、ΔU、ΔH。

解：该反应为等压、不做非体积功的过程，所以 $\Delta H = Q_p = 178$ kJ。

根据化学反应方程式，有气体生成，所以会对环境做功。

$$CaCO_3(s) =\!=\!= CaO(s) + CO_2(g)$$

$$W_e = -p\Delta V = -\Delta nRT = -1 \text{ mol} \times 8.314\,5 \text{ J·K}^{-1}\text{·mol}^{-1} \times 1\,170\text{K} = -9.73 \text{ kJ}$$

$$\Delta U = Q + W = 178 \text{ kJ} + (-9.73 \text{ kJ}) = 168.27 \text{ kJ}^{①}$$

为了便于比较不同化学反应热效应的大小，在研究一定条件下反应 $0 = \sum_B \nu_B B$ 的反应热时，人们往往需要关心发生 1 mol 反应时体系的焓变，称为反应的摩尔焓变，用符号 $\Delta_r H_m$ 表

---

① 因本书非分析化学，故对有效数字没做严格要求。如有必要，也只需先按手册数据计算，最后一次性修约即可。

示。式中,r 代表化学反应,m 表示反应进度为 1 mol。所以,反应的摩尔焓变与反应计量式有着对应关系。

为了使同一种物质在不同的化学反应中有一个公共参考态,以此作为建立基础数据的严格标准,所以这里规定采用标准状态。而符号 $\Delta_r H_m^{\ominus}(T)$ 就表示温度 T 时,化学反应的标准摩尔焓变(standard molar enthalpy change of reaction)。即表示温度为 T,标准状态下,发生 1 mol 反应时体系的焓变。

3. 热化学方程式

表示化学反应及其热效应的方程式称为热化学方程式(thermochemical equation)。例如:

$$H_2(g) + \frac{1}{2}O_2(g) \Longrightarrow H_2O(l), \quad \Delta_r H_m^{\ominus}(298.15\ K) = -285.8\ kJ \cdot mol^{-1}$$

正确写出热化学方程式,除了要注明标准状态及温度等相关条件外,还应表明参与反应的各物质的聚集状态。气态、液态、固态分别用 g、l、s 表示,水溶液用 aq 表示。如果固体有不同的晶型,也应予以指明,比如碳应指明是石墨、金刚石还是 C_{60} 等。

4. 盖斯定律与反应热计算

(1) 盖斯定律 1840 年瑞士籍俄国科学家盖斯(Hess G)在大量实验的基础上总结出一条规律:一个化学反应不管是一步完成还是分几步完成,其热效应(恒压或恒容下)都是相同的。这一规律称为盖斯定律(Hess's law)。实际上,盖斯定律只是能量守恒定律在特定条件下的一种表现形式。值得注意的是,热(Q)不是状态函数,本不应出现类似状态函数的"殊途同归"性质。但由于在前述特定条件下 Q_V 与 ΔU 或 Q_p 与 ΔH 数值相等,而 U 和 H 是状态函数,故在特定条件下的 Q 就可遵从盖斯定律。

盖斯定律的意义在于能使热化学方程式像普通代数方程式那样进行运算,从而可以根据已经准确测定了的反应热来计算难以测定或根本无法测定的反应热,即可以由已知反应的反应热计算出未知反应的反应热。

例 3-3 已知反应:

① $C(石墨) + O_2(g) \xrightarrow{298.15\ K,\ 100\ kPa} CO_2(g), \Delta_r H_{m,1}^{\ominus} = -393.5\ kJ \cdot mol^{-1}$

② $CO(g) + \frac{1}{2}O_2(g) \xrightarrow{298.15\ K,\ 100\ kPa} CO_2(g), \Delta_r H_{m,2}^{\ominus} = -283.0\ kJ \cdot mol^{-1}$

求:反应③ $C(石墨) + \frac{1}{2}O_2(g) \xrightarrow{298.15\ K,\ 100\ kPa} CO(g)$ 的 $\Delta_r H_{m,3}^{\ominus}$(等压反应热)。

解:由盖斯定律,热化学方程式③=①-②,所以,

$$\Delta_r H_{m,3}^{\ominus} = \Delta_r H_{m,1}^{\ominus} - \Delta_r H_{m,2}^{\ominus} = -110.5\ kJ \cdot mol^{-1}$$

(2) 由标准摩尔生成焓计算反应热 由单质生成化合物的反应称为生成反应,例如,$C + O_2 \longrightarrow CO_2$ 是 CO_2 的生成反应,$CO + \frac{1}{2}O_2 \longrightarrow CO_2$ 就不是 CO_2 的生成反应。

在温度 T 的标准状态下,由稳定态单质生成 1 mol 某化合物 B 的反应的标准摩尔焓变,就称为 B 物质的标准摩尔生成焓(standard molar enthalpy of formation),用 $\Delta_f H_m^{\ominus}(T)$ 表示。稳定

态单质通常是指在所讨论的温度、压力下最稳定状态的单质。常温常压下，H_2、O_2 的稳定态均为气态，碳的最稳定态为石墨，硫的最稳定态为单斜硫。按照 $\Delta_f H_m^\ominus$ 的定义可知，稳定态单质的标准摩尔生成焓为零。也有特殊情况，红磷比白磷更稳定，但是规定白磷的标准摩尔生成焓为零。因此，$\Delta_f H_m^\ominus(H_2O, 1, 298.15\ K) = -285.8\ kJ \cdot mol^{-1}$，表示反应 $H_2(g) + \frac{1}{2}O_2(g) = H_2O(l)$ 在 298.15 K 时的标准摩尔焓变为 $-285.8\ kJ \cdot mol^{-1}$。

由于大多数化学反应是在等压条件下进行的，所以这里主要讨论等压反应热（即焓变）的计算。

对于任意化学反应 $dD + eE = gG + hH$，设想从最稳定的单质出发，经历不同的途径生成产物，则其中的等压热效应关系可用下图表示：

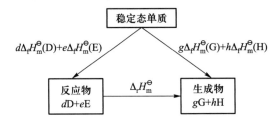

由盖斯定律有

$$\Delta_r H_m^\ominus(T) = [g\Delta_f H_m^\ominus(G,T) + h\Delta_f H_m^\ominus(H,T)]_{生成物} - [d\Delta_f H_m^\ominus(D,T) + e\Delta_f H_m^\ominus(E,T)]_{反应物}$$
$$= \sum_B \nu_B \Delta_f H_m^\ominus(B,T) \tag{3-24}$$

利用书末附录或化学手册中各物质的标准摩尔生成焓 $\Delta_f H_m^\ominus$ 数据，即可由式(3-24)求出标准状态下各化学反应的等压反应热。

例 3-4 利用 298.15 K 时有关物质的标准摩尔生成焓数据，计算乙炔(C_2H_2)在 298.15 K 时完全燃烧反应的标准摩尔焓变。

解：先写出 1 mol C_2H_2 完全燃烧的化学反应计量方程式，再从附表中查出各物质的 $\Delta_f H_m^\ominus(298.15\ K)$。为避免出错，最好将它们分别整齐地列于各物质的化学式下方。

$$C_2H_2(g) + \frac{5}{2}O_2(g) = 2CO_2(g) + H_2O(l)$$

$\Delta_f H_m^\ominus / (kJ \cdot mol^{-1})$ 228.2   0   -393.5   -285.8

根据式(3-24)得

$$\Delta_r H_m^\ominus(298.15\ K) = 2\Delta_f H_m^\ominus(CO_2,g) + 1\Delta_f H_m^\ominus(H_2O,l) - 1\Delta_f H_m^\ominus(C_2H_2,g) - \frac{5}{2}\Delta_f H_m^\ominus(O_2,g)$$

$$= \left[2\times(-393.5) + 1\times(-285.8) - 1\times(228.2) - \frac{5}{2}\times 0\right]kJ \cdot mol^{-1}$$

$$= -1301\ kJ \cdot mol^{-1}$$

由于温度对反应物和产物的 $\Delta_f H_m^\ominus$ 的影响相近，故在一般计算中可近似处理：

$$\Delta_r H_m^\ominus(T) \approx \Delta_r H_m^\ominus(298.15\ K) \tag{3-25}$$

3.3　化学反应方向——熵增加与吉布斯自由能减小

上一节介绍了化学反应过程中的能量转化问题及热力学第一定律,但是热力学第一定律并不能告诉我们,在指定条件下某一化学反应能否自发进行。比如,人们早就知道金刚石和石墨虽然物理性质有天壤之别,但都是单质碳。人们梦寐以求地想用石墨来制造金刚石,但是在很长一个时期内,在当时所能达到的条件下,做了很多实验,均以失败告终。这说明在一定条件下,并非任何变化都能朝着人们希望的方向进行。热力学第二定律论证了化学反应的方向性问题,从热转化为功的限制条件出发来判断过程发生的可能性。下面将以热力学第二定律为核心,对化学反应进行的方向等相关问题进行讨论,同时引出两个十分重要的状态函数:熵和吉布斯自由能。

3.3.1　自发过程

自然界中常常见到这样一些变化,它不需要借助外力就能自动进行。如"水往低处流",即水总是自发地由高水位流向低水位,直到两处水位相等;热总是自发地由高温物体传向低温物体,直至两物体的温度相同。这类在一定的条件下不需要外力推动就能自动发生的过程称为自发过程(spontaneous process),自发过程有一定的限度,即最终达到平衡。一切自发过程都具有做功的本领。如水力能发电,自发的氧化还原反应可以设计成原电池而做电功。自发过程的逆过程不可能自动发生,要使其发生必须做非体积功。如安装水泵可以将水由低水位转移到高水位,结果是消耗了电功。可见自发过程具有单向性,而在一定条件下能够进行自发过程的方向即为自发方向(spontaneous direction)。一切自发过程都是不可逆的。这为热力学第二定律奠定了基础。

大量物理、化学过程的研究表明,所有自发过程都遵循下列规律:
① 具有单向性。
② 具有能量最低趋势。
③ 具有混乱度最大倾向。
④ 具有做有用功的能力。
⑤ 具有一定的限度。

3.3.2　热力学第二定律

经验表明,功可以无代价地全部变为热,而热不能无代价地完全变为功。热力学第二定律正是对这一经验的总结。热力学第二定律(second law of thermodynamics)有多种说法,最经典的有以下两种叙述形式:

克劳修斯(Clausius R)1850 年提出:热不可能从低温物体传向高温物体,而不引起其他变化。即要想使热从低温物体传到高温物体,环境要付出代价。

开尔文(Kelvin L)1851 年提出:不可能从单一热源取出热使之完全变为功,而不发生其他变化。你可以从单一热源吸热做功,比如气体等温膨胀,但其后果是气体体积增大。若使气体恢复到原来状态必然要压缩,这时环境要对体系做功并得到从体系放出的热。

热力学第二定律反映了自然界实际宏观过程进行的条件和方向,它指明了某些方向的过程可以实现,而另一方向的过程不能实现。热力学第二定律为解决化学反应的方向和限度问题奠定了基础。

如前所述,不可逆过程具有共同的特点:体系能自发从始态到终态,而不可能自发地由终态回到始态。这种不可逆性说明始态与终态之间存在质的差异。为了寻找判别这种差异的依据,需引入一个与体系状态有关的热力学函数,只要计算函数的变化值就可判断过程的方向。熵即为这一状态函数。

3.3.3　混乱度与熵

混乱度(disorder)是有序性、规整度的反义词,它是指组成物质的质点在体系内排列和运动的无序程度。简单地说就是体系内部混乱的程度。

熵(entropy)是体系混乱度的量度,用符号 S 表示。体系的混乱度越大,熵值也越大。熵是体系的状态函数,具有广度性质。其绝对数值目前还无法获得,但在某一变化过程中体系的熵变(ΔS)可求。一定状态下体系有一定的熵值,物质由固态到液态再到气态的熵依次变大,无序度也依次增加。因而可以用熵来衡量体系混乱度的大小。玻耳兹曼(Boltzmann L)用统计热力学方法证明熵 S 与 Ω 有如下关系:

$$S = k\ln\Omega \tag{3-26}$$

式中,k 是玻耳兹曼常数,其值为 $1.38\times10^{-23}\,\mathrm{J\cdot K^{-1}}$;$\Omega$ 为体系中可能的微观状态数。Ω 越大,体系就越混乱无序,熵也就越大。

3.3.4　熵增加原理

体系有自发倾向于混乱度增加(即熵增)的趋势,这是自然界的普遍规律。例如:某一密闭容器中间有一挡板,一侧装有理想气体,另一侧为真空。若将挡板抽掉,气体便自发地充满整个容器。即混乱度低的状态总是要自动地向混乱度增加的方向进行。

推动化学反应自发进行的因素有两个:一个是能量,倾向于向能量降低的方向进行;另一个是混乱度,混乱度增大有利于反应的自发性。因此,化学反应的 ΔH 和 ΔS 都是与反应自发性有关的因素,但都不能独立作为反应自发性的判据,只有把两者综合考虑,才能得出正确的结论。

在孤立体系中,体系与环境没有能量交换,则推动反应自发进行的因素就只有混乱度。因此,"在孤立体系中发生的任何自发过程,总是朝着熵增大的方向进行"。这也是热力学第二定律的另一种表述,称为熵增加原理(principle of entropy increase),又称为"熵判据",可表示为

$$\Delta S_{孤立}\geqslant 0 \tag{3-27}$$

所以,对于孤立体系:

$$\Delta S \begin{cases} >0 & \text{自发} \\ =0 & \text{平衡} \\ <0 & \text{不自发} \end{cases} \qquad (3-28)$$

显然,熵增加原理只能用于判断孤立体系中过程的方向和限度,在实际应用中孤立体系极为少见,因此用熵增加原理作为判据有很大的局限性。为此,人们常将体系和环境加在一起重新划定一个大的孤立体系,其熵变为 $\Delta S_\text{总}$。于是式(3-27)可改写为

$$\Delta S_\text{总} = \Delta S_\text{体系} + \Delta S_\text{环境} \geqslant 0 \qquad (3-29)$$

可以据此判断该体系中过程的自发性。但是要准确测量环境的熵变通常很难,因而难以直接利用式(3-29)判别某一化学反应的方向。于是人们开始寻找其他更加方便可行的判据。

3.3.5 热力学第三定律与化学反应的熵变计算

1. 热力学第三定律

如前所述,物质的熵的绝对数值尚无法测定,所以需要人为地规定一个零点来计算熵的相对值。人们经过实验和推测得出了热力学第三定律(third law of thermodynamics),即"在绝对零度时,任何纯物质的完美晶体的熵值为零"。即

$$S_0 = 0 \qquad (3-30)$$

因为是纯物质,理论上讲应不含有任何杂质,体系的组分是完全单一的,在组成方面具有最高的规整性,混乱度为零;完美晶体则表示该纯物质的结构为单晶,而且没有任何晶体缺陷,因而在晶体结构方面也具有最高的规整性,混乱度为零;当热力学温度为 0 K 时,热运动应完全停止,体系的混乱度最低。因而,从理论上讲,此条件下整个体系的熵也就处于最低值。用玻耳兹曼公式(3-26)可得出式(3-30)的结果:因该条件下的微观状态数只有一种,即 $\Omega=1$,故 $S=0$。

应该指出,热力学第三定律描述的是一种理想的极端状态。实际上这种状态难以真正达到。但是可根据热力学第三定律求得某纯物质的完美晶体在某一温度时的熵,称为该物质的规定熵 $S(T)$(conventional entropy)。

$$S(T) = S(T) - 0 = S(T) - S(0) = \Delta S \qquad (3-31)$$

式(3-31)表示规定熵是物质从 0 K 到 T 两状态间的熵变。即规定熵 $S(T)$ 是一种熵变量,是以 S_0 为参比标准的相对值。

在标准状态下,1 mol 某物质的规定熵称为该物质的标准摩尔规定熵(standard molar conventional entropy),简称标准摩尔熵或标准熵,用 $S_\text{m}^{\ominus}(T)$ 表示,单位为 $\text{J} \cdot \text{K}^{-1} \cdot \text{mol}^{-1}$。本书附录中列出了一些物质在 298.15 K 时的标准熵数据。对于水溶液中某离子的标准熵 $S_\text{m}^{\ominus}(298.15\text{K})$,是规定在标准状态下水合 H^+ 离子的标准熵为零的基础上求得的相对值。

根据熵的含义,物质的标准熵 $S_\text{m}^{\ominus}$ 值通常呈现如下变化规律:

① 对于同一物质的不同聚集态而言,$S_\text{m}^{\ominus}(\text{g}) > S_\text{m}^{\ominus}(\text{l}) > S_\text{m}^{\ominus}(\text{s})$。

② 对于相同温度下同一聚集态的不同物质而言,分子越大,结构越复杂,其 $S_\text{m}^{\ominus}$ 值通常也

越大。

③ 对于同一聚集态的同一物质而言,温度越高,其 $S_m^\ominus$ 值也越高。

④ 对于同一温度下的分散体系而言,溶液的 $S_m^\ominus$ 值比纯溶剂或纯溶质的高。

⑤ 对于气态物质而言,压力增大, $S_m^\ominus$ 值减小;对于固态和液态物质而言,压力改变对其 $S_m^\ominus$ 值的影响不大。

2. 化学反应的熵变计算

应用标准摩尔规定熵 $S_m^\ominus(T)$ 的数据,可以计算化学反应的标准摩尔熵变(standard molar entropy change of reaction) $\Delta_r S_m^\ominus(T)$。

$$\Delta_r S_m^\ominus(T) = \sum_B \nu_B S_m^\ominus(B, T) \tag{3-32}$$

例 3-5　利用 298.15 K 时有关物质的标准熵数据,计算反应 $H_2(g) + \dfrac{1}{2}O_2(g) \Longrightarrow H_2O(l)$ 在 298.15 K 时的 $\Delta_r S_m^\ominus$。

解: 查得 298.15 K 时各物质的标准熵数据为

$$H_2(g) + \frac{1}{2}O_2(g) \Longrightarrow H_2O(l)$$

$S_m^\ominus(298.15\,K)/(J \cdot K^{-1} \cdot mol^{-1})$　　130.7　　205.1　　　69.9

由式(3-32)得,$\Delta_r S_m^\ominus = S_m^\ominus(H_2O, l) - S_m^\ominus(H_2, g) - \dfrac{1}{2}S_m^\ominus(O_2, g)$

$$= 69.9\,J \cdot K^{-1} \cdot mol^{-1} - 130.7\,J \cdot K^{-1} \cdot mol^{-1} - \frac{1}{2} \times 205.1\,J \cdot K^{-1} \cdot mol^{-1}$$

$$= -163.4\,J \cdot K^{-1} \cdot mol^{-1}$$

由计算结果可知,这是一个熵减的反应,对自发过程是不利的。但它不是孤立体系,不能仅用熵变来判断反应的自发性,应同时考虑其能量关系,这将在下一节予以阐述。

用附表中的数据只能求得 298.15 K 时的 $\Delta_r S_m^\ominus$。但由于温度改变时,反应物和产物的熵值会做相近程度的改变,所以可近似地认为

$$\Delta_r S_m^\ominus(T) \approx \Delta_r S_m^\ominus(298.15\,K) \tag{3-33}$$

3.3.6　吉布斯自由能与化学反应的自发性判据

1. 吉布斯自由能

如前所述,自发过程具有做有用功的能力。1876 年美国物理化学家吉布斯(Gibbs J)提出,作为反应自发性的判据是它做有用功的能力。他引入了一个新的热力学函数来表示在等温等压下的这种能力,这个函数称为吉布斯自由能(Gibbs free energy),也称吉布斯函数(Gibbs function),用字母 G 表示。其定义式为

$$G = H - TS \tag{3-34}$$

式(3-34)中,H、T 和 S 都是状态函数,所以 G 也是状态函数。等温等压下,体系发生状态变化时,其吉布斯自由能变 ΔG 为

$$\Delta G = \Delta H - T\Delta S \tag{3-35}$$

式(3-35)称为吉布斯-亥姆霍兹公式(Gibbs-Helmholtz formula),该式把影响化学反应自发性的两个因素:能量(这里表现为等压热效应ΔH)和混乱度(即ΔS)完美地统一在吉布斯自由能变中。它是热力学中最为重要的公式之一。用ΔG来判断反应的自发方向不仅更加方便可行,而且更为全面可靠。

2. 化学反应自发性的判据

绝大多数化学反应都是在等温、等压条件下进行的,所以利用ΔG作为反应自发性的判据更为方便。

由热力学第一定律和热力学第二定律可以推导出

$$-\Delta G \geqslant -W' \tag{3-36}$$

式(3-36)表明一个封闭体系在等温等压过程中,吉布斯自由能的减少大于或等于体系对外所做的最大非体积功。在可逆过程中,体系吉布斯自由能的减少等于体系对外所做的最大非体积功。

综上所述,对于封闭体系在等温等压下不做非体积功时,反应方向的自发性判据为

$$(\Delta G)_{T,p,W'=0} \begin{cases} <0 & \text{不可逆,自发} \\ =0 & \text{可逆,平衡} \\ >0 & \text{不自发} \end{cases} \tag{3-37}$$

上式表明,在等温等压不做非体积功的条件下,自发的化学反应总是向着体系吉布斯自由能减小的方向进行。这也是热力学第二定律的另一种表述,而且是更为普遍的表述。需要指出的是,等温等压下$\Delta G>0$的反应不是不能进行,而是不能自发进行。若对体系施加外力,绝大多数反应都是可以发生的。例如,在等温等压条件下,水分解成氢气和氧气的反应即例3-5的逆反应,通过计算(例3-6)可知,$\Delta G>0$,所以不能自发进行,但是通入电流即可使水分解制得氢气和氧气。

热力学判据可以从理论上给我们一种启示,告诉我们反应发生的可能性,而如何将可能性变为现实性,还有待于创造条件,并综合考虑外界因素的影响等。

3. 温度对吉布斯自由能变及反应方向的影响

从吉布斯-亥姆霍兹公式(3-35)可以看出,吉布斯自由能变ΔG是温度T的函数,记为$\Delta G(T)$。而由于ΔH和ΔS也受温度的影响,所以$\Delta G(T)$与T也不完全呈简单的线性关系。不过由于ΔH和ΔS通常受温度的影响不大,且相对于温度对$\Delta G(T)$的影响程度来说,ΔH和ΔS受温度的影响大多可相互抵消,所以在考虑温度对$\Delta G(T)$的影响时,作为一种近似处理,认为ΔH和ΔS不随温度而变,可使用298.15 K时的数据来计算ΔG。由此,$\Delta G(T)$就成为T的线性函数,$-\Delta S(298.15 \text{ K})$为斜率,$\Delta H(298.15 \text{ K})$为截距,即

$$\Delta G = -T\Delta S(298.15 \text{ K}) + \Delta H(298.15 \text{ K}) \tag{3-38}$$

为书写方便,实际使用时常将$\Delta H(298.15 \text{ K})$和$\Delta S(298.15 \text{ K})$中的温度标注略去。以下若不特别说明,略去温度标注的ΔH和ΔS均指298.15 K时的数据。

对于不同的化学反应,因 ΔH 和 ΔS 的符号不同,使 $\Delta G(T)$ 随温度的变化出现以下四种情况,亦即四种类型。

表 3–1　温度对吉布斯自由能变及反应方向的影响(等温等压下)

ΔH	ΔS	ΔG	反应自发性
−	+	−	任何温度下都自发
+	−	+	任何温度下都不自发
−	−	−(低温) +(高温)	低温自发,高温不自发
+	+	−(高温) +(低温)	高温自发,低温不自发

在表 3–1 中最下面两种类型的反应都涉及自发方向随温度的改变而逆转的问题,它们的转折点温度 $T_{转}$ 称为化学反应的转向温度,简称转向温度(transformation temperature)。由于温度为 $T_{转}$ 时即为体系的平衡点,$\Delta G = 0$,由吉布斯–亥姆霍兹公式(3–35)可以得到

$$T_{转} = \frac{\Delta H}{\Delta S} \tag{3–39}$$

应当指出,化学反应热力学只能指明反应的方向和限度,但不能判断反应的速率。如果某个反应的 $\Delta G < 0$,但反应速率很慢,则实际上有可能观察不到反应的发生,这种情况下可设法寻找催化剂,使反应正常进行;对于热力学上不可能发生的反应,则不必在寻找催化剂方面花费心思,否则将是徒劳的。

4. 化学反应吉布斯自由能变的计算

(1) 由标准摩尔生成吉布斯自由能计算 $\Delta_r G_m^{\ominus}(298.15\ \mathrm{K})$

在指定温度 T 时,由稳定态单质生成 1 mol 某物质 B 的反应的标准吉布斯自由能变,称为该物质的标准摩尔生成吉布斯自由能(standard molar Gibbs free energy of formation),用符号 $\Delta_f G_m^{\ominus}(T)$ 表示,单位为 $\mathrm{kJ \cdot mol^{-1}}$。必须注意,对于同一种物质 B,在不同温度下,其标准摩尔生成吉布斯自由能的值是不同的。

物质在 298.15 K 时的标准摩尔生成吉布斯自由能可从本书附录或化学手册中查到。显然,稳定态单质的标准摩尔生成吉布斯自由能为零。

当参与某一化学反应的所有相关物质都处于标准状态时,该反应的吉布斯自由能变即为反应的标准吉布斯自由能变。而当反应进度为 1 mol 时,该反应的标准吉布斯自由能变称为该反应的标准摩尔吉布斯自由能变(standard molar Gibbs free energy change of reaction),用符号 $\Delta_r G_m^{\ominus}(T)$ 表示,单位为 $\mathrm{kJ \cdot mol^{-1}}$。同一反应的 $\Delta_r G_m^{\ominus}(T)$ 在不同的温度下有不同的值。

与前面介绍过的反应的标准摩尔焓变的计算类似,反应的标准摩尔吉布斯自由能变也可通过物质的标准摩尔生成吉布斯自由能求得。

$$\Delta_r G_m^{\ominus}(T) = \sum_B v_B \Delta_f G_m^{\ominus}(B, T) \tag{3–40}$$

例 3-6 利用 298.15 K 时有关物质的标准摩尔生成吉布斯自由能数据,计算各气体分压均为 $p^{\ominus}$ 时,反应 $H_2(g)+\dfrac{1}{2}O_2(g)\xlongequal{\quad} H_2O(l)$ 在 298.15 K 时的 $\Delta_rG_m^{\ominus}$ 值。

解: 查得 298.15 K 时各物质的标准摩尔生成吉布斯自由能数据为

$$H_2(g)+\frac{1}{2}O_2(g)\xlongequal{\quad} H_2O(l)$$

$\Delta_fG_m^{\ominus}(298.15\ K)\,/\,(kJ\cdot mol^{-1}) \qquad 0 \qquad\qquad 0 \qquad\qquad -237.18$

由式(3-40)得,$\Delta_rG_m^{\ominus}=\Delta_fG_m^{\ominus}(H_2O,l)-\Delta_fG_m^{\ominus}(H_2,g)-\dfrac{1}{2}\Delta_fG_m^{\ominus}(O_2,g)$

$$=-237.18\ kJ\cdot mol^{-1}-0-0=-237.18\ kJ\cdot mol^{-1}$$

由此可见,该反应在此条件下是自发的(试与例 3-5 进行比较)。它既考虑了能量因素,也考虑了混乱度因素,若用下面的式(3-41)计算看得更明显。

这里的正反应 $\Delta G<0$,则其逆反应必然是 $\Delta G>0$,故水分解反应不自发。

(2) 由吉布斯-亥姆霍兹公式计算任意温度下的 $\Delta_rG_m^{\ominus}(T)$

利用吉布斯-亥姆霍兹公式(3-35)结合热力学数据可计算等温等压、任何温度下,反应的标准摩尔吉布斯自由能变 $\Delta_rG_m^{\ominus}(T)$ 的值。

$$\Delta_rG_m^{\ominus}(T)=\Delta_rH_m^{\ominus}(298.15\ K)-T\Delta_rS_m^{\ominus}(298.15\ K) \tag{3-41}$$

例 3-7 利用 298.15 K 时有关物质的热力学数据,计算各气体分压均为 $p^{\ominus}$ 时,反应 $N_2(g)+3H_2(g)\xlongequal{\quad} 2NH_3(g)$ 分别在 298.15 K 和 700 K 时的 $\Delta_rG_m^{\ominus}$ 及转向温度 $T_{转}$。

解: 查得 298.15 K 时各物质的热力学数据为

$$N_2(g)+3H_2(g)\xlongequal{\quad} 2NH_3(g)$$

$\Delta_fH_m^{\ominus}(298.15\ K)\,/\,(kJ\cdot mol^{-1}) \qquad 0 \qquad\qquad 0 \qquad\qquad -45.9$

$S_m^{\ominus}(298.15\ K)\,/\,(J\cdot K^{-1}\cdot mol^{-1}) \qquad 191.6 \qquad 130.7 \qquad 192.8$

$\Delta_fG_m^{\ominus}(298.15\ K)\,/\,(kJ\cdot mol^{-1}) \qquad 0 \qquad\qquad 0 \qquad\qquad -16.4$

① 298.15 K 时,$\Delta_rG_m^{\ominus}(298.15\ K)$ 的计算:

方法一 由式(3-40)得

$$\Delta_rG_m^{\ominus}=2\times\Delta_fG_m^{\ominus}(NH_3,g)-\Delta_fG_m^{\ominus}(N_2,g)-3\times\Delta_fG_m^{\ominus}(H_2,g)$$

$$=2\times(-16.4\ kJ\cdot mol^{-1})-0\ kJ\cdot mol^{-1}-3\times0\ kJ\cdot mol^{-1}$$

$$=-32.8\ kJ\cdot mol^{-1}$$

方法二 由式(3-41)得

$$\Delta_rG_m^{\ominus}(T)=\Delta_rH_m^{\ominus}(298.15\ K)-T\Delta_rS_m^{\ominus}(298.15\ K)$$

第一步:计算 $\Delta_rH_m^{\ominus}(298.15\ K)$

$$\Delta_rH_m^{\ominus}=2\times\Delta_fH_m^{\ominus}(NH_3,g)-\Delta_fH_m^{\ominus}(N_2,g)-3\times\Delta_fH_m^{\ominus}(H_2,g)$$

$$=2\times(-45.9\ kJ\cdot mol^{-1})-0\ kJ\cdot mol^{-1}-3\times0\ kJ\cdot mol^{-1}$$

$$=-91.8\ kJ\cdot mol^{-1}$$

第二步:计算 $\Delta_r S_m^{\ominus}(298.15\,\text{K})$

$$\Delta_r S_m^{\ominus} = 2 \times S_m^{\ominus}(\text{NH}_3, \text{g}) - S_m^{\ominus}(\text{N}_2, \text{g}) - 3 \times S_m^{\ominus}(\text{H}_2, \text{g})$$

$$= 2 \times (192.8\,\text{J} \cdot \text{K}^{-1} \cdot \text{mol}^{-1}) - 191.6\,\text{J} \cdot \text{K}^{-1} \cdot \text{mol}^{-1} - 3 \times 130.7\,\text{J} \cdot \text{K}^{-1} \cdot \text{mol}^{-1}$$

$$= -198.1\,\text{J} \cdot \text{K}^{-1} \cdot \text{mol}^{-1}$$

第三步:计算 $\Delta_r G_m^{\ominus}(298.15\,\text{K})$

$$\Delta_r G_m^{\ominus} = \Delta_r H_m^{\ominus}(298.15\,\text{K}) - T\Delta_r S_m^{\ominus}(298.15\,\text{K})$$

$$= -91.8\,\text{kJ} \cdot \text{mol}^{-1} - 298.15\,\text{K} \times (-198.1\,\text{J} \cdot \text{K}^{-1} \cdot \text{mol}^{-1}) \times 10^{-3}\,\text{kJ} \cdot \text{J}^{-1}$$

$$= -32.74\,\text{kJ} \cdot \text{mol}^{-1}$$

由计算结果可知,两种方法的计算结果十分吻合。且此时 $\Delta_r G_m^{\ominus}(298.15\,\text{K}) < 0$,反应可以自发进行。

② 700 K 时, $\Delta_r G_m^{\ominus}(700\,\text{K})$ 的计算

这种情况下,只能根据吉布斯–亥姆霍兹公式计算:

$$\Delta_r G_m^{\ominus}(700\,\text{K}) = \Delta_r H_m^{\ominus}(298.15\,\text{K}) - T\Delta_r S_m^{\ominus}(298.15\,\text{K})$$

$$= -91.8\,\text{kJ} \cdot \text{mol}^{-1} - 700\,\text{K} \times (-198.1\,\text{K}^{-1} \cdot \text{J} \cdot \text{mol}^{-1}) \times 10^{-3}\,\text{kJ} \cdot \text{J}^{-1}$$

$$= 46.9\,\text{kJ} \cdot \text{mol}^{-1}$$

此温度条件下, $\Delta_r G_m^{\ominus}(700\,\text{K}) > 0$,反应不能自发进行。

③ 转向温度的计算

由式(3–39)可得

$$T_{\text{转}} = \frac{\Delta H}{\Delta S} = \frac{-91.8\,\text{kJ} \cdot \text{mol}^{-1} \times 10^3\,\text{J} \cdot \text{kJ}^{-1}}{-198.1\,\text{J} \cdot \text{K}^{-1} \cdot \text{mol}^{-1}} = 463.4\,\text{K}$$

由计算结果可知,反应为低温自发反应。所以,当反应温度低于 463.4 K 时,有利于反应正向进行。

(3) 由范特霍夫等温式计算非标准状态下的 $\Delta_r G_m(T)$

前面介绍了标准状态下 $\Delta_r G_m^{\ominus}(T)$ 的计算。实际上,反应体系并非都处于标准状态。因此,要判断任意状态下反应的自发性,就要解决非标准状态下 $\Delta_r G_m(T)$ 的计算问题。

对于任意化学反应 $\text{dD} + \text{eE} =\!\!=\!\!= \text{gG} + \text{hH}$,根据范特霍夫(van't Hoff)化学反应等温方程式,有

$$\Delta_r G_m(T) =\!\!=\!\!= \Delta_r G_m^{\ominus}(T) + RT\ln J \tag{3-42}$$

式中, $\Delta_r G_m(T)$ 和 $\Delta_r G_m^{\ominus}(T)$ 分别为非标准状态和标准状态下反应的摩尔吉布斯自由能变, R 为摩尔气体常数, T 为热力学温度, J 为"反应商"[①]。 J 的名称、符号和表达式会因体系是属于溶液反应还是气体反应而有所不同。对于溶液反应,称其为"(相对)浓度商",用 J_c 表示;对于气体反应,称其为"(相对)压力商",用 J_p 表示。对于反应 $\text{dD} + \text{eE} =\!\!=\!\!= \text{gG} + \text{hH}$,它们的表达

---

① IUPAC 和我国国家标准都未定义反应商的概念,也未推荐使用 J。这里为方便起见,也鉴于大多数教科书中已约定俗成,故在本书中仍然使用。

式分别为

$$J_c = \prod_B (c_B / c^\ominus)^{\nu_B} = \frac{(c_G / c^\ominus)^g (c_H / c^\ominus)^h}{(c_D / c^\ominus)^d (c_E / c^\ominus)^e} \tag{3-43}$$

$$J_p = \prod_B (p_B / p^\ominus)^{\nu_B} = \frac{(p_G / p^\ominus)^g (p_H / p^\ominus)^h}{(p_D / p^\ominus)^d (p_E / p^\ominus)^e} \tag{3-44}$$

式中,$\prod_B (c_B / c^\ominus)^{\nu_B}$ 表示反应式中各物质项相对浓度以 ν_B 为指数幂的连乘积;c_B 和 p_B 表示反应中各物质的实际浓度和分压。$c^\ominus$(1 mol·dm^{-3})和 $p^\ominus$(100 kPa)分别为标准浓度和标准压力;ν_B 为化学计量数。当物质为纯液体和纯固体时,以 1 表示,故可不在 J 的表达式中出现。

例 3-8 利用 298.15 K 时有关物质的热力学数据,计算 298.15 K 下,当 $p_{CO_2} = 0.020$ kPa 时,碳酸钙分解反应能否自发进行?

解:查得 298.15 K 时各物质的热力学数据为

$$CaCO_3(s) \Longrightarrow CaO(s) + CO_2(g)$$

	CaCO₃(s)	CaO(s)	CO₂(g)
$\Delta_f H_m^\ominus$(298.15 K) / (kJ·mol^{-1})	-1206.8	-634.9	-393.5
$S_m^\ominus$(298.15 K) / (J·K^{-1}·mol^{-1})	92.9	38.1	213.8
$\Delta_f G_m^\ominus$(298.15 K) / (kJ·mol^{-1})	-1128.8	-603.3	-394.4

第一步:$\Delta_r G_m^\ominus = \Delta_f G_m^\ominus(CaO, s) + \Delta_f G_m^\ominus(CO_2, g) - \Delta_f G_m^\ominus(CaCO_3, s)$

$\qquad = (-603.3 \text{ kJ·mol}^{-1}) + (-394.4 \text{ kJ·mol}^{-1}) - (-1\,128.8 \text{ kJ·mol}^{-1})$

$\qquad = 131.1 \text{ kJ·mol}^{-1}$

$\Delta_r G_m^\ominus$ 也可以用上述查表数据通过吉布斯-亥姆霍兹公式(3-35)来计算。

第二步:$\Delta_r G_m(T) = \Delta_r G_m^\ominus(T) + RT\ln J$

$\qquad = 131.1 \text{ kJ·mol}^{-1} + 8.314\,5 \text{ J·mol}^{-1}\text{·K}^{-1} \times 298.15 \text{ K} \times \ln(p_{CO_2} / p^\ominus)$

$\qquad = 131.1 \text{ kJ·mol}^{-1} + 8.314\,5 \text{ J·mol}^{-1}\text{·K}^{-1} \times 298.15 \text{ K} \times$

$\qquad\quad \ln(0.020 \text{ kPa} / 100 \text{ kPa}) \times 10^{-3} \text{ kJ·J}^{-1}$

$\qquad = 110.0 \text{ kJ·mol}^{-1}$

由计算结果可知,在此条件下 $\Delta_r G_m > 0$,碳酸钙分解反应无法自发进行;降低 CO_2 的分压有利于碳酸钙的分解。

3.4 化学反应限度——化学平衡

前面已经介绍了如何判断化学反应在指定条件下自发进行的方向。但是,化学反应最终能进行到什么程度? 当化学反应达到某条件下的极限时,体系中各物质间的关系如何? 怎样用热力学常数和函数来描述这种状况? 它们受哪些因素影响? 这些问题均须进一步讨论。

本节将热力学基本原理应用于化学反应,讨论在一定条件下给定反应所能达到的最大限度,也即化学平衡问题,从而为上述问题提供合理的答案。

3.4.1 可逆反应与化学平衡

1. 可逆反应

在同一条件下,既能向正反应方向进行,又能向逆反应方向进行的化学反应称为可逆反应(reversible reaction)。习惯上,把从左向右进行的反应称为正反应,反方向进行的反应称为逆反应。在化学方程式中常用两个相反的箭头($\rightleftharpoons$)代替等号来表示。例如,汽车尾气无害化处理反应:

$$CO(g) + NO(g) \rightleftharpoons CO_2(g) + \frac{1}{2}N_2(g)$$

从理论上讲,几乎所有的化学反应都具有一定程度的可逆性。反应的可逆性和不彻底性是一般化学反应的普遍特征。由于正、逆反应同处于一个体系中,所以在密闭容器中的可逆反应是不能进行到底的,但在敞开体系中,可以通过改变条件来获得尽可能多的产物。

2. 化学平衡

在等温等压不做非体积功时,可以用反应的摩尔吉布斯自由能变 $\Delta_r G_m$ 来判断化学反应进行的方向。图 3-2 给出了体系的吉布斯自由能与反应进度的关系,偏微商 $\left(\dfrac{\partial G}{\partial \xi}\right)_{T,p}$ 代表 $G-\xi$ 曲线在反应进度为 ξ 时的曲线斜率,可作为化学反应能否进行的基本判据。若 $\left(\dfrac{\partial G}{\partial \xi}\right)_{T,p} < 0$ 表示此时体系的吉布斯自由能随反应的进

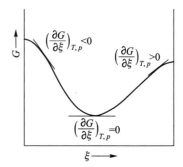

图 3-2 体系的吉布斯自由能与反应进度的关系

行而减少,$\Delta_r G_m < 0$,反应向右进行;若 $\left(\dfrac{\partial G}{\partial \xi}\right)_{T,p} > 0$ 表示体系的吉布斯自由能随反应的进行而升高,$\Delta_r G_m > 0$,正向反应不可能自发进行;若 $\left(\dfrac{\partial G}{\partial \xi}\right)_{T,p} = 0$,表示体系的吉布斯自由能不随反应的进行而改变,处于自由能的最低点,$\Delta_r G_m = 0$,反应达到了平衡状态。此时化学反应达到最大限度,虽然微观上仍在进行,但正、逆反应速率相等,体系内各物质的组成不再改变。人们将体系所处的这种状态称为化学平衡(chemical equilibrium)。只要体系的外界条件保持不变,这种平衡状态就一直维持下去。

例如,在四个密闭容器中分别加入不同数量的 $H_2(g)$、$I_2(g)$ 和 $HI(g)$,将发生如下反应:

$$H_2(g) + I_2(g) \rightleftharpoons 2HI(g)$$

在 700 K 下,不断测定四个容器中 $H_2(g)$、$I_2(g)$ 和 $HI(g)$ 的分压,经过一定的时间后,各个容器中这三种气体的分压不再变化,此时相关的测定数据见表 3-2。

表 3-2 $H_2(g) + I_2(g) \rightleftharpoons 2HI(g)$ 体系中各组分的分压

编号	起始分压/kPa			平衡分压/kPa			$J = \dfrac{p^2(HI)}{p(H_2) \cdot p(I_2)}$
	$p(H_2)$	$p(I_2)$	$p(III)$	$p(H_2)$	$p(I_2)$	$p(HI)$	
1	66.00	43.70	0	26.57	4.293	78.82	54.47
2	62.14	62.63	0	13.11	13.60	98.10	53.98
3	0	0	26.12	2.792	2.792	20.55	54.17
4	0	0	27.04	2.878	2.878	21.27	54.62

由表 3-2 可见,不管反应从反应物开始正方向进行,还是从产物开始逆方向进行,最终体系中总是包含全部反应物和产物。尽管四个容器中的反应物和产物最终的分压各不相同,但它们的值都不再随时间改变,而且相应的反应商 J 值也基本保持为一常数。此种情形即称反应达到了平衡。此时,$\Delta_r G_m = 0$。

化学平衡具有如下特征:

① 化学平衡是一种动态平衡。任何反应达到平衡后,反应物与产物的浓度或分压都不再随时间变化。表面看来似乎反应已经停止,但实际上正反应和逆反应仍在不断进行。只不过正、逆反应速率相同而已。

② 化学平衡是相对的,同时也是有条件的。一旦维持平衡的条件发生变化,原有的平衡将被打破,然后通过体系内部各组分间的调整,在新的条件下建立新的平衡,形成平衡的移动。

③ 在一定温度下,指定的化学反应一旦建立平衡,此时的 J 值即为一常数,称为平衡常数,用 K 表示。显然,此时 $J = K$。

3.4.2 平衡常数

1. 标准平衡常数 $K^{\ominus}(T)$

任一化学反应在指定条件下达到平衡后,各组分的相对平衡浓度[①](或相对平衡分压)以其化学计量数为指数幂的乘积为一常数,即化学反应的标准平衡常数,简称标准平衡常数(standard equilibrium constant),用 $K^{\ominus}(T)$ 表示。这里的"相对"是指相对于相应的标准态,即除以 $c^{\ominus}$(1 mol·dm^{-3})或 $p^{\ominus}$(100 kPa),所以 $K^{\ominus}(T)$ 量纲为 1。

例如,对于气相反应 $0 = \sum_{B} \nu_B B(g)$ 而言:

$$K^{\ominus}(T) = \prod_{B}(p_B^{eq} / p^{\ominus})^{\nu_B} \tag{3-45}$$

若为溶液中溶质的反应 $0 = \sum_{B} \nu_B B(aq)$

$$K^{\ominus}(T) = \prod_{B}(c_B^{eq} / c^{\ominus})^{\nu_B} \tag{3-46}$$

式中,p_B^{eq} 表示组分 B 的平衡分压,c_B^{eq} 表示组分 B 的平衡浓度,ν_B 表示组分 B 的化学计量数。

---

① 严格地讲应该用活度(或逸度)。用浓度(或分压)代替,是一种近似。

注意,反应物的 ν_B 取负值。

为方便起见,通常用[B]来表示 B 物质的相对浓度 $c_B/c^\ominus$ 或相对分压 $p_B/p^\ominus$ 。至于其中的浓度(或分压)究竟采用什么形式,得视具体情况而定: $K^\ominus$ 中用平衡时的,上角标 eq 也可略去; J 中用任意的;反应速率 v 中用瞬时的;能斯特方程中用任意的,等等。浓度相乘用黑点表示,有时也可省略。

对于多相反应的标准平衡常数表达式,反应组分中的气体一般用相对平衡分压 $(p_B^{eq}/p^\ominus)$,溶液中的溶质用相对平衡浓度 $(c_B^{eq}/c^\ominus)$,二者可以混用;固体和纯液体几乎无变化,接近常数,取值为"1",可省略。

例如,实验室中制取 $Cl_2(g)$ 的反应:

$$MnO_2(s) + 2Cl^-(aq) + 4H^+(aq) \Longleftrightarrow Mn^{2+}(aq) + Cl_2(g) + 2H_2O(l)$$

其标准平衡常数为

$$K^\ominus = \frac{[c(Mn^{2+})/c^\ominus]\cdot[p(Cl_2)/p^\ominus]}{[c(Cl^-)/c^\ominus]^2\cdot[c(H^+)/c^\ominus]^4}$$

也可写成

$$K^\ominus = \frac{[Mn^{2+}]\cdot[Cl_2]}{[Cl^-]^2\cdot[H^+]^4}$$

通常如无特殊说明,平衡常数一般均指标准平衡常数。在书写和应用平衡常数表达式时应注意:

① 表达式中各组分的分压(或浓度)应为平衡状态时的分压(或浓度),理解清楚后其上标的 eq 标识可以略去;

② 由于表达式以化学反应计量方程式中各物质的化学计量数 ν_B 为指数幂,所以 $K^\ominus$ 的表达式与化学反应方程式的写法有关,对同一化学反应,若反应方程式采用的化学计量数不同,则 $K^\ominus$ 的表达式也不同。

例如,合成氨反应:

$$N_2(g) + 3H_2(g) \Longleftrightarrow 2NH_3(g)$$

$$K_1^\ominus = \frac{[p(NH_3)/p^\ominus]^2}{[p(N_2)/p^\ominus]\cdot[p(H_2)/p^\ominus]^3}$$

而对应于下面的化学反应计量方程式:

$$\frac{1}{2}N_2(g) + \frac{3}{2}H_2(g) \Longleftrightarrow NH_3(g)$$

$$K_2^\ominus = \frac{[p(NH_3)/p^\ominus]}{[p(N_2)/p^\ominus]^{1/2}\cdot[p(H_2)/p^\ominus]^{3/2}}$$

显然, $K_1^\ominus = (K_2^\ominus)^2$ 。因此查阅和使用平衡常数时,必须注意它们所对应的化学反应计量方程式。

2. 标准平衡常数与标准摩尔吉布斯自由能变的关系

根据范特霍夫等温式(3-42)有 $\Delta_r G_m(T) = \Delta_r G_m^\ominus(T) + RT\ln J$ 。而化学反应达到平衡时, $\Delta_r G_m(T) = 0$, $J = K^\ominus$,由此可以得到标准平衡常数与标准摩尔吉布斯自由能变的关系,即

$$\Delta_r G_m^{\ominus}(T) = -RT \ln K^{\ominus} \tag{3-47}$$

因此,只要知道温度 T 时的 $\Delta_r G_m^{\ominus}$,即可求得该反应在温度 T 时的标准平衡常数。$\Delta_r G_m^{\ominus}$ 可通过 $\Delta_f G_m^{\ominus}$ 求得或根据吉布斯-亥姆霍兹公式 $\Delta_r G_m^{\ominus}(T) \approx \Delta_r H_m^{\ominus}(298.15\,K) - T\Delta_r S_m^{\ominus}(298.15\,K)$ 计算。所以,任一等温等压下的化学反应的标准平衡常数均可通过式(3-47)计算。

$\Delta_r G_m^{\ominus}$ 的值与化学反应计量方程式的写法有关,因而 $K^{\ominus}$ 的值也与化学反应计量方程式的写法有关,这与上面的结果一致。例如:

$$H_2(g) + Cl_2(g) \Longrightarrow 2HCl(g) \quad \Delta_r G_m^{\ominus}(1),\ K_1^{\ominus}$$

$$\frac{1}{2}H_2(g) + \frac{1}{2}Cl_2(g) \Longrightarrow HCl(g) \quad \Delta_r G_m^{\ominus}(2),\ K_2^{\ominus}$$

当反应进度都为 1 mol 时,显然两者的数值关系为

$$\Delta_r G_m^{\ominus}(1) = 2\Delta_r G_m^{\ominus}(2);\ 则\ K_1^{\ominus} = (K_2^{\ominus})^2$$

从式(3-47)可以看出,在一定温度下,化学反应的 $\Delta_r G_m^{\ominus}$ 值越小,则 $K^{\ominus}$ 值越大,反应就越完全;反之化学反应的 $\Delta_r G_m^{\ominus}$ 值越大,则 $K^{\ominus}$ 值越小,反应进行的程度就越小。因此,$\Delta_r G_m^{\ominus}$ 值也可反映标准状态下化学反应进行的完全程度。

将式(3-47)代入范特霍夫化学反应等温式(3-42),可得

$$\Delta_r G_m(T) = -RT\ln K^{\ominus} + RT\ln J \tag{3-48}$$

式(3-48)和式(3-42)一样也称为化学反应等温式。它表明等温等压下,化学反应的摩尔吉布斯自由能变 $\Delta_r G_m$ 与标准平衡常数 $K^{\ominus}$ 和反应商 J 之间的关系。根据式(3-48)可得

$$\Delta_r G_m(T) = RT\ln\frac{J}{K^{\ominus}} \tag{3-49}$$

将 $K^{\ominus}$ 与 J 进行比较,也可以判断化学反应进行的方向:

若 $J < K^{\ominus}$,则 $\Delta_r G_m(T) < 0$,反应正向进行;

若 $J = K^{\ominus}$,则 $\Delta_r G_m(T) = 0$,平衡状态;

若 $J > K^{\ominus}$,则 $\Delta_r G_m(T) > 0$,反应逆向进行。

上述判据称为化学反应进行方向的反应商判据。

例 3-9   计算反应 $HI(g) \Longrightarrow \frac{1}{2}I_2(g) + \frac{1}{2}H_2(g)$ 在 320 K 时的 $K^{\ominus}$。若此时体系中 $p(HI,g) = 40.5\,kPa$,$p(I_2, g) = p(H_2, g) = 1.01\,kPa$,判断此时的反应方向。

解:
$$HI(g) \Longrightarrow \frac{1}{2}I_2(g) + \frac{1}{2}H_2(g)$$

$\Delta_f H_m^{\ominus}(298.15\,K)/(kJ \cdot mol^{-1})$ 26.5   63.4   0

$S_m^{\ominus}(298.15\,K)/(J \cdot K^{-1} \cdot mol^{-1})$ 206.6   260.7   130.7

① $\Delta_r G_m^{\ominus}(320\,K) = \Delta_r H_m^{\ominus}(298.15\,K) - T\Delta_r S_m^{\ominus}(298.15\,K)$

$\qquad = (63.4/2 + 0 - 26.5)kJ \cdot mol^{-1} - 320K \times (260.7/2 + 130.7/2 - 206.6) \times$

$\qquad\quad 10^{-3}kJ \cdot mol^{-1} \cdot K^{-1}$

$\qquad = 8.7\,kJ \cdot mol^{-1}$

$$\Delta_r G_m^{\ominus}(320\ K) = -RT\ln K^{\ominus}(320\ K)$$

$$\ln K^{\ominus}(320\ K) = -\frac{\Delta_r G_m^{\ominus}(320\ K)}{RT} = -\frac{8.7\ kJ \cdot mol^{-1}}{8.314\ 5 \times 10^{-3}\ kJ \cdot mol^{-1} \cdot K^{-1} \times 320\ K} = -3.27$$

$$K^{\ominus}(320\ K) = 3.80 \times 10^{-2}$$

② $J = \dfrac{[p(I_2,g)/p^{\ominus}]^{1/2} \cdot [p(H_2,g)/p^{\ominus}]^{1/2}}{p(HI,g)/p^{\ominus}} = \dfrac{1.01/100}{40.5/100} = 2.49 \times 10^{-2}$

$J < K^{\ominus}$，故反应正向进行。

3. 标准平衡常数的测定与计算

标准平衡常数的值可通过实验直接测定已达平衡的反应体系中各组分的浓度或分压来计算。测定前首先要判断反应是否已经达到平衡。

例 3 - 10　298.15 K 时，测得如下两个反应的 $\Delta_r G_m^{\ominus}$ 值，① $C(s) + O_2(g) \Longrightarrow CO_2(g)$，$\Delta_r G_m^{\ominus}(1) = -394.36\ kJ \cdot mol^{-1}$；② $CO(g) + \dfrac{1}{2}O_2(g) \Longrightarrow CO_2(g)$，$\Delta_r G_m^{\ominus}(2) = -257.19\ kJ \cdot mol^{-1}$。求：反应③ $C(s) + \dfrac{1}{2}O_2(g) \Longrightarrow CO(g)$ 的 $K^{\ominus}$ 值。

解：反应③＝①－②，故：

$$\Delta_r G_m^{\ominus}(3) = \Delta_r G_m^{\ominus}(1) - \Delta_r G_m^{\ominus}(2) = -394.36\ kJ \cdot mol^{-1} - (-257.19\ kJ \cdot mol^{-1})$$
$$= -137.17\ kJ \cdot mol^{-1}$$

由 $\Delta_r G_m^{\ominus}(T) = -RT\ln K^{\ominus}$，得

$$-137.17\ kJ \cdot mol^{-1} = -8.314\ 5 \times 10^{-3}\ kJ \cdot mol^{-1} \cdot K^{-1} \times 298.15\ K \times \ln K^{\ominus}$$
$$K^{\ominus} = 1.07 \times 10^{24}$$

从例 3 - 10 可知，若某反应为若干个其他反应之和（或之差），则该反应的平衡常数为那若干个反应平衡常数的乘积（或商）。例如，将 $CO_2(g)$ 通入 $NH_3 \cdot H_2O(aq)$ 中，发生如下反应：

$$CO_2(g) + 2NH_3 \cdot H_2O(aq) \Longrightarrow 2NH_4^+(aq) + CO_3^{2-}(aq) + H_2O(l) \tag{X}$$

$$K_X^{\ominus} = \frac{[c(NH_4^+)/c^{\ominus}]^2 \cdot [c(CO_3^{2-})/c^{\ominus}]}{[p(CO_2)/p^{\ominus}] \cdot [c(NH_3 \cdot H_2O)/c^{\ominus}]^2}$$

实际上溶液中存在如下(a)、(b)、(c)、(d)四步平衡关系。

$$2NH_3(aq) + 2H_2O(l) \Longrightarrow 2NH_4^+(aq) + 2OH^-(aq) \tag{a}$$

$$CO_2(g) + H_2O(l) \Longrightarrow H_2CO_3(aq) \tag{b}$$

$$H_2CO_3(aq) \Longrightarrow 2H^+(aq) + CO_3^{2-}(aq) \tag{c}$$

$$2H^+(aq) + 2OH^-(aq) \Longrightarrow 2H_2O(l) \tag{d}$$

即反应(X)可表示为(a)、(b)、(c)、(d)四步反应的总和。在同一平衡体系中，某一组分的平衡浓度(分压)只能有一个数值。所以，反应(X)＝(a)＋(b)＋(c)＋(d)，$K_X^{\ominus} = K_a^{\ominus} \cdot K_b^{\ominus} \cdot$

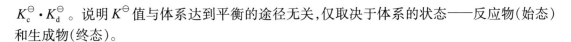

$K_c^{\ominus} \cdot K_d^{\ominus}$。说明 $K^{\ominus}$ 值与体系达到平衡的途径无关,仅取决于体系的状态——反应物(始态)和生成物(终态)。

3.4.3　平衡转化率和平衡组成的计算

化学反应达到平衡时,体系中所有相关物质的浓度不再随时间而改变,此时反应物已最大限度地转化为生成物。平衡常数可以定量地表征化学反应进行的最大程度。在平衡常数许可的范围内应尽可能使实际产量向理论允许的极大值靠拢。

在化工生产中常用转化率(α)来衡量化学反应进行的程度。某反应物的转化率是指转化为产物的该反应物与投入的该反应物的总量之比,通常用摩尔分数表示。达到平衡时的转化率是该条件下的最大转化率。如果反应物不止一种,一般选择较贵的原料的平衡转化率代表整个反应的平衡转化率。例如,有如下反应:

$$A \quad + \quad B \Longrightarrow D$$

$$t = 0 \qquad n_{A,0} \quad n_{B,0} \quad 0$$

$$t = t_{eq} \qquad n_{A,eq} \quad n_{B,eq} \quad n_{D,eq}$$

$$\alpha_A = \frac{n_{A,0} - n_{A,eq}}{n_{A,0}} \times 100\% \qquad\qquad (3-50)$$

α_A 表示 A 物质的平衡转化率,是理论最高转化率,延长反应时间或加入催化剂都无法超越该值。

由于反应在接近平衡时,速率越来越慢,工业上为了提高单位时间内的产量,往往在反应尚未达到平衡,就让体系离开反应室,再加入新的原料。将未达平衡的反应体系进行分离,未作用的原料再重复使用。所以工业上使用的转化率一般是指实际转化率,而一般教材中所说的转化率是指平衡转化率。

例 3-11　$N_2O_4(g)$ 的分解反应为 $N_2O_4(g) \Longrightarrow 2NO_2(g)$,该反应在 298.15 K 的 $K^{\ominus} = 0.116$,试求该温度下当体系的平衡总压为 200 kPa 时 $N_2O_4(g)$ 的平衡转化率。

解:设起始时 $N_2O_4(g)$ 的物质的量为 1 mol,平衡转化率为 α,则

$$N_2O_4(g) \Longrightarrow 2NO_2(g)$$

起始时物质的量/mol	1	0
平衡时物质的量/mol	$1-\alpha$	2α(每项都略去了与起始总量 1 mol 的乘积)
平衡时总物质的量/mol	$n_{总} = 1-\alpha + 2\alpha = 1+\alpha$	
平衡分压/kPa	$\dfrac{1-\alpha}{1+\alpha} \cdot p_{总}$	$\dfrac{2\alpha}{1+\alpha} \cdot p_{总}$

$$K^{\ominus} = \frac{[p(NO_2)/p^{\ominus}]^2}{p(N_2O_4)/p^{\ominus}} = \frac{\left(\dfrac{2\alpha}{1+\alpha} \cdot p_{总}\right)^2 / (p^{\ominus})^2}{\dfrac{1-\alpha}{1+\alpha} \cdot p_{总}/p^{\ominus}} = 0.116$$

$$\alpha = 0.12 = 12\%$$

3.4.4　影响化学平衡的因素及平衡的移动

化学平衡是相对的,有条件的。当维持平衡的条件发生变化时,原有的平衡将被破坏,体系中各组分间进一步反应,直至新的 $J = K^{\ominus}$,体系建立了新的平衡。这种因外界条件的改变而使化学反应从一种平衡状态向另一种平衡状态转变的过程称为化学平衡的移动(shifts in chemical equilibrium)。

1. 浓度(或气体分压)对化学平衡的影响

由化学反应的反应商判据可知,对于一个在一定温度下已达化学平衡的反应体系(此时 $J = K^{\ominus}$),若增加反应物的浓度(或分压)或降低生成物的浓度(或分压)使 $J < K^{\ominus}$,此时体系不再处于平衡状态,反应进一步向正方向进行,使反应物更多地转化为产物,J 值又增大,直到 J 重新等于 $K^{\ominus}$,体系又建立起新的平衡。不过在新的平衡体系中各组分的平衡浓度已发生了变化。

反之,若在已达到平衡的体系中降低反应物浓度(或分压)或增加生成物浓度(或分压),使 $J > K^{\ominus}$,此时平衡将向逆方向移动,使反应物浓度增加,生成物浓度降低,直到 J 重新等于 $K^{\ominus}$,体系达到新的平衡。

根据平衡移动的原理,在实际反应中,人们为了尽可能充分地利用某一种原料(较贵重、难得的),往往使用过量的另一种原料(廉价、易得的)与其反应,以使平衡尽可能向正方向移动,提高前者的转化率,达到充分利用前者的目的。而如果从平衡体系中不断将产物分离取出,使生成物的浓度(或分压)不断降低,则平衡也将不断地向产物方向移动,直到某原料基本上被消耗完全。这样也可充分利用原料,提高实际产率。

2. 压力对化学平衡的影响

压力变化对化学平衡的影响应视化学反应的具体情况而定。对只有液体或固体参与的反应而言,改变压力对平衡影响很小,可不予考虑。但对于有气态物质参与的平衡体系,体系压力的改变可能会对平衡产生较大影响。

如前面例 3-11 的反应,若保持温度不变,增加平衡总压到 1000 kPa,则可求得此时的平衡转化率 α' 为

$$K^{\ominus} = \frac{[p(\mathrm{NO_2})/p^{\ominus}]^2}{[p(\mathrm{N_2O_4})/p^{\ominus}]} = \frac{[(2\alpha'/(1+\alpha'))\times p_{总}/p^{\ominus}]^2}{[(1-\alpha')/(1+\alpha')]\times p_{总}/p^{\ominus}} = [(4\alpha'^2)/(1-\alpha'^2)]\times p_{总}/p^{\ominus}$$

$$= [(4\alpha'^2)/(1-\alpha'^2)]\times 1000/100 = 0.116$$

$\alpha' = 5.4\%$

由此可见,当温度不变,而平衡总压由 200 kPa 增加到 1000 kPa 时,反应的转化率由 12% 下降到 5.4%,说明平衡逆向移动,即向着气体分子数减少的方向移动。

仔细分析上述反应可以看出,压力对化学平衡影响的原因在于反应前后气态物质的化学计量数之和不等于零,$\sum \nu_{\mathrm{B(g)}} \neq 0$。增加压力,平衡向气体分子数减少的方向移动;降低压力,平衡向气体分子数增多的方向移动。

例如,对制备水煤气的反应:$C(s) + H_2O(g) \rightleftharpoons CO(g) + H_2(g)$ 而言,增加总压力将使平衡逆向移动,使水煤气的产率降低;而降低总压力将使平衡正向移动,使水煤气的产率

增加。

显然,如果反应前后气体分子数没有变化,$\sum v_{B(g)} = 0$,则通过改变体系总容积改变总压对化学平衡没有影响。

需要特别指明的是,上述情况中改变总压力的方法,是通过改变反应体系的总容积来实现的(压缩总容积使体系压力增加,扩大总容积使总压力降低)。在这种情况下,总压力的增加或降低,导致各气体组分的平衡分压产生不同程度的变化,从而引起反应商 J_p 的变化,导致平衡移动。但若在等温等容下向体系中加入某种新的气体组分(如加入某种惰性气体),那么体系的总压力虽然也会增加,但由于总容积未变,各组分浓度或分压就未发生变化,便不会引起平衡的移动;若在等温等压下加入惰性气体,容器内气体的体积增大,则平衡混合物中各组分(除惰性气体)的分压及其它们的加和都会减小。根据平衡移动原理,压强减小,平衡将向着气体分子数目增加的方向,即气体体积增大的方向移动。

3. 温度对化学平衡的影响

温度对化学平衡的影响与浓度、压力的影响有本质上的区别。浓度、压力改变时,平衡常数不变,只是由于体系中组分浓度或压力发生变化而导致反应商 J 发生变化,使得 $J \neq K^{\ominus}(T_1)$,引起平衡的移动。而温度改变却会使标准平衡常数的数值发生变化,使得 $K^{\ominus}(T_2) \neq J$,从而引起平衡的移动。

由 $\Delta_r G_m^{\ominus}(T) = \Delta_r H_m^{\ominus} - T \Delta_r S_m^{\ominus}$ 及 $\Delta_r G_m^{\ominus}(T) = -RT\ln K^{\ominus}$ 可知:

$$\ln K^{\ominus}(T) = -\frac{\Delta_r H_m^{\ominus}}{RT} + \frac{\Delta_r S_m^{\ominus}}{R} \tag{3-51}$$

在温度变化不大时,$\Delta_r H_m^{\ominus}$ 和 $\Delta_r S_m^{\ominus}$ 可近似看作常数。若反应在 T_1 和 T_2 时的平衡常数分别为 $K_1^{\ominus}$ 和 $K_2^{\ominus}$,则近似有

$$\ln K_1^{\ominus}(T) = -\frac{\Delta_r H_m^{\ominus}}{RT_1} + \frac{\Delta_r S_m^{\ominus}}{R}$$

$$\ln K_2^{\ominus}(T) = -\frac{\Delta_r H_m^{\ominus}}{RT_2} + \frac{\Delta_r S_m^{\ominus}}{R}$$

两式相减得

$$\ln \frac{K_2^{\ominus}(T_2)}{K_1^{\ominus}(T_1)} = \frac{\Delta_r H_m^{\ominus}}{R}\left(\frac{T_2 - T_1}{T_1 T_2}\right) \tag{3-52}$$

对于放热反应,$\Delta_r H_m^{\ominus} < 0$,当温度升高时,$T_2 - T_1 > 0$,则 $K_2^{\ominus}(T_2) < K_1^{\ominus}(T_1)$,平衡逆向移动(即向吸热反应方向移动);而对于吸热反应,$\Delta_r H_m^{\ominus} > 0$,当温度升高时,$T_2 - T_1 > 0$,则 $K_2^{\ominus}(T_2) > K_1^{\ominus}(T_1)$,平衡正向移动(即仍向吸热反应方向移动)。因此,在不改变浓度和压力的条件下,升高体系的温度时,平衡总是向着吸热反应的方向移动;反之,降低温度时,平衡总会向着放热反应的方向移动。

例 3-12 反应 $BeSO_4(s) \rightleftharpoons BeO(s) + SO_3(g)$ 在 600 K 时,$K_1^{\ominus} = 1.60 \times 10^{-8}$,反应的标准摩尔焓变 $\Delta_r H_m^{\ominus} = 175 \, kJ \cdot mol^{-1}$,求反应在 400 K 时的 $K_2^{\ominus}$。

解: 由式(3-52)可得

$$\ln \frac{K_2^{\ominus}(T_2)}{K_1^{\ominus}(T_1)} = \frac{\Delta_r H_m^{\ominus}}{R} \left(\frac{T_2 - T_1}{T_1 T_2} \right)$$

$$\ln \frac{K_2^{\ominus}(400\ K)}{1.60 \times 10^{-8}} = \frac{175 \times 1\ 000\ J \cdot mol^{-1}}{8.314\ 5\ J \cdot mol^{-1} \cdot K^{-1}} \left(\frac{400\ K - 600\ K}{600\ K \times 400\ K} \right)$$

$$K_2^{\ominus}(400\ K) = 3.86 \times 10^{-16}$$

由例 3 - 12 可见，在吸热反应中（$\Delta_r H_m^{\ominus} > 0$），当温度降低时，$K^{\ominus}$ 值变小，平衡将逆向移动。

4. 勒·夏特列原理

在 1907 年，勒·夏特列（Le Chatelier H）在总结大量实验事实的基础上，提出了平衡移动的普遍原理：对任何一个化学平衡而言，当其平衡条件（如浓度、温度、压力等）发生变化时，平衡将总是向着减弱这种变化的方向移动。例如，增加反应物的浓度或分压，平衡正向移动，使更多的反应物转化为产物，以减弱反应物浓度或分压增加的影响；如果压缩体系的总容积以增加平衡体系的总压力（不包括加入惰性气体），平衡向气体分子数减少的方向移动，以减弱总压增加的影响；如果升高反应温度，平衡向吸热方向移动，以减弱温度升高对体系的影响。

必须注意，勒·夏特列原理只适用于已经处于平衡状态的体系，而对于未达到平衡状态的体系不适用。

3.5　化学反应速率

化学热力学从宏观的角度研究化学反应进行的方向和限度，不涉及时间因素和物质的微观结构，人们不能根据反应趋势的大小来预测反应进行的快慢。例如，汽车尾气的主要污染物有 CO 和 NO，它们之间的反应为：$CO(g) + NO(g) \Longrightarrow CO_2(g) + \frac{1}{2} N_2(g)$。从热力学角度看，该反应的 $\Delta_r G_m^{\ominus}(298.15\ K) = -344\ kJ \cdot mol^{-1} \ll 0$，表明该反应正向自发进行的趋势很大，具有热力学上实现的可能性；但从动力学上看，其反应速率却很慢，没有实现的现实性。若要利用这个反应来治理汽车尾气的污染，必须从动力学方面找到提高反应速率的办法，从而将可能变为现实。

化学反应的速率千差万别。例如，炸药的爆炸能瞬时完成，而石油的形成则需要几十万年的时间。即使是同一反应，条件不同，反应速率也不相同。例如，钢铁在室温时锈蚀较慢，高温时则锈蚀得很快，所以在生产实践中需要采取措施来控制反应的速率。有些情况要使反应加速来缩短生产的时间周期；而另一些情况则要使反应减缓来延长产品的使用寿命。为此，必须弄清反应机理，研究化学反应速率的变化规律，了解影响反应速率的因素，掌握调节反应速率的方法与手段，才能按照人们的需要来控制反应速率，为人类造福。而这一切正是化学动力学所需研究的内容和将要解决的问题，本节对此做简要介绍。

3.5.1 化学反应速率及其表示方法

对于任一化学反应 $0 = \sum_{B} \nu_B B$,其反应速率可用反应进度 ξ [参见式(3–11)]对时间的比率来表示。反应进度 ξ 对时间求导,即得

$$\dot{\xi} = \frac{d\xi}{dt} = \frac{1}{\nu_B} \cdot \frac{dn_B}{dt} \tag{3–53}$$

式中, $\dot{\xi}$ 表示该化学反应在指定瞬间(dt)的反应进度的变化($d\xi$),即用反应物或生成物的物质的量随时间变化表示的反应速率,它实际也反映了反应物转化为产物的速率。因此 $\dot{\xi}$ 在国家单位标准中原来被定义为反应速率,而现改称为转化速率(conversion rate)。转化速率的单位为 $mol \cdot s^{-1}$。

对于在固定容积 V_B 的容器中进行的反应,其基于浓度变化的化学反应速率(reaction rates) v 可用下式来定义:

$$v = \frac{1}{V_B} \cdot \frac{d\xi}{dt} = \frac{1}{V_B} \cdot \frac{dn_B}{\nu_B dt} = \frac{1}{\nu_B} \cdot \frac{dc_B}{dt} \tag{3–54}$$

对于一般的化学反应 $dD + eE \Longrightarrow gG + hH$ 而言,可得出反应速率 v 的一般表达式:

$$v = -\frac{1}{d} \cdot \frac{dc(D)}{dt} = -\frac{1}{e} \cdot \frac{dc(E)}{dt} = \frac{1}{g} \cdot \frac{dc(G)}{dt} = \frac{1}{h} \cdot \frac{dc(H)}{dt} \tag{3–55}$$

按式(3–55),对于任一指定的化学反应来说,其反应速率 v 的数值,与选用何种物质作为测量或计算基准无关,而只与化学反应计量方程式有关。这是与过去用 $v = dc_B / dt$ 定义的反应速率不同的。反应速率的单位为 $mol \cdot dm^{-3} \cdot s^{-1}$。

以合成氨反应为例,若化学反应计量方程式写作 $N_2(g) + 3H_2(g) \Longrightarrow 2NH_3(g)$,则其化学反应速率为

$$v = \frac{dc(N_2)}{-dt} = \frac{dc(H_2)}{-3dt} = \frac{dc(NH_3)}{2dt}$$

而若化学反应计量方程式写作 $\frac{1}{2}N_2(g) + \frac{3}{2}H_2(g) \Longrightarrow NH_3(g)$,则其化学反应速率应为

$$v' = -\frac{2dc(N_2)}{dt} = -\frac{2dc(H_2)}{3dt} = \frac{dc(NH_3)}{dt}$$

显然,化学反应速率表达式与反应方程式的写法有关,但与用何种组分来表达无关。这里 $v = \frac{1}{2}v'$,但无论在 v 或 v' 的表达式中,不管用何种反应物或产物作测量计算的标准,反应速率是相同的。

化学反应速率可通过作图法或计算法来测定。通常先测定某一反应物(或产物)在不同时刻的浓度,然后绘制浓度随时间的变化曲线,从中求出某一时刻曲线的斜率(dc_B / dt),再

乘以 $\dfrac{1}{\nu_B}$,即为该反应在此时刻的瞬时反应速率。如果选取一定的量值区间,那么求得的将是

平均反应速率:$\bar{\nu} = \dfrac{1}{\nu_B} \cdot \dfrac{\Delta c_B}{\Delta t}$。

影响反应速率的因素很多,主要有浓度、温度、催化剂等,下面将对此做具体介绍。

3.5.2 化学反应速率理论

1. 碰撞理论

化学反应的碰撞理论认为,化学反应发生的首要条件是反应物分子(或原子、离子)之间的相互碰撞。然而在化学反应中,尽管反应物分子不断发生碰撞,但大多数碰撞并不发生反应,是无效的碰撞。在千万次碰撞中往往只有少数分子才能在碰撞时发生反应,这种能发生反应的碰撞叫作有效碰撞(effective collision),能发生有效碰撞的分子叫作活化分子(activated molecule)。显然,单位时间内有效碰撞次数越多,反应速率就越快。活化分子与普通分子的主要区别是它们所具有的能量不同,只有那些能量足够高的分子才有可能发生有效碰撞,从而发生化学反应。活化分子所具有的最低能量(或平均能量)与反应体系中分子的平均能量之差叫作反应的活化能(activation energy),用 E_a 表示,单位为 $kJ \cdot mol^{-1}$。

活化能就如同活化分子的阈值,它的大小与反应速率关系很大。在一定温度下,反应物的平均能量是一定的。而反应的活化能越大,则活化分子在全体分子中所占的比例(或摩尔分数)就越小,反应就越慢;反之,若反应的活化能越小,则活化分子的摩尔分数就越大,反应就越快。

活化能可通过实验测定。一般化学反应的活化能为 $60 \sim 250\ kJ \cdot mol^{-1}$。活化能小于 $40\ kJ \cdot mol^{-1}$ 的反应速率通常会很大,可瞬间完成,如中和反应等。活化能大于 $400\ kJ \cdot mol^{-1}$ 的反应速率就非常小,属于极慢的化学反应。

活化能也可以理解为反应物分子在反应时所必须克服的一个"能垒"。因为分子之间必须互相靠近才能进行反应,当分子靠得很近时,分子的价电子云之间存在着强烈的静电排斥力。因此,只有能量足够高的分子(也即越过活化能"能垒"的活化分子),才能在碰撞时以足够高的动能去克服它们价电子之间的排斥力,从而导致原有化学键的断裂和新化学键的形成,组成产物分子。

除了能量因素外,方位因素(或概率因素)也会影响有效碰撞。碰撞理论认为,分子通过碰撞发生化学反应时,不仅要求分子有足够的能量,而且要求这些分子有适当的取向(或方位)。例如,CO 与 NO_2 的反应,只有 CO 中的 C 与 NO_2 中的 O 迎头相碰才有可能发生反应,成为有效碰撞;如果 CO 中的 C 与 NO_2 中的 N 相碰,则不会发生反应,属无效碰撞。对于复杂分子,方位因素的影响会更大,表现出明显的位阻效应和立体选择性。

总之,反应物分子必须具有足够的能量和适当的碰撞方向才能发生反应;有效碰撞次数的多少决定着反应速率的快慢。

碰撞理论较成功地解释了某些实验事实。但它把反应分子看成没有内部结构的刚性球体的模型过于简单,因而对一些分子结构比较复杂的反应则不能予以很好的解释。

2. 过渡状态理论

过渡状态理论(transition state theory)又称活化配合物理论,是 20 世纪 30 年代中期,在量子力学和统计力学发展的基础上,由艾林(Eyring H)等人提出来的。该理论认为,化学反应不是只通过反应物分子之间的简单碰撞就能完成的。在反应过程中,要经过一个中间的过渡状态,即反应物分子先形成活化配合物(activated coordination compound)。例如,在 CO 与 NO_2 的反应中,当具有较高能量的 CO 与 NO_2 分子以适当的取向相互靠近到一定程度后,价电子云便可互相穿透而形成一种活化配合物,这种活化配合物既不同于反应物,也不同于产物,甚至还算不上是一种可以稳定存在的真正的化合物,因而只能是一种过渡态或者活性中间体。此时原有的 N—O 键部分地断裂,新的 C—O 键部分地形成。这种中间物极不稳定,一经形成就很快分解。它既可以分解为生成物 NO 和 CO_2,也可以分解为反应物 CO 与 NO_2。所以说活化配合物是一种过渡状态。

在体系 $NO_2 + CO \rightleftharpoons NO + CO_2$ 的反应进程中的能量变化如图 3-3 所示。A 点表示反应物 $CO + NO_2$ 体系的平均能量,在这个条件下,NO_2 和 CO 分子相互间并未发生反应,当能量高达 B 点时,就形成了活化配合物。C 点是生成物 $NO + CO_2$ 体系的平均能量。在过渡状态理论中,活化能指活化配合物所具有的最低能量和反应物分子的平均能量之差。由图可见,E_{a_1} 与 E_{a_2} 分别代表正、逆反应的活化能。而两者之差就是化学反应的热效应 ΔH。对该反应来说,$E_{a_1} < E_{a_2}$,所以正反应是放热的,逆反应是吸热的。很明显,如果反应的活化能越大,B 点就越高,能达到该能量的反应物分子比例就越小,反应速率也就越慢;如果活化能越小,则 B 点就越低,反应速率便越快。

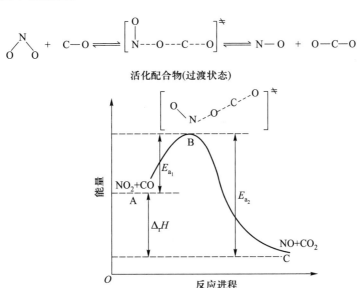

图 3-3 反应进程中的能量变化图

3.5.3 浓度对化学反应速率的影响

大量实验表明,在一定温度下,增加反应物的浓度可以加快反应速率。因为对于指定的反应体系而言,在确定温度下,体系中活化分子在全体分子中所占的比例数(摩尔分数)是一定的,而增加了反应物的浓度,就是增加了反应物分子总数,当然也就增加了反应物中活化分子的总数,故而使反应速率提高。而要定量地表示浓度对化学反应速率的影响,即表示化学反应速率和浓度间的关系,则需要找出化学反应的速率方程,或称动力学方程。

1. 基元反应、简单反应和复杂反应

化学动力学的研究证明,人们所熟悉的许多化学反应并不是按照化学反应计量方程式表示的那样由反应物直接变为产物的,反应物分子一般总要经历若干个简单的步骤,才能转化为产物分子。例如, $H_2(g) + Cl_2(g) === 2HCl(g)$,已经证明是由以下几个步骤完成的:

(1) $Cl_2 + M \longrightarrow 2Cl\cdot + M$

(2) $Cl\cdot + H_2 \longrightarrow HCl + H\cdot$

(3) $H\cdot + Cl_2 \longrightarrow HCl + Cl\cdot$

(4) $2Cl\cdot + M \longrightarrow Cl_2 + M$

式中, $Cl\cdot$ 和 $H\cdot$ 称为氯自由基和氢自由基。自由基是含有不成对价电子的原子或原子团等。M 是起能量传递作用的第三体。由此可见,化学反应计量方程式仅表示反应的宏观总效果,称为总反应。

人们把这种能代表反应机理的、由反应物粒子(分子、原子、离子或自由基等)一步直接作用而生成产物的反应步骤称为基元反应(elementary reaction)。

仅由一个基元反应组成的总反应称为简单反应,由两个或两个以上基元反应所组成的总反应称为复杂反应。绝大多数宏观总反应都是复杂反应。

2. 质量作用定律

1864 年古德贝克(Guldberg C)和瓦格(Waage P)由实验得出化学反应速率随反应物浓度变化的定量关系:在一定温度下,基元反应的反应速率与各反应物浓度以其反应系数(取正值)为指数幂的乘积成正比,这个结论叫作质量作用定律(law of mass action)。

例如,若 $dD + eE === gG + hH$ 为基元反应,则

$$v = kc^d(D) \cdot c^e(E) \qquad (3-56)$$

式(3-56)称为质量作用定律表达式,也称为反应速率方程(equation of reaction rate)。式中的各反应物浓度 c 可以是任意瞬时浓度,这与平衡常数表达式中的不同; k 称为反应速率常数(rate constant)。当 $c(D) = c(E) = 1\ mol \cdot dm^{-3}$ 时, $v = k$ 。这就表明某反应在一定温度下,当反应物浓度都为单位浓度时,其反应速率 v 在数值上等于其速率常数 k 。显然,反应速率常数较大的反应,其反应速率较快,所以反应速率常数也叫作比速常数。由此亦体现出速率常数 k 的物理意义: k 表示单位浓度下的反应速率,是排除了反应物浓度的影响后,任一指定反应本身在反应速率方面的本质特性。反应速率常数 k 可通过实验测定,对于不同的反应, k 值各不相同,单位也不尽相同。由于反应速率 v 的单位已固定为 $mol \cdot dm^{-3} \cdot s^{-1}$,所以 k 的单位便可根据反应级数(见下文)来推导。对于某一确定的反应来说, k 值与温度、催化剂等因素有关,而与浓度无关。

质量作用定律只适用于基元反应。对于复杂反应,质量作用定律虽然适用于其中每一步变化,但不适用于总反应。例如,实验测得,下列反应:

$$2NO + 2H_2 = N_2 + 2H_2O$$

其反应速率与 NO 浓度的二次方成正比,但与 H_2 浓度的一次方而不是二次方成正比,即

$$v = kc^2(NO) \cdot c(H_2)。$$

通过对实验结果的分析研究可知,上述反应实际上分为下列两个步骤:

① $2NO + H_2 = N_2 + H_2O_2$ 慢

② $H_2O_2 + H_2 = 2H_2O$ 快

在这两步反应中,第二步反应很快,而第一步反应则很慢,所以总反应速率取决于最慢的第一步反应的反应速率。于是,总反应速率与 NO 浓度的二次方及 H_2 浓度的一次方成正比。一般把复杂反应中速率最慢的一步称为该反应的决速步骤,知道了决速步骤后,就可以按照质量作用定律[式(3-56)]的规则直接写出决速步骤的反应速率方程来表达总反应速率。由此可见,速率方程必须通过实验来确定,主要是速率方程中各浓度项的实际指数必须通过实验求出,一般不能直接用总反应方程式中反应物的反应系数做指数。一个反应具体经历的途径,叫作反应机理(reaction mechanism)。反应速率和反应机理是化学动力学研究的主要内容。

3. 反应级数

在反应速率方程中,各反应物浓度的指数之和称为反应级数(order of reaction)。具体到某一反应物,它自身的指数就是该反应物的级数。例如:

反应方程式	速率方程式	反应级数
$2N_2O_5 = 4NO_2 + O_2$	$v = kc(N_2O_5)$	一级
$2NO_2 = 2NO + O_2$	$v = kc^2(NO_2)$	二级
$2NO + 2H_2 = N_2 + 2H_2O$	$v = kc^2(NO) \cdot c(H_2)$	三级(NO 为二级,H_2 为一级)

反应级数必须通过实验来确定,它可以是整数级、分数级,也可以是零级。如果已知速率常数 k,那么根据 k 的单位也可推断出反应级数。

例 3-13   某温度下,测得乙醛的分解反应 $CH_3CHO(g) = CH_4(g) + CO(g)$ 在一系列不同的乙醛浓度时的瞬时反应速率如下:

$c(CH_3CHO) / (mol \cdot dm^{-3})$	0.10	0.20	0.30	0.40
$v / (mol \cdot dm^{-3} \cdot s^{-1})$	0.020	0.081	0.182	0.318

试求:(1) 此反应是几级反应? (2) 计算该温度下,此反应的速率常数 k;(3) $c(CH_3CHO) = 0.15 \, mol \cdot dm^{-3}$ 时的反应速率。

解:(1) 根据反应式可写出此反应的速率方程的未定式:

$$v = kc^m(CH_3CHO)$$

任取题中实验数据中的两组数据,如以第一组和第三组为例,可得

$$v_1 = kc^m(CH_3CHO)_1$$

$$v_3 = kc^m(CH_3CHO)_3$$

两式相除,得

$$\frac{v_1}{v_3} = \frac{c^m(CH_3CHO)_1}{c^m(CH_3CHO)_3}$$

代入数据有

$$\frac{0.020 \; mol \cdot dm^{-3} \cdot s^{-1}}{0.182 \; mol \cdot dm^{-3} \cdot s^{-1}} = \left(\frac{0.10 \; mol \cdot dm^{-3}}{0.30 \; mol \cdot dm^{-3}}\right)^m$$

解得:$m = 2$

即 $v = kc^2(CH_3CHO)$

可见,此反应为二级反应。

(2) 将题中第一组数据代入反应的速率方程,可得

$$0.020 \; mol \cdot dm^{-3} \cdot s^{-1} = k \times (0.10 \; mol \cdot dm^{-3})^2$$

解得:$k = 2.00 \; mol^{-1} \cdot dm^3 \cdot s^{-1}$

(3) 将乙醛浓度代入速率方程,得

$$v = 2.00 \; mol^{-1} \cdot dm^3 \cdot s^{-1} \times (0.15 \; mol \cdot dm^{-3})^2 = 0.045 \; mol \cdot dm^{-3} \cdot s^{-1}$$

由解题结果得出:此反应为二级反应;该温度下的反应速率常数 $k = 2.00 \; mol^{-1} \cdot dm^3 \cdot s^{-1}$;当 $c(CH_3CHO) = 0.15 \; mol \cdot dm^{-3}$ 时的反应速率为 $v = 0.045 \; mol \cdot dm^{-3} \cdot s^{-1}$。

由上述讨论可知,对于反应:

$$dD + eE = gG + hH$$

反应速率方程为

$$v = kc^m(D) \cdot c^n(E)$$

如果反应为基元反应,则 $m = d, n = e$;如果反应为非基元反应,m、n 值需经实验确定。

由上述计算可以看出,反应速率常数 k 的单位与反应级数有关,若是一级反应,k 的单位为 s^{-1};二级反应,k 的单位为 $dm^3 \cdot mol^{-1} \cdot s^{-1}$;而 n 级反应,k 的单位为 $(mol \cdot dm^{-3})^{(1-n)} \cdot s^{-1}$。

3.5.4 温度对化学反应速率的影响

绝大多数化学反应的速率总是随温度的升高而加快的,有少数特例,如下述 2(e)。无论对吸热反应还是放热反应都是如此,只不过加快的程度不同而已。

温度对反应速率的影响主要是由于反应物中活化分子百分数随温度的变化而发生了改变所致。随着温度的升高,反应体系中分子的动能随之增大,同一体系中会出现更多的活化分子。虽然全体分子的总数没变,但活化分子在全体分子中所占的相对比率提高了,活化分子的绝对数量也增多了,所以反应速率加快。

1. 范特霍夫近似规则

温度对反应速率的影响通过速率常数 k 来体现。温度与速率之间的定量关系最早是由

范特霍夫提出来的。他总结了大量的实验数据,提出:在通常的反应温度范围内,温度每升高 10 K,反应速率是原速率的 2～4 倍。用公式表示为

$$\frac{k(T+10\ \text{K})}{k(T)} = 2 \sim 4 \tag{3-57}$$

式(3-57)称为范特霍夫近似规则,也称为反应速率的温度系数。该近似规则虽略显粗糙,但在作估算时还是有用的。

2. 阿伦尼乌斯经验式

其实温度对反应速率的影响是复杂的,如果用速率对温度作图,通常可以得到如图 3-4 所示的五种类型的关系曲线。

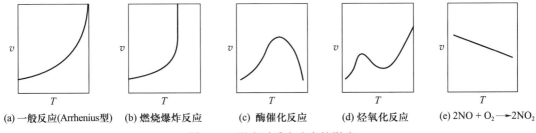

(a) 一般反应(Arrhenius型) (b) 燃烧爆炸反应 (c) 酶催化反应 (d) 烃氧化反应 (e) 2NO + O₂ → 2NO₂

图 3-4 温度对反应速率的影响

(a) 反应速率随着温度的升高呈指数关系上升,大部分反应属于这一类型,本节主要讨论这类反应。

(b) 反应开始随温度升高反应速率变化不大,当达到一个温度极限时,反应以爆炸的方式极快地进行。一些热爆炸反应属于这种类型。

(c) 开始时反应速率随温度的升高而增加,但到达一定温度时,反应速率反而下降。酶催化和多相催化反应较多地出现这种情况,可能原因是高温导致酶破坏或催化剂烧结而失去活性。

(d) 曲线的前半段与(c)相似,而继续升高温度,反应速率又开始增加,这可能发生了副反应。在有机化合物加氢、脱氢反应中可以观察到这种情况。

(e) 温度升高反应速率反而下降的反常情况,主要发生在一氧化氮氧化成二氧化氮的反应中。这种类型过去不多见,但近些年来不断有新的发现。

本节在讨论温度对反应速率影响时,浓度保持不变,只考虑温度的影响。在 19 世纪末期,阿伦尼乌斯(Arrhenius S)根据大量的实验数据,总结出了温度影响速率常数的经验公式,称为阿伦尼乌斯公式:

$$k = A \cdot \text{e}^{-\frac{E_a}{RT}} \tag{3-58}$$

或

$$\ln \frac{k}{[k]} = \left(-\frac{E_a}{R}\right)\left(\frac{1}{T}\right) + \ln \frac{A}{[A]} \tag{3-59}$$

式中，$[k]$、$[A]$分别是 k 与 A 的单位。A 为给定反应的特征常数，称为指前因子，它与反应物分子的碰撞频率、反应物分子定向的空间因素等有关，与反应物浓度及反应温度无关，与速率常数具有相同的单位，阿伦尼乌斯将它作为一种经验常数。E_a 称为阿伦尼乌斯活化能，是反应物分子能够进行化学反应所需的最低能量。

如图 3-5 所示，从反应物 A 到生成物 P，必须经过活化状态 A^*。A^* 与 A 的平均能量之差称为正反应的活化能 E_a，A^* 与 P 的平均能量之差称为逆反应的活化能 E_a'。正、逆反应活化能之差 ΔE_a 即为化学反应的热效应 ΔH。显然，如果生成物的平均能量大于反应物的平均能量，则是吸热反应，反之，则是放热反应。对于非基元反应，活化能没有明确的物理意义，它仅是构成反应历程的各个基元反应的活化能的特定组合而已。

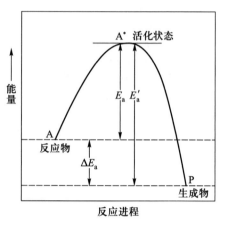

图 3-5　基元反应活化能示意图

由式(3-58)可见，反应速率常数 k 与热力学温度 T 及活化能 E_a 均呈指数关系，即温度和活化能的微小变化都会使 k 值发生较大的变化，体现了温度和活化能对反应速率的显著影响。由式(3-59)可见，用 $\ln\dfrac{k}{[k]}$ 对 $1/T$ 作图，可得一直线，斜率为 $-E_a/R$，截距为 $\ln\dfrac{A}{[A]}$。因此，测定某个反应在不同温度时的 k 值，作 $\ln\dfrac{k}{[k]}-\dfrac{1}{T}$ 图，即可求出反应的活化能。现以 $CO+NO_2 \Longrightarrow CO_2+NO$ 反应为例来说明反应速率常数 k 与温度 T 的定量关系，实验数据见表 3-3。

表 3-3　温度对反应 $CO+NO_2\Longrightarrow CO_2+NO$ 速率常数的影响

温度 T/K	600	650	700	750	800
反应速率常数 k / $mol^{-1}\cdot dm^3\cdot s^{-1}$	0.028	0.22	1.30	6.00	23.0

根据表 3-3 的实验数据，以 $\ln\dfrac{k}{[k]}$ 对 $\dfrac{1}{T}$ 作图，得到如图 3-6 所示的直线。根据其斜率等于 $-E_a/R$ 的关系可以计算出反应的活化能 E_a；根据其截距等于 $\ln A/[A]$ 的关系也可以计算出指前因子 A。

从以上讨论可知，利用阿伦尼乌斯公式，通过实验作图的方法可以求出 E_a 和 A。

E_a 和 A 也可通过实验数据计算求出。设 k_1、k_2 分别表示某反应在温度为 T_1、T_2 时的反应速率常数，则按式(3-59)可分别写出：

$$\ln\frac{k_1}{[k]} = \left(-\frac{E_a}{R}\right)\left(\frac{1}{T_1}\right) + \ln\frac{A}{[A]}$$

$$\ln\frac{k_2}{[k]} = \left(-\frac{E_a}{R}\right)\left(\frac{1}{T_2}\right) + \ln\frac{A}{[A]}$$

两式相减可得

$$\ln\frac{k_2}{k_1} = \frac{E_a}{R}\left(\frac{T_2-T_1}{T_1T_2}\right) \tag{3-60}$$

用上式可以根据同一反应在两个温度下的反应速率常数求出该反应的活化能,或根据反应的活化能及某一温度下的 k 值,求出其他温度时的 k 值。

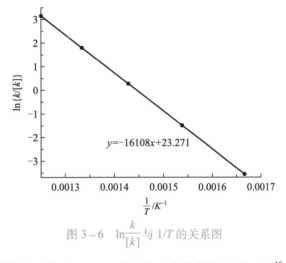

图 3-6 $\ln\dfrac{k}{[k]}$ 与 $1/T$ 的关系图

例 3-14 实验测得某反应在 573 K 时反应速率常数为 2.41×10^{-10} s^{-1},在 673 K 时反应速率常数为 1.16×10^{-6} s^{-1},求此反应的活化能 E_a 值。

解: 由式(3-60)得

$$E_a = R\left(\frac{T_1T_2}{T_2-T_1}\right)\ln\frac{k_2}{k_1}$$

$$= 8.314\,5\ \text{J}\cdot\text{mol}^{-1}\cdot\text{K}^{-1} \times \left(\frac{573\ \text{K}\times673\ \text{K}}{673\ \text{K}-573\ \text{K}}\right) \times \ln\frac{1.16\times10^{-6}\ \text{s}^{-1}}{2.41\times10^{-10}\ \text{s}^{-1}}$$

$$= 2.719\times10^5\ \text{J}\cdot\text{mol}^{-1} = 271.9\ \text{kJ}\cdot\text{mol}^{-1}$$

所以,此反应的活化能 E_a 为 271.9 kJ·mol^{-1}。同样也可求得其指前因子 A 为 1.45×10^{15} s^{-1}。

3.5.5 催化剂对化学反应速率的影响

催化剂(catalyst)是一种能显著改变反应速率,而其本身的组成、质量、化学性质在反应前后都不发生变化的物质。通常把能提高反应速率的催化剂叫作正催化剂(positive catalyst),简称为催化剂;而把减慢反应速率的催化剂叫作负催化剂(negative catalyst),或阻化剂、抑制剂。

催化剂对反应速率的改变作用称为催化作用(catalysis)。例如,合成氨生产中使用的"铁催化剂",以及生物体内存在的各种酶(如淀粉酶、蛋白酶等)均为正催化剂;减慢金属腐蚀速率的缓蚀剂及防止橡胶老化的防老化剂等均为负催化剂。人们通常所说的催化剂一般指正催化剂。

对可逆反应来说,同一催化剂既能加快正反应的速率也能加快逆反应的速率,因此催化剂能缩短到达平衡的时间。但催化剂并不能改变平衡混合物的浓度,即不能移动平衡,反应的平衡常数也不受影响,因为催化剂不能改变反应的标准摩尔吉布斯自由能变 $\Delta_r G_m^{\ominus}$。总之,催化剂不能启动热力学证明不能进行的反应(即 $\Delta_r G_m^{\ominus} > 0$ 的反应)。

虽然提高温度能加快反应速率,但在实际生产中往往带来能源消耗多、设备要求高等问题,而且提高温度不利于热稳定性较差的产物生成。温度升高往往使得副反应也加快,副产物增加,不仅降低了主产物的产率,而且给产物的分离纯化带来困难,使产物的纯度和质量变差。应用催化剂可在不提高反应温度的情况下极大地提高反应速率。因此,对于催化作用的研究,以及新型催化剂的研发,不仅在理论上极为重要,而且在实际应用中意义重大。

关于催化机理有很多理论解释,而且各有其实验依据。若从活化能的角度来理解,催化作用可解释为:催化剂给反应体系提供了一条较低活化能的反应途径。就是说,由于改变了反应机理而降低了活化能(降低了"能垒"),因而提高了反应速率,如图 3-7 所示。

通过实验方法测定催化反应的活化能变化,可以证明上述催化机理。例如,N_2O 分解反应的活化能为 250 kJ·mol^{-1},而在金的表面上,其活化能变为 120 kJ·mol^{-1}。又如在 800 K 时,氨的分解反应活化能为 376 kJ·mol^{-1},当用铁催化剂时,反应的活化能变为 163.17 kJ·mol^{-1}。由于催化剂的作用,使氨的分解速率在 800 K 时竟提高了 7.84×10^{13} 倍!催化剂除可大大提高化学反应速率外,另一个特征是具有独特的选择性。当一个反应体系可能有许多平行的反应时,常常使用高选择性的催化剂,以便在提高反应速率的同时对其他副反应加以抑制。

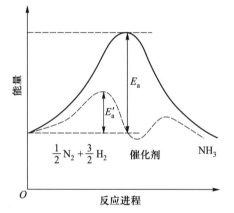

图 3-7 合成氨反应中催化剂降低活化能示意图

生物催化剂和仿生催化剂具有很多优异特性,已引起了国内外科学家的高度重视。

生物催化剂主要是指酶类化合物。酶是生物体内自身合成的一类特殊的蛋白质,它们具有很高的催化活性,生物体中的化学反应几乎都是在各种特定的酶催化作用下进行的。有不少反应,在实验室里即使用高温、高压等极端条件也无法完成,可是在生物体内却可以在十分温和的条件下进行,如豆科植物根瘤细菌的固氮作用、绿色植物的光合作用等,都是依靠了生物催化剂的神奇催化作用才得以实现的。与一般催化剂相比,生物催化剂具有如下特点:

① 可以在常温、常压、接近中性的温和条件下有效地起催化作用。

② 具有非常高的催化效率。

③ 具有高度选择性,甚至达到专一的程度,即专一性。

这是酶与非生物催化剂的最主要的区别。酶催化作用的专一性大致有三种类型:其一是反应专一性;其二是底物专一性;其三为立体专一性。这些专一的催化作用对生命的存在和新陈

代谢过程都是必不可少的。

仿生催化剂是指人类模仿天然生物催化剂的结构、作用特点而设计、合成出来的一类催化剂。其特点是具有和天然生物催化剂相似的性能,但比天然生物催化剂稳定性好,能在生物催化剂无法完成的较恶劣的条件下工作,而且可以大量制备。但这方面的研究目前还处于初级阶段,要走的路还很长。

3.5.6 影响多相反应速率的因素

在不均匀体系中的多相反应(即非均相反应)过程比前面讨论的单相反应(也称均相反应)要复杂得多。在单相体系中,所有反应物的分子都可能相互碰撞并进而发生化学反应;在多相体系中,只有在相界面上的反应物粒子才有可能相互碰撞进而发生化学反应。因此当这类固体反应物没有作用完之前,反应速率与固体反应物的量或浓度无关,仅取决于固体物表面积(即相界面)的大小。而如果生成的产物集聚在固体表面不能及时离开该相界面,就将阻碍反应的继续进行。因此,对于多相反应体系,除反应物浓度、反应温度、催化作用等因素外,不同相的接触界面的大小和连续相(通常为多相体系中的气相或液相)内部的扩散作用对反应速率也有很大影响。

发生在气-固或液-固表面的反应,至少要经过以下几个步骤才能完成:反应物分子向固体表面扩散;反应物分子被吸附在固体表面;反应物分子在固体表面上发生反应;生成产物,产物分子从固体表面上解吸;产物分子经扩散离开固体表面。这些步骤中的任何一步都会影响整个反应的速率。在实际生产中,常常采取振荡、搅拌、鼓风等措施就是为了加强气-固、液-固相界面与气、液相内部之间的扩散交流作用,保持新鲜的固体表面和气体、液体反应物在固体表面的有效浓度。而粉碎固体反应物或将液体反应物喷成雾状则是增加两相间接触面的有效办法。

因此,对于有固体或纯液体反应物参加的反应,其速率方程中固体或纯液体反应物的浓度看作常数1(不变)而不列入方程。例如,对下述基元反应而言:

$$C(s) + O_2(g) \xlongequal{\hspace{1cm}} CO_2(g)$$

则其速率方程为 $v = kc(O_2)$,固体反应物碳的浓度项并不出现在速率方程中。因为只要固体反应物碳尚未被消耗完以前,该反应仅发生在碳粒的表面上,这时碳的浓度可认为是不变的,对反应速率没有影响,故反应速率仅取决于氧的浓度。而当碳的粉碎程度不同时,反应速率常数 k 和反应速率 v 都将不同,即

$$v' = k'c(O_2)$$

3.5.7 链反应与光化学反应

1. 链反应

链反应(chain reaction)又称连锁反应,它是包括大量反复循环的连串反应的复合反应。链反应过程中会产生一些诸如自由原子或自由基(包含一个或多个未配对电子的中性原子,或原子团)这样的活泼中间体。中间体极不稳定,不能长期单独存在,很容易重新结合成正常分子。这些高活性的中间体粒子可以通过加热或吸收适当波长的光而产生,一旦生成,它们

往往能和其他分子作用生成产物并生成新的自由原子或自由基。这个过程一经引发,可以继续进行,一直传递下去。这种产生活性中间体的整个系列反应称为链反应。

链反应的过程通常可以分为:链引发、链增长(链传递)和链终止三个阶段。下面以氢气与氯气在光照条件下的反应为例加以说明。

$$H_2(g) + Cl_2(g) \xrightarrow{\text{光照}} 2HCl(g)$$

实验测定的结果表明,该反应的速率方程为:$v = kc(H_2)c^{1/2}(Cl_2)$。为了证明这种情况,提出了链反应机理(用黑点表示高活性原子或自由基的未配对电子,有时也可略去):

① 链引发:$Cl_2 \longrightarrow 2Cl\cdot$

② 链增长(链传递):$Cl\cdot + H_2 \longrightarrow HCl + H\cdot$

$\qquad\qquad\qquad\qquad H\cdot + Cl_2 \longrightarrow HCl + Cl\cdot$

$\qquad\qquad\qquad\qquad\qquad \cdots\cdots\cdots$

③ 链终止:$2Cl\cdot \longrightarrow Cl_2$

反应①是氯分子在光照条件下分解产生氯自由基(活性中间体),此反应非常快。由于自由基很活泼,可以很快地引发后面的反应。第②步骤形成了产物 HCl,同时生成新的自由原子,使反应继续下去。这些步骤是链反应的增长阶段。据统计,一个 Cl_2 分子往往能循环反应生成 $10^4 \sim 10^6$ 个 HCl 分子。但是反应若按第③步进行,即两个 $Cl\cdot$ 相碰撞生成一种稳定的物质 Cl_2,反应便会终止。

链反应是很常见的。例如,高聚物的合成、石油的裂解、碳氢化合物的氧化与卤化、有机化合物的燃烧、爆炸反应等都与链反应有关。在链反应终止前,活泼中间体的形成可生成许多产物分子。因此,产物的生成速率是链反应引发速率的许多倍。

2. 光反应

在光的作用下进行的化学反应称为光化学反应(reaction of photochemistry)。植物的光合作用、胶片的感光、染料的褪色等都是光化学反应的例子。光化学反应可以根据反应类型而分为合成反应、分解反应、聚合反应和氧化还原反应等。下面介绍光合成反应和光分解反应。

(1) 光合成反应

光合成反应又可分为两种,一种是反应物直接吸收光子进行合成反应。如六六六的合成:

$$C_6H_6 + 3Cl_2 \xrightarrow{\text{光照}} C_6H_6Cl_6$$

另一种是反应物通过其他物质吸收光子进行合成反应,又称感光反应。如光合作用就是通过叶绿素吸收阳光进行反应合成糖类的:

$$6nCO_2 + 6nH_2O \xrightarrow{\text{光照,叶绿素}} (C_6H_{12}O_6)_n + 6nO_2$$

(2) 光分解反应

利用太阳光分解水可以制得氢和氧:

$$H_2O \longrightarrow H_2 + \frac{1}{2}O_2$$

一些有可变氧化数的无机盐、过渡金属化合物半导体材料、有机染料等,均可作为上述反

应的光催化剂。目前,用这种方法制氢的反应效率还不高,所用的光催化剂也比较昂贵。但由于光解水制氢是制造清洁能源最有发展前途的手段之一,应用前景广阔,所以研究、开发高效廉价的光解水催化剂,受到国内外科学技术人员的广泛重视,已成为当今能源科技的前沿和热点。

思考题与习题

1. 状态函数的基本特征是什么?

2. 功和热_____。

（1）都是过程函数,无确定的变化途径就无确定的数值。

（2）都是过程函数,对应某一状态有一确定值。

（3）都是状态函数,变化量与过程无关。

（4）都是状态函数,始、终态确定其值也确定。

3. 热是过程函数,即热的数值不仅决定于始、终状态而且与途径有关,但为什么 Q_p 和 Q_V 只取决于始终态?

4. 盖斯定律有什么实际意义?

5. 熵是体系混乱度的量度,在下列情况下哪一种物质的摩尔熵值更大?

（1）室温下的纯铁与碳钢;

（2）100℃的液态水与100℃的水蒸气;

（3）同一温度下结晶完整的金属与有缺陷(空位、位错等)的金属。

6. －10℃的过冷水自发凝结为－10℃的冰,计算得到体系的熵变 $\Delta S < 0$,这一结果与熵增加原理相矛盾吗? 为什么?

7. 空调、冰箱不是可以把热从低温热源吸出,传递给高温热源吗? 这是否与热力学第二定律矛盾呢?

8. 如何根据摩尔吉布斯自由能变 $\Delta_r G_m(T)$ 来判断化学反应的自发方向?

9. 化学平衡的特征有哪些?

10. 化学反应的速率应如何表示? 影响反应速率的因素有哪些?

11. 什么叫基元反应? 什么叫反应级数? 质量作用定律的内涵及适用范围是什么?

12. 当 5 mol $H_2(g)$ 与 4 mol $Cl_2(g)$ 混合,最后生成 2 mol HCl(g)。若以下式为反应计量方程式: $H_2(g) + Cl_2(g) \longrightarrow 2HCl(g)$。则反应进度 ξ 的值为多少?

13. 在 273.15 K、标准大气压下,水凝结为冰,判断下列热力学量中哪个一定为零?

（1）ΔU （2）ΔH （3）ΔS （4）ΔG

14. 试用书末附录中的数据计算:

（1）反应 $H_2O(l) \Longrightarrow H_2O(g)$ 的 $\Delta_r H_m^{\ominus}$ (298.15K)。

（2）在 298.15 K 下 2.00 mol 的 $H_2O(l)$ 蒸发成同温、同压下的水蒸气时的焓变 $\Delta_r H^{\ominus}$ (298.15 K),吸收的热量 Q、体系做的功 W、体系的热力学能增量 ΔU。(水的体积比水蒸气小得多,计算时可忽略不计。)

15. 已知 298.15 K 时,碳酸镁分解反应的热力学数据,

$$MgCO_3(s) \Longrightarrow MgO(s) + CO_2(g)$$

	MgCO₃(s)	MgO(s)	CO₂(g)
$\Delta_f H_m^{\ominus}(298.15\ K)/(kJ \cdot mol^{-1})$	-1095.8	-601.6	-393.5
$S_m^{\ominus}(298.15\ K)/(J \cdot K^{-1} \cdot mol^{-1})$	65.6	27.0	213.8
$\Delta_f G_m^{\ominus}(298.15\ K)/(kJ \cdot mol^{-1})$	-1012.1	-569.3	-394.4

求:

(1) 在 298.15 K,100 kPa 下的 $\Delta_r H_m^{\ominus}$、$\Delta_r S_m^{\ominus}$、$\Delta_r G_m^{\ominus}$;

(2) 在 1123 K、100 kPa 下的 $\Delta_r G_m^{\ominus}(1123\ K)$ 和 $K^{\ominus}(1123\ K)$

(3) 在 100 kPa 压力下(即 $p(CO_2) = 100$ kPa)碳酸镁进行分解的最低温度。

16. 银可能受到 $H_2S(g)$ 的腐蚀而发生如下的反应

$$H_2S(g) + 2Ag(s) \Longrightarrow Ag_2S(s) + H_2(g)$$

$\Delta_f G_m^{\ominus}(298.15\ K)/(kJ \cdot mol^{-1})$	-33.4	-40.3

现将 Ag 放在等体积的氢和硫化氢组成的混合气体中,问:

(1) 在 298 K,100 kPa 下,Ag 能否被腐蚀生成硫化银 Ag_2S ?

(2) 混合气体中,$H_2S(g)$ 的体积分数低于多少,才不致发生腐蚀?

17. 已知反应 $\frac{1}{2} H_2(g) + \frac{1}{2} Cl_2(g) \Longrightarrow HCl(g)$,$K^{\ominus}(298.15\ K) = 5.0 \times 10^{16}$,$\Delta_r H_m^{\ominus}(298.15\ K) = -92.31\ kJ \cdot mol^{-1}$,求反应在 500 K 时的标准平衡常数 $K^{\ominus}(500\ K)$。

18. 在容积为 10.00 dm³ 的容器中装有等物质的量的 $PCl_3(g)$ 和 $Cl_2(g)$。已知在 523 K 时发生如下反应:$PCl_3(g) + Cl_2(g) \Longrightarrow PCl_5(g)$。达平衡时,$PCl_5(g)$ 的分压为 100 kPa,$K^{\ominus} = 0.57$。求:

(1) 开始装入的 $PCl_3(g)$ 和 $Cl_2(g)$ 的物质的量;

(2) $Cl_2(g)$ 的平衡转化率。

19. 在 301 K 时,鲜牛奶大约在 4 h 后变酸。但在 278 K 时,鲜牛奶大约在 48 h 后才变酸。假定反应速率与牛奶变酸时间成反比,求牛奶变酸反应的活化能。

20. 在 400℃时,基元反应 $CO + NO_2 \Longrightarrow CO_2 + NO$ 的速率常数 k 为 0.50 $dm^3 \cdot mol^{-1} \cdot s^{-1}$,当 $c(CO) = 0.025\ mol \cdot dm^{-3}$,$c(NO_2) = 0.040\ mol \cdot dm^{-3}$ 时,反应速率是多少?

21. 反应 $H_2 + I_2 \Longrightarrow 2HI$,有人认为该反应是由两个基元反应构成的复杂反应:

① $I_2 \Longrightarrow 2I$(快,平衡常数为 $K^{\ominus}$);

② $H_2 + 2I \Longrightarrow 2HI$(慢)。

试推测该反应的速率方程表达式。

第4章 电化学基础

电解的应用

电化学是研究化学能与电能之间相互转化过程及规律的科学。化学能和电能的相互转化需要借助电化学装置来实现。电化学装置可分为两类：一类是将化学能转化为电能的原电池，转化过程中反应体系的吉布斯自由能减小，其化学反应能够自发进行；另一类是将电能转化成化学能的电解池，转化过程中体系的吉布斯自由能增加，需要通过施加外在动力（电能）迫使不能自发进行的反应在电流的作用下得以发生。无论哪类装置，其所发生的化学反应都有一个共同的特征，即在反应中发生了电子的转移，这类反应称为氧化还原反应。本章将阐述基于自发进行的氧化还原反应的原电池的组成及其工作原理，电极电位的产生及其应用；并通过对电解的讨论，探讨电解反应发生的必要条件及电极反应的基本规律；同时对金属的电化学腐蚀与防护做了简单的介绍。

4.1 氧化还原反应

差异充气腐蚀的
实验展示

4.1.1 基本概念

18世纪末，法国化学家拉瓦锡(Lavoisier A)在发现氧元素之后首次提出了氧化还原的概念，指出氧化是物质与氧气化合，还原是指氧化物失去氧。1852年英国化学家弗兰克兰(Frankland E)提出了化合价的概念后，人们把化合价升高的过程称为氧化，把化合价降低的过程称为还原。1892年德国物理化学家奥斯特瓦尔德(Ostwald F)指出，氧化还原反应是由于电子的转移引起的，并把失电子的过程叫氧化，得电子的过程称为还原。1970年，国际纯粹与应用化学联合会(IUPAC)建议将化合价改为氧化数（或氧化值，oxidation number）。氧化数是指元素一个原子的表观荷电数，该荷电数是假设把每一个化学键中的电子指定给电负性更大的原子而求得。与中学所学的化合价不同，氧化数可以是整数也可以是分数（或小数）。

根据反应前后氧化数是否有变化可将化学反应分成两大类：氧化还原反应和非氧化还原反应。反应前后氧化数有变化的称为氧化还原反应(oxidation-reduction reaction 或 redox reaction)。氧化数的变化是电子得失(偏移)造成的结果，失去电子而使元素氧化数升高的过程为氧化(oxidation)，发生的反应为氧化反应(oxidation reaction)；获得电子而使元素氧化数降低的过程为还原(reduction)，发生的反应为还原反应(reduction reaction)。得到电子本身氧化数降低的物质为氧化剂(oxidizing agent)；失去电子本身氧化数升高的物质为还原剂(reducing agent)。

例如反应：$Zn(s) + H_2SO_4(aq) \rightleftharpoons ZnSO_4(aq) + H_2(g)$，锌元素在反应后氧化数升高，发生了氧化反应，金属 Zn 为还原剂，其氧化产物为 $ZnSO_4$；氢元素反应后氧化数降低，发生了还原反应，硫酸 H_2SO_4 为氧化剂，其中的 H^+ 被还原为 H_2。

还原剂与其氧化产物、氧化剂与其还原产物分别是同一元素不同氧化数的两种形态，其中氧化数高的形态称为该元素的氧化态(oxidation state)，氧化数低的形态称为该元素的还原态(reduction state)。同一元素的氧化态与还原态可以组成一对氧化还原电对(redox couple)，简称电对，用通式"氧化态/还原态"表示。例如上述置换反应中包含了两组氧化还原电对：锌电对(用符号 Zn^{2+}/Zn 表示)和氢电对(用符号 H^+/H_2 表示)。再如 $Cu^{2+}/Cu, Fe^{3+}/Fe^{2+}, MnO_4^-/Mn^{2+}, CrO_4^{2-}/Cr^{3+}$ 等符号也都表达出了相应的电对组合。在写电对符号时，通常把氧化态组分(即高价态)写在斜线的前面，而把还原态组分(即低价态)写在斜线的后面。值得注意的是，某些元素的某些氧化态在水溶液中只能以含氧酸根离子的形式稳定存在(如 MnO_4^-、MnO_4^{2-}、$Cr_2O_7^{2-}$、CrO_4^{2-}、ClO_4^- 等)，在写相应的电对符号时应按实际存在形态写。同样如果是以难溶盐(或难溶氧化物)的形式参与反应，也应按实际存在形态写，如电对 $AgCl/Ag$，Hg_2Cl_2/Hg，PbO_2/Pb^{2+}，Ag_2O/Ag 等。

氧化还原反应的本质是在两对(或两对以上)氧化还原电对之间发生了电子的得失或偏移。氧化反应和还原反应同时进行，相互依存。但在书写和进行一些具体讨论时仍可将氧化还原反应分成氧化反应和还原反应两个半反应。例如，上述反应 $Zn(s) + H_2SO_4(aq) \rightleftharpoons ZnSO_4(aq) + H_2(g)$ 可分解为

氧化半反应：$Zn(s) \rightleftharpoons Zn^{2+}(aq) + 2e^-$

还原半反应：$2H^+(aq) + 2e^- \rightleftharpoons H_2(g)$

无论氧化半反应还是还原半反应都可以用通式表示为

$$氧化态 + ne^- \rightleftharpoons 还原态$$

氧化还原电对实际上就是氧化还原半反应的本质体现，且任何氧化还原电对也都可以写出与之对应的半反应方程式。

4.1.2　氧化还原反应方程式的配平

配平氧化还原反应的方法很多，最常用的有氧化数法和离子-电子法(半反应法)。氧化数法遵循的原则是氧化剂中元素氧化数降低的总数等于还原剂中氧化数升高的总数。这种方法中学已经学过，在此不再赘述。离子-电子法遵循的原则是氧化剂获得的电子总数等于还原剂中失去的电子总数。氧化还原反应可认为是由两个电对的半反应组合而成的一个总反应。

现以 $KMnO_4$ 与 H_2SO_3 在稀 H_2SO_4 中的反应为例，介绍离子-电子法配平氧化还原反应方程式的一般步骤：

① 找出两个氧化还原电对并写出相应的两个半反应(未配平)：

两个氧化还原电对：MnO_4^-/Mn^{2+}；SO_4^{2-}/SO_3^{2-}

氧化反应：$SO_3^{2-} \longrightarrow SO_4^{2-}$

还原反应：$MnO_4^- \longrightarrow Mn^{2+}$

② 利用原子和电荷守恒原理，分别配平两个半反应：先配原子数，左边或右边再加适当的电子数来配平电荷数，最终使两边各原子总数相等，净电荷数相等。

一般在酸性介质中用 H^+ 与 H_2O 配平；而在碱性介质中用 OH^- 与 H_2O 配平。

$$MnO_4^- + 8H^+ + 5e^- = Mn^{2+} + 4H_2O$$

$$SO_3^{2-} + H_2O = SO_4^{2-} + 2H^+ + 2e^-$$

③ 根据氧化剂获得的电子总数等于还原剂中失去的电子总数，将已配平的两个半反应式乘以相应的系数后相加，得到配平的氧化还原反应离子方程式。

$$
\begin{array}{ll}
MnO_4^- + 8H^+ + 5e^- = Mn^{2+} + 4H_2O & \times 2 \\
+ \quad SO_3^{2-} + H_2O = SO_4^{2-} + 2H^+ + 2e^- & \times 5 \\
\hline
2MnO_4^- + 5SO_3^{2-} + 6H^+ = 2Mn^{2+} + 5SO_4^{2-} + 3H_2O &
\end{array}
$$

④ 如果需要写出分子方程式，只要加上原来未参加氧化还原的离子并配平即可：

$$2KMnO_4 + 5K_2SO_3 + 3H_2SO_4 = 2MnSO_4 + 6K_2SO_4 + 3H_2O$$

由上面的配平步骤可以看出，利用离子-电子法配平氧化还原反应的关键是氧化和还原两个半反应的配平，而配平半反应的难点是半反应式两边氢、氧原子的配平。这可根据反应介质的不同，利用水的解离平衡进行氢、氧原子个数的调整。

4.2 原 电 池

4.2.1 电池构成与电极反应

氧化还原反应的特点是反应中发生了电子转移，反应物中还原剂失去电子而被氧化，氧化剂得到电子而被还原。当氧化剂与还原剂直接接触反应时，还原剂的电子直接给了氧化剂，不会有电子的定向移动，无法形成电流。例如，将锌片直接浸在硫酸铜溶液中，会观察到蓝色的硫酸铜溶液颜色逐渐变浅，锌片慢慢溶解的同时不断有红色的固体沉积，说明发生了如下氧化还原反应：

$$Zn(s) + CuSO_4(aq) = ZnSO_4(aq) + Cu(s)$$

反应中 Zn 给出电子被氧化为 Zn^{2+}，Cu^{2+} 得到电子而被还原为 Cu。整个反应的实质是电子由 Zn 直接传递给了 Cu^{2+}。这无法产生电流，反应的化学能将转变为热能（反应热），散发在介质中，使溶液的温度升高。

如果设法使上述氧化还原反应中 Zn 的氧化反应与 Cu^{2+} 的还原反应分别在两个独立的容器中进行，还原剂 Zn 与氧化剂 Cu^{2+} 不直接接触，迫使 Zn 在氧化过程中放出的电子通过给定的外电路流入到 Cu^{2+} 溶液中，供给 Cu^{2+} 还原的需要。这样就能造成电子的定向移动，形成电流。

　　由此,氧化还原反应只有借助于一种特殊装置,使氧化、还原两个半反应分别在两个隔开的容器内进行,反应过程中传递的电子才能通过外电路定向移动,进而使化学能直接转化为电能。这种装置就称为原电池(primary cell)。

　　例如,在两个容器中分别将锌片插在含 Zn^{2+} 的溶液中,将铜片插在含 Cu^{2+} 的溶液中,然后用内电路、外电路把两个容器联结起来,就组成了一个简单的原电池——铜锌电池[又叫丹尼尔电池,由英国科学家丹尼尔(Daniell J)于1836年发明],如图4-1所示。每个容器内的电极板与电解质溶液组成一个半电池,电池工作时每个半电池中分别发生氧化反应或还原反应,称为半电池反应。铜锌原电池中:

　　锌电极上发生的是氧化半反应(负极反应):

$$Zn(s) \rightleftharpoons Zn^{2+}(aq) + 2e^-$$

　　铜电极上发生的是还原半反应(正极反应):

$$Cu^{2+}(aq) + 2e^- \rightleftharpoons Cu(s)$$

　　电池总反应为:

$$Zn(s) + Cu^{2+}(aq) \rightleftharpoons Zn^{2+}(aq) + Cu(s)$$

　　电极上发生的半电池反应称为电极反应(electrode reaction), 它实际上是一个氧化还原电对中氧化态和还原态之间通过电子得失的相互转化,原则上任何一个氧化还原电对都可以组成一个半电池。氧化反应放出的电子,通过外电路源源不断流向另一个半电池,正好供给还原反应的需求。定向

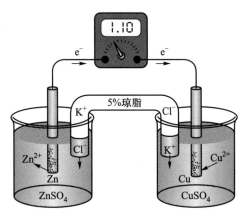

图4-1　铜锌原电池装置示意图

流动的电子即形成电流,这就构成了原电池,而两个氧化还原电对就组成了电池的两个电极。通常把输出电子的一端称为原电池的负极(negative electrode), 如上面的锌电极,发生氧化反应;而输入电子的一端称为正极(positive electrode),如上面的铜电极,发生还原反应。由正、负两极组成电池后,便可发生完整的氧化还原反应,即为电池反应(cell reaction)。

　　在氧化还原反应进行的过程中,氧化反应由还原剂 Zn 原子放出的电子积聚在电池负极的极板(锌板)上,同时在负极半电池的电解质溶液中由于形成了 Zn^{2+}, 而造成正电荷的积聚。同样,在发生还原反应的正极极板(铜板)上不断积聚着正电荷,而在其电解质溶液中却因 Cu^{2+} 的不断减少而造成负电荷的积聚。虽然通过外电路导线可将负极电板上积聚的负电荷引导到正极的极板上,得到中和,但两个半电池的电解质溶液中积聚的正、负电荷却不能及时得到中和,致使整个电池反应不能持续进行。因此必须设置一个合适的离子通道,把两个半电池联结起来,使两个半电池的电解质溶液中积聚的电荷也能彼此中和,这个通道就是原电池的内电路,通常采用盐桥作为连接两个半电池内电路的装置(参见图4-1)。

　　盐桥(salt bridge)是由饱和的电解质溶液(如 KCl、KNO_3、$KClO_4$ 或 NH_4NO_3)固定于琼脂或明胶的凝胶中制成。例如,将适量琼脂加入饱和的 KCl 溶液中,加热使其溶胀直至溶解,趁热灌满 U 形玻璃管中,冷却,待此胶体溶液凝成凝胶后,将此 U 形管倒插在两个半电池电解液中,即构成一个实用的盐桥。U 形管中凝胶内含有的盐类强电解质(如 KCl),在外电场作用下会产生电泳。当原电池的两个半电池因发生氧化还原反应而分别积聚正、负电荷时,就相

当于在盐桥的两端加上了一个外电场,盐桥中的正、负离子(如 K$^+$,Cl$^-$)将靠电泳分别进入带多余负电荷和正电荷的电解液,中和其中多余的电荷,从而使电解质溶液保持电中性,使氧化还原反应得以顺利持续地进行。在盐桥中,凝胶的作用是防止电解质溶液流出,而溶液中正、负离子又可以在管内定向流动。可见,盐桥形成了内电路,使两个半电池的溶液之间能够导电,而又不会使半电池的溶液迅速混合;并保持了电池中电解质溶液的电中性。

由此可见,原电池是能够使自发进行的氧化还原反应的化学能直接转化为电能的装置。它由彼此隔开的两个半电池,及连接两个半电池的内电路、外电路组成。每个半电池则由电极材料(电极板)与相应的电解质溶液组成。对某一个半电池来说,只可能发生氧化反应或还原反应中的一种,且独自不能发生,只有当两个半电池有机地结合在一起,组成一个整体时,整个氧化还原反应才能得以顺利进行,原电池才能发挥作用。

4.2.2 电极种类

电极就是原电池中的一个半电池,每个电极对应着一对氧化还原电对,就有一个半反应,即电极反应。根据氧化还原电对中氧化态、还原态物质状态的不同,可将电极分为以下几种类型:

1. 金属–金属离子电极

将金属浸入到其离子溶液中就构成了金属–金属离子电极。如上述丹尼尔电池中的铜电极和锌电极,可分别表示为 Cu^{2+} | Cu 和 Zn^{2+} | Zn。其中竖线 | 表示金属电极材料与金属离子溶液之间的相界面(与电对间用斜线"/"表示不同)。

2. 气体–离子电极

气体–离子电极是由气体及其离子溶液间发生电极反应而形成的电极。由于此类电极发生反应的物种没有可导电的材料,所以必须另外附加导电材料做辅助电极。通常选用对气体有较强吸附力且化学性质稳定的导电材料如石墨、铂、钯等做辅助电极,其作用仅是吸附反应气体和传递电子,本身并不参与电极反应,因此又称为惰性电极(inert electrode)。如铂片上镀一层蓬松的铂(铂黑),放入一定 H$^+$浓度的稀硫酸中,通入一定压力的纯净 H$_2$,使之不断冲打铂片。H$_2$ 被铂黑吸附,与溶液的 H$^+$离子建立平衡:2H$^+$ + 2e$^-$ === H$_2$。就构成了氢电极,用符号表示为 Pt | H$_2$(g) | H$^+$。其他常见的气体电极还有氧电极和氯电极,可分别用 Pt | O$_2$(g) | OH$^-$和 Pt | Cl$_2$(g) | Cl$^-$表示。

3. 金属–金属难溶盐电极及金属–金属难溶氧化物电极

这类电极是将金属表面覆盖一层该金属的难溶盐(或难溶氧化物),再将其浸入含有该难溶盐负离子的溶液(或含 H$^+$或 OH$^-$的离子溶液)中而构成。如常用的氯化银电极和甘汞电极,其符号分别为 Ag(s) | AgCl(s) | Cl$^-$和 Pt | Hg(l) | Hg$_2$Cl$_2$ | Cl$^-$。这类电极制备较为容易,电极电位稳定,是电化学中最常用的电极。常见的金属–金属难溶氧化物电极有银–氧化银电极,汞–氧化汞电极,符号为 Ag(s) | Ag$_2$O(s) | OH$^-$和 Pt | Hg(l) | HgO(s) | OH$^-$。

4. 氧化还原电极

像 Fe^{3+}/Fe^{2+},MnO$_4^-$/Mn^{2+},CrO$_4^{2-}$/Cr^{3+}这样的氧化还原电对发生电极反应时,参与反应的物质都在同一溶液中,同样也需要惰性辅助电极。这类电极称为氧化还原电极。电极符号相应为 Pt | Fe^{3+}, Fe^{2+}; Pt | MnO$_4^-$, Mn^{2+}; Pt | CrO$_4^{2-}$, Cr^{3+}。反应离子都在同一溶液中,没有相界面,离子间用逗号隔开。

4.2.3　原电池符号

为了方便起见,原电池可用统一的符号来表示。书写原电池符号时通常遵从如下原则:

① 把组成原电池的负极写在表达式的左端,而把原电池的正极写在表达式的右端,并在两边加上(−)、(+)号标明;

② 两个半电池中间用双竖线表示盐桥;

③ 每个半电池中,若氧化型、还原型之间有界面,用一条竖线表示相界面,用"∣"分开;若无相界面,则用逗号分开;

④ 标出物质的聚集状态(固态用 s 表示,液体用 l 表示,气态用 g 表示),若是溶液应标明其浓度,气体标明其分压;

⑤ 对于电对中没有导电材料而需要外加辅助电极的体系,写电池符号时也需要写出辅助电极。对于有气体参与的电对,以离子靠近盐桥。

原电池通式可表示为:(−)还原型∣氧化型‖氧化型∣还原型(+)。

如铜锌原电池可表示为:(−)$Zn \mid Zn^{2+}(c_1) \parallel Cu^{2+}(c_2) \mid Cu(+)$

电对 Sn^{4+}/Sn^{2+} 和 Fe^{3+}/Fe^{2+},各物质浓度均为 0.1 mol·dm^{-3} 时组成的电池表示为

$$(−)Pt \mid Sn^{2+}(0.1\ mol \cdot dm^{-3}),\ Sn^{4+}(0.1\ mol \cdot dm^{-3}) \parallel Fe^{2+}(0.1\ mol \cdot dm^{-3}),$$
$$Fe^{3+}(0.1\ mol \cdot dm^{-3}) \mid Pt(+)$$

电对 H^+/H_2,Ag^+/Ag 组成的电池表示为

$$(−)Pt \mid H_2(p_1) \mid H^+(c_1) \parallel Ag^+(c_2) \mid Ag(+)$$

例 4 − 1　配平下列反应并设计成原电池,用电池符号表示,写出各电极反应。

① $MnO_4^- + I^- + H^+ \longrightarrow Mn^{2+} + I_2(g) + H_2O$

② $Fe^{3+} + Sn^{2+} \longrightarrow Fe^{2+} + Sn^{4+}$

解:① 配平的方程式:$2MnO_4^- + 10I^- + 16H^+ === 2Mn^{2+} + 5I_2(g) + 8H_2O$

原电池符号:$(−)\ C \mid I_2(g,p) \mid I^-(c_1) \parallel Mn^{2+}(c_2),\ MnO_4^-(c_3) \mid C(+)$

负极反应:$2I^- === I_2(g) + 2e^-$

正极反应:$MnO_4^- + 8H^+ + 5e^- === Mn^{2+} + 4H_2O$

② 配平的方程式:$2Fe^{3+} + Sn^{2+} === 2Fe^{2+} + Sn^{4+}$

原电池符号:$(−)\ C \mid Sn^{2+}(c_1),\ Sn^{4+}(c_2) \parallel Fe^{2+}(c_3),\ Fe^{3+}(c_4) \mid C(+)$

负极反应:$Sn^{2+} === Sn^{4+} + 2e^-$

正极反应:$Fe^{3+} + e^- === Fe^{2+}$

例 4 − 2　写出下列原电池的电极反应和电池反应方程式

① $(−)\ Pt \mid Fe^{2+}(c_1),\ Fe^{3+}(c_2) \parallel Cr^{3+}(c_3),\ Cr_2O_7^{2-}(c_4) \mid Pt(+)$

② $(−)\ Pt \mid Hg(l) \mid Hg_2Cl_2(s) \mid Cl^-(c_1) \parallel Cl^-(c_2) \mid AgCl(s) \mid Ag(+)$

解:① 负极反应:$Fe^{2+} === Fe^{3+} + e^-$

正极反应:$Cr_2O_7^{2-} + 14H^+ + 6e^- === 2Cr^{3+} + 7H_2O$

电池总反应:$Cr_2O_7^{2-} + 14H^+ + 6Fe^{2+} === 2Cr^{3+} + 6Fe^{3+} + 7H_2O$

② 负极反应:$2\ Hg(l) + 2Cl^- === Hg_2Cl_2(s) + 2e^-$

正极反应:$AgCl(s) + e^- === Ag(s) + Cl^-$

电池总反应:$2Hg(l) + 2AgCl(s) \Longrightarrow Hg_2Cl_2(s) + 2Ag(s)$

4.3 电极电势

4.3.1 电极电势的产生与电池电动势

借助原电池这种特殊的装置,可使能自发进行的氧化还原反应的电子传递定向进行,从而将化学能直接转化为电能。铜锌原电池中,电子由负极锌电极流向正极铜电极。电流则由铜电极流向锌电极。这说明铜电极和锌电极之间存在着一定的电势差,而两个电极本身也必然具有各自的电极电势。那么电极电势是如何产生的?它们的高低由什么决定?对于这方面的问题,有多种不同的解释。1889 年德国化学家能斯特(Nernst W)在解释金属活动顺序表时提出了一个金属在溶液中的双电层理论(double electrode layer theory),并用此理论定性地解释了电极电势的产生等相关问题。目前这个理论仍然为人们普遍接受。现以金属电极为例来作具体说明。

金属由金属原子、金属离子及自由电子组成。将金属浸入到其盐溶液中时,会有相反的两种过程发生:一方面,金属表面的金属离子与溶液中的水分子相互吸引发生水化作用而使金属离子离开金属进入到溶液中,这是金属的溶解过程;这个过程将电子留在了金属表面,使金属表面带有负电荷;金属越活泼,溶液越稀,金属溶解的趋势越大。另一方面,溶液中的金属离子在碰到金属表面时会受到电子的吸引而接受电子,从而被还原为金属原子重新沉积到金属表面上,这个过程为金属的沉积;金属越不活泼,溶液越浓的浓度越大,金属离子沉积的趋势越大。当这两个过程的速率相等时,两种趋势达到了动态平衡:

$$M \Longrightarrow M^{n+} + ne^-$$

在给定浓度的溶液中,若金属失去电子溶解到溶液中的趋势大于金属离子沉积的趋势,则达到平衡时,金属带负电荷,溶液带正电荷。由于静电吸引,金属离子在溶液中较多地聚集在金属表面附近的液层中。这样在金属和溶液的界面上形成了双电层(electric double layer),产生电势差,如图 4-2(a)。反之,若金属离子沉积的趋势大于金属溶解的趋势,则达到平衡时,金属带正电荷,溶液带负电荷。溶液中负离子由于静电吸引较多地聚集在金属表面附近的液层中,金属与溶液的界面上也同样形成双电层,产生电势差,如图 4-2(b)。这种金属与溶液界面间双电层的电势差称为金属电极的电极电势(electrode potential)。

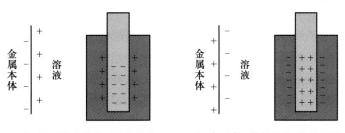

(a) 离开表面的趋势大于沉积趋势　　(b) 离开表面的趋势小于沉积趋势

图 4-2　双电层示意图

显然,根据双电层理论,由于不同金属其溶解－沉积的趋势大小不同,由不同金属及其离子组成的电极,其界面上双电层的电势差也不同,电极电势也就不同。两种不同电势的电极就可以组成有一定电势差的原电池。原电池的电动势(electromotive force, EMF)就是正极的电极电势与负极的电极电势之差,用 $E_{电池}$ 表示:

$$E_{电池} = E_{正} - E_{负} \qquad (4-1)$$

电动势是原电池产生电流的基本动力。铜锌原电池中,造成电子定向移动的内在驱动力就是铜电极和锌电极之间的电势差,也就是铜锌原电池的电动势。用电势差计可以直接准确地测得任何一个电池的电动势,或任何两个电极的电势之差。

4.3.2　电极电势的测定与标准电极电势

1. 标准氢电极与电极电势的测定

虽然每种电极都具有确定的电极电势值,但至今尚无法由实验准确测得或从理论上准确计算单个电极电势的绝对值。正如地势的高低是以"海拔"为基准的相对值一样,我们也可以选择某一指定电极作为标准,通过与之比较,求得任一电极电势的相对值。IUPAC 规定,采用标准氢电极(standard hydrogen electrode)作为衡量各种电极的电势相对值的基准,其自身的电极电势被指定为 0 V。

标准氢电极是由 100 kPa 的氢气与浓度为 $1.00 \ mol \cdot dm^{-3}$ 的 H^+ 离子溶液所组成的电极(如图 4-3 所示)。由于氢是气体,不能直接用作导电的电极板。为此选用化学稳定性好、易导电且对氢气具有良好亲和力的铂片作惰性电极。Pt 能很好地吸附氢气,但为使其更好地与 H_2 达到吸附平衡,运用化学方法在清洁的 Pt 片表面镀上一层新鲜、疏松的铂层。由于这层新镀上的铂层颗粒

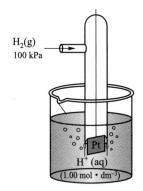

图 4-3　标准氢电极示意图

小且相对疏松,因而呈现黑色,通常称为铂黑。铂黑具有比普通铂层更大的比表面积,更容易吸附氢气。由进气管通入压力为 100 kPa 的 H_2,包裹铂黑电极片,并与铂黑表面达成吸附平衡,这就等于在铂黑电极片表面包裹了一层压力为 100 kPa 的氢气,成为一个氢气做成的电极板,将这样一个氢气电极板"浸"在浓度为 $1.00 \ mol \cdot dm^{-3}$ 的 H^+ 溶液中,就形成了一个由 $H_2(100 \ kPa)$ 与 $H^+(1.00 \ mol \cdot dm^{-3})$ 组成的氢电极,称为标准氢电极,H^+ 和 H_2 在铂片界面上形成双电层,其电势差即为标准氢电极的电极电势(其绝对值无法测定)。其相应的电极反应式为:$2H^+ + 2e^- \Longrightarrow H_2$;电极符号为:$Pt \mid H_2(100 \ kPa) \mid H^+ \ (1.00 \ mol \cdot dm^{-3})$。

将任何一个电极与标准氢电极比较(与标准氢电极组成原电池),可测得该电极与标准氢电极之间的电势差,这个电势差也就是被测电极的电势相对值,称为该电极的电极电势,用符号 E(氧化态/还原态)表示。值得注意的是由实测的电势差读数只能给出被测电极电势的数值大小,而电极电势的正、负号是由被测电极与标准氢电极比较时是作为正极还是负极来决定的。若被测电极与标准氢电极比较时,被测电极作为正极(实际发生了还原反应),说明被测电极的电势比标准氢电极高,则其电极电势为正值。反之,若被测电极与标准氢电极组成原电池时,作为负极(实际发生氧化反应),则其电极电势为负值。

标准氢电极的电极电势值很稳定,特别适宜作为测量其他电极电势的基准。但氢电极需用高纯氢气,铂黑电极的制作也比较麻烦,且很容易因氢气中的微量 S、As 等杂质而"中毒",失去活性,使用起来十分不便。因此在电极电势测量中,除必要时用标准氢电极作为一级标准外,常用另外一些具有稳定电势值的电极(如银－氯化银电极、甘汞电极等)作为测量其他电极电势的相对标准。这些作为相对标准的电极称为参比电极(reference electrode)或二级标准电极。

饱和甘汞电极是目前普遍使用的参比电极。结构如图 4－4 所示,其以铂丝作导体,由少量汞,糊状甘汞(Hg_2Cl_2)和饱和氯化钾溶液制成。电极反应为:$Hg_2Cl_2 + 2e^- \Longrightarrow 2Hg + 2Cl^-$,电极符号为:$Pt \mid Hg \mid Hg_2Cl_2 \mid Cl^-$,其电极电势为 + 0.2415 V(298.15 K)。

2. 标准电极电势

电极的电势高低,不仅与组成电极的电对本性有关,而且与电对组分的相对量的大小有关。为了便于对不同电对组成的电极的电势进行比较,需对各电极组成的相对量做出统一的限定。对任一电极,若与电极反应有关的所有物项都处于热力学标准状态,则该电极就是标准电极,其电极电势即为标准电极电势(standard electrode potential),用符号 $E^\ominus$ 表示。

例如,将纯铜板浸在 $c(Cu^{2+}) = 1.00 \ mol \cdot dm^{-3}$ 的溶液中,组成的电极就是标准 Cu^{2+} / Cu 电极,其电极电势即为 Cu^{2+} / Cu 电极的标准电极电势 $E^\ominus(Cu^{2+}/Cu)$。由压力为 100 kPa 的氧气与浓度为 $c(OH^-) = 1.00 \ mol \cdot dm^{-3}$ 的碱溶液组成的电极,就是标准的 O_2 / OH^-电极,其电极电势即为 O_2 / OH^-电极的标准电极电势 $E^\ominus(O_2/OH^-)$。

用各种标准电极与标准氢电极或其他参比电极相比较,即可求出各种电极的标准电极电势值。常见电对组成电极的标准电极电势都已测得,在一般理化手册中都能查到。表 4－1 摘录了若干常见电对在水溶液中的电极反应及该电极在 298.15 K 时的标准电极电势值。

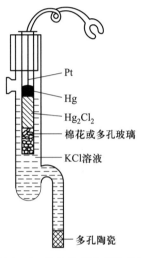

图 4－4 饱和甘汞电极结构图

Pt
Hg
Hg_2Cl_2
棉花或多孔玻璃
KCl溶液
多孔陶瓷

表 4－1 若干常见电对水溶液中的电极反应及该电极在 298.15 K 时的标准电极电势值

电对 (氧化态/还原态)	电极反应 (氧化态 + $ne^- \Longrightarrow$ 还原态)	电极电势/V
K^+ / K	$K^+ + e^- \Longrightarrow K$	− 2.931
Na^+ / Na	$Na^+ + e^- \Longrightarrow Na$	− 2.71
Al^{3+} / Al	$Al^{3+} + 3e^- \Longrightarrow Al$	− 1.622
Zn^{2+} / Zn	$Zn^{2+} + 2e^- \Longrightarrow Zn$	− 0.7618
Fe^{2+} / Fe	$Fe^{2+} + 2e^- \Longrightarrow Fe$	− 0.447
Cd^{2+} / Cd	$Cd^{2+} + 2e^- \Longrightarrow Cd$	− 0.4030
Ni^{2+} / Ni	$Ni^{2+} + 2e^- \Longrightarrow Ni$	− 0.257

续表

电对 （氧化态/还原态）	电极反应 （氧化态 + ne^- ⟶ 还原态）	电极电势/V
Sn^{2+} / Sn	$Sn^{2+} + 2e^- \rightleftharpoons Sn$	-0.1375
Pb^{2+} / Pb	$Pb^{2+} + 2e^- \rightleftharpoons Pb$	-0.1262
H^+ / H_2	$2H^+ + 2e^- \rightleftharpoons H_2$	0.0000
S / H_2S	$S + 2H^+ + 2e^- \rightleftharpoons H_2S(水溶液)$	$+0.142$
Sn^{4+} / Sn^{2+}	$Sn^{4+} + 2e^- \rightleftharpoons Sn^{2+}$	$+0.151$
Cu^{2+} / Cu	$Cu^{2+} + 2e^- \rightleftharpoons Cu$	$+0.3419$
O_2 / OH^-	$O_2 + 2H_2O + 4e^- \rightleftharpoons 4OH^-$	$+0.401$
I_2 / I^-	$I_2 + 2e^- \rightleftharpoons 2I^-$	$+0.5355$
Fe^{3+} / Fe^{2+}	$Fe^{3+} + e^- \rightleftharpoons Fe^{2+}$	$+0.771$
Ag^+ / Ag	$Ag^+ + e^- \rightleftharpoons Ag$	$+0.7996$
Hg^{2+} / Hg	$Hg^{2+} + 2e^- \rightleftharpoons Hg$	$+0.851$
Br_2 / Br^-	$Br_2 + 2e^- \rightleftharpoons 2Br^-$	$+1.066$
MnO_2 / Mn^{2+}	$MnO_2 + 4H^+ + 2e^- \rightleftharpoons Mn^{2+} + 2H_2O$	$+1.224$
O_2 / H_2O	$O_2 + 4H^+ + 4e^- \rightleftharpoons 2H_2O$	$+1.229$
$Cr_2O_7^{2-} / Cr^{3+}$	$Cr_2O_7^{2-} + 14H^+ + 6e^- \rightleftharpoons 2Cr^{3+} + 7H_2O$	$+1.232$
Cl_2 / Cl^-	$Cl_2 + 2e^- \rightleftharpoons 2Cl^-$	$+1.3583$
PbO_2 / Pb^{2+}	$PbO_2 + 4H^+ + 2e^- \rightleftharpoons Pb^{2+} + 2H_2O$	$+1.455$
MnO_4^- / Mn^{2+}	$MnO_4^- + 8H^+ + 5e^- \rightleftharpoons Mn^{2+} + 4H_2O$	$+1.507$
$S_2O_8^{2-} / SO_4^{2-}$	$S_2O_8^{2-} + 2e^- \rightleftharpoons 2SO_4^{2-}$	$+2.010$
F_2 / F^-	$F_2 + 2e^- \rightleftharpoons 2F^-$	$+2.866$

标准电极电势的定义规定了所有与电极反应有关的物质都应处于标准状态，即所有相关物质的浓度皆为 1 mol·dm^{-3} 或其分压为标准压力 100 kPa。因此标准电极电势排除了电极反应物质浓度（或分压）的影响，标志了各种电对本身所固有的特征电势。标准电极电势的高低大小表示了各种电极在标准状况下氧化还原能力的强弱。标准电极电势值越负，表示相应电对中的还原态物质的还原能力越强；标准电极电势值越正，表示相应电对中的氧化态物质的氧化能力越强。

在使用标准电极电势表时应注意下列几点：

① 电极电势是一强度性质，对于同一电极而言，其标准电极电势值不随电极反应方程式中的化学计量数变化而变化，也即与电极反应方程式的写法无关。

例如，对 Zn^{2+} / Zn 电极而言，不管其电极反应式为下列哪一种

$$Zn^{2+} + 2e^- \rightleftharpoons Zn(s) \text{ 或 } 2Zn^{2+} + 4e^- \rightleftharpoons 2Zn(s)$$

其标准电极电势值 $E^{\ominus}(Zn^{2+}/Zn)$ 都是 -0.76 V。

② 任一电极的标准电极电势值的正、负号，不随电极反应的实际方向而变化。

例如,Zn^{2+}/Zn 电极的标准电极电势总是 $E^{\ominus}(Zn^{2+}/Zn) = -0.76\ V$,而不管该电极上实际发生的电极反应是氧化反应 $Zn \longrightarrow Zn^{2+} + 2e^-$,还是还原反应 $Zn^{2+} + 2e^- \longrightarrow Zn$。

③ 有些电极在不同介质(酸、碱)中,其电极反应及相应电极电势的数值不同,查表时应注意。

例如,对电对 ClO_3^-/Cl^-:

酸性介质:$ClO_3^- + 6H^+ + 6e^- \Longrightarrow Cl^- + 3H_2O$　　　　　$E_A^{\ominus} = 1.451\ V$

碱性介质:$ClO_3^- + 3H_2O + 6e^- \Longrightarrow Cl^- + 6OH^-$　　　　$E_B^{\ominus} = 0.62\ V$

又如电对 MnO_4^-/MnO_2:

酸性介质:$MnO_4^- + 4H^+ + 3e^- \Longrightarrow MnO_2 + 2H_2O$　　　$E_A^{\ominus} = 1.679\ V$

碱性介质:$MnO_4^- + 2H_2O + 3e^- \Longrightarrow MnO_2 + 4OH^-$　　$E_B^{\ominus} = 0.595\ V$

④ 有的相同氧化数的物质在酸性和碱性溶液中存在的状态不同,其电极电势不同。

酸性介质:$Fe^{3+} + e^- \Longrightarrow Fe^{2+}$　　　　　　　　　　　　$E_A^{\ominus} = 0.771\ V$

碱性介质:$Fe(OH)_3 + e^- \Longrightarrow Fe(OH)_2 + OH^-$　　　　$E_B^{\ominus} = -0.56\ V$

⑤ 表中的各标准电极电势数据是在水溶液体系,温度 298.15 K 时测得。非水溶液、固相反应或高温反应均不能采用这些数据来处理问题。

4.3.3　影响电极电势的因素与能斯特方程

1. 影响电极电势的主要因素

电极电势的大小主要与组成电极的电对本性有关,此外还与温度、参与电极反应物种的浓度(或分压)等因素有关。这三个影响因素中,电对的本性即电对物种的氧化还原能力强弱,是决定该电极实际电势高低的最主要因素。其影响主要反映在标准电极电势 $E^{\ominus}$ 上面,不同的电极有不同的 $E^{\ominus}$。温度与前面两个因素比较,影响相对较小。一般电化学反应都是在室温条件下进行的,而在此温度范围内,由温度变化引起的电极电势变化较小,在对精确度要求不是很高的计算中,一般可以忽略不计,而直接用 298.15 K 时的电势代替。

显然,对于指定电极而言,其标准电极电势是一定值,参与反应的有关物质的浓度(或分压)就成了影响实际电势(非标准电势)的主要因素。

2. 能斯特方程

1889 年,能斯特(Nernst W)通过热力学理论推导出电极电势随电极反应中各物质浓度(或分压)变化而变化的关系式——能斯特方程。

对任一电极反应:氧化态 $+ ne^- \Longrightarrow$ 还原态

能斯特方程表示为:$E(M^{n+}/M) = E^{\ominus}(M^{n+}/M) + \dfrac{RT}{nF}\ln\dfrac{[氧化态]}{[还原态]}$　　　　　　(4-2)

式中,$E(M^{n+}/M)$ 与 $E^{\ominus}(M^{n+}/M)$ 分别为电极在指定状态下的电极电势和标准电极电势;[氧化态]、[还原态]分别为指定状态下参与电极反应的氧化态及其相关物种、还原态及其相关物种的相对浓度(或分压)以其电极反应系数为幂的乘积;n 为电极反应中的得失电子数(按相应的电极反应方程式得出);F 为法拉第常数,取值为 $F = 96485\ C\cdot mol^{-1}$;$T$ 为电极反应的温度,在一般情况下,可用 $T = 298.15\ K$ 近似代替。由此可得到能斯特方程的常用形式:

$$E(M^{n+} / M) = E^{\ominus}(M^{n+} / M) + \frac{0.059 \text{ V}}{n} \lg \frac{[\text{氧化态}]}{[\text{还原态}]} \qquad (4-3)$$

利用标准电极电势表和能斯特方程,可以方便地求得任意指定状态下的电极电势值。应用能斯特方程进行有关计算时,应注意下列几点:

① 在电极反应中,若有固体或纯液体物质参与反应,则这些物质的相对浓度在反应中可看作不发生变化,在能斯特方程中可不必列出(相对浓度看作 1)。

例如:
$$Zn^{2+} + 2e^- === Zn(s)$$

$$E(Zn^{2+} / Zn) = E^{\ominus}(Zn^{2+} / Zn) + \frac{0.059 \text{ V}}{2} \lg \frac{[Zn^{2+}]}{1} = E^{\ominus}(Zn^{2+} / Zn) + \frac{0.059 \text{ V}}{2} \lg [Zn^{2+}]$$

② 电极反应方程式中,若某些物质的化学计量数不为 1,则能斯特方程中,相应于该物质的相对浓度项,应以其相应的化学计量数绝对值为指数幂代入。例如:
$$Br_2(l) + 2e^- === 2Br^-$$

$$E(Br_2 / Br^-) = E^{\ominus}(Br_2 / Br^-) + \frac{0.059 \text{ V}}{2} \lg \frac{1}{[Br^-]^2}$$

③ 电极反应中若涉及气态物质,则能斯特方程中用气体的相对分压代入。例如:
$$2H^+ + 2e^- === H_2(g)$$

$$E(H^+ / H_2) = E^{\ominus}(H^+ / H_2) + \frac{0.059 \text{ V}}{2} \lg \frac{[H^+]^2}{p(H_2) / p^{\ominus}}$$

④ 除了直接参与电极反应发生氧化还原的物质外,在许多情况下,反应体系中有些物质虽然自身并未直接发生氧化还原反应,但与某种发生氧化还原反应的物质之间存在另一种平行的平衡关系,例如,在 $Cr_2O_7^{2-}/Cr^{3+}$,MnO_4^-/Mn^{2+} 电极中的 H^+、OH^-,或 $AgCl(s)/Ag(s)$、$Hg_2Cl_2(s)/Hg(l)$ 电极中的 Cl^- 等,虽然这些离子并未直接发生电子得失,但它们的浓度明显影响到相应电极的电势高低。因为在 $Cr_2O_7^{2-}/Cr^{3+}$ 及 MnO_4^-/Mn^{2+} 的氧化还原过程中同时涉及水的解离平衡 $H_2O === H^+ + OH^-$,因此,H^+ 或 OH^- 浓度会影响到 $Cr_2O_7^{2-}$ 与 MnO_4^- 的氧化还原平衡,进而影响到 $Cr_2O_7^{2-}/Cr^{3+}$ 或 MnO_4^-/Mn^{2+} 电极的电势值。同理,Cl^- 与 Ag^+,Hg_2^{2+} 间存在沉淀－溶解平衡:$Ag^+ + Cl^- === AgCl(s)$,$Hg_2^{2+} + 2Cl^- === Hg_2Cl_2(s)$,进而影响 Ag^+/Ag 或 $Hg_2^{2+}/Hg(s)$ 间氧化还原平衡,因而会明显影响 $AgCl(s)/Ag(s)$ 或 $Hg_2Cl_2(s)/Hg(l)$ 电极的电势值。这些物质的相对浓度也应在能斯特方程中有所体现。其规则是,根据实际的电极反应方程式,若该种离子出现在电极反应方程式的氧化态物质一边,就当氧化态物质一样处理;若在还原态物质一边出现,就当作还原态物质一样处理。例如:
$$MnO_4^- + 8H^+ + 5e^- === Mn^{2+} + 4H_2O$$

$$E(MnO_4^- / Mn^{2+}) = E^{\ominus}(MnO_4^- / Mn^{2+}) + \frac{0.059 \text{ V}}{5} \lg \frac{[MnO_4^-][H^+]^8}{[Mn^{2+}]}$$

$$AgCl(s) + e^- = Ag(s) + Cl^-$$

$$E(AgCl/Ag) = E^{\ominus}(AgCl/Ag) + \frac{0.059 \text{ V}}{1} \lg \frac{1}{[Cl^-]}$$

⑤ 这里方括号[]表示的是相对任意浓度。另外,有个"响应"的概念这里提及一下:凡是对电极电势产生影响的物质,也即在能斯特方程中浓度项出现的物质,均可称为电极对该物质有"响应",或者说能响应该物质。

⑥ 能斯特方程可直接用于电极反应,而不能直接用于电池反应。对于电池的电动势,可通过电极电势用式(4-1)进行计算。

例 4-3 将吸附 $O_2(g)$ 已达平衡的氧气电极(O_2 的分压为 100 kPa)插入 OH^- 浓度为 0.10 mol·dm^{-3} 的溶液中,组成 $O_2 | OH^-$ 电极。试求在 298.15 K 时,该 $O_2 | OH^-$ 电极的电势值。

解: 电极反应为:$O_2(100\text{ kPa}) + 2H_2O + 4e^- \Longrightarrow 4OH^-(0.10\text{ mol·dm}^{-3})$

查表 4-2 得 $O_2 | OH^-$ 电极在 298.15 K 时的标准电极电势:$E^{\ominus}(O_2/OH^-) = 0.401$ V

按电极反应方程式写出该电极在 298.15 K 时的能斯特方程:

根据题意可知:$E(O_2/OH^-) = E^{\ominus}(O_2/OH^-) + \dfrac{0.059\text{ V}}{4}\lg\dfrac{p(O_2)/p^{\ominus}}{[OH^-]^4}$

O_2 气体的相对分压为:$p(O_2)/p^{\ominus} = 100\text{ kPa}/p^{\ominus} = 100\text{ kPa}/100\text{ kPa} = 1$

OH^- 离子的相对浓度为:$[OH^-] = \dfrac{0.10\text{ mol·dm}^{-3}}{c^{\ominus}} = \dfrac{0.10\text{ mol·dm}^{-3}}{1.00\text{ mol·dm}^{-3}} = 0.10$

则所求 $O_2 | OH^-$ 电极在指定条件下的电极电势为

$$E(O_2/OH^-) = E^{\ominus}(O_2/OH^-) + \dfrac{0.059\text{ V}}{4}\lg\dfrac{p(O_2)/p^{\ominus}}{[OH^-]^4}$$

$$= 0.401\text{ V} + \dfrac{0.059\text{ V}}{4}\lg\dfrac{1}{(0.1)^4} = 0.401\text{ V} + 0.059\text{ V} = 0.46\text{ V}$$

例 4-4 在 298.15 K 时,将铂片插入含 $Cr_2O_7^{2-}$ 及 Cr^{3+} 离子的溶液中,即构成一个 $Cr_2O_7^{2-} | Cr^{3+}$ 电极,设电极溶液中 $Cr_2O_7^{2-}$ 离子及 Cr^{3+} 离子的浓度均为 1.00 mol·dm^{-3},H^+ 浓度为 1.00×10^{-3} mol·dm^{-3},求此电极的电极电势值。

解: 先根据题意写出电极的反应式,电子得失是在 $Cr_2O_7^{2-}$ 与 Cr^{3+} 间进行,利用电子-离子法配平半反应方程式:

$$Cr_2O_7^{2-} + 14H^+ + 6e^- \Longrightarrow 2Cr^{3+} + 7H_2O$$

按此电极反应式,写出电极的能斯特方程:

$$E(Cr_2O_7^{2-}/Cr^{3+}) = E^{\ominus}(Cr_2O_7^{2-}/Cr^{3+}) + \dfrac{0.059\text{ V}}{6}\lg\dfrac{[Cr_2O_7^{2-}][H^+]^{14}}{[Cr^{3+}]^2}$$

查表 4-2 可知:$E^{\ominus}(Cr_2O_7^{2-}/Cr^{3+}) = 1.232$ V;

由题义可知:$[Cr_2O_7^{2-}] = [Cr^{3+}] = 1.00\text{ mol·dm}^{-3}/c^{\ominus} = \dfrac{1.00\text{ mol·dm}^{-3}}{1\text{ mol·dm}^{-3}} = 1.00$

$$[H^+] = 1.00 \times 10^{-3}\text{ mol·dm}^{-3}/c^{\ominus} = \dfrac{1.00\times 10^{-3}\text{ mol·dm}^{-3}}{1\text{ mol·dm}^{-3}} = 1.00 \times 10^{-3}$$

则题中状态下 $Cr_2O_7^{2-} | Cr^{3+}$ 电极的电极电势为

$$E(Cr_2O_7^{2-}/Cr^{3+}) = 1.232 \text{ V} + \frac{0.059 \text{ V}}{6} \lg \frac{1.00 \times [1.00 \times 10^{-3}]^{14}}{1.00^2}$$

$$= 1.232 \text{ V} + (-0.413 \text{ V}) = 0.819 \text{ V}$$

从上述两个例子可以看出,相关的电极反应物质的浓度的变化明显地影响到电极电势的大小,但决定电极电势高低的主要因素并不是相关物质的浓度,而是其标准电极电势 $E^{\ominus}$,即组成电极的电对本性;相关离子浓度的变化对电极电势的影响,通常要小于 $E^{\ominus}$。然而,一般情况下电极的组成是给定的,其 $E^{\ominus}$ 便已是定值,这时若要改变电极的实际电极电势,通常还得通过改变相应物质的浓度(或分压)来实现。

从例 4-4 可以看出当 H^+ 的浓度从 $1.00 \text{ mol} \cdot dm^{-3}$(即标准状态)降低到 $1.00 \times 10^{-3} \text{ mol} \cdot dm^{-3}$ 时,$E(Cr_2O_7^{2-}/Cr^{3+})$ 相应降低了 0.413 V(差不多降低了 1/3)。说明电极反应中,除发生电子得失的电对组分外,溶液的 H^+ 的浓度也明显影响到电极电势的大小,进而影响到含氧酸根的氧化能力。溶液酸性越强,含氧酸根(如 MnO_4^-,$Cr_2O_7^{2-}$,CrO_4^{2-},ClO_4^-,NO_3^- 等)的氧化能力也越强。显然 H^+ 浓度对于带有含氧酸根离子的电极电势的影响大小与电极反应式中 H^+ 的化学计量数密切相关。

4.3.4　氧化还原反应的摩尔吉布斯自由能变 $\Delta_r G_m$ 及其平衡常数 $K^{\ominus}$

1. 电池电动势 E 与电池反应摩尔吉布斯自由能变 $\Delta_r G_m$ 的关系

氧化还原反应借助原电池将体系的化学能直接转换成电能,在此过程中电池做功,体系的吉布斯自由能减少。假定电池除了对外界做电功外,不做其他功,则在恒温恒压下,原电池所做的最大电功应等于电池反应的吉布斯自由能变化。根据第 3 章式(3-36),有

$$-\Delta_r G = -W_{\text{电池}}$$

由于电池体系是对外做功,$W_{\text{电池}}$ 应取负值;电池对外做功是自发过程,$\Delta_r G$ 也应小于零;而电池电动势 $E_{\text{电池}}$ 则恒为正值。所以,如果原电池通过外电路输送的电荷量为 q,那么

$$W_{\text{电池}} = -q \cdot E_{\text{电池}}$$

对于指定的电池反应,假定当其反应进度为 $\xi = 1 \text{ mol}$ 时,有 $n \text{ mol}$ 的电子流过外电路,则相当于把 nF 的电荷量输送通过外电路。此过程中原电池所做的最大电功为

$$W_{\text{电池}} = -nF \cdot E_{\text{电池}} \tag{4-4}$$

而在此过程中,由于反应进度正好是 1 mol,对应的吉布斯自由能变化应该是反应的摩尔吉布斯自由能变 $\Delta_r G_m$。由此可得

$$\Delta_r G_m = W_{\text{电池}} = -nF \cdot E_{\text{电池}} \tag{4-5}$$

式(4-5)表示了原电池的电动势 $E_{\text{电池}}$ 及所做的最大电功 $W_{\text{电池}}$ 与电池反应(即相应的氧化还原反应)的摩尔吉布斯自由能变 $\Delta_r G_m$ 之间的关系。它是一个用途很广的关系式。式中电动势 $E_{\text{电池}}$ 可以由实验直接测量,也可以由能斯特方程间接算出;而 n 为电池反应中,氧化态物质与还原态物质间转移电子的物质的量(mol)。

2. 标准电池电动势 $E^\ominus$ 与电池反应标准平衡常数 $K^\ominus$ 的关系

若电池反应中所有相关物质都处于标准状态下,相应的电极电势为标准电极电势,则该电池的电动势也即为标准电动势。而此时电池反应的摩尔吉布斯自由能变也就成了电池反应的标准摩尔吉布斯自由能变。这时式(4-5)就可改写为

$$\Delta_r G_m^\ominus = -nF \cdot E_{电池}^\ominus \tag{4-6}$$

对于任何指定电对组成的电极,其标准电极电势 $E^\ominus$ 具有确定值,不受相关电极物质浓度的影响。通过实测 $E^\ominus$ 或从表中查出 $E_{正}^\ominus$ 值与 $E_{负}^\ominus$ 值,即可求算 $E_{电池}^\ominus$,进而求得电池反应的标准摩尔吉布斯自由能变 $\Delta_r G_m^\ominus$。

由热力学可知,反应的标准摩尔吉布斯自由能变与标准平衡常数存在下列关系:

$$\Delta_r G_m^\ominus = -RT\ln K^\ominus$$

结合(4-6)式可得到电池反应的标准平衡常数 $K^\ominus$ 与标准电池电动势 $E_{电池}^\ominus$ 的关系式:

$$\Delta_r G_m^\ominus = -RT\ln K^\ominus = -nF \cdot E_{电池}^\ominus$$

$$E_{电池}^\ominus = \frac{RT}{nF}\ln K^\ominus = \frac{2.303RT}{nF}\lg K^\ominus \tag{4-7}$$

当温度为 298.15 K 时:

$$\lg K^\ominus = \frac{nE_{电池}^\ominus}{0.059 \text{ V}} \tag{4-8}$$

式(4-6)、(4-7)、(4-8)表示了任一指定的氧化还原反应(即电池反应)的标准平衡常数 $K^\ominus$,或其标准摩尔吉布斯自由能变 $\Delta_r G_m^\ominus$,与其相应电池的标准电动势 $E_{电池}^\ominus$ 及标准电极电势 $E_{正}^\ominus$、$E_{负}^\ominus$ 之间的关系。于是可由电池标准电动势或标准电极电势计算出相应反应的标准平衡常数 $K^\ominus$,进而算出反应达到平衡时产物与生成物的浓度比,求出反应物的转化率,估计反应的程度。当然这是指在标准状态下的情况,如果体系不是处在标准状态下,则由实际的"浓度商"(反应商),与其标准平衡常数 $K^\ominus$ 相比较,即可以判别该氧化还原反应实际进行的方向及程度。

以上三式为人们提供了应用电化学原理,通过测量电极电势或电池电动势来求氧化还原反应的标准摩尔吉布斯自由能变 $\Delta_r G_m^\ominus$ 及标准平衡常数 $K^\ominus$ 的方法。测量电池的电动势或电极电势不仅很方便,而且精密度和准确性都很高,因而这种方法得到广泛的应用。

4.3.5 电极电势的应用

电对或由其组成的电极的电极电势是一类十分重要的物理量,作为电对组分氧化还原能力高低的标志,是体现物质电化学性质的重要数据。无论在理论研究方面还是在生产实践、技术开发方面都有着广泛而重要的应用。现对其主要应用简要介绍如下:

1. 计算电池的电动势,判断电池的正、负极

任何原电池都可分解为两个半电池,每个半电池各由一组氧化还原电对组成一个电极。组成原电池正、负电极的电势差值就是原电池的电动势 $E_{电池}$。

按物理学规定,原电池的电动势恒为正值,即 $E_正$总是大于 $E_负$,任何两组电对组成原电池时,总是由电势高(电势值更正)的电对作为电池的正极,电势低(电势值更负)的电对构成电池的负极。只需求得指定状态下该两组电对的实际电极电势值,即可确定电池的正、负极。而在电池反应中,正极发生的总是还原反应,负极发生的总是氧化反应,由此即可判断电池反应的方向。例如:用 $Zn^{2+}|Zn$ 和 $Cu^{2+}|Cu$ 两个电极组成原电池,假定体系处于标准状态下,由于 $E^{\ominus}(Cu^{2+}/Cu) = +0.34\ V$,$E^{\ominus}(Zn^{2+}/Zn) = -0.76\ V$,则组成原电池后 $Cu^{2+}|Cu$ 电极为正极,$Zn^{2+}|Zn$ 电极为负极。它们相应的电极反应和电池反应如 4.2.1 节所示。

而该标准铜锌原电池的电动势可从两个电极电势之差算出:

$$E^{\ominus}_{电池} = E^{\ominus}_正 - E^{\ominus}_负 = (+0.34\ V) - (-0.76\ V) = 1.10\ V$$

例 4−5 判断下列两电极组成的原电池的正、负极,并计算此电池在 298.15 K 时的电动势:

(1) $Zn|Zn^{2+}(1.0\ mol \cdot dm^{-3})$;(2) $Zn|Zn^{2+}(0.001\ mol \cdot dm^{-3})$。

解:根据能斯特方程分别求得两电极的电极电势:

电极(1):为 $Zn^{2+}|Zn$ 标准电极,由表 4−2 查得:$E_1(Zn^{2+}/Zn) = E^{\ominus}(Zn^{2+}/Zn) = -0.7618\ V$;

电极(2):$E_2(Zn^{2+}/Zn) = E^{\ominus}(Zn^{2+}/Zn) + \dfrac{0.059\ V}{2}\lg[Zn^{2+}]$

$$= -0.7618\ V + \dfrac{0.059\ V}{2}\lg 0.001 = -0.8503\ V$$

$E_2(Zn^{2+}/Zn) < E_1(Zn^{2+}/Zn)$,则电极(1)为正极;电极(2)作负极。

电池电动势为:$E_{电池} = E_正 - E_负 = E_1(Zn^{2+}/Zn) - E_2(Zn^{2+}/Zn) = 0.0885\ V$

像例 4−5 中的这种电极组成相同,仅由于离子浓度不同所造成两电极的电势不同,从而产生电流的电池称为浓差电池。浓差电池的电动势很小,一般不能做电池使用。但浓差电池的形成在金属腐蚀中的作用不容忽视。

2. 比较电对组分物质的氧化还原能力

对若干组电对在指定状态下的电极电势进行比较,即可确定各电对组分在相应状态下的氧化还原能力强弱。在所有电对中,电极电势最高的电对中的氧化态物质,是所有电对中氧化能力最强的氧化剂,它与其中任何一个电对组成电池时总是作为正极,发生还原反应;而电极电势最低的电对中的还原态物质,则是所有电对中还原能力最强的还原剂。它与其中任何一个电对组成电池时总是作为负极,发生氧化反应。

电对的标准电极电势排除了电对组分物质浓度的影响,是电对组分物质氧化还原特性的本质表现。标准电极电势 $E^{\ominus}$ 越高(越正),表明组成该电对的氧化态物质本身得电子而被还原的能力越强,是越强的氧化剂。而标准电极电势 $E^{\ominus}$ 越低(越负),则表明组成该电对的还原态物质本身失电子而被氧化的能力更强,是越强的还原剂。所以若不考虑浓度因素的影响,一般来说,电极电势表 4−2 中,电势值高的电对中的氧化态物质多为强氧化剂(如 F_2,$S_2O_8^{2-}$,MnO_4^{2-},$Cr_2O_7^{2-}$ 等);而电势值低的电对中的还原态物质多为传统的强还原剂(如 K,Na,Al,Zn 等)。中学学过的金属活泼顺序表从根本上就是由金属及其离子组成的电对的电极电势所决定的,因此也称其为电动序。 如由电极电势数据 $E^{\ominus}(Mn^{2+}/Mn) = -1.185\ V$,$E^{\ominus}(Zn^{2+}/Zn) =$

$-0.7618\ \text{V}$，$E^{\ominus}(\text{Cr}^{3+}/\text{Cr}) = -0.744\ \text{V}$，$E^{\ominus}(\text{Fe}^{2+}/\text{Fe}) = -0.447\ \text{V}$，$E^{\ominus}(\text{Co}^{2+}/\text{Co}) = -0.28\ \text{V}$，$E^{\ominus}(\text{Ni}^{2+}/\text{Ni}) = -0.257\ \text{V}$，$E^{\ominus}(\text{Pb}^{2+}/\text{Pb}) = -0.1262\ \text{V}$，可知金属 Fe、Co、Ni、Cr、Mn、Zn、Pb 在水溶液中的活动性顺序(电动序)为：Mn>Zn>Cr>Fe>Co>Ni>Pb。

例 4-6 已知 $E^{\ominus}(\text{Fe}^{3+}/\text{Fe}^{2+}) = 0.771\ \text{V}$，$E^{\ominus}(\text{Cr}_2\text{O}_7^{2-}/\text{Cr}^{3+}) = 1.232\ \text{V}$，$E^{\ominus}(\text{MnO}_4^-/\text{Mn}^{2+}) = 1.507\ \text{V}$，$E^{\ominus}(\text{I}_2/\text{I}^-) = 0.5355\ \text{V}$，试写出各电对中在其电极反应里作氧化剂的物质，并比较它们的氧化能力。

解：题述电对的组分中能在其电极反应中作为氧化剂的物质只能是其中的氧化态物质。它们是：Fe^{3+}，$\text{Cr}_2\text{O}_7^{2-}$，$\text{MnO}_4^-$ 和 I_2。

而按相应电对的标准电极电势大小：
$$E^{\ominus}(\text{MnO}_4^-/\text{Mn}^{2+}) > E^{\ominus}(\text{Cr}_2\text{O}_7^{2-}/\text{Cr}^{3+}) > E^{\ominus}(\text{Fe}^{3+}/\text{Fe}^{2+}) > E^{\ominus}(\text{I}_2/\text{I}^-)$$

可知上述电对组分中的氧化态物质本身(排除了浓度因素)氧化能力的强弱：$\text{MnO}_4^- > \text{Cr}_2\text{O}_7^{2-} > \text{Fe}^{3+} > \text{I}_2$，即在这些电对中 MnO_4^- 是最强的氧化剂。

注意，对于那些氧化态居中的物质，它虽在某组电对中做还原剂，可在另一组电对中又可能做氧化剂。

例 4-7 含有 Cl^-、Br^-、I^- 三种离子的混合溶液，欲使 I^- 氧化为 I_2，而 Br^- 和 Cl^- 不被氧化。在常用的氧化剂 $\text{K}_2\text{Cr}_2\text{O}_7$、$\text{Fe}_2(\text{SO}_4)_3$ 和 KMnO_4 中选择哪一种合适？

解：由表 4-2 可查得各相关电对的电极电势如下：

$E^{\ominus}(\text{Cl}_2/\text{Cl}^-) = 1.3583\ \text{V}$，$E^{\ominus}(\text{Br}_2/\text{Br}^-) = 1.066\ \text{V}$，$E^{\ominus}(\text{I}_2/\text{I}^-) = 0.5355\ \text{V}$；$E^{\ominus}(\text{MnO}_4^-/\text{Mn}^{2+}) = 1.507\ \text{V}$，$E^{\ominus}(\text{Cr}_2\text{O}_7^{2-}/\text{Cr}^{3+}) = 1.232\ \text{V}$，$E^{\ominus}(\text{Fe}^{3+}/\text{Fe}^{2+}) = 0.771\ \text{V}$。

若选用 KMnO_4 作氧化剂，由于

$E^{\ominus}(\text{MnO}_4^-/\text{Mn}^{2+}) > E^{\ominus}(\text{Cl}_2/\text{Cl}^-) > E^{\ominus}(\text{Br}_2/\text{Br}^-) > E^{\ominus}(\text{I}_2/\text{I}^-)$，则 KMnO_4 能将 Cl^-、Br^-、I^- 三种离子全部氧化。

若选用 $\text{K}_2\text{Cr}_2\text{O}_7$ 作氧化剂，由于 $E^{\ominus}(\text{Cl}_2/\text{Cl}^-) > E^{\ominus}(\text{Cr}_2\text{O}_7^{2-}/\text{Cr}^{3+}) > E^{\ominus}(\text{Br}_2/\text{Br}^-) > E^{\ominus}(\text{I}_2/\text{I}^-)$，则 $\text{K}_2\text{Cr}_2\text{O}_7$ 能将 Br^-、I^- 两种离子氧化，而不能氧化 Cl^-。

若选用 $\text{Fe}_2(\text{SO}_4)_3$ 作氧化剂，由于 $E^{\ominus}(\text{Cl}_2/\text{Cl}^-) > E^{\ominus}(\text{Br}_2/\text{Br}^-) > E^{\ominus}(\text{Fe}^{3+}/\text{Fe}^{2+}) > E^{\ominus}(\text{I}_2/\text{I}^-)$，则 $\text{Fe}_2(\text{SO}_4)_3$ 只能将 I^- 氧化，而不能氧化 Cl^- 和 Br^-。

故按题意应选择 $\text{Fe}_2(\text{SO}_4)_3$ 作氧化剂。

3. 判断氧化还原反应的方向

任何氧化还原反应都可看成是由一个氧化反应和一个还原反应组合而成的。因此可把任何一个氧化还原反应拆成氧化反应和还原反应两个半反应，每一个半反应由一对氧化还原电对间的电子得失构成。比较相关两个电对的电极电势值的大小，就可判断氧化还原反应自发进行的方向：总是按电极电势高的电对中的氧化态物质作氧化剂，电极电势低的电对中的还原态物质作还原剂的方向进行。

实际上，根据式(4-5)即可得出氧化还原反应方向的电动势判据：$E_{电池} > 0$ 反应自发；$E_{电池} < 0$ 反应不自发；$E_{电池} = 0$ 反应达平衡。

例 4-8 试计算说明下列两种情况下，反应 $\text{MnO}_2(\text{s}) + 4\text{HCl}(\text{aq}) \Longrightarrow \text{MnCl}_2(\text{aq}) + \text{Cl}_2(\text{g}) + 2\text{H}_2\text{O}(\text{l})$ 能否自发进行？由此说明为什么实验室中可用浓盐酸加 MnO_2 制备氯气？

① 在标准状态下；② 12 $\text{mol} \cdot \text{dm}^{-3}$ 盐酸中，假设 $p(\text{Cl}_2) = 100\ \text{kPa}$，$[\text{Mn}^{2+}] = 1$。

解: 依题意,若将上述反应装配成原电池,则电池正、负极反应及其标准电极电势分别为

正极: $MnO_2 + 4H^+ + 2e^- \Longrightarrow Mn^{2+} + 2H_2O$　　$E^{\ominus}(MnO_2/Mn^{2+}) = 1.224\ V$

负极: $2Cl^- \Longrightarrow Cl_2 + 2e^-$　　　　　　　　　$E^{\ominus}(Cl_2/Cl^-) = 1.3583\ V$

① 在标准状态下, $E^{\ominus}(Cl_2/Cl^-) = 1.3583\ V > E^{\ominus}(MnO_2/Mn^{2+}) = 1.224\ V$

$Cl_2(g)$ 是比 MnO_2 更强的氧化剂,而 Mn^{2+} 是比 Cl^- 更强的还原剂。上述氧化还原反应只能从右向左进行,即 Cl_2 可将 Mn^{2+} 氧化成 MnO_2,而 MnO_2 不能将 Cl^- 氧化成 Cl_2。因此在标准状态下,不能用盐酸与 MnO_2 作用制备氯气。

② $c(H^+) = c(Cl^-) = 12\ mol \cdot dm^{-3}$, $p(Cl_2) = 100\ kPa$, $[Mn^{2+}] = 1$。按能斯特方程可计算在此状态下 $MnO_2 | Mn^{2+}$ 与 $Cl_2 | Cl^-$ 两个电极的实际电极电势:

$$E(MnO_2/Mn^{2+}) = E^{\ominus}(MnO_2/Mn^{2+}) + \frac{0.059\ V}{2} \lg \frac{[H^+]^4}{[Mn^{2+}]}$$

$$= 1.224\ V + \frac{0.059\ V}{2} \lg \frac{[12]^4}{1} = 1.35\ V$$

$$E(Cl_2/Cl^-) = E^{\ominus}(Cl_2/Cl^-) + \frac{0.059\ V}{2} \lg \frac{p(Cl_2)/p^{\ominus}}{[Cl^-]^2}$$

$$= 1.3583\ V + \frac{0.059\ V}{2} \lg \frac{1}{12^2} = 1.29\ V$$

在此指定条件下 $E(MnO_2/Mn^{2+}) > E(Cl_2/Cl^-)$, MnO_2 的氧化能力变得比 $Cl_2(g)$ 强。因而 MnO_2 能将 Cl^- 氧化成 $Cl_2(g)$。即在实验室中,可用 MnO_2 加浓盐酸以制备氯气。

例 4−9　判断在酸性水溶液中下列两组离子共存的可能性: ① Sn^{2+} 和 Hg^{2+}; ② Sn^{2+} 和 Fe^{2+}。(若不是酸性介质,金属离子会水解;近似判断可不考虑浓度的影响。)

解: ① Sn^{2+} 和 Hg^{2+}

查表 $4-2$, $Hg^{2+} + 2e^- \Longrightarrow Hg$　　　$E^{\ominus}(Hg^{2+}/Hg) = 0.851\ V$

　　　　　　$Sn^{4+} + 2e^- \Longrightarrow Sn^{2+}$　　　$E^{\ominus}(Sn^{4+}/Sn^{2+}) = 0.151\ V$

从标准电极电位可知,若 Sn^{2+} 和 Hg^{2+} 共存, Hg^{2+} 作氧化剂, Sn^{2+} 作还原剂,发生如下反应:

$$Sn^{2+} + Hg^{2+} \Longrightarrow Sn^{4+} + Hg$$

将此反应设计原电池,则 $Hg^{2+} | Hg$ 作正极, $Sn^{4+} | Sn^{2+}$ 作负极。

$$E_{\text{电池}}^{\ominus} = E^{\ominus}(Hg^{2+}/Hg) - E^{\ominus}(Sn^{4+}/Sn^{2+}) = 0.851\ V - 0.151\ V = 0.7\ V > 0$$

说明 Sn^{2+} 和 Hg^{2+} 不能共存。

② Sn^{2+} 和 Fe^{2+}

此体系分两种情况考虑。

第一种情况: Fe^{2+} 将 Sn^{2+} 氧化,其反应 $Fe^{2+} + Sn^{2+} \Longrightarrow Fe + Sn^{4+}$ 不能发生,因为

　　　　　$Fe^{2+} + 2e^- \Longrightarrow Fe$　　　$E^{\ominus}(Fe^{2+}/Fe) = -0.447\ V$

　　　　　$Sn^{4+} + 2e^- \Longrightarrow Sn^{2+}$　　　$E^{\ominus}(Sn^{4+}/Sn^{2+}) = 0.151\ V$

将此反应设计原电池,若按照假设条件 Fe^{2+} 作为氧化剂,则 Fe^{2+}/Fe 作正极, Sn^{4+}/Sn^{2+} 作负极。

$E_{电池}^{\ominus} = E^{\ominus}(Fe^{2+}/Fe) - E^{\ominus}(Sn^{4+}/Sn^{2+}) = -0.447\ V - 0.151\ V = -0.598\ V < 0$，反应不能发生。

第二种情况：Sn^{2+} 将 Fe^{2+} 氧化，其反应 $Sn^{2+} + Fe^{2+} = Sn + Fe^{3+}$ 也不能发生，因为

$$Fe^{3+} + e^- = Fe^{2+} \qquad E^{\ominus}(Fe^{3+}/Fe^{2+}) = 0.771\ V$$

$$Sn^{2+} + 2e^- = Sn \qquad E^{\ominus}(Sn^{2+}/Sn) = -0.1375\ V$$

将此反应设计原电池，则 Sn^{2+}/Sn 作正极，Fe^{3+}/Fe^{2+} 作负极。

$E_{电池}^{\ominus} = E^{\ominus}(Sn^{2+}/Sn) - E^{\ominus}(Fe^{3+}/Fe^{2+}) = -0.1375\ V - 0.771\ V = -0.91\ V < 0$，反应不能发生。

通过上述计算说明 Sn^{2+} 和 Fe^{2+} 能够共存。

当然，例 4-9 中的两组离子能否共存问题也可以从电极电势直接判断，而不必设计成原电池，上述做法主要是便于了解电极电势判断的本质。

4. 判断氧化还原反应进行的限度

判断氧化还原反应进行的程度，可由反应的标准平衡常数 $K^{\ominus}$ 的大小来衡量。

例 4-10 计算 298.15 K 时，反应 $Cr_2O_7^{2-} + 6Fe^{2+} + 14H^+ = 2Cr^{3+} + 6Fe^{3+} + 7H_2O$ 的标准平衡常数。

解： 根据此氧化还原反应设计原电池，则两个电极半反应分别为

负极（氧化反应）：$Fe^{3+} + e^- = Fe^{2+}$

正极（还原反应）：$Cr_2O_7^{2-} + 14H^+ + 6e^- = 2Cr^{3+} + 7H_2O$

查表 4-2 知：$E^{\ominus}(Fe^{3+}/Fe^{2+}) = 0.771\ V$，$E^{\ominus}(Cr_2O_7^{2-}/Cr^{3+}) = 1.232\ V$；则

$$E_{电池}^{\ominus} = E^{\ominus}(Cr_2O_7^{2-}/Cr^{3+}) - E^{\ominus}(Fe^{3+}/Fe^{2+}) = 1.232\ V - 0.771\ V = 0.461\ V$$

由 $n = 6$，则 $\lg K^{\ominus} = \dfrac{nE^{\ominus}}{0.059\ V} = \dfrac{6 \times 0.46\ V}{0.059\ V} = 46.88$

$$K^{\ominus} = 7.59 \times 10^{46}$$

$K^{\ominus}$ 很大，说明此反应可以进行得很彻底。

应当指出，电极电势作为物质电化学性质重要体现的物理量，其应用范围远不止于此，它还可以用于溶液中相关离子浓度的测定、难溶电解质溶度积的测定、配合物稳定常数的测定、金属的腐蚀与防护、电解过程与电镀工业等。

例 4-11 实验测得原电池 $(-)Pt \mid H_2(100\ kPa) \mid H^+(c_x) \parallel KCl(饱和) \mid Hg_2Cl_2 \mid Hg \mid Pt(+)$ 电动势为 0.5465 V，计算氢电极的电极电势及氢离子的浓度 c_x。已知饱和甘汞电极的电势为 0.2415 V。

解： $E_{正} = E_{甘汞} = 0.2415\ V$

$E_{负} = E(H^+/H_2) = E^{\ominus}(H^+/H_2) + 0.059\ V\lg[H^+] = 0\ V + 0.059\ V\lg[H^+] = 0.059\ V\lg[H^+]$

由 $E_{电池} = E_{正} - E_{负}$ 得：$E_{负} = E_{正} - E_{电池} = 0.2415\ V - 0.5465\ V = -0.3050\ V$

则 $E_{负} = 0.059\ V\lg[H^+] = -0.3050\ V$

$\lg[H^+] = -0.3050/0.059 = -5.169$

$[H^+] = 6.78 \times 10^{-6}$

$c_x = [H^+] \times c^{\ominus} = 6.78 \times 10^{-6}\ mol \cdot dm^{-3}$

利用上述例题的原理，根据测得的电动势即可求出氢电极中 H^+ 的浓度。pH 计就是根据这一原理设计的能够准确测定溶液 pH 的仪器。

4.4　电　解

4.4.1　电解原理和电解池

一个自发进行的氧化还原反应可以设置成一个原电池,从而实现化学能向电能的直接转化。原电池工作过程的实质是电子在电池电动势的驱动下进行自发的定向转移。例如,氢氧化合反应:$2H_2 + O_2 \longrightarrow 2H_2O$ 为自发反应,可以借助一个原电池如氢氧燃料电池,使其化学能直接转变为电能。而其逆反应,即水的分解反应 $2H_2O \longrightarrow 2H_2 + O_2$,则不能自发进行。要使此反应发生,必须施加外力。例如,可以外加电能迫使 H_2O 在电流的作用下分解成 H_2 和 O_2,这就是水的电解过程。

电解(electrolysis)即是通过外加电流迫使不能自发进行的氧化还原反应得以进行,进而实现电能转化为化学能的过程。我们把借助电流实现电解过程的装置称为电解池(electrolytic cell)。

如图 4-5 所示。电解池中,与外接直流电源正极相连的电极称为阳极(anode),与外接直流电源负极相连的电极称为阴极(cathode)。由外电源提供的直流电(电流)通过电解池阳极流入电解池,再经过电解池中的电解质(溶液或熔融液)流向阴极,并由阴极流回电源的负极,同时引发并完成了电解反应。

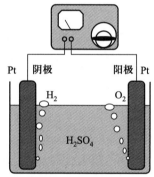

图 4-5　电解装置示意图

电解池的阳极与外电源正极相连,是缺电子的,阳极上发生的总是氧化反应。而电解池的阴极与外电源负极相连,是富电子的,阴极上发生的电极反应总是还原反应。以水的电解为例,水本身存在微弱的解离:$H_2O \Longrightarrow H^+ + OH^-$,电解时,在外加电压作用下,$H^+$ 和 OH^- 分别向阴极和阳极移动,并在两极上发生如下电极反应:

阳极:$4OH^- \Longrightarrow 2H_2O + O_2(g) + 4e^-$

阴极:$4H^+ + 4e^- \Longrightarrow 2H_2(g)$

电池总反应:$4OH^- + 4H^+ \Longrightarrow 2H_2O + 2H_2(g) + O_2(g)$

可见,电解水的净过程是:$2H_2O \Longrightarrow 2OH^- + 2H^+ \Longrightarrow 2H_2(g) + O_2(g)$。

在电解池的两极反应中,无论是正离子得到电子,还是负离子失去电子,在电化学上都称为放电,发生反应的过程称为放电过程。

电解池和原电池都由两个电极和电解质(溶液或熔融液)组成,都是化学电池,但二者存在根本的区别。首先工作原理方面,原电池的电极上发生的是自发进行的氧化还原反应,化学能转化为电能;而电解池电极上的反应是在电流外力的迫使下非自发进行的氧化还原反应,这时是电能转化为化学能。其次在原电池中,习惯将两极称为正极、负极,电子流出的为负极,电子流入的为正极;而对电解池中的电极,常用阴极、阳极表示,阳极与外电源正极相连,发生氧化反应,阴极与外电源负极相连,发生还原反应。电化学规定,不论原电池还是电解池,凡是发生氧化反应的电极都称为阳极,发生还原反应的都称为阴极;又依电势的高低规定:电势高的为正极,电势低的为负极。由此,原电池中,电势低的负极发生氧化反应为阳极,电势高的正极发生还原反应为阴极;而电解池中,电极的极性仅由外电源决定,与外电源正极相连的阳极,电势高,发生氧化反应;与外电源负极相连的阴极,电势低,发生还原反应。

4.4.2　分解电压和超电压

1. 理论分解电压和实际分解电压

电解反应本身是不能自发进行的,在外加电压的迫使下这种非自发的氧化还原反应才能够发生,那么电极间要施加多大的电压才能使电解反应得以发生,使电解顺利进行?

我们仍以水的电解为例来讨论。假设以 Pt 为电极,电解 0.10 mol·dm^{-3} 的 Na$_2$SO$_4$ 水溶液(Na$_2$SO$_4$ 作为导电物质),电解时两极发生如下反应:

阴极(还原反应):2H$^+$ + 2e$^-$ ══ H$_2$(g)

阳极(氧化反应):4OH$^-$ ══ 2H$_2$O + O$_2$(g) + 4e$^-$

电解总反应为:2H$_2$O ══ 2H$_2$ + O$_2$

电解一旦发生,两极产物氢气和氧气则会部分吸附于电解池的 Pt 电极上,并与电解质溶液中相关离子形成氢氧原电池:(−) Pt | H$_2$(p_1) | Na$_2$SO$_4$(0.10 mol·dm^{-3}) | O$_2$(p_2) | Pt(+)。

该原电池的两电极反应及总反应分别是电解池电极反应和总反应的逆反应,其产生的电动势与外加直流电源的电动势相反。显然,一旦电解进行,必然伴随着由电解产物与反应物组成的原电池的产生,其产生的与外加电压相反的电动势必然会阻止电解反应的顺利进行。由此,要使电解顺利进行,外加电压必须足以克服这一反向电压,即电解所需的外加电压在数值上至少等于在同一条件下产生的原电池的电动势。这一电动势可由能斯特方程计算。这种通过理论计算得到的使电解进行所必须施加的最低外加电压,称为理论分解电压,以($E_{分解,t}$)表示。而对于阴极、阳极物种的放电所需电势的理论值,就应该等于相应电对的电极电势。可以根据相应的标准电极电势及电极物质的浓度,用能斯特方程来计算。这种由理论计算得到的析出电势,称为理论析出电势,以($E_{析出,t}$)表示。

例如,上述水的电解,阴、阳极上的理论析出电势(即电解时 H$^+$ 和 OH$^-$ 的理论析出电势),可按相应的电极反应由能斯特方程式求出,进而可知此条件下水的理论分解电压。0.10 mol·dm^{-3} Na$_2$SO$_4$ 水溶液中 pH = 7,即[H$^+$] = [OH$^-$] = 1.00 × 10^{-7};气体按照标准状态处理,则

阴极(还原反应):

$$E(\text{H}^+ / \text{H}_2) = E^{\ominus}(\text{H}^+ / \text{H}_2) + \frac{0.059 \text{ V}}{2} \lg \frac{[\text{H}^+]^2}{p(\text{H}_2) / p^{\ominus}}$$

$$= \frac{0.059 \text{ V}}{2} \lg(1.00 \times 10^{-7})^2 = -0.413 \text{ V}$$

阳极(氧化反应):

$$E(O_2 / OH^-) = E^{\ominus}(O_2 / OH^-) + \frac{0.059 \text{ V}}{4} \lg \frac{p(O_2) / p^{\ominus}}{[OH^-]^4}$$

$$= 0.401 \text{ V} + \frac{0.059 \text{ V}}{4} \lg (1.00 \times 10^{-7})^{-4} = 0.814 \text{ V}$$

$$E_{电池} = 0.814 \text{ V} - (-0.413 \text{ V}) = 1.227 \text{ V} \approx 1.23 \text{ V}$$

由此,要使水的电解顺利进行,理论上所施加的最小分解电压应为 1.23 V,也即只要外加电源电压稍高于 1.23 V,电解反应即可发生。但实际情况并非如此。向电解池的两个电极间加上一个等于理论分解电压 (1.23 V)的电压,并不能使电解顺利开启,欲使电解开始进行,则需要逐渐提高外加电压。以电解池两极间的电压对流过电解池的电流密度(单位电极面积内的电流)作图,得到如图 4-6 所示的图形。由图可见,电流密度随外加电压的增加而增大的过程是有突变点的,起初电流密度很低,表明电解并未开始。当外加电压达某一阈值(D,1.70 V)之后,电流密度迅速上升,曲

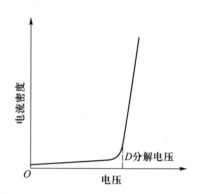

图 4-6 电解池的电压与电流密度的关系

线出现一个突跃,表明电解实际开始进行。这种能使电解顺利进行所需要施加的最低外加电压称为实际分解电压,以($E_{分解,r}$)表示。

2. 超电压与电极的极化

实际分解电压可由实验确定。显然,实际分解电压大于理论分解电压,即($E_{分解,r}$)>($E_{分解,t}$)。人们将实际分解电压超出理论分解电压的部分称为超电压或过电压(overvoltage),用 $\Delta E_{超}$ 或 $\Delta E_{过}$ 表示,则有:$\Delta E_{超} = E_{分解,r} - E_{分解,t}$。那么超电压是如何产生的?

在实际电解过程中,外加电能不可能 100% 转化为化学能。一方面电路中(导线、电解质溶液)存在一定的电阻,当有电流通过时,必然会产生电压降,使部分电能以热能的方式损耗;另一方面由于电极上存在极化作用而引起电能的额外损耗,超电压正是为此而被超额消耗的能量。大多数情况下电阻的损耗不大,极化作用是产生超电压的主要原因。

根据能斯特方程计算得到的电极电势,是在电极上(几乎)没有电流通过条件下的平衡电极电势(也称可逆电极电势)。但当有可察觉量的电流通过时,电池内的电极反应就会处于非平衡态或不可逆状态,此时的电极电势会与上述平衡电极电势不同。这种电极电势偏离了没有电流通过时的平衡(可逆)电极电势的现象称为电极极化(polarization of electrode)。把在一定电流密度下电极的电极电势(有电流通过)与其平衡电极电势(无电流通过)之差的绝对值定义为该电极的超电势或过电势(overpotential)。

根据极化产生的机理,可将电极的极化作用分为浓差极化和电化学极化两大类。

① 浓差极化。浓差是指放电物种的浓度差。在电解过程中,由于放电物质(离子或分子)在电极上的放电(反应)速率大于其在溶液中的扩散速率,使其在电极附近的浓度与其在溶液中间的浓度存在差异。确切地说,电极附近该种物质实际浓度低于溶液本体的实际浓

度。根据能斯特方程,阴极处正离子浓度减小,必然导致电极电势的降低,相反,阳极处放电物质被氧化,浓度同样减小,造成电势增大。这就导致了电极的极化,这种极化称为浓差极化。浓差极化的结果,使阴极电势比可逆时更小(更负),使阳极电势比可逆时更大(更正)。

显然,浓差极化的产生是由于放电物质扩散速率慢于电极反应速率所致,因此可通过搅拌和升高温度等方法来降低或消除。

② 电化学极化。放电物质在电极放电、析出电解产物的过程中,由于其中某一个(或几个)环节速率较缓慢(如离子放电变成原子,原子结合成分子或分子聚集成气泡,气泡长大,离开极板等),致使阴极和阳极上放电的离子数减少,从而使阴极上电子数过剩,其电势变小;而阳极上电子不足,电势变大,这种由电化学反应引起的极化称为电化学极化。

无论是浓差极化还是电化学极化,都导致了电极超电势的存在,从而使电解过程中,电解池两极的实际析出电势($E_{析出,r}$)都偏离了各自的理论析出电势($E_{析出,t}$),即阳极上的实际析出电势变得比理论析出电势更高(更正);而阴极上的实际析出电势变得比理论析出电势更低(更负):$(E_{析出,r})_阳 > (E_{析出,t})_阳$,$(E_{析出,r})_阴 < (E_{析出,t})_阴$。电解池两电极上的超电势(绝对值)之和就是电解池的超电压:

$$|(E_{析出,r})_阳 - (E_{析出,t})_阳| + |(E_{析出,t})_阴 - (E_{析出,r})_阴| = \Delta E_超$$

由于电化学极化目前尚无法克服与消除。因此超电压不可能完全消除,但可用各种方法使超电压尽量降低到最小。

影响超电势的因素很多,主要有电解产物的种类及其聚集状态,电极材料及其表面状态,温度和电流密度。例如除 Fe、Co、Ni 以外,金属析出过程的超电势一般很小,多数可忽略不计。而生成气体的电极超电势一般较大,特别是析出氢和氧的超电势更应受到重视。同一电解产物在不同材料的电极上析出的超电势不同;且电极表面状态不同,超电势数值也不同。此外,电流密度越大,超电势越大。升高温度可以减小超电势。表 4-2 列出了氢和氧在不同金属材料电极上析出时的超电势。

表 4-2　氢和氧在不同金属材料电极上析出时的超电势(温度 298 K,电流密度 0.01 A · m^{-2})

电极材料	超电势/V	
	氢(1 mol · dm^{-3} H$_2$SO$_4$)	氧(1 mol · dm^{-3} KOH)
Ag	0.13	0.73
Cd	1.13	—
Fe	0.56	—
Hg	0.93	—
Ni	0.3	0.52
Pb	0.4	—
Pt(光滑)	0.16	0.85
Pt(铂黑)	0.03	0.52
Sn	0.5	—
Zn	0.75	—

由于超电压的存在,电解时需要适当增大外加电压,从而导致能耗增大。实际上,利用原电池提供电能时,电极也同样存在着极化现象,使电池产生超电压。这时电极极化的结果是正极(阴极)电势降低,负极(阳极)电势升高,而整个原电池的电动势减小,从而损耗了电能。从能耗角度来看,超电压的存在是非常不利的,因此人们常常设法降低超电势来减小超电压。但事物总是一分为二的,正是由于超电压的存在,我们可以合理地选择和控制电解条件,制得符合需要的电解产物。比如利用 H_2 有较高的超电势,就使得许多比氢电极电势低的金属能从水溶液中析出。一个常见的例子是铁板上镀锌。如果没有超电势,由于 $E(H^+/H_2) > E(Zn^{2+}/Zn)$,在阴极板上析出的是氢气,而不是金属锌。但由于氢气在铁板上存在较大的超电势,使得 $(E_{析出,r}, H_2) < (E_{析出,r}, Zn)$,因此在铁板上析出的是锌。

4.4.3　电解时电极上的反应——电解产物的析出规律

由上述讨论可知,只要外加电压大于实际分解电压,电解就能顺利进行,从电极的角度来讲,只要电极的电势达到离子的析出电势,电极反应就会发生。那么当外加电压逐渐增大时,两极上哪种放电物质首先进行反应?各种物质的析出顺序遵循怎样的规律?

若电解的是熔融盐,电极采用铂或石墨等惰性电极,则只能是正、负离子分别在阴、阳两极上放电,产物是它们的还原和氧化产物。例如,电解熔融 $CuCl_2$,在阴极上得到金属铜,阳极上得到氯气。

若电解的是电解质溶液,电解液中除了电解质的离子,还有由水解离产生的 H^+ 和 OH^- 离子。因此,在阴极上放电的正离子可能是金属离子也可能是 H^+,而在阳极上放电的负离子,可能是酸根离子也可是 OH^- 离子。而如果用锌、镍、铜等金属作阳极板时,还可能发生极板金属被氧化成相应的金属离子的反应,$M(s) \Longrightarrow M^{n+} + ne^-$,即所谓阳极溶解。

在这些可能发生的电极反应中,究竟哪一种反应优先发生,这可由各种电解产物的实际析出电势高低来判断。而电解池中各种可能放电物质的实际析出电势,可由其理论析出电势及其在电极上放电时的超电势估算出来,据此不难判断电解的实际产物。一般而言,可简单归纳如下:

1. 阳极产物

在阳极上发生的是氧化反应,优先在阳极上放电的物质必然是电解液中最易于失去电子的物质,也就是实际析出电位最低(最负)的电对中的还原态物质。

① 当用石墨(或其他非金属惰性物质)作电极,电解卤化物、硫化物等盐类时,体系中可能在阳极放电的负离子主要是 OH^- 及相应的卤素负离子 X^- 或硫负离子 S^{2-},这种情况下阳极产物通常是卤素 X_2 或硫 S(单质)析出。

② 当用石墨或其他惰性物质作电极,电解含氧酸盐的水溶液时,体系中可能在阳极放电的负离子主要是 OH^- 及相应的含氧酸根离子。而一般含氧酸根离子,如 SO_4^{2-}、PO_4^{3-}、NO_3^-,因其析出电位很高,在水溶液中很难在阳极放电。此时阳极产物通常是氧气析出。

③ 当用一般金属(很不活泼的金属如 Pt,及易钝化的金属如铅,铁等除外) 作阳极进行电解时,通常发生阳极溶解:

$$M(s) \Longrightarrow M^{n+} + ne^-$$

由此,在阳极上,可能是负离子析出,也可能是阳极溶解,主要看哪一个反应所要求的电势低些,就优先进行哪一个反应。

2. 阴极产物

在阴极上发生的是还原反应,体系内所有可能在阴极放电的电对中,实际析出电势最高(最正)的电对的氧化态物质,是得电子能力最强的物质,必将优先在阴极放电,得到电子而被还原。

① 当电解活泼金属(电动序中位于铝前面的金属)的盐溶液时,在阴极上总是 H^+ 优先放电,析出氢气。

② 当电解不活泼金属(电动序中位于氢后面的金属)的盐溶液时,在阴极上发生金属离子放电,析出相应的金属。

③ 当电解不太活泼的金属(电动序中位于氢前面不太远的金属,如铁、锌、镍、镉、锡、铅等)的盐溶液时,在阴极上究竟是 H^+ 还是金属离子优先被还原,受多方面因素影响,需要通过能斯特方程计算出理论析出电势并考虑到可能出现的超电势,估算出 H^+ 和相应金属离子的实际析出电势,进行比较,才能得出确定的结论。但是由于电解溶液中电解质的浓度(即相应金属离子浓度)通常要远大于 H^+ 浓度,而且析出氢的超电势较大,通常要比析出金属大得多,因此这种情况下,往往是金属离子优先在阴极放电,析出相应的金属。

可见超电势的存在,使得某些本来在 H^+ 之后在阴极上还原的反应,也能顺利地优先在阴极上进行,使有些按照电极电势在 H_2 以后析出的金属也能优先析出,如 Zn,Cd,Ni 等,甚至 Na 可在 Hg 上析出;如果溶液中含有各种不同的金属离子,它们分别具有不同的析出电势,则可以控制外加电压的大小使金属离子分步析出而得以分离。

电解的应用十分广泛。工业中利用电解原理,可精炼铜、镍等金属。在机械工业和电子工业中广泛应用电解进行金属材料的加工和表面处理。常见的有电镀、电铸、电沉积、电抛光、电解切削等。例如,电解法精炼铜时,用 $CuSO_4$ 作电解液,粗铜板(含有 Zn,Fe,Ni,Ag,Au 等杂质)作阳极,薄的纯铜片(预先经过提纯的紫铜片)作阴极。随电解的进行,阳极板的粗铜及其中夹杂的少量活泼金属杂质(如 Fe,Zn,Ni 等)都溶解(即阳极溶解)了,以离子形式进入溶液,而粗铜中所含的不活泼金属杂质(如 Au,Ag 等贵重金属)则不溶解,但也从阳极板上掉下来,以极细的微粒沉积在阳极附近的电解池底部,叫作阳极泥。从阳极泥中可以富集回收贵重金属。而进入溶液中的活泼金属离子如 Zn^{2+},Ni^{2+},Fe^{2+},Fe^{3+} 等,由于其本身比 Cu^{2+} 更难被还原,相对浓度又低,则不会在阴极上放电析出,故在阴极上只有 Cu^{2+} 被还原成 Cu 析出,这样在阴极上沉积得到的是纯度很高的铜(含铜量 $>99.9\%$),达到电解提纯的目的。

例 4-12 298.15 K 时,用 Zn 电极作为阳极来电解 $1.0\ mol \cdot dm^{-3}$ $ZnSO_4$ 水溶液,若在某一电流密度下,氢气在 Zn 电极上的超电势是 0.7 V,试问在常压下电解时,在阴极上析出的物质是 H_2 还是 Zn?

解:在阴极上可能发生下列反应:$Zn^{2+} + 2e^- \xlongequal{\ \ } Zn(s)$, $E^{\ominus}(Zn^{2+}/Zn) = -0.7618\ V$

$$2H^+ + 2e^- \xlongequal{\ \ } H_2(g), \quad E^{\ominus}(H^+/H_2) = 0\ V$$

若有 $H_2(g)$ 析出,假设其分压为 100 kPa。$ZnSO_4$ 水溶液可近似视为中性,即 $[H^+] = 1.0 \times 10^{-7}$,则此时氢气的理论析出电势为

$$E(H^+ / H_2) = E^{\ominus}(H^+ / H_2) + \frac{0.059\ V}{2} \lg \frac{[H^+]^2}{p(H_2) / p^{\ominus}}$$

$$= \frac{0.059\ V}{2} \lg (1.0 \times 10^{-7})^2 = -0.413\ V$$

由于在锌电极上析出锌的超电势可以忽略,只考虑氢气在锌电极上的超电势,所以实际析出电势为

$$E(Zn^{2+}/Zn) = E^{\ominus}(Zn^{2+}/Zn) = -0.7618\ V$$

$$E(H^+/H_2) = -0.413\ V - 0.7\ V = -1.113\ V$$

所以在阴极上析出的物质是 Zn。

4.5　金属的腐蚀与防护

金属材料在使用过程中与周围介质(H_2O,O_2,H^+等)接触发生化学作用或电化学作用而引起金属材料损坏的现象称为金属腐蚀(metallic corrosion)。金属腐蚀是普遍存在的现象,例如,铁在空气中生锈,铜表面出现铜绿,银饰品变暗,铝制品接触食盐水会穿孔等。据统计,世界上每年因腐蚀而报废的金属设备和材料相当于年产量的 20%~40%,每年因此造成的经济损失占国民生产总值的 3%~5%。因此研究腐蚀原因和机理,有效地防止和控制腐蚀,关系到产品防护、资源利用、能源节约、环境保护及生产运转和安全保障等一系列重大的社会和经济问题,是一项非常重要也是十分紧迫的任务。

按照金属腐蚀的特点和机理,通常将其分为化学腐蚀和电化学腐蚀两大类型。

4.5.1　金属的化学腐蚀

金属与高温和干燥的气体(O_2,H_2S,SO_2,Cl_2 等)或非电解质液体(如苯、石油等)接触,直接发生化学反应而引起的腐蚀,称为化学腐蚀(chemical corrosion)。例如,在高温轧制、铸压过程中钢铁制品表面会产生氧化铁皮碎片,输油管道及盛装有机化合物的金属容器的腐蚀等都是化学腐蚀的结果。钢铁的高温氧化,钢的脱碳和氢脆现象是工业生产中经常遇到的化学腐蚀。化学腐蚀最主要的特点是腐蚀过程中没有电解质溶液的参与,腐蚀反应为非电化学反应。

4.5.2　金属的电化学腐蚀

当金属和电解质溶液接触时,由于发生电化学作用而引起的腐蚀叫作电化学腐蚀(electrochemical corrosion)。电化学腐蚀不同于化学腐蚀的关键之处在于其腐蚀是由于形成原电池(腐蚀电池)所引起的。例如,当钢铁暴露在潮湿的空气中时,在表面会形成一层极薄的水膜。空气中 CO_2、O_2、SO_2 等气体溶解在水膜中,形成电解质溶液。而通常的钢铁并非纯金属,常含有不活泼的合金成分,如锰、硅、铜、锡及碳化铁(Fe_3C)等杂质,它们星罗棋布地镶嵌在铁质的基体上,于是便形成许多微小的腐蚀电池(微电池)。此时,电极电势较高的不活泼杂质作为原电池正极,发生还原反应,而金属铁便成了原电池的负极,失去电子发生氧化反应导致溶解而被腐蚀。由于正、负极彼此紧密接触,电化学腐蚀作用得以不断进行。在这种腐蚀电池中,负极上发生氧化反应,通常叫作阳极;正极上发生还原反应,通常叫作阴极。在讨论腐蚀问题时,腐蚀电池中的两极通常称阴、阳极,而不称作正、负极。

事实表明,在通常情况下,与化学腐蚀相比,电化学腐蚀更为普遍。金属在潮湿的空气、土壤、海水,以及纯粹的电解质溶液中发生的腐蚀都是电化学腐蚀。根据腐蚀反应的条件和产物的不同,电化学腐蚀又可分为析氢腐蚀、吸氧腐蚀及浓差腐蚀。

1. 析氢腐蚀

如果钢铁表面吸附的水膜酸性较强时,铁作为阳极被氧化成 Fe^{2+} 进入水膜,同时电子移向阴极;水膜中的 H^+ 在阴极(Fe_3C 或杂质)结合电子,被还原成氢气析出。其反应如下:

阳极:
$$Fe = Fe^{2+} + 2e^-$$

阴极:
$$2H^+ + 2e^- = H_2 \uparrow$$

总反应:
$$Fe + 2H_2O = Fe(OH)_2 + H_2 \uparrow$$

水膜中的 Fe^{2+} 先与水中的 OH^- 结合,生成 $Fe(OH)_2$,$Fe(OH)_2$ 进一步被空气中的 O_2 氧化成 $Fe(OH)_3$。

$$Fe^{2+} + 2H_2O = Fe(OH)_2 + 2H^+$$

$$4Fe(OH)_2 + 2H_2O + O_2 = 4Fe(OH)_3$$

$Fe(OH)_3$ 及其脱水产物 Fe_2O_3 是红褐色铁锈的主要成分。这种腐蚀过程中阳极金属溶解腐蚀的同时,阴极有氢气析出的腐蚀,叫作析氢腐蚀。钢铁易发生析氢腐蚀。析氢腐蚀发生的条件是介质的酸性较强。H^+ 在阴极与被还原成的氢气构成氢电极,其电极电势高于金属电极,这是发生析氢腐蚀的必要条件。因此,铁、锌、镉等都是电极电势低于氢电极的金属,它们在酸性溶液中都易发生析氢腐蚀。

2. 吸氧腐蚀

当钢铁表面吸附的水膜呈中性或酸性很弱时,发生如下电池反应:在阴极上,溶解在水膜中的氧气结合电子被还原成 OH^-;在阳极上,铁被氧化成 Fe^{2+}。

阳极:
$$Fe = Fe^{2+} + 2e^-$$

阴极:
$$O_2 + 2H_2O + 4e^- = 4OH^-$$

总反应:
$$2Fe + O_2 + 2H_2O = 2Fe(OH)_2$$

$Fe(OH)_2$ 进一步被空气中的 O_2 氧化成 $Fe(OH)_3$,同样,$Fe(OH)_3$ 及其脱水产物 Fe_2O_3 成为红褐色铁锈的主要成分。

这种腐蚀中阴极"吸收"氧气作为氧化剂,因此叫吸氧腐蚀。O_2 与其还原产物 OH^- 构成了氧电极。由此,发生吸氧腐蚀的必要条件是金属电极的电极电势小于氧电极的电极电势。由于 O_2 的氧化能力比 H^+ 强,故在大气中吸氧腐蚀比析氢腐蚀更易发生。

吸氧腐蚀是电化学腐蚀的主要形式,几乎是无处不在。只要金属是处在天然的大气环境中,总会含有一定的水汽和氧气。而只要环境中有水汽和氧气,就可能发生吸氧腐蚀。而析氢腐蚀只有当环境中酸性较强时才会发生,而且在发生析氢腐蚀时,一般也同时伴有吸氧腐蚀,后者甚至比前者更甚。图 4-7 为铁的析氢腐蚀和吸氧腐蚀示意图。

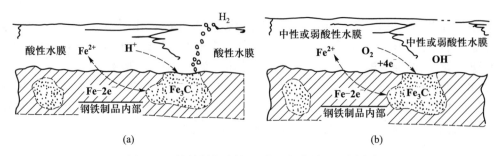

图 4-7 铁的析氢腐蚀(a)和吸氧腐蚀(b)示意图

3. 浓差腐蚀

金属表面常因氧气分布不均匀而引起腐蚀。例如,一段插入水或泥土中的钢铁支柱(图 4-8),接近水面(泥土表面)的 x 段溶解氧的浓度较大(或分压较大),而深入水(泥土)中的 y 段溶解氧浓度较小(或分压较小)。根据氧电极的电极反应式:

$$O_2 + 2H_2O + 4e^- \Longrightarrow 4OH^-$$

可知

$$E(O_2 / OH^-) = E^\ominus(O_2 / OH^-) + \frac{0.059 \text{ V}}{4} \lg \frac{p(O_2) / p^\ominus}{[OH^-]^4}$$

当氧的分压(或浓度)越大时,氧电极的电极电势代数值越大,O_2 的氧化能力越强。反之,则 O_2 的氧化能力越弱。由此,接近水面(泥土表面)的部分由于氧的浓度较大,电极电势较高,在腐蚀电池中作阴极(正极);氧浓度较小的部分(水中或泥土中)作阳极(负极),使此处的钢铁被氧化而腐蚀。这种情况下发生的反应为

阳极(y 段):　　　　　　　　$Fe \Longrightarrow Fe^{2+} + 2e^-$

阴极(x 段):　　　　　　　$O_2 + 2H_2O + 4e^- \Longrightarrow 4OH^-$

总反应:　　　　　　　　$2Fe + O_2 + 2H_2O \Longrightarrow 2Fe(OH)_2$

在近水面处又发生反应:　$4Fe(OH)_2 + 2H_2O + O_2 \Longrightarrow 4Fe(OH)_3$

这种腐蚀反应和吸氧腐蚀完全相同。但发生的部位不同。这就说明浸入水(泥土)中的铁柱上的铁锈虽然在近水面(泥土表面)处出现,然而腐蚀坑却在水(泥土)下的一段上。

这种由于氧浓度不同而造成的腐蚀,叫作浓差腐蚀(也称作差异充气腐蚀)。图 4-8 为铁的浓差腐蚀原理。实际上,浓差腐蚀是吸氧腐蚀的另一种形式,是金属腐蚀中常见的现象,如埋在地下的金属管道的腐蚀、海水对船坞的"水线腐蚀"等。其中孔蚀现象有它的特殊性,危害也较严重。现将其原理作一简单介绍。

当一块钢板暴露在潮湿的空气中时,总会形成一层 Fe_2O_3 薄膜。如果该膜是致密的,则可以阻滞腐蚀过程。若在膜上有一小孔,则有小面积的金属裸露出来,这里的金属将被腐蚀。腐蚀产物[Fe_2O_3,$Fe(OH)_3$ 等]疏松地堆积在周围,把孔遮住。这样氧气难以进入孔内,又会发生浓差腐蚀,使小孔内的腐蚀不断加深,甚至穿孔(见图 4-9)。孔蚀是一种局部腐蚀现象,常常为表面的尘土或锈堆隐蔽,不易被发现,因而危害性更大。

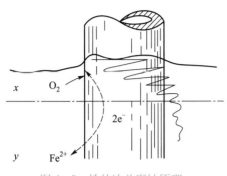

图 4-8　铁的浓差腐蚀原理

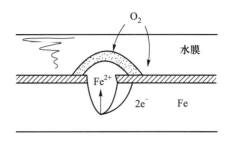

图 4-9　铁板的孔蚀原理

4.5.3　金属的防护

了解金属腐蚀的原理之后,便能较有效地采取防止金属腐蚀的措施。金属防腐的方法很多,以下简要介绍几种:

1. 合金化法——改善金属的本质

在金属中加入耐腐蚀性高的金属或非金属形成耐蚀合金,这种方法通过改善金属的本质而直接提高金属本身的耐腐蚀性。原因在于合金能提高其电极电势,降低电极活性,使金属稳定性提高。例如,含铬 18% 的不锈钢能耐硝酸的腐蚀。

2. 保护层法——隔离介质

由于在腐蚀过程中,腐蚀反应总是发生在金属和环境介质的交界面上,因此设法将金属制品和介质隔离,如在金属表面形成一个薄的保护层,便可起到防护作用。

（1）非金属保护层

金属表面涂敷上油漆、搪瓷、沥青、塑料、橡胶等耐腐蚀的材料形成非金属保护层,但这些保护层必须完整无缺陷时才能起到保护作用。

（2）金属保护层

用耐蚀性较强的金属或合金覆盖于金属表面上形成金属保护层。常用的方法为电镀。按防腐蚀的性质可将保护层分为阳极保护层和阴极保护层。若镀层金属的电极电势小于基体金属的电极电势,如镀锌铁皮(白铁皮),锌的表面易形成致密的碱式碳酸锌 $Zn_2(OH)_2CO_3$ 薄膜,保护层将金属与外界介质隔离,阻滞了腐蚀过程。当镀层有局部破裂时,因为锌比铁活泼,能起"牺牲阳极"的作用,继续保护基体金属。即锌被腐蚀,而铁被保护了下来(见图 4-10)。这种镀层称为阳极保护层。若镀层金属的电极电势大于基体金属的电极电势,如镀锡铁皮(马口铁),当镀层完整时,同样具有良好的耐腐蚀性能。但当保护层受到破坏变得不完整时,破裂的镀层不但起不到保护作用反而会加速金属的腐蚀(见图 4-11)。这是因为镀层金属电极电势高,在形成腐蚀电池时做阴极,加速了做阳极的基体金属腐蚀,这类镀层为阴极保护层。所以食用罐头盒(马口铁)一经打开,在断口附近很快就会出现锈斑。

（3）金属氧化物或磷化膜保护层

对于枪支武器、刀片、发条等金属制品(既不宜涂漆,又不宜镀其他金属的制品),往往可在金属表面施行氧化处理(俗称发蓝或发黑)或磷化处理。这些处理的过程较复杂,其原理是在金属表面形成一层致密的、不溶于水的氧化物或磷酸盐薄膜,从而隔离介质,使金属不受腐蚀。简单来说,发蓝或发黑主要是用氢氧化钠和亚硝酸钠在 135～145 ℃煮制,形成主要成分为四氧化三铁的薄膜;磷化则是用磷酸及其主盐来处理,形成磷酸铁薄膜。磷化的耐蚀性更强。

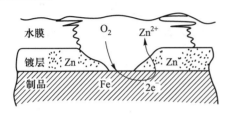

图 4-10　镀层破裂后白铁皮的腐蚀原理

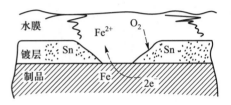

图 4-11　镀层破裂后马口铁的腐蚀原理

3. 缓蚀剂法——改善腐蚀环境

在腐蚀介质中,加入某些能显著减小腐蚀速率的物质达到防止腐蚀的方法称为缓蚀剂法,加入的这种物质称为缓蚀剂。缓蚀剂可通过增大极化、减慢电极电解速率或覆盖电极表面而使金属防腐。缓蚀剂的缓蚀效果与介质的酸碱性有关,通常可分为无机缓蚀剂和有机缓蚀剂。

在中性或碱性介质中,主要采用无机缓蚀剂,如铬酸盐、重铬酸盐、磷酸盐等。这些物质的缓蚀机理是它们能够在金属表面形成一层氧化膜或沉淀物,从而隔离了金属和介质。

如铬酸钠、硫酸锌及碳酸氢钙可分别发生下列反应生成氧化物或沉淀覆盖在金属表面。

$$2Fe + 2Na_2CrO_4 + 2H_2O \longrightarrow Fe_2O_3 + Cr_2O_3 + 4NaOH$$

$$Zn^{2+} + 2OH^- \longrightarrow Zn(OH)_2 \downarrow$$

$$Ca^{2+} + HCO_3^- + OH^- \longrightarrow CaCO_3 \downarrow + H_2O$$

在酸性介质中,一般以含 N,S,O 的有机化合物作为缓蚀剂,如动物胶、苯胺、乌洛托品[六亚甲基四胺$(CH_2)_6N_4$]、苯基硫脲等。其缓蚀原理较复杂,最简单的一种机理认为这些物质中的 N,S,O 原子含孤对电子,与介质中的 H^+ 结合后容易吸附在阴极表面而增加氢超电势,从而阻碍氢离子的放电过程,使金属溶解速率减慢。

还有一类气相有机缓蚀剂,如亚硝酸二环己胺 $[(C_6H_{11})_2NH_2NO_2]$,碳酸环己胺 $[C_6H_{11}NH_3CO_3]$,亚硝酸二异丙胺 $[(C_3H_7)_2NH_2NO_2]$ 等,其蒸气能溶解在水膜中,改变介质的性质,起到缓蚀作用。

4. 电化学保护法——改变电极性质

(1) 阴极保护法

金属的电化学腐蚀是阳极(活泼金属)被腐蚀,因此可以借助于外加的阳极(更活泼的金属)或直流电源而将金属设备作为阴极保护起来,因此这种电化学保护法又称为阴极保护法。阴极保护法又可分为牺牲阳极法和外加电流法。

① 牺牲阳极法

将较活泼的金属(Mg,Al,Zn 等)或其合金连接在被保护的金属设备上。形成腐蚀电池时,较活泼的金属作为阳极而被腐蚀,金属设备则作为阴极而得到保护。这称作牺牲阳极

法,常用于保护海轮外壳、海底设备等金属制品。如海上航行的船舶在船底四周镶嵌锌块加以保护。牺牲阳极和被保护金属的表面积应有一定的比例,通常是被保护金属面积的1%～5%。

② 外加电流法

若将直流电源的负极接在被保护的金属设备上,正极接到另一导体上(如石墨、废钢铁等),控制适当的电流(见图 4-12),可达到阴极保护的目的。这种外加电流法常用于防止土壤中金属设备的腐蚀。如用每隔一段距离加一个阴极保护装置的方法可防止石油输油管道的腐蚀。

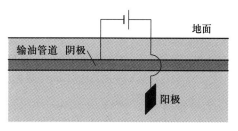

图 4-12　外加电流法原理

(2) 阳极保护法

电化学保护法除了上述的阴极保护法以外,有时也会采用使金属钝化的方法达到防腐目的。把被保护的金属与外加电源的正极相连,再将其浸入特定的电解液中组成电解池,施加一定的电压使金属(阳极)在电流的作用下进行阳极极化,金属的电极电势向正的方向移动,使金属得到钝化而被保护,这种方法称为阳极保护法。

利用氧化剂也可以使金属钝化(化学钝化)。如普通的铁片等若干活泼金属经过浓硝酸处理后,防腐性能大大提高(所以人们常用铁制或铝制的容器来盛放浓硝酸),除硝酸外,其他一些氧化剂如 $AgNO_3$,$HClO_3$,$K_2Cr_2O_7$,$KMnO_4$ 等也可使金属钝化。无论是化学钝化还是电化学钝化,其结果都是使金属的电极电势得到提高,使金属阳极得到保护从而改善了其防腐性能。

综上所述,金属腐蚀造成了材料的破坏,具有很大的危害性,但人们通过对腐蚀机理的研究可以采取适当的方法来有效地防止金属腐蚀。然而事物总有两面性,在某些情况下,也可以利用金属腐蚀原理来为生产服务。例如,在电子工业中广泛采用的印刷电路,就是利用了金属的腐蚀机理。

在敷有铜箔的绝缘板上均匀地涂上一层感光胶薄膜,用照相复印的方法将电子线路印在感光胶膜上。没有感光的胶膜部分可用溶剂洗去,从而使铜箔裸露。已感光的感光胶膜仍附在铜箔上,具有保护铜箔的能力。用 $FeCl_3$ 溶液将裸露的铜箔腐蚀掉。最后设法除去已感光的胶膜,就可得到线条清晰的印刷线路板。

思考题与习题

1. 氧化还原反应的主要特征是什么,本质是什么?

2. 什么是氧化还原电对?如何表示?

3. 离子-电子法配平氧化还原反应方程式的原则是什么?有什么步骤?

4. 阐述铜锌原电池产生电流的原理。

5. 举例说明电极的类型。

6. 什么叫作电极电势、标准电极电势?举例说明测定电极电势的方法。

7. 从能斯特方程可以反映出影响电极电势的因素有哪些?

8. 从两极名称、电子流动方向、两极反应等方面比较原电池和电解池的结构和原理。

9. 什么叫作分解电压、电极的极化和超电压?

10. 影响电解产物的主要因素有哪些?当电解不同金属的氧化物、硫化物或含氧酸盐的水溶液时,在两极上所得电解产物一般是什么?

11. 在大气中,金属的电化学腐蚀主要有哪几种?写出有关反应方程式。

12. 防止金属腐蚀的方法有哪些?各根据什么原理?

13. 解释下列现象:

(1) 配好的 $SnCl_2$ 溶液,需加入金属 Sn 粒再保存待用;

(2) H_2S 水溶液放置后会变浑浊;

(3) $FeSO_4$ 水溶液久放会变黄。

14. 如果把下列氧化还原反应分别组装成原电池,分别写出它们的电池符号,并写出正、负极反应。

(1) $Fe^{2+} + Ag^+ \rule[0.5ex]{1.5em}{0.4pt} Fe^{3+} + Ag$

(2) $Cd(s) + I_2(s) \rule[0.5ex]{1.5em}{0.4pt} Cd^{2+} + 2I^-$

(3) $H_2 + \dfrac{1}{2} O_2 \rule[0.5ex]{1.5em}{0.4pt} H_2O$

(4) $AgCl(s) + I^- \rule[0.5ex]{1.5em}{0.4pt} AgI(s) + Cl^-$

15. 写出下列电池中各电极的反应和电池总反应

(1) $(-)\ Pt\,|\,Hg\,|\,Hg_2Cl_2\,|\,Cl^-(c_1)\,\|\,H^+(c_1)\,|\,H_2(p_1)\,|\,Pt\,(+)$

(2) $(-)\ Pt\,|\,I_2\,|\,I^-(c_1)\,\|\,Cr_2O_7^{2-}(c_2),Cr^{3+}(c_3)\,|\,Pt\,(+)$

(3) $(-)\ Ag\,|\,AgNO_3(c_1)\,\|\,AgNO_3(c_2)\,|\,Ag\,(+)$

(4) $(-)\ Pt\,|\,Fe^{2+}(c_1),Fe^{3+}(c_2)\,\|\,NO_3^-(c_3),HNO_2(c_4),H^+(c_5)\,|\,Pt\,(+)$

16. 参照标准电极电势数据

(1) 按在酸性溶液中氧化能力增加的顺序将下列物质重新排列:

$I_2,F_2,KMnO_4,K_2Cr_2O_7,CuCl_2$

(2) 按在酸性溶液中还原能力增加的顺序将下列物质重新排列:

$FeCl_2,SnCl_2,H_2,Mg,H_2S$

17. 参照标准电极电势数据

(1) 分别选择一个合适的氧化剂,能够氧化:① Cl^- 成 Cl_2;② Pb 成 Pb^{2+};③ Fe^{2+} 成 Fe^{3+}。

(2) 分别选择一个合适的还原剂,能够还原:① Fe^{3+} 成 Fe;② Ag^+ 成 Ag;③ NO_3^- 成 NO_2。

18. 在含有 MnO_4^-、$Cr_2O_7^{2-}$ 和 Fe^{3+} 的酸性溶液中(各离子浓度均为 $1\ mol \cdot dm^{-3}$)慢慢通入 H_2S 气体有 S 析出,根据标准电极电势数据,试判断反应的先后次序。

19. 判断下列氧化还原反应进行的方向(设有关物质的浓度均为 $1\ mol \cdot dm^{-3}$)

(1) $Sn^{4+} + 2Fe^{2+} \rule[0.5ex]{1.5em}{0.4pt} Sn^{2+} + 2Fe^{3+}$

(2) $2Br^- + 2Fe^{3+} \rule[0.5ex]{1.5em}{0.4pt} Br_2 + 2Fe^{2+}$

(3) $Sn^{2+} + Hg^{2+} \rule[0.5ex]{1.5em}{0.4pt} Sn^{4+} + Hg$

(4) $2Cr^{3+} + 3I_2 + 7H_2O \rule[0.5ex]{1.5em}{0.4pt} Cr_2O_7^{2-} + 6I^- + 14H^+$

20. 由标准氢电极和镍电极组成原电池,其中 Ni 为负极。当 $c(Ni^{2+}) = 0.01\ mol \cdot dm^{-3}$ 时电池的电动势为 0.32 V。计算镍电极的标准电极电势。

21. 由一个氢电极 $H_2(100 \text{ kPa})/H^+(0.1 \text{ mol} \cdot \text{dm}^{-3})$ 和另一个氢电极 $H_2(100 \text{ kPa})/H^+(x \text{ mol} \cdot \text{dm}^{-3})$ 组成一原电池,测得其电动势为 0.016 V。已知电极 $H_2(100 \text{ kPa})/H^+(x \text{ mol} \cdot \text{dm}^{-3})$ 为正极,求 x 的值。

22. 当 pH = 7,其他有关物质的浓度为 $1 \text{ mol} \cdot \text{dm}^{-3}$(或分压为 100 kPa)时下列反应能否向右进行(先将方程式配平)?

(1) $Cr_2O_7^{2-} + H^+ + Br^- \longrightarrow Br_2 + Cr^{3+} + H_2O$

(2) $MnO_4^- + H^+ + Cl^- \longrightarrow Cl_2 + Mn^{2+} + H_2O$

23. 由标准钴电极和标准氯电极组成原电池,测得其电动势为 1.64 V,此时钴电极为负极。已知氯电极的标准电极电势为 1.36 V,试求:

(1) 写出该电池的反应方程式。

(2) 计算钴电极的标准电极电势。

(3) 当氯气压力增大时,电池的电动势是增大还是减小?

(4) 当 $c(Co^{2+}) = 0.01 \text{ mol} \cdot \text{dm}^{-3}$ 时,计算电池的电动势。

24. 根据标准电极电势计算下列反应的 $\Delta_r G_m^{\ominus}$ 和标准平衡常数 $K^{\ominus}$(设 $T = 298.15$ K):

(1) $Sn^{4+} + 2Fe^{2+} =\!=\!= Sn^{2+} + 2Fe^{3+}$

(2) $Cu + 2FeCl_3 =\!=\!= CuCl_2 + 2FeCl_2$

(3) $2Fe^{2+} + 2H^+ =\!=\!= 2Fe^{3+} + H_2$

25. 根据标准电极电势和能斯特方程式计算下列反应在 298.15 K 时的 $\Delta_r G_m^{\ominus}$,$K^{\ominus}$ 和 $\Delta_r G_m$。

(1) $Hg^{2+}(0.01 \text{ mol} \cdot \text{dm}^{-3}) + Sn^{2+}(0.1 \text{ mol} \cdot \text{dm}^3) =\!=\!= Hg(l) + Sn^{4+}(0.02 \text{ mol} \cdot \text{dm}^{-3})$

(2) $Cu(s) + 2Ag^+(0.01 \text{ mol} \cdot \text{dm}^{-3}) =\!=\!= 2Ag(s) + Cu^{2+}(0.01 \text{ mol} \cdot \text{dm}^{-3})$

26. 试用反应式表示下列电解过程中的主要电解产物:

(1) 电解 $NiSO_4$ 溶液,阳极用镍,阴极用铁。

(2) 电解熔融 $MgCl_2$,阳极用石墨,阴极用铁。

(3) 电解 KOH 溶液,两极都用铂。

27. 电解镍盐溶液,其中 $c(Ni^{2+}) = 0.1 \text{ mol} \cdot \text{dm}^{-3}$。如果在阴极上只要 Ni 析出,而不析出氢气,设氢在 Ni 上的超电势为 0.21 V,计算溶液的最小 pH。

第5章 溶液与胶体

超临界流体

> 溶液对于维持生命过程有着极其重要的作用,许多化学反应也是在溶液中进行的,化学工程中很多重要的过程都与溶液有关。本章将介绍溶液的一些基本性质,重点是溶液的依数性和胶体分散体系。

5.1 分散体系及溶液

我们已经知道,溶液是一种溶质均匀扩散到溶剂中的分散体系。但实际上,分散体系不仅是溶液这一种,比如还有乳状液、气溶胶、泥浆等。下面就对一些常见的分散体系做一简要介绍。

5.1.1 分散体系概述

分散体系(dispersed system)是指一种或几种物质被分散在另一种物质中所形成的体系。其中被分散的物质称为分散质(dispersate),属于分散相(dispersed phase);起分散作用的,使分散质在其中分散的物质称为分散剂(dispersant),也称之为分散介质(dispersed medium),属于连续相(continuous phase)。

分散体系按分散质粒子大小分为三类,如表 5−1 所示。

表 5−1　分散体系的分类(按分散质粒子大小分)

分散体系类型	粒子直径/m	分散质	实例	性质特征
分子/离子分散体系	$<10^{-9}$	原子、离子或分子	氯化钠水溶液	均相,热力学稳定
胶体分散体系	$10^{-9} \sim 10^{-6}$	胶粒(原子、离子或分子的聚集体)	氢氧化铁溶胶	非均相,热力学相对稳定
粗分散体系	$>10^{-6}$	粗颗粒	泥浆、牛奶	多相,热力学不稳定

按分散质和分散剂的聚集状态不同,分散体系又可分为其他几种类型,如表 5−2 所示。

表5-2 分散体系的分类(按聚集状态划分)

分散质	气体	液体	固体	气体	液体	固体	气体	液体	固体
分散剂	气体	气体	气体	液体	液体	液体	固体	固体	固体
状态	气态			液态			固态		
实例	空气煤气	雾,泡沫	霾,烟	汽水	乙醇的水溶液	食盐的水溶液,溶胶	气凝胶,泡沫塑料	珍珠	焊锡,有色玻璃

5.1.2 溶液

1. 溶液的一般概念和分类

溶液(solution)是由两种或多种组分组成的均匀分散体系。溶液中各部分都具有相同的物理和化学性质,是一个均相体系。其中分散质被称为溶质(solute),而分散介质称为溶剂(solvent)。溶液不同于其他分散体系之处在于溶液中溶质是以分子或离子状态均匀地分散在溶剂之中的。按照形成的溶液所呈现的聚集状态分类,可以分为气态溶液、液态溶液、固态溶液三种。

液态溶液,尤其是以水为溶剂的溶液,在生产实际和科学研究中具有特别重要的地位。一般所称的溶液就是指液态溶液,而如无特别说明,通常是指以水为溶剂的水溶液。

2. 相似相溶原理

溶液形成的过程比较复杂,往往伴随着能量变化、体积变化,有时还有颜色的变化。如氯化钙溶于水形成溶液时放出大量的热,而硝酸铵溶于水时,溶液温度急剧下降;乙醇与水混合形成溶液时,总体积减小;浓硫酸与水混合形成溶液时,总体积增大。简言之,溶解是个既有化学变化、又有物理变化的复杂过程。溶解的机理尚不完全清楚,只有相似相溶的经验规律。

在总结了大量实验事实的基础上,人们归纳出了相似相溶原理(principle of like dissolves like):结构相似的物质之间容易相互溶解。若溶质与溶剂具有相似的组成或结构,则它们之间具有相似的极性(同为极性物质,亲水疏油;或同为非极性物质,亲油疏水),因而它们之间就能较好地相互溶解。水是一种极性溶剂,并且分子间可以形成氢键,因此一般的离子化合物(如无机盐类)及能与水分子之间形成氢键的物质(如醇、羧酸、酮、酰胺等)在水中都有较好的溶解性。而一般的有机化合物,通常为非极性或极性较小,因而在水中难溶,却易溶于非极性的有机溶剂中。具有苯环的芳香族化合物一般可溶于苯、甲苯等溶剂。

对于结构相似的同类固体,熔点越低,分子间作用力越接近液体中分子间作用力,其在液体中的溶解度越大。而对于结构相似的气体,沸点越高,则其分子间力越接近液体,该气体在液体中的溶解度也越大(例如,沸点为 90 K 的氧气在水中的溶解度就大于沸点为 20 K 的氢气)。但应注意的是,相似相溶原理仅仅是个经验规律,应用中不能简单类推。尤其是对结构是否相似的判断,要根据物质的特性进行具体分析。例如,乙酸是一种极性物质,可以与水混

溶,但它也能溶于四氯化碳、苯这类非极性溶剂中,这是因为在非极性溶剂中乙酸可以形成极性较小的二聚体。

3. 溶液浓度的表示方法

表示溶液浓度的方法很多,常用的有以下几种。

质量分数 w_B 是指某溶质(或组分)B 的质量 m_B 与溶液(或混合物)质量 m 的比值,用百分数来表示,量纲为 1。与此对应的还有体积分数 V_B/V 和质量浓度 m_B/V。

$$w_B = \frac{m_B}{m} \times 100\%$$

摩尔分数 x_B 是指某溶质(或组分)B 的物质的量 n_B 与溶液(或混合物)总物质的量 n 之比,量纲为 1。

$$x_B = \frac{n_B}{n}$$

物质的量浓度 c_B 是指单位体积溶液中所含溶质 B 的物质的量,单位为 $mol \cdot dm^{-3}$。

$$c_B = \frac{n_B}{V}$$

质量摩尔浓度 b_B 是指单位质量的溶剂 A 中所含溶质 B 的物质的量,单位为 $mol \cdot kg^{-1}$。

$$b_B = \frac{n_B}{m_A}$$

5.2　稀溶液的依数性

溶液的性质可分为两大类:一类是由溶质的本性及溶质与溶剂的相互作用决定的,如密度、颜色、导电性、酸碱性等;而另一类则是由溶质粒子数目的多少决定的,如溶液的蒸气压下降、沸点升高、凝固点降低和渗透压等,尤其在非电解质的稀溶液中,这些性质几乎与溶质的本性无关,而只与溶质数量有关,且具有一定的规律性,故称为稀溶液的依数性(colligative properties of dilute solution)。

5.2.1　稀溶液的蒸气压下降

1. 蒸气压

在一定温度下,某种液体在密闭容器中,液体与其蒸气可达成一种动态平衡,即单位时间内由液体分子变为气体分子的数目与由气体分子变为液体分子的数目相等,即液体的蒸发速率与气体的凝结速率相同,这种状态称为气-液平衡,气-液平衡时液面上蒸气的压力即为该液体饱和蒸气的压力,称为饱和蒸气压(saturated vapor pressure),简称为该液体的蒸气压。

表 5-3 列出了水、乙醇和苯在不同温度下的饱和蒸气压。从表中所列数据可以看出,饱和蒸气压除了与液体的本性有关外,还与温度有关。并且随着温度的升高,液体的饱和蒸气压增大。

和液体类似,固体也存在饱和蒸气压。如碘、萘等易升华的固体。

表 5-3 水、乙醇和苯在不同温度下的饱和蒸气压

水		乙醇		苯	
$t/℃$	p^*/kPa	$t/℃$	p^*/kPa	$t/℃$	p^*/kPa
20	2.338	20	5.671	20	9.9712
40	7.376	40	17.395	40	24.411
60	19.916	60	46.008	60	51.993
80	47.343	78.4	101.325	80.1	101.325
100	101.325	100	222.48	100	181.44
120	198.54	120	422.35	120	308.11

2. 蒸气压下降

在图 5-1 的实验中可以看出,在纯溶剂和溶液同时存在的密闭体系里,汽化了的溶剂分子朝着溶液方向移动,也就是说溶液上方的蒸气压要低于纯溶剂上方的蒸气压。即同一温度下,溶液的蒸气压总是低于纯溶剂的蒸气压,这种现象称为溶液的蒸气压下降。这里所说的溶液的蒸气压实际上是指溶液中溶剂的蒸气压。

溶液的蒸气压下降可以解释为,溶液中存在着溶剂化作用及缔合作用,再说在溶液的液面上,溶剂分子所占比例也比纯溶剂上少。由于这些作用造

图 5-1 稀溶液蒸气压下降原理示意图

成了溶液在相同温度和压强下,单位时间内逸出溶剂粒子的数目相应减少,使溶液中溶剂粒子蒸发的速率比纯溶剂时小,结果是在达到平衡时,溶液的蒸气压必然低于纯溶剂的蒸气压。而这种蒸气压下降的程度仅与溶质的数量相关,即与溶液的浓度有关。

这一规律是法国化学家拉乌尔(Raoult F)在 1880 年首次发现的,称为拉乌尔定律(Raoult's law):在一定温度下,难挥发非电解质稀溶液的蒸气压下降值与溶液中溶质的量,即其摩尔分数成正比:

$$\Delta p = p^* \cdot x_B = p^*(1 - x_A) \tag{5-1}$$

式中,Δp 为溶液的蒸气压下降;p^* 为纯溶剂的蒸气压;x_B 为溶质的摩尔分数;x_A 为溶剂的摩尔分数。

拉乌尔定律仅适用于难挥发的非电解质的稀溶液。如果溶质为电解质或者为浓度较大的非电解质时,这种定量关系就会发生偏差。

5.2.2 溶液的沸点升高

沸点(boiling point)是指液体的蒸气压等于外界压力时的温度。溶液的沸点升高是指溶液中溶剂的沸点高于纯溶剂沸点的现象。由于加入难挥发非电解质后的溶液蒸气压下降,所以在相同外压下,溶液的蒸气压达到外界压力所需的温度必然高于纯溶剂,因此溶液的沸点将升高。

溶液的沸点升高与溶液的质量摩尔浓度(b_B)之间有如下关系：

$$\Delta T_b = K_b \cdot b_B \qquad (5-2)$$

式中，ΔT_b 为溶液的沸点升高值，单位是 K；K_b 为溶剂的沸点升高常数，单位是 K·kg·mol^{-1}；b_B 为溶液的质量摩尔浓度，单位是 mol·kg^{-1}。

5.2.3　溶液的凝固点降低

一种物质的凝固点(freezing point)或熔点(melting point)是指标准压力下该物质的液态与固态处于平衡时的温度。达到凝固点时，液、固两相的蒸气压相等。以水溶液为例，当水中溶入难挥发溶质后，由于水溶液的蒸气压下降，因此在水的正常凝固点 0 ℃时，溶液的蒸气压就小于冰的蒸气压，只有在更低的温度下，溶液的蒸气压才与冰的蒸气压相等，因此溶液的凝固点将降低。溶液的凝固点降低与溶液的质量摩尔浓度(b_B)之间有如下关系：

$$\Delta T_f = K_f \cdot b_B \qquad (5-3)$$

式中，ΔT_f 为溶液的凝固点降低值，单位为 K；K_f 为溶剂的凝固点降低常数，单位为 K·kg·mol^{-1}。

表 5-4 列出常见溶剂的 K_b、K_f 值。

表 5-4　常见溶剂的 K_b、K_f 值

溶剂	沸点/K	K_b/(K·kg·mol^{-1})	凝固点/K	K_f/(K·kg·mol^{-1})
水	373.16	0.512	273.16	1.86
氯仿	334.3	3.63	—	—
苯	353.35	2.53	278.55	5.12
醋酸	391.25	3.07/2.93	289.8/290.15	3.86/3.90
萘	218.0	5.80	80.29	6.94
樟脑	207.42	5.61	178.75	37.70

由于溶液的蒸气压下降引起的沸点升高和凝固点降低，这可以通过稀溶液的依数性示意图(图 5-2)得到较好的解释。

图 5-2 是水和水溶液的相图，其中虚线所表示的分别为水的三线(AB 为水的气–液平衡线，AC 为固–液平衡线，AD 为固–气平衡线)；实线为水溶液的三线；A 点与 A' 点分别为水和水溶液的三相共存点(简称三相点)。当外压等于标准压力时，其压力的水平虚线与 AB 和 $A'B'$ 曲线的两个交叉点对应的温度分别是纯水的沸点和水溶液的沸点。沸点升高值为两点之差，用 ΔT_b 表示。水平虚线与 AC 和 $A'C'$ 曲线的两个交叉点对应的温度分别是纯水的凝固点(冰点)和水溶

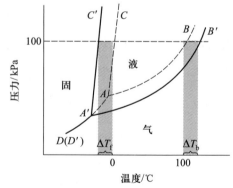

图 5-2　稀溶液依数性示意图

液的凝固点。凝固点降低值则为两点之差,用 ΔT_f 表示。

凝固点降低有许多重要的应用。利用凝固点降低原理,结合相关热力学性质,将食盐和冰混合作为冷冻剂,可以使温度降低到 $-21\,^{\circ}\mathrm{C}$;汽车驾驶员在散热水箱中加入乙二醇等,防止散热水箱结冰,也是利用这一原理。溶液凝固点降低在冶金工业中也具有指导意义,如 33%Pb(mp.328 ℃)与 67%Sn(mp.232 ℃)组成的焊锡,熔点为 180 ℃,用于焊接时不会使焊件过热,还可用作保险丝。

5.2.4 渗透压

同温同压时,在一个连通器的两边各装着蔗糖溶液与纯水,中间用半透膜(semipermeable membrane,一种特殊的多孔分离膜,可以选择性地让溶剂分子通过而不让溶质分子通过)将它们隔开(图 5-3)。在扩散开始之前,连通器两边的玻璃柱中的液面高度是相等的[图 5-3(a)]。经过一段时间的扩散以后,玻璃柱内的液面高度不再相同了,蔗糖溶液一边的液面比纯水的液面要高。随着蔗糖溶液液面升高,液柱的静压力增大,使蔗糖溶液中水分子通过半透膜的速率加快。当压力达到一定值时,在单位时间内从两个相反方向通过半透膜的水分子数相等,此时渗透达到平衡,两侧液面不再发生变化[图 5-3(b)]。这种平衡状态下的压差就叫该溶液的渗透压(osmotic pressure),用 Π 表示。溶液浓度越高,渗透压 Π 值越大。

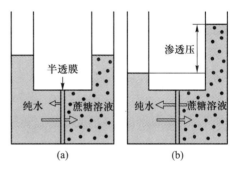

图 5-3 渗透作用示意图

难挥发非电解质稀溶液的渗透压与溶液的浓度和温度相关,荷兰物理学家范特霍夫(van't Hoff)于 1886 年发现了相关的规律,表达为

$$\Pi = n_B RT/V = c_B RT \tag{5-4}$$

式中,Π 为溶液的渗透压,单位 kPa;n_B 为溶质 B 的物质的量,单位 mol;R 为摩尔气体常数 $(8.314\ \mathrm{J\cdot mol^{-1}\cdot K^{-1}})$;$T$ 为热力学温度,单位为 K;V 为溶液的体积,单位 $\mathrm{dm^3}$;c_B 为溶质的物质的量浓度,单位 $\mathrm{mol\cdot dm^{-3}}$。

该式表明,在一定温度下,稀溶液的渗透压只与溶液的物质的量浓度有关。在一定温度下,相同浓度的两个非电解质稀溶液具有相同的渗透压,称为等渗(isotonic)溶液。如果两个溶液的渗透压不等,则渗透压高的溶液称为高渗(hypertonic)溶液,而渗透压低的溶液则称作低渗(hypotonic)溶液。

渗透现象的产生需要两个条件:一是要有半透膜存在;二是半透膜两侧要分别存在溶液和溶剂(或两种不同浓度的溶液)。

渗透现象与生命活动密切相关,因为细胞是构成生命的基本结构单元,细胞膜就是典型的天然半透膜,同时动、植物组织内的许多膜(如毛细管壁,红细胞的膜等)也都具有半透膜的功能。例如,将红细胞放进纯水(或低渗溶液)中时,水会慢慢地穿过细胞壁而导致细胞的肿胀直至破裂。若将细胞放入浓糖水(高渗溶液)中,则细胞内水将通过细胞壁渗出进入糖水中,导致细胞的萎缩和干枯;糖渍果脯或腌制菜蔬等正是利用了这种渗透原理。临床输液或注射用液必须是与人体体液渗透压相同的等渗溶液,否则就会造成体内渗透平衡紊乱,导致不良后果。海水鱼与淡水鱼不能交换生活环境也与两种不同鱼类的细胞液具有不同的渗透压有关。

人们常利用溶液的依数性原理来测定物质的相对分子质量。由于温度变化的测量操作比测定渗透压来得方便,所以对于相对分子质量低的难挥发非电解质而言,人们常用沸点升高法或凝固点降低法(其中,尤以凝固点降低法用得更多,因为其突变点更易观察);但对于相对分子质量高的化合物来说,由于其浓度很低,引起的沸点升高和凝固点降低值很小,难以测定且精度较差,这时用渗透压法来测定相对分子质量就更为简便。

例 5-1　4.5 g 某难挥发的非电解质溶质和 125 g 水配制成溶液 125 cm³,此溶液的凝固点是 -0.372 ℃,求算(1)溶质的摩尔质量;(2)该溶液的沸点;(3)该溶液在 25 ℃时的渗透压;(4)该溶液在 25 ℃时的蒸气压。

解:首先,可以从表5-4中查得水的 K_b 和 K_f 分别为 $0.512 \text{ K} \cdot \text{kg} \cdot \text{mol}^{-1}$ 和 $1.86 \text{ K} \cdot \text{kg} \cdot \text{mol}^{-1}$。

(1)根据凝固点降低公式(5-3)可以计算出溶质的质量摩尔浓度,

$$\Delta T_f = K_f \cdot b_B$$

$$0.372 \text{ K} = (1.86 \text{ K} \cdot \text{kg} \cdot \text{mol}^{-1}) \cdot b_B$$

$$b_B = 0.372 \text{ K}/(1.86 \text{ K} \cdot \text{kg} \cdot \text{mol}^{-1}) = 0.200 \text{ mol} \cdot \text{kg}^{-1}$$

再根据溶质和溶剂的质量可以算出溶质的物质的量和摩尔质量:

溶质的物质的量 $n = 0.200 \text{ mol} \cdot \text{kg}^{-1} \times 0.125 \text{ kg} = 0.0250 \text{ mol}$

溶质的摩尔质量 $M = 4.5 \text{ g}/0.0250 \text{ mol} = 180 \text{ g} \cdot \text{mol}^{-1}$

(2)根据沸点升高公式(5-2),

$$\Delta T_b = K_b \cdot b_B$$

$$\Delta T_b = 0.512 \text{ K} \cdot \text{kg} \cdot \text{mol}^{-1} \times 0.200 \text{ mol} \cdot \text{kg}^{-1} = 0.1024 \text{ K}(=0.1024 \text{ ℃})$$

所以溶液的沸点 = 100 ℃ + 0.1024 ℃ = 100.1024 ℃

(3)根据稀溶液的渗透压公式(5-4):$\Pi = nRT/V = cRT$

$$\Pi = 0.025 \text{ mol} \times 8.314 \text{ J} \cdot \text{K}^{-1} \cdot \text{mol}^{-1} \times 298 \text{ K} \div (125 \times 10^{-3} \text{ dm}^3)$$

$$= 495.5 \text{ kPa}$$

(4)根据蒸气压下降公式(5-1):$\Delta p = p^* x_1 = p^*(1-x_2)$

溶质的物质的量为 $n_1 = 0.025 \text{ mol}$

溶剂的物质的量为 $n_2 = 125 \text{ g}/(18 \text{ g} \cdot \text{mol}^{-1}) = 6.944 \text{ mol}$

所以 $x_1 = 0.025/(6.944 + 0.025) = 3.59 \times 10^{-3}$

查表得知,25 ℃时水的蒸气压 p^* 为 $3.17 \times 10^3 \text{ Pa}$。

$$\Delta p = p^* x_1 = 3.17 \times 10^3 \text{ Pa} \times 3.59 \times 10^{-3} = 11.4 \text{ Pa}$$

该溶液的蒸气压 $p = (3170-11.4)\text{Pa} = 3159 \text{ Pa} = 3.16 \text{ kPa}$

反渗透是以逆向思维方式利用自然规律的典型例子。当在溶液一方施加的静压力大于渗透压时,可以使溶剂分子反方向流动,即溶剂分子从溶液流向纯溶剂,这种现象就叫作反渗透(reverse osmosis)。反渗透方法最典型的应用就是海水淡化,这是解决人类淡水资源短缺的一个重要途径,尽管目前其成本较高,但是发展前景看好。目前,反渗透技术已被广泛应用

于废水处理等诸多其他领域。

必须强调指出的是,对于难挥发非电解质浓溶液或电解质溶液而言,同样也会有蒸气压下降、沸点升高、凝固点降低和渗透压等现象,但是这些现象与溶液的浓度之间的关系不再符合依数性的定量规律。这是因为,在浓溶液中溶质粒子之间、溶质和溶剂粒子间的相互作用大大增强,这种相互作用到了不能忽略的程度,所以,简单的依数性关系已经不能正确描述溶液的上述性质。在电解质溶液中,由于溶质在溶剂中的解离,其带电粒子之间的相互作用及溶剂化作用等因素十分复杂,简单的依数性关系更加难以正确描述上述性质。再说,解离后的粒子数也大大增多,考察其依数性时应考虑溶液中实际存在的粒子数量,它包括未解离的分子及解离所产生的离子等全部粒子。

5.3 胶体分散体系

5.3.1 胶体的种类

胶体(colloid)是一种分散质粒子直径介于粗分散体系和溶液之间的一类分散体系,这是一种高度分散的多相不均匀体系。

按照分散介质(分散剂)状态的不同,常把胶体分为溶胶(sol)和气溶胶(aerosol)两大类。溶胶(液溶胶)一般指分散介质为液体的胶体分散体系,而当分散介质为气体时,则称为气溶胶。从分散质来看,乳状液是指分散质为液体时的溶胶;而泡沫则是分散质为气体时的溶胶。

以下讨论的都是分散质为固体的溶胶体系。

5.3.2 溶胶的制备

要制备溶胶,关键是要设法控制分散于介质中的分散质粒子直径在 $10^{-9} \sim 10^{-6}$ m 的范围。要达到这一目的可以采取两种基本方法,即分散(dispersed)和凝聚(gathered)。分散法(即自上而下"top down"方法)是使大颗粒变小;凝聚法(即自下而上"bottom up"方法)是使小颗粒凝聚变大到胶体粒子尺寸。

分散法常用的有:

① 研磨法。用球磨机、胶体磨等机械设备破碎分散质。球磨机破碎能力较差,一般用来制备分散程度不太高的胶体,而胶体磨则可将颗粒磨细到 10 nm 左右。研磨时为防止颗粒重新聚结,需添加一些单宁或明胶等作为稳定剂。

② 超声波法。利用频率大于 10^5 Hz 的超声波所产生的能量破碎分散质。该法常用于某些松软分散质的分散。

③ 胶溶法。在沉淀物中加入胶溶剂,使沉淀大颗粒分散成胶体粒子。例如,将新鲜的 $Fe(OH)_3$ 沉淀用水洗涤后,再加入少量的 $FeCl_3$ 溶液(胶溶剂),经充分搅拌,沉淀可转化成红棕色 $Fe(OH)_3$ 溶胶。

④ 电弧法。利用高压电弧产生的高温去蒸发分散质,然后再在分散介质中凝聚成胶体粒子。该法多用于制备金属溶胶。例如,制备贵金属溶胶时,用贵金属作电极,插在分散剂中,通电

后高压电弧产生的高温使贵金属表面的原子蒸发，并立即被冷却于分散剂中，凝聚成胶体粒子。

凝聚法是借助化学反应或通过改变溶剂，使小分子、原子或离子聚集成较大的胶体粒子。其中以化学凝聚法和变更溶剂的物理凝聚法最为常见。

① 物理凝聚法。利用物质在不同溶剂中的溶解度差异，改变溶剂使小颗粒聚集成胶体粒子。例如，将松香酒精溶液慢慢滴入水中，由于松香在水中的溶解度很低，松香分子聚集成胶体粒子分散在水中，形成松香水溶胶。

② 化学凝聚法。通过化学反应在适当的条件下生成难溶物，在析出过程中使其聚集成胶体粒子分散在分散剂中。例如，煮沸条件下：$FeCl_3$（稀溶液）$+ 3H_2O \Longrightarrow Fe(OH)_3$（溶胶）$+ 3HCl$。

5.3.3 溶胶的特性

溶胶有许多特殊的性质，主要有布朗运动、丁铎尔效应、电泳及电渗。

1. 布朗运动——溶胶的动力学性质

在溶胶中，胶体粒子处于不停地无规律的运动状态，这种运动就称为溶胶粒子的布朗运动（Brownian motion）。这种现象是苏格兰植物学家布朗（Brown R）1827 年在研究水中花粉时发现的。布朗运动是保持溶胶稳定和溶胶粒子分布均匀的重要因素。布朗运动的本质是：不断做热运动的介质分子对胶体粒子从不同方向产生冲击，由于胶体粒子受力不均衡从而产生不规则运动，使这些很小的胶粒不会因为重力场作用迅速沉降，促使溶胶保持一定的稳定性。

胶体粒子的移动是以布朗运动方式进行的，虽然运动曲折而无秩序，但经过一定时间，胶体粒子还是有一个平均位移。由于胶体粒子的质量和直径大小都比真溶液溶质分子大很多倍，所以移动速率要比真溶液中溶质分子、离子慢很多。胶粒的布朗运动使溶胶胶粒自动由浓度大的地方扩散到浓度小的地方，是溶胶能够稳定的一个重要因素。胶粒运动的速率与温度成正比，与介质、胶粒大小成反比。

2. 丁铎尔效应——溶胶的光学性质

当一束光线通过溶胶时，在与光束相垂直的方向上可以看到一个光柱，这一现象是 1869 年英国物理学家丁铎尔（Tyndall J）首先发现的，因此又称丁铎尔效应（Tyndall effect）。

丁铎尔效应的产生与分散相粒子的大小及入射光的波长有关。当分散相粒子直径远大于入射光的波长时，主要发生反射作用；如果粒子直径比光的波长小或与之相当，则粒子对入射光产生散射作用，即产生了散射光（又称乳光），使得溶胶粒子好像变成了一个个的发光体。溶胶中分散相粒子直径为 1～100 nm，比可见光波长 400～800 nm 小得多，因此，光透过溶胶时散射现象十分明显。但光通过真溶液时，由于粒子太小，散射效应十分微弱，主要产生透射现象。

3. 电泳和电渗——溶胶的电学性质

电泳（electrophoresis）是指胶体粒子在外电场的作用下发生定向移动的现象。如图 5-4 所示，先在 U 形管中放入 $Fe(OH)_3$ 溶胶，

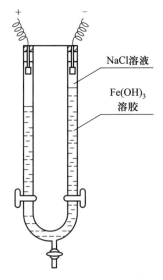

NaCl溶液

Fe(OH)₃溶胶

图 5-4　溶胶的电泳示意图

然后在两端溶胶液面上小心地放入无色的稀 NaCl 溶液,以避免电极与溶胶的直接接触,并使溶胶和溶液间有明显的界面。接着在 U 形管两端各插入铂电极,通电后可看到,$Fe(OH)_3$ 溶胶的红棕色界面在负极一端缓缓上升,而正极一端溶胶界面则下降,表明了溶胶带正电荷。

从电泳的速率和方向可以反映出胶体粒子的大小、电荷、结构等性质,利用电泳速率的不同还可以将带不同电荷的胶粒进行分离。研究电泳现象不仅有助于了解溶胶粒子的结构及电化学性质,还有许多其他应用。例如,用电泳的方法可使橡胶电镀在金属、布匹或木材上;在陶瓷工业中利用电泳的方法使黏土与杂质分离,得到纯黏土;在生物化学中用以分离蛋白质等。总之电泳已成为一项重要的实验技术。表 5-5 列出了若干溶胶粒子的带电荷特性。

表 5-5 若干溶胶粒子的带电荷特性

带正电荷	带负电荷
氢氧化铁、氢氧化铝、氢氧化铬	金、银、铂、硫、硒、碳
氧化钍、氧化锆	三硫化二砷、三硫化二锑、硫化铅、硫化铜
蛋白质在酸性溶液中	硅酸、锡酸、土壤、淀粉
碱性染料(如次甲基蓝)	酸性染料(如刚果红)

电渗(electroosmosis)与电泳原理相同,而运动方式相反。由于整个溶胶体系应该是电中性的,所以胶体粒子带某种电荷的同时,分散介质必定带等量的相反电荷。电渗过程中,在电场中做定向移动的不是溶胶中的分散相(胶体粒子),而是分散介质(溶剂)。利用电渗过程可以进行水的净化等。

在土建施工中,电泳和电渗均有实际应用。例如,电化学土壤加固法中,经常采用电渗排水与电压致密法处理压缩性高、渗透性小、饱和水分多的软质黏土地基。若在这种软质黏土中插入两个金属电极并通以直流电,则黏土中的束缚水(包括地下水)向负极渗出,聚集在负极附近的水可用真空泵抽出。同时带负电荷的黏土粒子在电场作用下,发生电泳现象,向正极推挤。由于黏土粒子的电泳和水的电渗,导致产生软黏土地基的电渗排水和电压致密的效果,从而使土壤加固。

4. 吸附作用——胶体的表面特性

吸附(adsorption)是指物质(主要是固体物质)表面吸住周围介质(液体或气体)分子或离子的现象。多相分散系中,相与相间存在界面。由于界面上的粒子和固体内部的粒子所处的情况不同(存在剩余价键力,图 5-5),从而产生吸附现象。

吸附作用和物质的表面积有关。表面积越大,吸附能力越强。把任何固体粉碎,其表面积都将大大增加。例如,边长为 1 cm 的立方体,其总面积 6 cm²,如将其分割为边长为 1 nm($1 cm = 10^7 nm$)的小立方体,则总面积变为 $6 \times 10^7 cm^2$,总表面积增加了 1000 万倍。

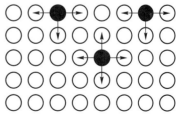

图 5-5 固体界面示意图

在胶体溶液中,胶体粒子(固体)和分散介质之间存在一定的相界面。由于胶体粒子比较小,具有很大的比表面积,因此表现出强烈的吸附作用。胶体的吸附表现出选择性。胶体微粒优先吸附与它组成有关,且在周围环境中存在较多的那些离子。

例如,用 $AgNO_3$ 和 KI 制备 AgI 溶胶时,溶液中存在的 Ag^+ 和 I^- 都是胶体的组成离子,它们都能被吸附在胶粒表面。如果形成胶体时 KI 过量,则 AgI 胶体将吸附 I^- 离子而带负电荷;反之,当 $AgNO_3$ 过量时,则 AgI 胶粒吸附 Ag^+ 而带正电荷,所以胶粒在不同情况下可以带相反电荷。由此可见,胶粒的电荷和结构往往与制备方法有很大关系。

5. 胶粒与胶团的结构

下面以 AgI 溶胶为例来说明胶粒与胶团的结构(图 5-6)。

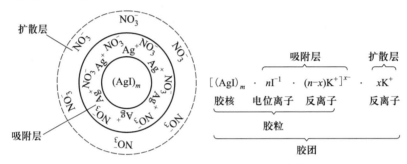

图 5-6　AgI 胶团结构示意图和构造剖析

$AgNO_3$ 与 KI 作用生成 AgI 胶体时,大量 AgI 分子相互聚集成粒径为 $1\sim100$ nm 大小的颗粒,用 $(AgI)_m$ 表示,称为胶核。胶核具有大的比表面积,能吸附溶液中的离子。若在制备 AgI 溶胶时 KI 过量,胶核将优先吸附 I^-(见图 5-6 右),之后由于静电作用,还会吸引一些 K^+,但吸附 K^+ 的数量通常要比吸附的 I^- 少(即 $x<n,n-x>0$)。因此,胶粒带负电荷,胶粒所带的电荷,是由 I^- 所决定的。故被优先吸附在内层的离子是决定胶粒所带电荷符号的,称为电位离子。而后来被吸附在外层的 K^+ 称为反离子。由于胶粒是带电荷的,在溶液中还会吸引一批反离子,以保持电中性。但受胶粒吸引的反离子由于热运动,与胶粒间的结合相对比较松散,称为扩散层。而在胶粒内部的电位离子和反离子则称为吸附层。胶核与吸附层组成胶粒,胶粒带电荷,在电泳时移动;胶粒与扩散层组成胶团,其间的电势差称为 zeta 电势,可用电泳法测量。

凡是胶粒带正电荷的胶体就叫作正溶胶,而胶粒带负电荷的胶体被称为负溶胶。在不同条件下可以形成不同电性的胶粒,则称为两性胶体。例如,$Al(OH)_3$ 在与酸作用时可形成正溶胶,而在与碱作用时可形成负溶胶。又如,AgI 溶胶在制备过程中若以 $AgNO_3$ 过量,则形成正溶胶(见图 5-6 左)。图中两种表达方式均可清晰地描述胶粒和胶团的基本构造及其相互关系,故可任意使用。

6. 溶胶的稳定性与聚沉

(1) 溶胶的稳定性　胶体分散体系是一种高度分散的不均匀多相体系,在热力学上是不稳定的,但在动力学上却是稳定的。因此它是相互矛盾的统一体,在一定条件下可以共存,胶体的稳定性是在一定条件下的相对稳定性。

① 动力学稳定作用。溶胶中的胶粒因受重力作用而具有沉降的趋势,但由于溶胶中的

胶粒具有布朗运动能克服重力作用而不沉降。影响溶胶动力学稳定作用的主要因素是分散度,分散度越大,胶粒越小,布朗运动越剧烈。其次是分散介质,黏度越大,胶粒与分散介质的密度差越小,胶粒越难下沉,溶胶动力学稳定性也越大。

② 胶粒电荷的稳定作用。当胶团互相接近其扩散层相互重叠时,将会发生静电斥力作用,重叠的程度越大,斥力越大。如果胶粒之间的斥力大于两胶粒间的相互吸引力,则两胶粒相撞后又将分开,保持了溶胶的稳定性。

③ 溶剂化的稳定作用。胶核是憎水的,但它吸附的离子和反离子都可以溶剂化,使胶粒周围形成水化层,水化层有定向排列结构,当胶粒接近时,水化层被挤压变形,它具有力图恢复原定向排列结构的能力,使水化层具有弹性,成为胶粒接近时的机械阻力,防止溶胶的聚沉。

通过上述讨论可以看出,溶胶在一定条件下能够稳定,是由于溶胶的动力学稳定性抵抗了重力作用、胶粒带电荷产生了斥力作用,以及溶剂化引起了机械阻力作用所造成的。在这三种作用中,胶粒带电荷是最主要的因素。保持或加强这些因素会增加溶胶的稳定性;减弱或消除这些因素,将会使溶胶破坏乃至沉降。

(2) 溶胶的聚沉 溶胶的稳定性是一定条件下的相对稳定性,所以,只要稳定的条件被破坏,则胶粒就会聚集长大而从介质中沉积下来。这种现象称为聚沉(coagulation)。

根据前面所讨论的稳定胶体的因素,可通过外加条件削弱这些因素。例如,加入电解质、加热、改变 pH、改变溶胶的浓度,利用相反电性的溶胶间的互相作用等。

这里重点分析一下电解质及相反电性溶胶对聚沉的影响。电解质的加入可以引起溶胶的聚沉,影响电解质聚沉能力的因素主要是电解质中与溶胶胶粒电荷相反的离子的氧化数及其水合离子半径大小。通常,相反离子的氧化数越高,其聚沉能力越强。而氧化数相同的离子,则其水合离子半径越小聚沉能力越强。例如,对 As_2S_3 负溶胶而言,加入 $CaCl_2$ 比加入 KCl 更易使该胶体聚沉。而在负溶胶中加入碱金属硝酸盐时,其聚沉能力大小顺序是:$CsNO_3>$
$RbNO_3>KNO_3>NaNO_3>LiNO_3$(阳离子半径越小,水化作用越强,其水合离子半径便越大);又如,对正溶胶 $Fe(OH)_3$ 的聚沉而言,下列钾盐的聚沉能力大小是:$KCl>KBr>KNO_3>KI$(阴离子的水化作用普遍比阳离子弱,且受其半径影响较小)。有机离子与胶粒之间往往可以产生较强的吸附作用,从而体现出很强的聚沉能力。

由于不同的胶体可以带不同的电荷,因此,当带有相反电荷的溶胶相互混合时,也可以发生聚沉作用。理论上说,当两种溶胶分别所带的电荷总量相同时,才能完全聚沉,否则就可能聚沉不完全,甚至不聚沉。利用溶胶相互聚沉原理的一个典型例子是水的净化,由于天然水中的悬浮粒子一般带负电荷,可以利用硫酸铝加入水中后产生带正电荷的 $Al(OH)_3$ 溶胶,与之发生相互聚沉作用,并且 $Al(OH)_3$ 溶胶的吸附作用可以进一步将水中杂质一起吸附下沉,从而可以达到净化水的目的。民间传统上普遍使用明矾[$KAl(SO_4)_2 \cdot 12H_2O$]来净化水缸中的饮用水就是利用了这一原理。

7. 高分子溶液与胶体

高分子溶液是指高分子化合物溶于水或其他溶剂中后形成的溶液,虽然从分散质粒子直径看,高分子的相对分子质量一般在 10^4 以上(如蛋白质、淀粉、聚乙烯等),其分子的直径为 $10^{-9}\sim10^{-7}$ m,应属于溶胶范围,但本质上却是真溶液,是热力学上稳定的体系。它有与小分子溶液相同的热力学性质,如凝固点降低、沸点升高及渗透压等。另一方面,由于相对分子质量大的原因,在某些方面也表现出与溶胶类似的性质,如扩散慢、不能通过半透膜等。如果将高分子物质加入溶胶体系中,由于高分子化合物及溶胶本身的特性不同,可能导致两种完全相反的结果——保护作用和敏化作用(如图 5-7 所示)。

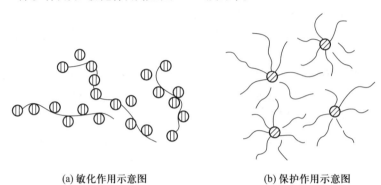

(a) 敏化作用示意图　　　　　　　(b) 保护作用示意图

图 5-7　高分子化合物对溶胶敏化和保护作用示意图

保护作用(protective effect)是指由于高分子物质被吸附在胶粒表面,使胶粒不易互相接触,因而显著地增加了胶体的稳定性。而敏化作用(sensitizing effect)则是由于溶入的高分子数量较少,不能完全覆盖胶粒表面,反而会使胶粒吸附在高分子链上,变得易于聚沉,因而破坏或降低了胶体的稳定性或者直接导致胶体聚沉而产生絮凝作用。例如,在金溶胶中加入少量高分子的动物胶后,可以削弱或阻止电解质反离子对其产生的聚沉作用;对于工业上使用的贵金属催化剂铂溶胶等,可利用加入高分子溶液后加以保护再烘干,使大分子保留在溶液中使溶胶不易聚集,当需要使用时只要再加入溶剂即可恢复为溶胶态。而在污水处理和净化中,可以利用加入某些高分子化合物作絮凝剂,通过吸附、架桥等絮凝作用,而把胶体状的杂质聚沉分离。

5.3.4　凝胶

高分子溶液和某些溶胶,在适当条件下,整个体系会转变成一种弹性的半固体的稠厚物质,失去流动性。这种现象称为胶凝作用(gelatification),所形成的产物叫作凝胶(gel)或冻胶。凝胶的存在极其普遍,如食品中的果冻、粉皮、奶酪,人体的皮肤、肌肉,甚至河岸两旁的淤泥、土壤都可认为是凝胶。

凝胶可看成是在胶粒间形成的网状结构。胶凝过程是结构网的形成和加固过程。由于高分子溶液中溶剂化了的长链(或溶胶的长形胶粒)在运动过程中相互碰撞,在溶剂化比较薄弱的活性较高部位相互连接起来,组成一个遍及于整个溶液(或溶胶)松软的立体结构网,大量的溶剂便被机械包裹起来,失去它们的流动性,从而形成凝胶。其结构可用图 5-8 表示。

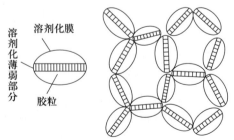

图 5-8　凝胶结构示意图

某些凝胶经过机械搅动后,会变成溶胶;静置时溶胶又变为凝胶,这种现象叫作触变(thixo)。触变是

一种可逆过程:溶胶 ⇌ 凝胶

具有不对称结构的胶体颗粒容易形成结构网,常会发生触变作用,所形成的结构并不坚固,容易被机械力量所拆散。含有大量皂土、高岭土、石墨、Fe_2O_3、Al_2O_3 等的溶胶都能发生触变作用。触变现象在自然界和工业生产中常可遇到,比如沼泽地及石油钻探中使用的触变性泥浆等。

若小心将凝胶脱去大部分或全部溶剂,使凝胶中液体含量比固体含量少得多,或凝胶的空间网状结构中全部充满气体,固体框架保持不变,外表呈固体状,这即为干凝胶,也称为气凝胶(aerogel),如明胶、阿拉伯胶、硅胶、毛发、指甲等。典型的是二氧化硅气凝胶(见图 5-9),曾作为世界最轻的固体入选吉尼斯世界纪录,后来被碳气凝胶超越。最近又有被 MOFs(金属有机骨架化合物)和 COFs(共价有机骨架聚合物)超越的趋势。二氧化硅气凝胶貌似"弱不禁风",其实非常坚固耐用。它可以承受相当于自身质量几千倍的压力,在温度达到 1200 ℃时才会熔

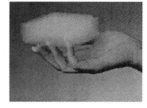
图 5-9　二氧化硅气凝胶

化。此外它的导热性和折射率也很低,绝缘能力比最好的玻璃纤维还要强 39 倍。由于具备这些特性,气凝胶已成为航天探测中不可替代的材料,俄罗斯"和平"号空间站和美国"火星探路者"探测器都用它来进行热绝缘。

思考题与习题

1. 溶液的浓度通常可以用哪几种方法表示? 各种方法之间存在着怎样的换算关系?

2. 用相似相溶的原理,解释为什么 I_2 能溶于 CCl_4 而不溶于水,$KMnO_4$ 易溶于水但不溶于 CCl_4 中?

3. 比较下列各对物质,哪一种更易溶于苯,哪一种更易溶于水:CH_3COOH 和 CH_3COOCH_3;Ar 和 He;$NaCl$ 和 CCl_4;CH_3OCH_3 和 CH_3CH_2OH。

4. 分别向 0 ℃的纯水和食盐水中各加入一块冰块,有什么不同的现象发生?为什么?

5. 胶体制备通常有哪几种方法?

6. 溶胶为什么能稳定?如何使溶胶聚沉?

7. 在 1000 g 水中,应加入多少克尿素$[CO(NH_2)_2]$,才能使配得的溶液在 25 ℃时的蒸气压比纯水蒸气压下降 0.200 kPa?

8. 已知乙醇在 50 ℃时的蒸气压为 29.30 kPa,当在 200 g 乙醇中溶入 23 g 某溶质后,蒸气压下降为 27.62 kPa,求该溶质的摩尔质量。

9. 相同质量(10 g)的下列各溶质分别溶于 1 kg 水中,哪一种凝固点降低最多?若是相同物质的量(0.01 mol)的各溶质溶入水中,凝固点降低多少的顺序是什么?(1)$NaCl$;(2)NH_4NO_3;(3)$(NH_4)_2SO_4$。

10. 已知下列两种溶液具有相同的凝固点,溶液①为 1.5 g 尿素溶在 200 g 水中得到,溶液②为 21.38 g 某未知物溶在 1000 g 水中得到,求未知物的摩尔质量。

11. 把 0.324 g 硫溶解于 4.00 g 苯中,苯的沸点由 80.15 ℃上升为 80.96 ℃,求算该溶液中单质硫由几个硫原子组成?

12. 要防止 1000 g 水在零下 8 ℃结冰,应加入多少克蔗糖($C_6H_{12}O_6$)?

13. 把 0.014 g 某有机化合物晶体与 0.20 g 樟脑熔融混合后,测定得到的固溶体(固体溶液)熔点比纯樟脑的熔点下降了 16 ℃,请问该有机化合物的相对分子质量为多少?

14. 在 53.2 g 氯仿($CHCl_3$)中,溶入 0.804 g 萘($C_{10}H_8$),溶液的沸点比纯氯仿升高了 0.455 ℃,请问氯仿的沸点升高常数是多少?

15. 假设 25 ℃时某树干内部的树汁细胞液浓度为 0.20 mol·dm^{-3},当外部水分吸收进入树汁后,由于渗透压的作用,可把树汁在树内提升多少米?

16. 在 25 ℃时,将 0.8 g 葡萄糖($C_6H_{12}O_6$)和 1 g 蔗糖($C_{12}H_{22}O_{11}$)溶解于 1000 g 水中,所得溶液的渗透压是多少? 若某化合物 2 g 溶于 1000 g 水中所得溶液的渗透压与上述溶液相同,则该化合物的相对分子质量是多少?该化合物溶液的凝固点是多少?

第 6 章 溶液中的化学平衡

化学平衡在氰化物
解毒中的应用

> 水溶液中的化学平衡是化学平衡中至关重要且用途广泛的部分。第 3 章中热力学平衡的基本原理,是溶液平衡的理论基础。溶液中的化学平衡主要包括酸碱解离平衡、沉淀溶解平衡、配位解离平衡及氧化还原(电化学)平衡,俗称四大化学平衡。鉴于氧化还原平衡在第 4 章已有介绍,故本章主要介绍前三类平衡。在实际溶液体系中可能单独存在某一类平衡,也可能同时存在几类不同的平衡。各类平衡既具有自身的特点,又都遵循化学平衡的基本规律。

6.1 酸碱解离平衡

酸碱反应是一类重要的化学反应,许多其他类型的化学反应,如沉淀反应、配位反应、氧化还原反应等,也均需在一定的酸碱条件下进行。酸碱平衡是指弱酸弱碱在水溶液中的解离平衡,即酸碱解离平衡。

本章首先介绍质子酸碱的概念及相关理论,并在此基础上讨论水溶液中的酸碱质子转移反应及酸碱平衡规律。

6.1.1 酸碱理论概述

人们对酸碱的认识经历了漫长的过程,先后发展了多种酸碱理论。其中比较重要的有酸碱解离理论、酸碱溶剂理论、酸碱质子理论、酸碱电子理论和软硬酸碱理论等。

1. 酸碱电离理论

1887 年瑞典科学家阿伦尼乌斯(Arrhenius S)提出酸碱解离理论,认为在水溶液中解离时产生的阳离子全部是 H^+ 的物质是酸,例如 HCl;在水溶液中解离时产生的阴离子全部是 OH^- 的物质是碱,例如 NaOH。酸碱反应的实质是 H^+ 与 OH^- 相互作用结合成水分子。

该理论的最大缺陷是只适用于水溶液体系。它无法解释氨水显碱性,也无法说明发生在非水溶剂和非质子溶剂中的酸碱反应,例如氨与氯化氢在气相中或在苯溶剂中生成氯化铵的酸碱反应。

2. 酸碱溶剂理论

1905 年美国科学家富兰克林(Franklin E)提出酸碱溶剂理论,将酸碱范围扩大到非水溶剂体系。溶剂理论认为:在特定溶剂中,凡能解离产生溶剂正离子的物质是酸;凡能解离产生溶剂负离子的物质是碱。酸碱反应的实质是酸解离出的正离子与碱解离出的负离子结合成溶剂分子。

例如,在液氨体系中,溶剂解离反应为 $2NH_3 \rightleftharpoons NH_4^+ + NH_2^-$。因此,在液氨中,凡能产生 NH_4^+ 的为酸,产生 NH_2^- 的为碱。酸碱反应是 NH_4^+ 与 NH_2^- 结合为 NH_3 分子。

溶剂理论只适用于溶剂本身能解离的体系,不适用于不能解离的溶剂如苯、四氯化碳等及无溶剂的酸碱体系。

3. 酸碱质子理论

1923 年,丹麦化学家布朗斯特(Bronsted J)和英国化学家劳里(Lowry T)各自独立地提出了酸碱质子理论。酸碱质子理论认为,凡能给出质子的物质都是酸,酸是质子的给予体;凡能接受质子的物质都是碱,碱是质子的接受体。

$$酸 \rightleftharpoons 碱 + 质子$$
$$HAc \rightleftharpoons Ac^- + H^+$$
$$NH_4^+ \rightleftharpoons NH_3 + H^+$$
$$H_2PO_4^- \rightleftharpoons HPO_4^{2-} + H^+$$
$$H_2O \rightleftharpoons OH^- + H^+$$
$$[Al(H_2O)_6]^{3+} \rightleftharpoons [Al(H_2O)_5(OH)]^{2+} + H^+$$

质子理论扩大了酸碱的范围,酸碱可以是分子酸碱(如 HAc、NH_3),也可以是正离子酸碱(NH_4^+、$[Al(H_2O)_5(OH)]^{2+}$)或负离子酸碱($H_2PO_4^-$、Ac^-)。传统概念中的盐也归入质子酸碱的范畴。有些物质如 H_2O、$H_2PO_4^-$ 等既可以作酸,也可以作碱,依所处的环境条件不同而变化,称为两性物质。

(1) 共轭酸碱对及酸碱强弱

质子酸碱之间存在一种共轭关系,相互依存,相互转化。酸(a)给出质子后,就变为其共轭碱(b′);而碱(b)接受质子后,就变为其共轭酸(a′)。例如,HAc 与 Ac^- 是一对共轭酸碱对(conjugate acid-base pair),它也可以像氧化还原电对一样用一斜杠隔开表示为 HAc/Ac^-。一对共轭酸碱对之间的质子得失表达式(如上述系列表达式)都仅是酸碱半反应式。

酸碱的强弱,就是它们给出或接受质子的倾向大小。凡是容易给出质子的物质是较强的酸,其共轭碱就是弱碱,如 HCl 是强酸,Cl^- 是弱碱。反之亦然,凡是容易接受质子的碱是强碱,其共轭酸就是弱酸,如 OH^- 是强碱,H_2O 是弱酸。

(2) 酸碱反应

按照酸碱质子理论,传统的酸碱解离反应、酸碱中和反应及盐类水解反应等均可归为酸碱反应的范畴,其实质是两对共轭酸碱对争夺质子和质子转移的过程,可以用一个通式表示(式中 1 和 2 分别代表两种不同的酸碱物质):

$$酸 a1 + 碱 b2 \rightleftharpoons 碱 b'1 + 酸 a'2$$

例如:

弱酸解离　$HAc(酸 1) + H_2O(碱 2) \rightleftharpoons Ac^-(碱 1) + H_3O^+(酸 2)$

酸碱中和　$HCl(酸 1) + NH_3(碱 2) \rightleftharpoons Cl^-(碱 1) + NH_4^+(酸 2)$

盐的水解　$H_2O(酸 1) + CO_3^{2-}(碱 2) \rightleftharpoons OH^-(碱 1) + HCO_3^-(酸 2)$

酸碱反应的方向,即质子转移的方向,取决于两对共轭酸碱的相对强弱,一般总是由相对较强的酸碱发生反应向着生成相对较弱的酸碱的方向进行(实际上这也是化学反应的一般规律,即:强强向弱弱方向自发)。例如 HAc 解离反应。由于 HAc 的酸性弱于 H_3O^+,H_2O 的碱性弱于 Ac^-,HAc 在水溶液中给出质子的倾向不如 H_3O^+ 把质子传递给 Ac^- 的倾向大,因此 HAc 在水溶液中只有部分解离。

（3）酸碱的溶剂效应

值得注意的是,质子酸碱的强弱除了与物质本性有关外,还与溶剂的性质有关。若不特别说明,一般指以水为溶剂。在水溶液中,HCl、HNO_3、H_2SO_4、$HClO_4$ 这四种酸均为强酸,在水中完全解离成 H_3O^+(水合氢离子,也称洃离子)。而在冰醋酸介质中,这四种酸表现出不同的强度(称为区分效应,这里的冰醋酸是其区分溶剂)。另外对 HAc 而言,在水溶液中为弱酸,只能部分解离;若用比水碱性更强的 NH_3 作溶剂,则 HAc 也显强酸性(称为拉平效应,这里的氨是其拉平溶剂。实际上水也是上述四种酸的拉平溶剂)。

$$HAc + H_2O \Longrightarrow Ac^- + H_3O^+ \qquad (HAc\ 显弱酸性)$$

$$HAc + NH_3 \Longrightarrow Ac^- + NH_4^+ \qquad (HAc\ 显强酸性)$$

质子理论不仅适用于水溶液,还适用于气相和非水溶液中的酸碱反应。例如,在液氨中存在质子自递反应。$NH_3 + NH_3 \Longrightarrow NH_4^+ + NH_2^-$。这里液氨为两性物质。

综上所述,酸碱质子理论扩大了酸碱范畴,加深了人们对酸碱本质的了解。但该理论只限于有质子转移的物质,而对那些不含质子的酸碱物质,如 SO_3 和 CaO 等则无法解释。

4. 酸碱电子理论

在质子理论提出的同年,美国化学家路易斯(Lewis G)提出了一个更为广泛的酸碱电子理论,认为凡能接受电子对的物质是酸,凡能提供电子对的物质是碱。酸碱反应的本质是形成配位键并生成酸碱加合物。符合此定义的酸碱常称为路易斯酸碱。因此,所有正离子都是酸,所有负离子和配体都是碱,而一切盐类、金属氧化物及大多数无机化合物几乎都可看作酸碱加合物。

电子理论把酸碱概念扩大到无质子转移的反应,不足之处是过于笼统,不易区分各种酸碱的差别。

6.1.2 弱酸弱碱的解离平衡

强电解质在水中完全解离,在稀溶液中完全以离子(或水合离子)形式存在,基本上不存在未解离的分子。对它们而言,解离平衡没有实际意义。而通常所说的弱酸(如 H_2S、HF、H_2CO_3 及大多数有机酸)和弱碱(如乙二胺、吡啶等大多数有机碱、氨水及大多数高氧化数金属的氢氧化物)则属于弱电解质。它们在水中发生不同程度的解离,因而在溶液中存在着未解离的分子与其离子之间的平衡。这就是弱酸弱碱在水溶液中的解离平衡。

按照酸碱质子理论,只能给出一个质子的弱电解质,称为一元弱酸,能给出多个质子的弱电解质,称为多元弱酸;只能接受一个质子的弱电解质为一元弱碱,能接受多个质子的弱电解质为多元弱碱。

1. 一元弱酸弱碱的解离平衡

（1）弱酸弱碱的解离平衡常数 $K_i^{\ominus}$

弱酸弱碱的解离平衡亦即酸碱平衡,具有化学平衡的一切特征,用 $K_i^{\ominus}$ 表示弱酸弱碱解离平衡的热力学标准平衡常数。通常用下标 a、b 区分弱酸和弱碱,即 $K_a^\ominus$ 表示弱酸解离平衡常数,$K_b^\ominus$ 表示弱碱解离平衡常数。

$K_i^\ominus$ 是温度的函数,与浓度无关。当温度在室温范围内变化时,相应的 $K_i^\ominus(T)$ 变化很小,通常可不考虑温度对 $K_i^\ominus$ 的影响。

按照平衡常数的定义及热力学原理,$K_a^\ominus$ 和 $K_b^\ominus$ 可用平衡体系中各组分的相对平衡浓度求算。由于在水溶液中水是大量的,水的浓度可看作不变,并入常数项中,因此在计算水溶液中任何平衡过程的平衡常数时,水的相对平衡浓度项一律不出现在表达式中。

以 HA 表示一元弱酸,在水溶液中存在下列平衡:

$$HA \Longrightarrow H^+ + A^-[1] \quad (\text{实为 } HA + H_2O \Longrightarrow A^- + H_3O^+)$$

其平衡常数表达式为

$$K_a^\ominus(HA) = \frac{\{c^{eq}(H^+)/c^\ominus\}\{c^{eq}(A^-)/c^\ominus\}}{\{c^{eq}(HAc)/c^\ominus\}} = \frac{[H^+][A^-]}{[HAc]} \quad (6-1)$$

以 B 表示一元弱碱,在水溶液中与水发生质子转移反应,可建立下列平衡关系:

$$B + H_2O \Longrightarrow HB^+ + OH^-$$

其平衡常数表达式为

$$K_b^\ominus(B) = \frac{[HB^+][OH^-]}{[B]} \quad (6-2)$$

$K_i^\ominus$ 的大小可以衡量酸碱的强弱。$K_i^\ominus$ 越大,弱酸(弱碱)的解离程度也越大,相应的酸(碱)越强。

弱酸或弱碱在溶液中解离达到平衡时,已解离部分的浓度与未解离前的总浓度之比,称为该弱酸或弱碱的解离度,常用 α 表示。

一些常见的弱酸弱碱的解离平衡常数,列于表 6-1 中。

表 6-1　常见弱酸弱碱的解离平衡常数

电解质	解离平衡	温度 $t/^\circ\mathrm{C}$	$K_a^\ominus$ 或 $K_b^\ominus$	$pK_a^\ominus$ 或 $pK_b^\ominus$ *
醋酸	$HAc \Longrightarrow H^+ + Ac^-$	25	1.76×10^{-5}	4.75
硼酸	$H_3BO_3 + H_2O \Longrightarrow H^+ + B(OH)_4^-$	20	7.3×10^{-10}	9.14
碳酸	$H_2CO_3 \Longrightarrow H^+ + HCO_3^-$	25	$(K_1) 4.30 \times 10^{-7}$	6.37
	$HCO_3^- \Longrightarrow H^+ + CO_3^{2-}$	25	$(K_2) 5.61 \times 10^{-11}$	10.25
氢氰酸	$HCN \Longrightarrow H^+ + CN^-$	25	4.93×10^{-10}	9.31

---

① 实为 $HA + H_2O \Longrightarrow A^- + H_3O^+$;为方便起见,常用简式表示,水的解离半反应略去。实际上,水溶液中任何物质的酸碱性都得通过与溶剂水的作用才能体现出来。

电解质	解离平衡	温度 $t/℃$	$K_a^\ominus$ 或 $K_b^\ominus$	$pK_a^\ominus$ 或 $pK_b^\ominus$ *
氢硫酸	$H_2S \rightleftharpoons H^+ + HS^-$	18	$(K_1)9.1 \times 10^{-8}$	7.04
	$HS^- \rightleftharpoons H^+ + S^{2-}$	18	$(K_2)1.1 \times 10^{-12}$	11.96
草酸	$H_2C_2O_4 \rightleftharpoons H^+ + HC_2O_4^-$	25	$(K_1)5.90 \times 10^{-2}$	1.23
	$HC_2O_4^- \rightleftharpoons H^+ + C_2O_4^{2-}$	25	$(K_2)6.40 \times 10^{-5}$	4.19
蚁酸	$HCOOH \rightleftharpoons H^+ + HCOO^-$	20	1.77×10^{-4}	3.75
磷酸	$H_3PO_4 \rightleftharpoons H^+ + H_2PO_4^-$	25	$(K_1)7.52 \times 10^{-3}$	2.12
	$H_2PO_4^- \rightleftharpoons H^+ + HPO_4^{2-}$	25	$(K_2)6.23 \times 10^{-8}$	7.21
	$HPO_4^{2-} \rightleftharpoons H^+ + PO_4^{3-}$	25	$(K_3)2.2 \times 10^{-13}$	12.66
亚硫酸	$H_2SO_3 \rightleftharpoons H^+ + HSO_3^-$	18	$(K_1)1.54 \times 10^{-2}$	1.81
	$HSO_3^- \rightleftharpoons H^+ + SO_3^{2-}$	18	$(K_2)1.02 \times 10^{-7}$	6.99
亚硝酸	$HNO_2 \rightleftharpoons H^+ + NO_2^-$	12.5	4.6×10^{-4}	3.34
氢氟酸	$HF \rightleftharpoons H^+ + F^-$	25	3.53×10^{-4}	3.45
硅酸	$H_2SiO_3 \rightleftharpoons H^+ + HSiO_3^-$	(常温)	2×10^{-10}	9.70
	$HSiO_3^- \rightleftharpoons H^+ + SiO_3^{2-}$	(常温)	1×10^{-12}	12.00
氨水	$NH_3 + H_2O \rightleftharpoons NH_4^+ + OH^-$	25	1.77×10^{-5}	4.75

* $pK_a^\ominus = -\lg K_a^\ominus$, $pK_b^\ominus = -\lg K_b^\ominus$

（2）水的解离平衡及离子积常数 $K_w^\ominus$

按照酸碱质子理论,纯水是弱电解质,既可接受质子又能给出质子,是两性物质。在水溶液中总存在 H_2O 本身的解离平衡:

$$H_2O \rightleftharpoons H^+ + OH^- （实为 H_2O + H_2O \rightleftharpoons H_3O^+ + OH^-）$$

其平衡常数用 $K_w^\ominus$ 表示,称为水的离子积常数（又称为水的质子自递常数）:

$$K_w^\ominus = [H^+][OH^-] \tag{6-3}$$

$K_w^\ominus$ 是温度的函数,一般室温范围内取 $K_w^\ominus = 1.0 \times 10^{-14}$ 进行计算。

在任何水溶液中,H^+ 浓度和 OH^- 浓度之间存在相互依存关系,两者的乘积为一常数。为方便起见,通常用 pH 或 pOH 表示 $[H^+]$ 或 $[OH^-]$ 浓度较低时的水溶液酸碱性[①]。

$$pH = -\lg[H^+] \tag{6-4}$$

$$pOH = -\lg[OH^-] \tag{6-5}$$

---

① pH 或其他对数值都是量纲为1的量。对于 H^+ 或 OH^- 等需要对数计算的物质浓度,早期认为它虽以物质的量浓度定义但仅以其数值代入 lg 计算;现今可以理解为它是一个相对浓度。如果 $[H^+]$ 或 $[OH^-]$ 浓度很大,溶液的酸碱度就直接用其浓度表示。

$$pH + pOH = 14$$

实际上,在 pH 或 pOH 的定义式(6-4)或式(6-5)中,H^+或 OH^-的浓度可以是瞬时的,但只有达到水的解离平衡时,二者之间才存在上述 $K_w^\ominus$ 相关联的共轭关系。常温下当 $[H^+]=[OH^-]$,即 pH=pOH=7 时,溶液呈中性;而 pH<7 时呈酸性,pH>7 时则呈碱性。

(3) 一元弱酸弱碱的 pH 计算

设某一元弱酸 HA 的起始浓度为 c_a,解离度为 α,解离平衡时 H^+的平衡浓度为 x $mol \cdot dm^{-3}$。

$$HA \rightleftharpoons H^+ + A^-$$

起始浓度/$(mol \cdot dm^{-3})$ c_a 0   0

平衡浓度/$(mol \cdot dm^{-3})$ $c_a - x$ x x

则

$$K_a^\ominus(HA) = \frac{[H^+][A^-]}{[HA]} = \frac{x^2}{c_a - x} \text{①}$$

可解一元二次方程求出 x。

通常当 $c/K_a^\ominus > 400$ 时,$c_a - x \approx c_a$,则

$$x \approx \sqrt{K_a^\ominus(HA) \cdot c_a} \tag{6-6}$$

可用式(6-6)近似公式求解 α。

$$\alpha = \frac{x}{c_a} \approx \sqrt{\frac{K_a^\ominus}{c_a}} \tag{6-7}$$

对于一般的弱酸(弱碱)溶液,其解离产生的 H^+或 OH^-浓度很小,通常远小于酸碱的起始浓度,都可用这种近似方法求算溶液中的 H^+或 OH^-浓度。

例6-1 试计算浓度为(1) 0.10 $mol \cdot dm^{-3}$ (2) 1.0×10^{-5} $mol \cdot dm^{-3}$ 的 HAc 溶液的 pH 及 HAc 的解离度 α。

解:查表可知: $$K_a^\ominus(HAc) = \frac{[H^+][Ac^-]}{[HAc]} = 1.76 \times 10^{-5}$$

(1) 对于解离平衡: $$HAc \rightleftharpoons H^+ + Ac^-$$

由于 $\dfrac{c}{K_a^\ominus} = \dfrac{0.10}{1.76 \times 10^{-5}} \gg 400$,可用近似公式求解。

$$[H^+] \approx \sqrt{K_a^\ominus \cdot c(HAc)} = \sqrt{1.76 \times 10^{-5} \times 0.10} = 1.33 \times 10^{-3}$$

$$pH = -\lg[H^+] = -\lg(1.33 \times 10^{-3}) = 2.88$$

HAc 的解离度 α 为

$$\alpha = \frac{c^{eq}(H^+)}{c(HAc)} \times 100\% = \frac{1.33 \times 10^{-3} \ mol \cdot dm^{-3}}{0.1 \ mol \cdot dm^{-3}} = 1.33\%$$

---

① 注意,在进行量纲为 1 的物理量(如 $K^\ominus$)或纯数字(如 lg)等计算时,所有的浓度项都是除以 $c^\ominus$ 之后的相对浓度。为简化,本书常省略该运算,如此处的 x 和 c。

(2) 由于 $\dfrac{c}{K_a^{\ominus}} = \dfrac{1.0 \times 10^{-5}}{1.76 \times 10^{-5}} \ll 400$，不可用近似公式求解。

$$\frac{[H^+][H^+]}{1.0 \times 10^{-5} - [H^+]} = 1.76 \times 10^{-5}$$

解一元二次方程，得 $[H^+] = 7.10 \times 10^{-6}$

$$pH = -\lg[H^+] = -\lg(7.10 \times 10^{-6}) = 5.15$$

$$\alpha = \frac{c^{eq}(H^+)}{c(HAc)} \times 100\% = \frac{7.10 \times 10^{-6} \ mol \cdot dm^{-3}}{1.0 \times 10^{-5} \ mol \cdot dm^{-3}} = 71\%$$

若按近似式求解：

$$[H^+] = \sqrt{K_a^{\ominus} \cdot c(HAc)} = \sqrt{1.76 \times 10^{-5} \times 1.0 \times 10^{-5}} = 1.33 \times 10^{-5}$$

H^+ 浓度比 HAc 起始浓度还要大，结果不合理。对精度要求较高的极稀弱酸（弱碱）溶液的计算，还要考虑水的解离。

由上例可以看出，对于同一电解质，随着溶液稀释，其解离度将增大。

同理，对于初始浓度为 c_b 的一元弱碱，通常当 $c/K_b^{\ominus} > 400$ 时，可用近似公式计算：

$$[OH^-] \approx \sqrt{K_b^{\ominus} \cdot c_b} \tag{6-8}$$

$$\alpha \approx \sqrt{\frac{K_b^{\ominus}}{c_b}} \tag{6-9}$$

2. 多元弱酸弱碱的解离平衡

在水溶液中可释放两个或两个以上质子的酸称为多元酸，可接受两个或两个以上质子的碱称为多元碱。多元弱酸、弱碱的解离是分级进行的，各级解离都有相应的解离平衡常数。

以二元弱酸 H_2S 的解离平衡为例，其解离是分两步进行的：

第一级解离：　　　$H_2S \rightleftharpoons H^+ + HS^-$，$K_{a_1}^{\ominus} = \dfrac{[H^+][HS^-]}{[H_2S]} = 9.1 \times 10^{-8}$

第二级解离：　　　$HS^- \rightleftharpoons H^+ + S^{2-}$，$K_{a_2}^{\ominus} = \dfrac{[H^+][S^{2-}]}{[HS^-]} = 1.1 \times 10^{-12}$

$K_{a_1}^{\ominus}$，$K_{a_2}^{\ominus}$ 分别称为二元弱酸 H_2S 的第一级解离常数和第二级解离常数。

一般来说，多元弱酸（弱碱）的各级解离平衡常数逐级显著减小，即 $K_{i_1}^{\ominus} \gg K_{i_2}^{\ominus} \gg K_{i_3}^{\ominus} \cdots$，故溶液的酸（碱）性主要由第一级解离所决定。因此，对不同的多元弱酸（弱碱），只需比较其 $K_{i_1}^{\ominus}$ 数值，便可知其酸碱性的相对强弱。计算多元弱酸（弱碱）溶液 pH 时，将其视为一元弱酸（弱碱）处理。

多元弱酸（弱碱）只有当各分级解离都达到平衡时，总解离过程才达到平衡，并满足总解离平衡式。H_2S 总的解离平衡式：

$$H_2S \rightleftharpoons 2H^+ + S^{2-}, \quad K_a^{\ominus} = \frac{[H^+]^2[S^{2-}]}{[H_2S]} = K_{a_1}^{\ominus} \cdot K_{a_2}^{\ominus} \tag{6-10}$$

必须指出，上式只是表明 H_2S 溶液的解离达总体平衡时，溶液中 H_2S、H^+ 及 S^{2-} 三者平衡浓度之间的定量关系，并不意味着 H_2S 在溶液中按 $H_2S \rightleftharpoons 2H^+ + S^{2-}$ 方式一步解离，因而溶液中 H^+ 平衡浓度绝不等于 S^{2-} 平衡浓度的两倍，即 $[H^+] \neq 2[S^{2-}]$。

对于多重平衡体系来说,在最后的平衡体系中,任一组分只能具有一个平衡浓度,其浓度必须同时满足涉及该组分的所有平衡。如在 H_2S 最后的平衡体系中,只可能有一个确定的 H^+ 平衡浓度和一个确定的 HS^- 平衡浓度,它们应分别同时满足溶液中的各项平衡关系。这是求解多种平衡共存体系的一条重要原则。

例 6-2　(1) 试计算室温下饱和 H_2S 溶液(H_2S 的饱和浓度为 $0.10\ mol \cdot dm^{-3}$)的 pH 及 S^{2-} 浓度。

(2) 在浓度为 $0.30\ mol \cdot dm^{-3}$ 的 HCl 溶液中,通入 H_2S 达饱和(此时 H_2S 的浓度为 $0.10\ mol \cdot dm^{-3}$),求此溶液的 pH 及 S^{2-} 浓度。

解:(1) 设饱和 H_2S 溶液中,由 H_2S 第一级解离产生的 H^+ 浓度为 $x\ mol \cdot dm^{-3}$。

则:
$$H_2S \rightleftharpoons H^+ + HS^-$$

起始浓度/$(mol \cdot dm^{-3})$	0.10	0	0
平衡浓度/$(mol \cdot dm^{-3})$	$0.10-x$	x	x

$$K_{a_1}^{\ominus} = \frac{[H^+][HS^-]}{[H_2S]} = \frac{x^2}{0.10-x}\ ,查表得:K_{a_1}^{\ominus} = 9.1 \times 10^{-8}$$

又 $c/K_{a_1}^{\ominus} \gg 400$,故 $x \ll 0.10$, $0.10-x \approx 0.10$

$$x = \sqrt{K_{a_1}^{\ominus} \cdot [H_2S]} \approx \sqrt{9.1 \times 10^{-8} \times 0.10} = 9.5 \times 10^{-5}$$

$$c^{eq}(H^+) \approx 9.5 \times 10^{-5}\ mol \cdot dm^{-3}$$
$$pH = -lg[H^+] = -lg(9.5 \times 10^{-5}) = 4.02$$

由 H_2S 第二级解离平衡,可求算 S^{2-} 和 HS^- 的浓度。

设第二级解离产生的 H^+ 浓度为 $y\ mol \cdot dm^{-3}$。

$$HS^- \rightleftharpoons H^+ + S^{2-}$$

起始浓度/$(mol \cdot dm^{-3})$	x	x	0
平衡浓度/$(mol \cdot dm^{-3})$	$x-y$	$x+y$	y

$$K_{a_2}^{\ominus} = \frac{[H^+][S^{2-}]}{[HS^-]} = \frac{(x+y) \cdot y}{x-y}\ ,查表得:K_{a_2}^{\ominus} = 1.1 \times 10^{-12}$$

由于 $K_{a_1}^{\ominus} \gg K_{a_2}^{\ominus}$,故 $x \gg y$, $x+y \approx x$, $x-y \approx x$

$$K_{a_2}^{\ominus} = \frac{[H^+][S^{2-}]}{[HS^-]} = \frac{(x+y) \cdot y}{x-y} \approx \frac{x \cdot y}{x} = y$$

$$[HS^-] = x-y \approx x$$

$$c^{eq}(HS^-) \approx 9.5 \times 10^{-5}\ mol \cdot dm^{-3}$$

故
$$[S^{2-}] = y \approx K_{a_2}^{\ominus} = 1.1 \times 10^{-12} \tag{6-11}$$

$$c^{eq}(S^{2-}) \approx 1.1 \times 10^{-12}\ mol \cdot dm^{-3}$$

计算结果表明,溶液中的[H^+]主要由第一级解离所决定,且[H^+] $\gg$ 2[S^{2-}];一价酸根[HS^-]近似等于[H^+];二价酸根[S^{2-}]近似等于第二级解离常数 $K_{a_2}^{\ominus}$。该规律对其他二元弱酸(弱碱)均适用。

(2) 在浓度为 $0.30\ mol \cdot dm^{-3}$ 的 HCl 溶液中,通入 H_2S 达饱和,设体系中解离的 H^+ 浓度

为 $x' \, \text{mol} \cdot \text{dm}^{-3}$，$S^{2-}$ 浓度为 $y' \, \text{mol} \cdot \text{dm}^{-3}$。

$$\begin{array}{cccc} & H_2S \rightleftharpoons & 2H^+ & + & S^{2-} \\ \text{起始浓度}/(\text{mol} \cdot \text{dm}^{-3}) & 0.10 & 0.30 & 0 \\ \text{平衡浓度}/(\text{mol} \cdot \text{dm}^{-3}) & 0.10 & 0.30+x' & y' \end{array}$$

由于外加 HCl 抑制 H_2S 解离，使平衡逆向移动，H_2S 解离度降低，因而 H_2S 平衡浓度可用其起始浓度近似代替，同理 H_2S 解离出的 H^+ 浓度相对于 HCl 浓度 $0.30 \, \text{mol} \cdot \text{dm}^{-3}$ 可忽略不计。

$$[H^+] = 0.30 + x' \approx 0.30$$

$$pH = -\lg[H^+] = -\lg 0.30 = 0.52$$

由总解离平衡式 $K_a^\ominus = K_{a_1}^\ominus \cdot K_{a_2}^\ominus = \dfrac{[H^+]^2[S^{2-}]}{[H_2S]} = \dfrac{0.3^2 \times y'}{0.1} = (9.1 \times 10^{-8}) \times (1.1 \times 10^{-12})$

解得

$$y' = [S^{2-}] = 1.1 \times 10^{-19}$$

$$c^{eq}(S^{2-}) = 1.1 \times 10^{-19} \, \text{mol} \cdot \text{dm}^{-3}$$

由计算结果可以看出，该体系中解离出来的 S^{2-} 浓度比在纯水中降低了 7 个数量级，可见强酸的加入极大地抑制了弱酸的解离。

3. 解离平衡的影响因素

弱酸弱碱的解离平衡与其他化学平衡一样，会受到外界条件的影响。当溶液的温度、浓度等条件改变时，解离平衡也会发生移动。

（1）温度

温度对平衡的影响是通过解离平衡常数的改变来实现的。由于弱电解质解离过程的热效应不大，故温度改变一般不影响解离平衡常数的数量级，在室温范围内作近似计算时，可忽略温度对 $K_i^\ominus$ 的影响。

（2）稀释定律

$K_i^\ominus = c_i \cdot \dfrac{\alpha^2}{1-\alpha} \approx c_i \cdot \alpha^2$（一般 $\alpha < 5\%$ 对应于 $c/K_i^\ominus > 400$，可近似），即

$$\alpha \approx \sqrt{\dfrac{K_i^\ominus}{c_i}} \tag{6-12}$$

式(6-12)表明：在一定温度下，弱电解质溶液在一定浓度范围内被稀释时，弱电解质解离度 α 将增大，而 $K_i^\ominus$ 保持不变，此即为稀释定律。这也与式(6-7)和式(6-9)的结果相一致。

（3）盐效应　在弱电解质溶液中加入其他强电解质时，该弱电解质的解离度将有所增大，这种影响称为盐效应，但一般不会改变数量级，通常可忽略不计。盐效应的原因是由于强电解质的加入，离子之间的牵制作用增大，使离子不易结合成分子。要维持平衡必须增加弱电解质的解离度。

（4）同离子效应

在弱电解质溶液中，加入与弱电解质具有相同离子的强电解质，可使弱电解质的解离受到抑制，解离度降低。这种现象称为同离子效应。

$HAc + H_2O \rightleftharpoons Ac^- + H_3O^+$，在 HAc 溶液中加入含有 Ac^- 或 H^+ 的强电解质，如 NaAc 或 HNO_3 等，将抑制 HAc 的解离。

$NH_3+H_2O \Longrightarrow NH_4^+ +OH^-$，在氨水中加入含有 NH_4^+ 或 OH^- 的强电解质，如 NH_4Cl，$NaOH$ 等，将抑制 NH_3 的解离。

同离子效应实际上是勒·夏特列原理在酸碱解离平衡中的应用。

例 6-3　在 $0.10\ mol\cdot dm^{-3}$ 的 HAc 溶液中加入固体 NaAc，使 NaAc 的浓度达到 $0.10\ mol\cdot dm^{-3}$（假设溶液体积的变化可忽略不计），求该溶液的 pH 及 HAc 的解离度。

解：设加入 NaAc 后，溶液中的 H^+ 浓度为 $x\ mol\cdot dm^{-3}$。

由 HAc 的解离平衡　　　　　HAc $\Longrightarrow$ H^+ + Ac^-

起始浓度/$(mol\cdot dm^{-3})$　　　　0.10　　　　0　　　　0.10（NaAc 的浓度）

平衡浓度/$(mol\cdot dm^{-3})$　　　　$0.10-x$　　　x　　　$0.10+x$

则

$$K_a^\ominus = \frac{[H^+][Ac^-]}{[HAc]} = \frac{x\cdot(0.10+x)}{0.10-x} = 1.76\times10^{-5}$$

因为　　　　$c/K_a^\ominus > 400$，$x \ll 0.10$，则 $0.10-x \approx 0.10$，$0.10+x \approx 0.10$

故

$$K_a^\ominus \approx \frac{x\cdot 0.10}{0.10} = 1.76\times10^{-5}$$

$$x = 1.76\times10^{-5}$$

即溶液中 H^+ 浓度为 $c^{eq}(H^+) = 1.76\times10^{-5}\ mol\cdot dm^{-3}$，$pH = -\lg[H^+] = 4.75$。

溶液中 HAc 的解离度为

$$\alpha = \frac{[H^+]}{c(HAc)/c^\ominus}\times100\% = \frac{1.76\times10^{-5}}{0.10}\times100\% = 0.0176\%$$

计算结果与例 6-1 相比，加入 NaAc 前后 HAc 的解离度由原来的 1.33% 下降为 0.0176%，H^+ 浓度由 $1.33\times10^{-3}\ mol\cdot dm^{-3}$ 下降为 $1.76\times10^{-5}\ mol\cdot dm^{-3}$。可见同离子效应的影响是相当大的。

4. 缓冲溶液——同离子效应的应用

许多化学反应和生产过程都要求在一定的 pH 条件下进行，其间如果 pH 大幅度波动将会严重影响结果，因此人们用缓冲溶液来控制 pH 的相对稳定。在一定范围内，具有抵抗外加的少量酸、碱或稀释而使溶液的 pH 基本保持不变的溶液称为缓冲溶液（buffer solution）。缓冲溶液有多种类型，最常用的是由弱酸与其共轭碱或弱碱与其共轭酸组成的体系，例如 HAc/Ac^-，NH_3/NH_4^+，H_2CO_3/HCO_3^-，$H_2PO_4^-/HPO_4^{2-}$ 等。这种组合称为缓冲对，也即共轭酸碱对。另外，邻苯二甲酸氢钾等两性物质以及浓的强酸（碱）等，也可起缓冲作用。

（1）缓冲原理

缓冲作用的本质是利用同离子效应，对组成缓冲溶液的共轭酸碱之间的解离平衡进行调节，以保持溶液 pH 相对稳定。

以 HAc/Ac^- 为例，$HAc+H_2O \Longrightarrow Ac^-+H_3O^+$，其之所以具有缓冲作用是因为溶液中存在浓度相对较大的弱酸 HAc 和它的共轭碱 Ac^-。

当向 HAc/Ac^-（NaAc）溶液中加入少量 H^+，溶液中大量存在的 Ac^- 将与 H^+ 结合生成 HAc 分子，使解离平衡向左移动，消耗了外加的 H^+，从而使溶液的 pH 基本稳定。Ac^- 称为此缓冲溶液的抗酸组分。

当向溶液中加入少量 OH^-，溶液中的 $H^+(H_3O^+)$ 被中和而减少，使平衡向右移动，溶液中大量存在的 HAc 将进一步解离来补充 H^+，使 H^+ 浓度保持稳定。HAc 称为此缓冲溶液的抗碱组分。

当向溶液中加入少量水稀释时，HAc 和 Ac^- 的浓度同时减少，其比值基本不变，故溶液的 pH 基本稳定。

同样，$NH_3 \cdot H_2O$ 和 NH_4^+ 这一对共轭酸碱，也能组成缓冲溶液：

$$NH_3 + H_2O \Longleftrightarrow NH_4^+ + OH^-$$

其中 $NH_3 \cdot H_2O$ 与 NH_4^+ 都是大量的，无论外加少量强酸或强碱，都将通过上述解离平衡的移动而保持溶液的 pH 基本稳定。

（2）缓冲溶液的 pH 计算

缓冲溶液 pH 的计算方法与同离子效应计算方法相同。从组成缓冲对的共轭酸碱之间的解离平衡可以求算指定缓冲溶液的 pH。

对由弱酸 HA 与其共轭碱 A^-（弱酸盐）组成的缓冲溶液而言，

$$HA + H_2O \Longleftrightarrow A^- + H_3O^+, \quad K_a^\ominus = \frac{[H^+][A^-]}{[HA]}$$

故

$$[H^+] = K_a^\ominus \cdot \frac{[HA]}{[A^-]} \approx K_a^\ominus \cdot \frac{c_a}{c_{b'}} \tag{6-13}$$

$$pH = pK_a^\ominus - \lg\frac{[HA]}{[A^-]} \approx pK_a^\ominus - \lg\frac{c_a}{c_{b'}} \tag{6-13'}$$

式中，$K_a^\ominus$ 是弱酸 HA 的解离常数。$[HA]$、$[A^-]$ 分别为弱酸及弱酸盐的相对平衡浓度，可用起始浓度近似代替。因为在缓冲溶液中，弱酸 HA 及其共轭碱 A^- 是大量的，其浓度远大于因缓冲作用而引起的变化。

同样，对碱性缓冲溶液，

$$B + H_2O \Longleftrightarrow HB^+ + OH^-, \quad K_b^\ominus = \frac{[HB^+][OH^-]}{[B]}$$

故

$$[OH^-] = K_b^\ominus \cdot \frac{[B]}{[HB^+]} \approx K_b^\ominus \cdot \frac{c_b}{c_{a'}} \tag{6-14}$$

$$pOH = pK_b^\ominus - \lg\frac{[B]}{[HB^+]} \approx pK_b^\ominus - \lg\frac{c_b}{c_{a'}}$$

$$pH = 14 - pOH = 14 - pK_b^\ominus + \lg\frac{[B]}{[HB^+]} \approx 14 - pK_b^\ominus + \lg\frac{c_b}{c_{a'}} \tag{6-14'}$$

B 及 HB^+ 的平衡浓度也可用起始浓度近似代替。

缓冲溶液的 pH，首先取决于 $pK_a^\ominus$ 或 $pK_b^\ominus$，同时又与缓冲组分的浓度比值有关。适当改变缓冲组分的浓度比，就可在一定范围内配制不同 pH 的缓冲溶液。

（3）缓冲溶液的缓冲范围及缓冲能力

每种组成确定的缓冲溶液，都只能在某个特定的 pH 范围内起缓冲作用，这个 pH 范围称为缓冲溶液的缓冲范围。

缓冲溶液的缓冲范围首先是由缓冲对中的弱酸或弱碱解离的特性($K_a^\ominus$ 或 $K_b^\ominus$)决定的,这也是选择缓冲溶液组成需要满足的首要条件。一般而言,当组成缓冲溶液的共轭酸碱对的浓度比在 1:10 到 10:1 的范围内变化时,此溶液可起到缓冲作用。因此,酸性缓冲溶液的缓冲范围为

$$pH = pK_a^\ominus - \lg \frac{[HA]}{[A^-]} = pK_a^\ominus \pm 1 \tag{6-15}$$

碱性缓冲溶液的缓冲范围为

$$pOH = pK_b^\ominus - \lg \frac{[B]}{[HB^+]} = pK_b^\ominus \pm 1$$

$$pH = 14 - pOH = (14 - pK_b^\ominus) \pm 1 \tag{6-16}$$

例如,由 HAc/Ac$^-$ 组成的缓冲溶液,可在 pH=3.74~5.74 范围内起缓冲作用;而 NH$_3$/NH$_4^+$ 组成的缓冲溶液,则可在 pH=8.25~10.25 范围内起缓冲作用。

每种缓冲溶液保持缓冲作用的能力是有一定限度的。当外加 H$^+$ 或 OH$^-$ 的量超过或接近缓冲对中共轭酸碱的量时,缓冲溶液将失去缓冲作用。缓冲能力的大小取决于缓冲组分的浓度及其比值。缓冲组分的浓度较大时,缓冲能力较强;当共轭酸碱的浓度比为 1:1 时,此溶液具有最大的缓冲能力。

缓冲溶液在工业、农业、科研、生命体中都有十分重要的意义。例如,人体血液的 pH 需保持在 7.35~7.45。而维持人体血液 pH 的缓冲体系主要是 H$_2$CO$_3$/HCO$_3^-$、H$_2$PO$_4^-$/HPO$_4^{2-}$、血红蛋白缓冲体系(HHb/KHb)、氧合血红蛋白缓冲体系(HHbO$_2$/KHbO$_2$)等。

例 6-4　在 1.0 dm^3 浓度为 0.10 mol·dm^{-3} 的氨水溶液中加入固体 NH$_4$Cl 2.7 g,假设溶液总体积不变,试求该溶液的 pH。

解:由 NH$_3$·H$_2$O 和 NH$_4^+$ 组成的溶液是一碱性缓冲溶液,其 pH 可按式(6-14′)求得

$$pH = 14 - pOH = 14 - pK_b^\ominus + \lg \frac{c(NH_3)}{c(NH_4^+)}$$

按题意知:$c(NH_3) = 0.10$ mol·dm^{-3}

$$c(NH_4^+) = \frac{2.7 \text{ g}}{53.5 \text{ g·mol}^{-1} \times 1.0 \text{ dm}^3} = 0.05 \text{ mol·dm}^{-3}$$

则该溶液的 pH = $14 - 4.75 + \lg \frac{0.10}{0.05} = 9.55$

缓冲溶液的应用十分广泛。不同的用途对缓冲溶液有不同的要求,为满足这些要求,需选用不同组分与不同配比的共轭酸碱组成缓冲对。根据组成缓冲对的共轭酸碱之间的解离平衡,可通过计算确定符合特定要求的缓冲对的组成与配比。

5. 盐的水解平衡

按照酸碱质子理论,盐可归入质子酸碱的范畴,而盐的水解反应也是质子转移过程,即两对共轭酸碱之间争夺质子的过程,属于酸碱平衡之列。通常用水解平衡常数 $K_h^\ominus$ 表征其平衡特征。$K_h^\ominus$ 越大,相应盐的水解倾向越大。用 h 表示其水解度,即

$$h = \frac{\text{已水解的盐的浓度}}{\text{盐的起始浓度}} \times 100\%$$

水解平衡常数 $K_h^\ominus$ 可利用水解方程式求得。

以 NaAc 的水解为例：$Ac^- + H_2O \rightleftharpoons HAc + OH^-$

$$K_h^{\ominus}(NaAc) = \frac{[HAc][OH^-]}{[Ac^-]}$$

$$= \frac{[HAc][H^+][OII^-]}{[Ac^-][H^+]} = \frac{K_w^{\ominus}}{K_a^{\ominus}(HAc)} \tag{6-17}$$

按酸碱质子理论，NaAc 是一元弱碱，其 pH 可利用一元弱碱计算公式求得，即

$$[OH^-] = \sqrt{K_h^{\ominus} \cdot [Ac^-]} \tag{6-18}$$

同理，NH_4Cl 水解：

$$K_h^{\ominus}(NH_4Cl) = \frac{K_w^{\ominus}}{K_b^{\ominus}(NH_3)} \tag{6-19}$$

$$[H^+] = \sqrt{K_h^{\ominus} \cdot [NH_4^+]} \tag{6-20}$$

多元弱酸盐或多元弱碱盐的水解，是分级进行的。每一级都有相应的水解平衡常数，可由相应的弱酸弱碱的各级解离平衡常数及水的离子积常数求得。

以 Na_2S 为例：

$$S^{2-} + H_2O \rightleftharpoons HS^- + OH^-, \quad K_{h_1}^{\ominus}(Na_2S) = \frac{[HS^-][OH^-]}{[S^{2-}]} = \frac{K_w^{\ominus}}{K_{a_2}^{\ominus}(H_2S)} \tag{6-21}$$

$$HS^- + H_2O \rightleftharpoons H_2S + OH^-, \quad K_{h_2}^{\ominus}(NaHS) = \frac{[H_2S][OH^-]}{[HS^-]} = \frac{K_w^{\ominus}}{K_{a_1}^{\ominus}(H_2S)} \tag{6-22}$$

由此可见，盐的水解本质上是其与水所解离出来的 H^+ 或 OH^- 结合生成弱电解质，破坏了水的解离平衡，使之向解离的方向移动，从而显示出不同的酸碱性。这里的盐实质上就是质子理论中的共轭酸 a′（或碱 b′），于是其水解常数 $K_h^{\ominus}$ 也就是 $K_{a'}^{\ominus}$（或 $K_{b'}^{\ominus}$），它们与其对应的碱（或酸）解离常数之间也是共轭关系：$K_w^{\ominus} = K_a^{\ominus} K_{b'}^{\ominus}$ 或者 $K_w^{\ominus} = K_b^{\ominus} K_{a'}^{\ominus}$，分别对应式（6-17）和式（6-19）。

一般而言：$K_{h_1}^{\ominus} \gg K_{h_2}^{\ominus} \gg K_{h_3}^{\ominus} \cdots$，因此其溶液的 pH 通常只需考虑盐类的第一级水解。Na_2S 也可看作二元弱碱计算其 pH。

在化工生产和实验室中，水解现象是经常遇到的。例如 $SnCl_2 + H_2O \rightleftharpoons Sn(OH)Cl(s) + HCl$。为防止水解的发生，在配制易水解的盐溶液时，通常先将盐溶于较浓的相应酸中，再加水稀释到一定浓度。这里 Sn^{2+} 易被空气氧化，通常还需加一些锡粒保护。有时还可利用水解反应达到分离和制备产品的目的。例如，去除铁杂质的常用方法就是利用 Fe^{3+} 水解生成 $Fe(OH)_3$，再过滤除去。

升高温度及加水稀释，均可促进水解反应进行。

6.2 沉淀溶解平衡

沉淀的生成和溶解现象在我们周围经常发生，例如，肾结石通常是由于难溶性草酸钙和磷酸钙在肾内沉积。实践中，常常利用沉淀的生成和溶解进行物质的分离、提纯、离子的鉴定和定量测定,如摄影中常用海波(硫代硫酸钠)除去底片上未感光的卤化银沉淀。

任何难溶强电解质在水中或多或少部分溶解,已溶解的部分则完全解离,因而在难溶强电解质的饱和溶液中存在着未溶解的固体与进入溶液的组分离子之间的平衡。如 AgCl 晶体与溶解在水溶液中的 Ag^+ 及 Cl^- 间的平衡:$AgCl(s) \rightleftharpoons Ag^+(aq) + Cl^-(aq)$。这种平衡建立于固液两相之间,是一种多相平衡,称为沉淀溶解平衡。

6.2.1　溶度积常数与溶度积规则

1. 溶度积常数 $K_{sp}^{\ominus}$

将难溶电解质 AgCl 放入水中,固体表面的 Ag^+ 与 Cl^- 在水分子的作用下成为水合离子进入溶液,称为 AgCl 的溶解过程;与此同时,溶液中的 Ag^+ 与 Cl^- 由于不断运动,有可能接触到固体表面而又结合到沉淀上,称为 AgCl 的沉淀过程。此可逆过程可表示为 $AgCl(s) \rightleftharpoons Ag^+(aq) + Cl^-(aq)$。当溶解和沉淀的速率相等时,便建立了固体与溶液中离子之间的动态平衡,即沉淀溶解平衡。此时溶液为饱和溶液,体系中固体的总量及相应离子的浓度都不再随时间而改变。这一平衡可用特征常数 $K_{sp}^{\ominus}$ 来表征,其平衡常数表达为 $K_{sp}^{\ominus}(AgCl) = [Ag^+][Cl^-]$,常数 $K_{sp}^{\ominus}$ 称为难溶盐的溶度积常数,简称溶度积。

对任一难溶强电解质 $A_mB_n(s)$ 在水溶液中的沉淀溶解平衡,可表示为

$$A_mB_n(s) \rightleftharpoons mA^{n+}(aq) + nB^{m-}(aq)$$

$$K_{sp}^{\ominus} = [A^{n+}]^m[B^{m-}]^n$$

溶度积常数 $K_{sp}^{\ominus}$ 只与温度有关,而与浓度及溶液中固体量的多少无关。温度升高,大多数难溶电解质 $K_{sp}^{\ominus}$ 将增大。若不特别指明温度,则是指室温,通常可用 298 K 时的常数值代替。表 6-2 列出部分难溶物质在 298 K 时的溶度积常数值。

表 6-2　部分难溶物质的溶度积常数(298 K)

物质	化学式	溶度积常数 $K_{sp}^{\ominus}$
氯化银	AgCl	1.77×10^{-10}
溴化银	AgBr	5.35×10^{-13}
碘化银	AgI	8.51×10^{-17}
硫化银	Ag_2S	6.69×10^{-50}
铬酸银	Ag_2CrO_4	5.40×10^{-12}
硫酸钡	$BaSO_4$	1.07×10^{-10}
硫酸钙	$CaSO_4$	7.10×10^{-5}
碳酸钙	$CaCO_3$	4.96×10^{-9}
硫化镉	CdS	1.40×10^{-29}
硫化铜	CuS	1.27×10^{-36}
硫化亚铁	FeS	1.59×10^{-19}
氯化亚汞	Hg_2Cl_2	1.45×10^{-18}
硫化汞	HgS	6.44×10^{-53}

物质	化学式	溶度积常数 $K_{sp}^{\ominus}$
氢氧化镁	$Mg(OH)_2$	5.61×10^{-12}
碘化铅	PbI_2	8.49×10^{-9}
硫化铅	PbS	9.04×10^{-29}
硫酸铅	$PbSO_4$	1.82×10^{-8}
硫化锌	ZnS	2.93×10^{-25}

溶度积 $K_{sp}^{\ominus}$ 与溶解度 s 均可表示物质在水中的溶解程度,它们之间可以互相换算。但前者只与温度有关;后者不仅与温度有关,还与系统的组成和其他条件有关。对于相同组成比的难溶电解质,可以根据 $K_{sp}^{\ominus}$ 直接比较其在水中的溶解度大小。例如 $K_{sp}^{\ominus}(AgCl) > K_{sp}^{\ominus}(AgBr)$,可知 AgCl 溶解度大于 AgBr。而对于不同类型的难溶电解质,由于溶度积与溶解度之间的关系不同,则不能直接进行这样的比较,必须通过计算来判断。

例 6–5 已知 25 ℃时 AgCl 和 Ag_2CrO_4 的溶度积常数 $K_{sp}^{\ominus}$ 分别为 1.77×10^{-10} 和 5.40×10^{-12},试比较此温度下二者的溶解度 s。

解: 设 Ag_2CrO_4 的溶解度为 s_1。根据定义,Ag_2CrO_4 的溶解度即为该温度下 Ag_2CrO_4 在水中的饱和浓度。

按
$$Ag_2CrO_4(s) \rightleftharpoons 2Ag^+(aq) + CrO_4^{2-}(aq)$$
$$K_{sp}^{\ominus}(Ag_2CrO_4) = [Ag^+]^2[CrO_4^{2-}]$$

而
$$[Ag^+] = 2s_1/c^{\ominus}, [CrO_4^{2-}] = s_1/c^{\ominus}$$

故
$$5.40 \times 10^{-12} = (2s_1/c^{\ominus})^2(s_1/c^{\ominus}) = 4(s_1/c^{\ominus})^3$$

$$s_1/c^{\ominus} = \sqrt[3]{\frac{5.40 \times 10^{-12}}{4}} = 1.11 \times 10^{-4}$$

则 Ag_2CrO_4 的溶解度为

$$s_1 = 1.11 \times 10^{-4} \times 1 \text{ mol} \cdot dm^{-3} = 1.11 \times 10^{-4} \text{ mol} \cdot dm^{-3}$$

同理,设 AgCl 的溶解度为 s_2。

按
$$AgCl(s) \rightleftharpoons Ag^+(aq) + Cl^-(aq)$$

$$K_{sp}^{\ominus}(AgCl) = [Ag^+][Cl^-] = \left(\frac{s_2}{c^{\ominus}}\right)\left(\frac{s_2}{c^{\ominus}}\right) = 1.77 \times 10^{-10}$$

$$s_2/c^{\ominus} = 1.33 \times 10^{-5}$$

则 AgCl 的溶解度为:$s_2 = 1.33 \times 10^{-5} \text{ mol} \cdot dm^{-3}$

由计算结果可知,在同一温度下,$K_{sp}^{\ominus}$ 大的 AgCl 溶解度反而比 $K_{sp}^{\ominus}$ 小的 Ag_2CrO_4 溶解度小。

2. 溶度积规则

由化学热力学原理可知,化学反应等温式[式(3–42)]$\Delta_r G_m(T) = \Delta_r G_m^{\ominus}(T) + RT\ln J$ 可用于判断反应的方向。应用到沉淀溶解反应,反应商 J 通常称为反应的离子积。根据平衡移动原

理,将 J 与 $K_{sp}^{\ominus}$ 比较,可得到如下溶度积规则:

对难溶电解质 A_mB_n 而言,离子积 $J=[c(A^{n+})/c^{\ominus}]^m \cdot [c(B^{m-})/c^{\ominus}]^n$

当 $J=K_{sp}^{\ominus}$ 时,离子积等于溶度积,溶液处于动态平衡,此时溶液为饱和溶液。

当 $J<K_{sp}^{\ominus}$ 时,离子积小于溶度积,溶液未饱和,无沉淀析出。若体系中有该电解质固体存在,则平衡正向移动,固体溶解,直至离子积等于溶度积,重新建立新的平衡体系。

当 $J>K_{sp}^{\ominus}$ 时,离子积大于溶度积,溶液过饱和,平衡逆向移动,溶液中将有沉淀析出,相应离子浓度减小,直至离子积等于溶度积,重新建立新的平衡体系。

这就是沉淀溶解平衡的反应商判据,常用来判断在给定条件下,溶液中是沉淀生成还是沉淀溶解。

6.2.2　沉淀的生成及同离子效应

1. 沉淀的生成

根据溶度积规则,在难溶电解质的溶液中,如果离子积大于溶度积,溶液中将有沉淀生成。

例 6－6　将 5.0×10^{-3} dm³ 浓度为 0.20 mol·dm⁻³ 的 $MgCl_2$ 溶液与等体积浓度为 0.10 mol·dm⁻³ 的 $NH_3 \cdot H_2O$ 混合,问该混合液中有无 $Mg(OH)_2$ 沉淀生成? 为了使溶液中不析出 $Mg(OH)_2$ 沉淀,至少应向该溶液中加入多少摩尔固体 NH_4Cl? (假设加入固体 NH_4Cl 引起溶液总体积的变化可忽略不计)

解:(1) 在 $MgCl_2$ 与 $NH_3 \cdot H_2O$ 的混合液中,各相关物种的起始浓度为

$$c(Mg^{2+})=c(MgCl_2)=\frac{(0.20 \text{ mol} \cdot \text{dm}^{-3})\times(5.0\times10^{-3} \text{ dm}^3)}{2\times5.0\times10^{-3} \text{ dm}^3}=0.10 \text{ mol} \cdot \text{dm}^{-3}$$

$$c(NH_3)=\frac{(0.10 \text{ mol} \cdot \text{dm}^{-3})\times(5.0\times10^{-3} \text{ dm}^3)}{2\times5.0\times10^{-3} \text{ dm}^3}=0.050 \text{ mol} \cdot \text{dm}^{-3}$$

今后凡遇到等体积混合问题,都只要直接将原始浓度除以 2 即可。

由 $NH_3 \cdot H_2O$ 的解离平衡 $NH_3+H_2O \Longrightarrow NH_4^+ + OH^-$,可求算溶液中 OH^- 离子的浓度:

$$[OH^-]=\sqrt{K_b^{\ominus} \cdot [NH_3 \cdot H_2O]}=\sqrt{(1.77\times10^{-5})\times0.050}=9.4\times10^{-4}$$

溶液中: $c(Mg^{2+})/c^{\ominus} \cdot (c(OH^-)/c^{\ominus})^2=0.10\times(9.4\times10^{-4})^2=8.8\times10^{-8}>K_{sp}^{\ominus}(Mg(OH)_2)$

按溶度积规则判断,在上述混合液中应该有 $Mg(OH)_2$ 沉淀生成。

(2) 为阻止溶液中 $Mg(OH)_2$ 沉淀,必须降低溶液中的 $[Mg^{2+}]$ 或 $[OH^-]$,使 $J(Mg(OH)_2)<K_{sp}^{\ominus}(Mg(OH)_2)$。本题采用的方法是加入 $NH_4Cl(s)$ 以抑制 $NH_3 \cdot H_2O$ 的解离,降低 OH^- 浓度。

为阻止浓度为 0.10 mol·dm⁻³ 的 Mg^{2+} 以 $Mg(OH)_2$ 沉淀析出,按溶度积规则可以求算溶液中 OH^- 浓度的最高值:

$$K_{sp}^{\ominus}(Mg(OH)_2)=[Mg^{2+}] \cdot [OH^-]^2=5.61\times10^{-12}$$

求得　　　$$[OH^-]=\sqrt{K_{sp}^{\ominus}/[Mg^{2+}]}=\sqrt{5.61\times10^{-12}/0.10}=7.5\times10^{-6}$$

即:若加入 NH_4Cl,控制溶液中的 OH^- 浓度不超过 7.5×10^{-6} mol·dm⁻³ 即可达到不使 $Mg(OH)_2$

沉淀析出的目的。

而 NH_4Cl 加入 $NH_3 \cdot H_2O$ 中,即形成了 $NH_3 \cdot H_2O - NH_4^+$ 缓冲溶液,按缓冲溶液的计算公式得

$$[OH^-] = K_b^{\ominus} \cdot \frac{[NH_3 \cdot H_2O]}{[NH_4^+]}$$

$$7.5 \times 10^{-6} = (1.77 \times 10^{-5}) \times \frac{0.050}{[NH_4^+]}$$

故

$$[NH_4^+] = \frac{1.77 \times 10^{-5} \times 0.050}{7.5 \times 10^{-6}} = 0.12$$

即

$$c(NH_4Cl) = c(NH_4^+) = [NH_4^+] \cdot c^{\ominus} = 0.12 \text{ mol} \cdot dm^{-3}$$

故应加入 NH_4Cl 固体的量为

$$n(NH_4Cl) = c(NH_4Cl) \cdot V = 0.12 \text{ mol} \cdot dm^{-3} \times (5.0 \times 10^{-3} \times 2 \text{ dm}^3) = 1.2 \times 10^{-3} \text{ mol}$$

在题示混合溶液中,未加入 NH_4Cl 前,应有 $Mg(OH)_2$ 沉淀析出。若向该混合液中加入 1.2×10^{-3} mol 的 NH_4Cl 固体,即可阻止 $Mg(OH)_2$ 沉淀析出。

2. 同离子效应

在难溶电解质的饱和溶液中,加入含有相同离子的强电解质时,平衡将向沉淀方向移动,使难溶电解质溶解度降低,这是多相平衡中的同离子效应。例如在 $CaCO_3$ 饱和溶液中,加入少量 Na_2CO_3 或 $CaCl_2$,平衡将逆向移动,使 $CaCO_3$ 溶解度降低。

例 6-7 试求室温下 AgCl 在 $0.10 \text{ mol} \cdot dm^{-3}$ NaCl 溶液中的溶解度。

解: 设所求体系下 AgCl 的溶解度为 x mol · dm^{-3}。

$$AgCl(s) \Longrightarrow Ag^+(aq) + Cl^-(aq)$$

平衡浓度/(mol · dm^{-3}) $\qquad\qquad x \qquad 0.10 + x$

$$K_{sp}^{\ominus}(AgCl) = [Ag^+] \cdot [Cl^-] = x \cdot (0.10 + x) \approx x \times 0.10 = 1.77 \times 10^{-10}$$

解得

$$x = 1.77 \times 10^{-9}$$

由例 6-5 计算结果知,室温下,AgCl 在纯水中的溶解度为 1.33×10^{-5} mol · dm^{-3}。可见同离子效应能显著降低沉淀的溶解度。

在实际应用中,利用沉淀反应分离或鉴定某些离子时,常利用同离子效应加入适当过量的沉淀剂,使溶液中的离子趋于沉淀完全。一般情况下,溶液中残留离子浓度 $< 10^{-5}$ mol · dm^{-3} 时,即可认为该离子沉淀完全。洗涤沉淀时,选用与沉淀含有相同离子的溶液洗涤,可减少因沉淀溶解造成的损失。比如,在重结晶法提纯 $BaSO_4$ 过程中,就常用稀硫酸来洗涤该沉淀。

6.2.3 沉淀的溶解与转化

根据溶度积规则,向含有难溶电解质沉淀的溶液中加入某种试剂,若能降低组成沉淀的某一离子的浓度,使其离子积小于溶度积,则平衡将向溶解方向移动,沉淀会逐步溶解。常用的溶解方法有:生成弱电解质(水、弱酸、弱碱)溶解法,氧化还原溶解法,生成配合物溶解法和沉淀转化溶解法。

1. 生成弱电解质溶解法

难溶的氢氧化物、碳酸盐和某些硫化物等,可通过外加酸与难溶物质的离子反应,生成可溶性弱电解质,促使沉淀溶解。

例如:在 $Mg(OH)_2$ 沉淀中,加入 HCl 或 NH_4Cl,可使其溶解。

$$Mg(OH)_2(s) \Longleftrightarrow Mg^{2+} + 2OH^-$$
$$+$$
$$2HCl \longrightarrow 2Cl^- + 2H^+$$
$$\Updownarrow$$
$$2H_2O$$

由于生成弱电解质 H_2O,使 OH^- 浓度不断降低,因而 $Mg(OH)_2$ 不断溶解。

$$Mg(OH)_2(s) \Longleftrightarrow Mg^{2+} + 2OH^-$$
$$+$$
$$2NH_4Cl \longrightarrow 2Cl^- + 2NH_4^+$$
$$\Updownarrow$$
$$2NH_3 \cdot H_2O$$

由于生成弱电解质 $NH_3 \cdot H_2O$,使 OH^- 浓度不断降低,因而 $Mg(OH)_2$ 不断溶解。

许多金属硫化物难溶于水。对于一些溶度积不是很小的金属硫化物,例如 FeS、ZnS 等,可通过加入较强酸,使 H^+ 与 S^{2-} 结合生成 H_2S,从而降低溶液中 S^{2-} 浓度,达到溶解目的。

2. 氧化还原溶解法

某些金属硫化物,如 CuS、PbS,由于其溶度积非常小,高强度非氧化性酸也不足以将它们溶解。可利用氧化性酸,如硝酸或王水等,使 S^{2-} 被氧化为单质 S,则 S^{2-} 浓度显著降低,使沉淀溶解。例如,CuS 溶于硝酸

$$3CuS \Longleftrightarrow 3Cu^{2+} + 3S^{2-}$$
$$+$$
$$8HNO_3 \longrightarrow 8H^+ + 8NO_3^-$$
$$\Updownarrow$$
$$3S\downarrow + 2NO\uparrow + 4H_2O + 6NO_3^-$$

3. 生成配合物溶解法

在冲洗照相底片时,欲洗去底片上未曝光的 AgBr,常加入硫代硫酸钠($Na_2S_2O_3$)溶液,其原理是

$$AgBr(s) \Longleftrightarrow Br^- + Ag^+$$
$$+$$
$$2Na_2S_2O_3 \longrightarrow 4Na^+ + 2S_2O_3^{2-}$$
$$\Updownarrow$$
$$Ag(S_2O_3)_2^{3-}$$

由于生成配离子 $Ag(S_2O_3)_2^{3-}$,降低了溶液中游离 Ag^+ 的浓度,可使 AgBr 不断溶解。

4. 沉淀转化溶解法

锅炉的锅垢中含有 $CaSO_4$,既不溶于水,又不溶于酸,很难除去。可利用 $CaCO_3$ 溶度积($K_{sp}^{\ominus}(CaCO_3)=4.96\times10^{-9}$)小于 $CaSO_4$ 的溶度积 $[K_{sp}^{\ominus}(CaSO_4)=7.10\times10^{-5}]$,加入足量 Na_2CO_3 溶液处理,使 $CaSO_4$ 沉淀转化为疏松的、可溶于酸的 $CaCO_3$ 沉淀。反应如下:

$$CaSO_4(s) \Longrightarrow Ca^{2+} + SO_4^{2-}$$
$$+$$
$$Na_2CO_3 \longrightarrow CO_3^{2-} + 2Na^+$$
$$\Big\| $$
$$CaCO_3(s)$$

其转化方程式为

$$CaSO_4(s) + CO_3^{2-} \Longrightarrow CaCO_3(s) + SO_4^{2-}$$

$$K^{\ominus} = \frac{K_{sp}^{\ominus}(CaSO_4)}{K_{sp}^{\ominus}(CaCO_3)} = \frac{7.10\times10^{-5}}{4.96\times10^{-9}} = 1.43\times10^4$$

此转化反应平衡常数很大,说明转化可以进行得比较完全。计算表明,沉淀的转化反应向生成更难溶物质的方向进行。反过来,由溶解度小的物质转化为溶解度大的物质比较困难,有时可通过改变离子相对浓度实现反向转化。

例6-8 欲使 0.10 mol FeS 溶于 1.0 dm^3 的 HCl 溶液中,问所需 HCl 溶液的最低浓度是多少?

解: 若 FeS 沉淀溶解,则体系中存在以下两大平衡关系:

(1) $FeS(s)$ 的沉淀溶解平衡 $FeS(s) \Longrightarrow Fe^{2+}(aq) + S^{2-}(aq)$

$$[Fe^{2+}][S^{2-}] = K_{sp}^{\ominus}(FeS) \qquad ①$$

(2) 生成 H_2S 的解离平衡,$H_2S(aq) \Longrightarrow 2H^+(aq) + S^{2-}(aq)$

$$\frac{[H^+]^2[S^{2-}]}{[H_2S]} = K_{a_1}^{\ominus}(H_2S)\cdot K_{a_2}^{\ominus}(H_2S) \qquad ②$$

可将①②两式联立求解

要使 FeS 完全被酸溶解,那么溶液中[Fe^{2+}]和[H_2S]的相对平衡浓度均应抵达最大的 0.10,而此时的[H^+]则应不低于:

$$[H^+] = \sqrt{K_{a1}^{\ominus}(H_2S)\cdot K_{a2}^{\ominus}(H_2S)\cdot[H_2S]/[S^{2-}]}$$
$$= \sqrt{K_{a1}^{\ominus}(H_2S)\cdot K_{a2}^{\ominus}(H_2S)\cdot[H_2S]\cdot[Fe^{2+}]/K_{sp}^{\ominus}(FeS)}$$
$$= \sqrt{9.1\times10^{-8}\times1.1\times10^{-12}\times0.10\times0.10/1.59\times10^{-19}}$$
$$= 0.079$$

此为 H^+ 平衡浓度,而溶解 0.10 mol FeS,还需消耗 0.20 mol H^+,故 1.0 dm^3 溶液中 HCl 最低初始浓度为 0.279 $mol\cdot dm^{-3}$。

6.2.4 分步沉淀及离子分离

当溶液中有几种离子共存,且都能与某种外加离子生成沉淀。如果小心控制外加沉淀剂的量,这些离子就可能分先后地从溶液中沉淀出来。这种现象称为分步沉淀。

事实上分步沉淀是几种不同的被沉淀离子对同一种沉淀剂离子的争夺。根据溶度积规则,离子积最先达到相应的溶度积者,优先析出沉淀。或者说产生沉淀所需的沉淀剂的量最少的那种离子优先析出沉淀。

例 6－9　向含 Cl^- 和 CrO_4^{2-} 浓度均为 0.050 $mol \cdot dm^{-3}$ 的溶液中,缓慢滴加 $AgNO_3$ 溶液。假定溶液体积的变化可忽略不计。问(1)优先生成 AgCl 还是 Ag_2CrO_4 沉淀? (2)当 AgCl 和 Ag_2CrO_4 开始共同沉淀时,溶液中的 Cl^- 浓度为多少?

解:(1) 查表得 AgCl 与 Ag_2CrO_4 的溶度积常数:

$$AgCl(s) \Longleftrightarrow Ag^+(aq) + Cl^-(aq) \quad K_{sp}^{\ominus}(AgCl) = [Ag^+][Cl^-] = 1.77 \times 10^{-10}$$

$$Ag_2CrO_4(s) \Longleftrightarrow 2Ag^+(aq) + CrO_4^{2-}(aq) \quad K_{sp}^{\ominus}(Ag_2CrO_4) = [Ag^+]^2[CrO_4^{2-}] = 5.40 \times 10^{-12}$$

由此可求出,欲使溶液中的 Cl^- 和 CrO_4^{2-} 分别沉淀析出,所需 Ag^+ 的最小浓度:

$$[Ag^+]_1 = K_{sp}^{\ominus}(AgCl)/[Cl^-] = 1.77 \times 10^{-10}/0.050 = 3.5 \times 10^{-9}$$

即 $c(Ag^+)_1 = 3.5 \times 10^{-9}$ $mol \cdot dm^{-3}$ 时,溶液中的 Cl^- 即会成 AgCl 沉淀析出。

$$[Ag^+]_2 = \sqrt{K_{sp}^{\ominus}(Ag_2CrO_4)/[CrO_4^{2-}]} = \sqrt{5.40 \times 10^{-12}/0.050} = 1.0 \times 10^{-5}$$

即 $c(Ag^+)_2 = 1.0 \times 10^{-5}$ $mol \cdot dm^{-3}$ 时,溶液中 CrO_4^{2-} 才会生成 Ag_2CrO_4 沉淀析出。

由计算结果可知,向溶液中滴加 $AgNO_3$,首先析出的应是 AgCl 沉淀。

(2) 随 AgCl 沉淀不断析出,溶液中剩余的 Cl^- 浓度不断降低。欲使余下的 Cl^- 继续以 AgCl 沉淀的形式析出,就需不断提高外加 Ag^+ 的浓度。当 Ag^+ 浓度不断增加,达到 Ag_2CrO_4 沉淀析出的要求时,Ag_2CrO_4 就会与 AgCl 同时析出。因此,使 Ag_2CrO_4 开始沉淀所需的 Ag^+ 浓度所对应的 Cl^- 浓度,也就是 AgCl 与 Ag_2CrO_4 同时沉淀析出时的 Cl^- 浓度。按照溶度积规则可以求算此 Cl^- 浓度 $c(Cl^-)$:

$$[Cl^-] = K_{sp}^{\ominus}(AgCl)/[Ag^+] = \frac{1.77 \times 10^{-10}}{1.0 \times 10^{-5}} = 1.7 \times 10^{-5}$$

由计算结果可知,当溶液中 Ag_2CrO_4 开始沉淀析出时,溶液中残余的 $c(Cl^-)$ 为 1.7×10^{-5} $mol \cdot dm^{-3}$,已远小于其原始浓度,只剩 10^{-5} 数量级了,故可认为 Cl^- 已基本被沉淀完全。因此通过分步沉淀,可将等浓度的 Cl^- 与 CrO_4^{2-} 分离。

在实际工作中,常利用分步沉淀原理,通过控制条件,达到离子分离的目的。两种离子分离的条件是当第二种离子开始沉淀时,第一种离子已基本沉淀完全。通常两种沉淀的溶解度相差越大,离子分离越完全。

但是,分步沉淀的顺序不是固定不变的。除与溶解度有关外,还取决于被沉淀离子在溶液中的浓度。当两种沉淀的溶解度相差不大时,通过改变被沉淀离子相对浓度可改变沉淀顺序。

6.3　配位解离平衡

配位化合物是组成较为复杂的一类化合物,在分析化学、生物化学、医药、化工等领域都有广泛应用。在水溶液中,存在着配合物的解离反应和生成反应之间的平衡,称为配位解离

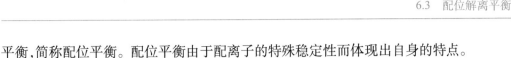

平衡,简称配位平衡。配位平衡由于配离子的特殊稳定性而体现出自身的特点。

6.3.1 配位解离平衡及其平衡常数

在 $CuSO_4$ 溶液中滴加氨水,先有 $Cu(OH)_2$ 蓝色沉淀析出。随着氨水继续滴加,沉淀逐渐溶解,得到深蓝色 $[Cu(NH_3)_4]^{2+}$ 溶液。将该溶液分成两份。一份加入适量 NaOH 溶液,无 $Cu(OH)_2$ 沉淀生成,表明此配离子是比较稳定的;另一份加入 Na_2S 溶液,有黑色 CuS 沉淀析出,表明配离子的稳定性是相对的,或多或少会解离出一些组成成分。

实验证明,配离子在水溶液中,就像弱电解质一样存在着一定程度的解离。在上述铜氨配离子溶液中,存在着下列平衡:

$$Cu(NH_3)_4^{2+} \rightleftharpoons Cu^{2+} + 4NH_3$$

配合物的标准解离平衡常数用 $K_{离}^{\ominus}$ 或 $K_{不稳}^{\ominus}$ (常用 $K_d^{\ominus}$)表示;配合物的生成平衡常数用 $K_{生}^{\ominus}$ 或 $K_{稳}^{\ominus}$ (常用 $K_f^{\ominus}$)表示。表达式如下:

$$K_d^{\ominus} = \frac{[Cu^{2+}][NH_3]^4}{[Cu(NH_3)_4^{2+}]} = 4.78 \times 10^{-14}$$

$$K_f^{\ominus} = \frac{[Cu(NH_3)_4^{2+}]}{[Cu^{2+}][NH_3]^4} = 2.09 \times 10^{13}$$

$$K_f^{\ominus} \cdot K_d^{\ominus} = 1 \text{(互为倒数关系)}$$

显然,$K_f^{\ominus}$ 表示在水溶液中,中心离子与配体生成配合物的倾向或稳定程度大小。$K_f^{\ominus}$ 越大,表示形成配离子的倾向越大,配合物越稳定。配离子的稳定性是人们应用配合物时首先考虑的因素。表 6-3 中列出部分常见配离子的稳定常数。

表 6-3 常见配离子的稳定常数

配离子	$K_f^{\ominus}$	$\lg K_f^{\ominus}$	配离子	$K_f^{\ominus}$	$\lg K_f^{\ominus}$
$[Ag(CN)_2]^-$	1.26×10^{21}	21.1	$[Cu(P_2O_7)_2]^{6-}$	1×10^9	9.0
$[Ag(NH_3)_2]^+$	1.12×10^7	7.05	$[FcF_6]^{3-}$	2.04×10^{14}	14.3
$[Ag(S_2O_3)_2]^{3-}$	2.89×10^{13}	13.46	$[Fe(CN)_6]^{3-}$	1×10^{42}	42.0
$[AgCl_2]^-$	1.10×10^5	5.04	$[Hg(CN)_4]^{2-}$	2.51×10^{41}	41.4
$[AgBr_2]^-$	2.14×10^7	7.33	$[HgI_4]^{2-}$	6.76×10^{29}	29.83
$[AgI_2]^-$	5.5×10^{11}	11.74	$[HgBr_4]^{2-}$	1×10^{21}	21.00
$[Ag(Py)_2]^+$	1×10^{10}	10.0	$[HgCl_4]^{2-}$	1.17×10^{15}	15.07
$[Co(NH_3)_6]^{2+}$	1.29×10^5	5.11	$[Ni(NH_3)_4]^{2+}$	5.50×10^8	8.74
$[Cu(CN)_2]^-$	1×10^{24}	24.0	$[Ni(en)_3]^{2+}$	2.14×10^{18}	18.33
$[Cu(SCN)_2]^-$	1.52×10^5	5.18	$[Zn(CN)_4]^{2-}$	5.0×10^{16}	16.7
$[Cu(NH_3)_2]^{2+}$	7.24×10^{10}	10.86	$[Zn(NH_3)_4]^{2+}$	2.87×10^9	9.46
$[Cu(NH_3)_4]^{2+}$	2.09×10^{13}	13.32	$[Zn(en)_2]^{2+}$	6.76×10^{10}	10.83

在溶液中,配离子的生成和解离一般都是分步进行的,因此在溶液中存在一系列的配位平衡,每步平衡都有其相应的平衡常数。以 $Cu(NH_3)_4^{2+}$ 为例:

$$Cu^{2+}+NH_3 \Longrightarrow Cu(NH_3)^{2+} \qquad K_{f1}^{\ominus}=\frac{[Cu(NH_3)^{2+}]}{[Cu^{2+}][NH_3]}=\frac{1}{K_{d4}^{\ominus}}=2.00\times10^4$$

$$Cu(NH_3)^{2+}+NH_3 \Longrightarrow Cu(NH_3)_2^{2+} \qquad K_{f2}^{\ominus}=\frac{[Cu(NH_3)_2^{2+}]}{[Cu(NH_3)^{2+}][NH_3]}=\frac{1}{K_{d3}^{\ominus}}=4.67\times10^3$$

$$Cu(NH_3)_2^{2+}+NH_3 \Longrightarrow Cu(NH_3)_3^{2+} \qquad K_{f3}^{\ominus}=\frac{[Cu(NH_3)_3^{2+}]}{[Cu(NH_3)_2^{2+}][NH_3]}=\frac{1}{K_{d2}^{\ominus}}=1.10\times10^3$$

$$Cu(NH_3)_3^{2+}+NH_3 \Longrightarrow Cu(NH_3)_4^{2+} \qquad K_{f4}^{\ominus}=\frac{[Cu(NH_3)_4^{2+}]}{[Cu(NH_3)_3^{2+}][NH_3]}=\frac{1}{K_{d1}^{\ominus}}=1.99\times10^2$$

$K_{f1}^{\ominus}$、$K_{f2}^{\ominus}$、$K_{f3}^{\ominus}$、$K_{f4}^{\ominus}$ 称为 $Cu(NH_3)_4^{2+}$ 配离子的逐级稳定常数。$K_{d1}^{\ominus}$、$K_{d2}^{\ominus}$、$K_{d3}^{\ominus}$、$K_{d4}^{\ominus}$ 称为 $Cu(NH_3)_4^{2+}$ 配离子的逐级不稳定常数。

通常情况下:$K_{f1}^{\ominus}>K_{f2}^{\ominus}>K_{f3}^{\ominus}>K_{f4}^{\ominus}$

$$K_{d1}^{\ominus}>K_{d2}^{\ominus}>K_{d3}^{\ominus}>K_{d4}^{\ominus}$$

显然,$K_f^{\ominus}=K_{f1}^{\ominus}\cdot K_{f2}^{\ominus}\cdot K_{f3}^{\ominus}\cdot K_{f4}^{\ominus}$

一般来说,配合物的逐级稳定常数随着配位数的增大、配体之间相互斥力增大而减小。但各级稳定常数之间有时相差不是很大,所以严格处理配位平衡就很困难。在进行平衡组成计算时,只有在稳定常数很大,配体在溶液中又有较高浓度的情况下,才可作近似计算,否则误差很大。

6.3.2　配位解离平衡的计算

有关配位平衡的计算,基本与溶液中离子平衡的计算原理和方法相似。但在计算溶液中离子浓度时,必须考虑各级配离子的存在,计算很烦琐。不过在某些特定条件下,可采用合理的近似简化计算。

一般配离子的稳定常数都很大,当体系中有过量配体存在时,平衡趋向于生成最高配位数的配离子,其他配位数的各级配离子浓度可以忽略不计。同时,若配体总浓度远大于金属离子浓度时,可认为溶液中的金属离子基本上都生成了配离子,所以游离金属离子的平衡浓度与金属离子总浓度相比也可忽略不计。

例 6—10　(1) 将浓度为 0.01 $mol\cdot dm^{-3}$ 的 $CuSO_4$ 溶液与浓度为 2.04 $mol\cdot dm^{-3}$ 的氨水各 1.0 dm^3 混合,求该混合溶液中游离 Cu^{2+} 的平衡浓度为多少?

(2) 在上述溶液中加入 0.10 $mol\cdot dm^{-3}$ 的 Na_2S 溶液 1.0×10^{-3} dm^3,有无 CuS 沉淀生成?(忽略溶液体积的变化)

解:(1) 由于是等体积混合,所以各自的浓度稀释减半,混合溶液中 Cu^{2+} 与 NH_3 分子起始浓度分别为 $c(Cu^{2+})_0=0.005$ $mol\cdot dm^{-3}$　$c(NH_3)_0=1.02$ $mol\cdot dm^{-3}$

考虑到 Cu^{2+} 与 NH_3 之间的配位平衡:

$$Cu^{2+}+4NH_3 \Longrightarrow Cu(NH_3)_4^{2+}, \quad K_f^{\ominus}=\frac{[Cu(NH_3)_4^{2+}]}{[Cu^{2+}][NH_3]^4}=2.09\times10^{13}$$

由于 $K_f^\ominus$ 是个很大的值,且配体 NH_3 的起始浓度对于配位反应而言是大大过量的,故可认为体系中 Cu^{2+} 完全与 NH_3 结合生成了配离子 $Cu(NH_3)_4^{2+}$,即 $c(Cu(NH_3)_4^{2+}) = 0.005\ mol \cdot dm^{-3}$,此时溶液中剩余 $c(NH_3) = (1.02 - 4 \times 0.005)\ mol \cdot dm^{-3} = 1.00\ mol \cdot dm^{-3}$。

设 $Cu(NH_3)_4^{2+}$ 解离出的 Cu^{2+} 浓度为 $x\ mol \cdot dm^{-3}$。则:

$$Cu^{2+} + 4NH_3 \Longrightarrow Cu(NH_3)_4^{2+}$$

起始浓度/$(mol \cdot dm^{-3})$ $\qquad$ 0 $\qquad$ 1.00 $\qquad$ 0.005

平衡浓度/$(mol \cdot dm^{-3})$ $\qquad$ x $\qquad$ $1.00 + 4x$ $\qquad$ $0.005 - x$

则

$$K_f = \frac{[Cu(NH_3)_4^{2+}]}{[Cu^{2+}][NH_3]^4} = \frac{0.005 - x}{x(1.00 + 4x)^4} = 2.09 \times 10^{13}$$

由于

$$1.00 + 4x \approx 1.00,\ 0.005 - x \approx 0.005$$

则

$$\frac{0.005}{x \cdot 1.00^4} = 2.09 \times 10^{13}$$

$$x = 2.39 \times 10^{-16}$$

即溶液中游离的 Cu^{2+} 平衡浓度为 $2.39 \times 10^{-16}\ mol \cdot dm^{-3}$。

(2) 加入 $0.10\ mol \cdot dm^{-3}$ 的 Na_2S 溶液 $1.0 \times 10^{-3}\ dm^3$,则

$$c(S^{2-}) = \frac{0.10 \times 1.0 \times 10^{-3}}{2.0} = 5.0 \times 10^{-5}\ mol \cdot dm^{-3}$$

$$J(CuS) = \frac{c(Cu^{2+})}{c^\ominus} \cdot \frac{c(S^{2-})}{c^\ominus} = 2.39 \times 10^{-16} \times 5.0 \times 10^{-5} = 1.20 \times 10^{-20} > K_{sp}^\ominus(CuS)$$

所以有 CuS 沉淀生成。

在实际工作中,配离子的生成、转化等有广泛的应用。例如,定影剂 $Na_2S_2O_3$ 可与照相底片上未分解的 $AgBr$ 作用,转变成可溶性配离子 $Ag(S_2O_3)_2^{3-}$,从而实现底片上的定影。运用同样原理,又可从大量定影废液中回收贵重金属银。例如,在其中加入硫化物,使 $Ag(S_2O_3)_2^{3-}$ 转变为 Ag_2S。再利用硝酸氧化法,使 Ag_2S 转变为可溶性的 $AgNO_3$ 而回收。

$$AgBr + 2S_2O_3^{2-} \Longrightarrow Ag(S_2O_3)_2^{3-} + Br^-$$

$$2Ag(S_2O_3)_2^{3-} + S^{2-} \Longrightarrow Ag_2S\downarrow + 4S_2O_3^{2-}$$

$$3Ag_2S + 8HNO_3(稀) \Longrightarrow 6AgNO_3 + 2NO\uparrow + 3S\downarrow + 4H_2O$$

6.4 氧化还原平衡

氧化还原反应与其他反应(如酸碱反应、沉淀反应等)一样,在一定条件下也能达到化学平衡。对于可逆的氧化还原反应,在其反应过程中,由于反应物和生成物的浓度不断变化,所以正、逆反应速率也在不断变化。当正、逆反应速率相等时,反应达到平衡。若由两个氧化还原半反应组成原电池,则随着反应进行,半反应中两个电对的电极电势也在相应地变化,当

E_+ 与 E_- 相等,即 $E_{电池}=0$ 时,两电极间无电势差,此时没有电流产生,反应达到平衡。具体内容见第 4 章。

6.5　实际体系中的多重平衡

前面分别介绍了发生在溶液中的四类主要平衡:酸碱解离平衡,沉淀溶解平衡,配位解离平衡和氧化还原平衡。而在实际体系中,可能会同时存在几种不同的平衡,彼此相互影响,形成复杂的多重平衡体系。

求解多重平衡时,应注意以下基本原则:

(1) 体系中若同时存在几类不同而又相互关联的平衡,则每类平衡都应遵循其本身的平衡规律。而且只有每个平衡各自都达到平衡时,才可能达到整体的多重平衡。换言之,一个包含多重平衡的体系达到整体综合平衡时,表明体系中存在的一切平衡都已分别达到了平衡。

(2) 多重平衡体系达到整体综合平衡后,所有平衡组分物质的浓度都达到平衡浓度,并不再随时间而改变。如果因为外界的作用或平衡条件的改变使平衡被打破,就会引起平衡的移动,使各组分达到新的平衡浓度,在新的平衡点重新建立平衡。

(3) 在多重平衡体系达到整体综合平衡后,每一种平衡组分物质都只能有一个平衡浓度,不管该物质实际参与了几个不同的平衡。而且其平衡浓度必须同时满足该组分所涉及的所有平衡关系。这是求解多重平衡共存问题的一条重要原则。

因此,在解决多重平衡体系问题时,首先应分析在该体系中可能同时存在哪几类不同的平衡,每类平衡涉及哪些物质,写出每类平衡的关系表达式。找出同时涉及几种不同平衡的关键物质。通过这类物质,可以把几类相关联的不同平衡关系联系在一起考虑,进行综合平衡计算。

本节通过两个例题,演示如何分析解决实际体系中复杂的多重平衡问题。

例 6-11　某溶液中含 Zn^{2+}、Cd^{2+} 两种离子,其浓度均为 $0.10\ mol \cdot dm^{-3}$。向该溶液中不断通入 H_2S,使溶液中 H_2S 保持饱和(H_2S 的饱和浓度为 $0.10\ mol \cdot dm^{-3}$)。已知 $K_{sp}^{\ominus}(ZnS)=2.93 \times 10^{-25}$,$K_{sp}^{\ominus}(CdS)=1.40 \times 10^{-29}$。试问若需将溶液中 Zn^{2+} 浓度降至 $2.93 \times 10^{-6}\ mol \cdot dm^{-3}$,则溶液的 pH 最低应控制多少? 在该 pH 下溶液中残留的 Cd^{2+} 浓度为多少?

解:(1) 通过 ZnS 的沉淀溶解平衡,可以计算若需将溶液中 Zn^{2+} 浓度降至 $2.93 \times 10^{-6}\ mol \cdot dm^{-3}$,所需控制的 S^{2-} 的最低浓度为

$$[S^{2-}] = \frac{K_{sp}^{\ominus}(ZnS)}{[Zn^{2+}]} = \frac{2.93 \times 10^{-25}}{2.93 \times 10^{-6}} = 1.0 \times 10^{-19}$$

而 S^{2-} 浓度则是受 H_2S 的解离平衡制约的,可通过 H_2S 的解离平衡计算出要控制这一 S^{2-} 浓度所需的最高 H^+ 浓度(设为 $x\ mol \cdot dm^{-3}$):

$$H_2S \rightleftharpoons 2H^+ + S^{2-} \qquad K_a^{\ominus} = K_{a_1}^{\ominus} \cdot K_{a_2}^{\ominus} = 1.0 \times 10^{-19}$$

起始浓度/$(mol \cdot dm^{-3})$　　　　0.10　　　　0　　　　0

平衡浓度/$(mol \cdot dm^{-3})$　　0.10$-x \approx$ 0.10　　x　　1.0×10^{-19}

$$K_a^\ominus(H_2S) = \frac{[H^+]^2 \cdot [S^{2-}]}{[H_2S]} = \frac{x^2 \times (1.0 \times 10^{-19})}{0.10} = 1.0 \times 10^{-19}$$

$$[H^+] = x = \sqrt{\frac{1.0 \times 10^{-19} \times 0.10}{1.0 \times 10^{-19}}} = \sqrt{0.10} = 0.316$$

$$pH = -\lg[H^+] = -\lg 0.316 = 0.50$$

即欲使该溶液中 Zn^{2+} 浓度降至 2.93×10^{-6} mol·dm^{-3},必须控制 pH>0.50,即溶液中 H^+ 浓度必须低于 0.316 mol·dm^{-3}。

(2) 在此条件下,溶液中残留的 Cd^{2+} 浓度,可从 CdS 的沉淀溶解平衡求出:

$$[Cd^{2+}] = \frac{K_{sp}^\ominus(CdS)}{[S^{2-}]} = \frac{1.40 \times 10^{-29}}{1.0 \times 10^{-19}} = 1.4 \times 10^{-10}$$

即 Cd^{2+} 浓度为 1.4×10^{-10} mol·dm^{-3}。

例 6−12 试设计一实验,利用 Cu^{2+}/Cu 电极的标准电极电势 $E^\ominus(Cu^{2+}/Cu) = 0.34$ V,及 $[Cu(NH_3)_4]^{2+}$ 配离子的稳定常数 $K_f^\ominus(Cu(NH_3)_4^{2+}) = 2.09 \times 10^{13}$,求算 $Cu(NH_3)_4^{2+}/Cu$ 电极的标准电极电势 $E^\ominus(Cu(NH_3)_4^{2+}/Cu)$。

解:(1) 解法一

设将铜片浸入含 Cu^{2+} 的溶液中,就形成了一个 Cu^{2+}/Cu 电极,其电极反应及电极电势可表示为

$$Cu \Longrightarrow Cu^{2+} + 2e^-$$

$$E(Cu^{2+}/Cu) = E^\ominus(Cu^{2+}/Cu) + \frac{0.059\ V}{2}\lg[Cu^{2+}] \qquad (\text{I})$$

若控制 Cu^{2+} 平衡浓度为 1.0 mol·dm^{-3},则上述 Cu^{2+}/Cu 电极处于标准状态,其电极电势即为标准电极电势 $E^\ominus(Cu^{2+}/Cu)$。

然后向该电极的 Cu^{2+} 溶液中加入过量的 NH_3 水,("过量"的意思是,加入的 NH_3 水浓度至少应远大于 Cu^{2+} 浓度的四倍)则由于 NH_3 对 Cu^{2+} 的配位反应,使游离 Cu^{2+} 的平衡浓度大大降低:

$$Cu^{2+} + 4NH_3 \Longrightarrow Cu(NH_3)_4^{2+}$$

$$K_f^\ominus(Cu(NH_3)_4^{2+}) = \frac{[Cu(NH_3)_4^{2+}]}{[Cu^{2+}][NH_3]^4} = 2.09 \times 10^{13} \qquad (\text{II})$$

由于 Cu^{2+} 平衡浓度的变化必将引起 Cu^{2+}/Cu 电极电势的变化,这可由能斯特方程(I)表示。而体系中 Cu^{2+} 平衡浓度必须同时满足(I)、(II)两式。故可将(II)式代入(I)式:

$$E(Cu^{2+}/Cu) = E^\ominus(Cu^{2+}/Cu) + \frac{0.059\ V}{2}\lg[Cu^{2+}]$$

$$= E^\ominus(Cu^{2+}/Cu) + \frac{0.059\ V}{2}\lg\frac{[Cu(NH_3)_4^{2+}]}{K_f^\ominus(Cu(NH_3)_4^{2+}) \cdot [NH_3]^4}$$

$$= E^\ominus(Cu^{2+}/Cu) + \frac{0.059\ V}{2}\lg\frac{1}{K_f^\ominus(Cu(NH_3)_4^{2+})} + \frac{0.059\ V}{2}\lg\frac{[Cu(NH_3)_4^{2+}]}{[NH_3]^4} \qquad (\text{III})$$

向 Cu^{2+}/Cu 电极中加入过量 NH_3 水，与溶液中的 Cu^{2+} 配位，生成 $Cu(NH_3)_4^{2+}/Cu$ 电极。这与将 Cu 片直接插入 $Cu(NH_3)_4^{2+}$ 溶液中得到的结果实际是一样的。因为上述方法组成的电极体系，均包含 Cu^{2+}/Cu 电对的氧化还原平衡，及 $Cu(NH_3)_4^{2+}$ 配离子的配位解离平衡。不管各平衡组分加入的先后，最后达到整个体系综合平衡的结果都是一样的。将此两个平衡综合起来考虑，即可写出总的平衡式：

$$Cu + 4NH_3 \Longrightarrow Cu(NH_3)_4^{2+} + 2e^-$$

即 $Cu(NH_3)_4^{2+}/Cu$ 电极的电极反应平衡式，其相应的电极电势可用能斯特方程表示：

$$E(Cu(NH_3)_4^{2+}/Cu) = E^{\ominus}(Cu(NH_3)_4^{2+}/Cu) + \frac{0.059\ V}{2}\lg\frac{[Cu(NH_3)_4^{2+}]}{[NH_3]^4} \qquad (\text{Ⅳ})$$

式（Ⅳ）表示 $Cu(NH_3)_4^{2+}/Cu$ 的电极的电势 $E(Cu(NH_3)_4^{2+}/Cu)$ 与式（Ⅲ）表示的 Cu^{2+}/Cu 电极在加入 NH_3 水后的电极电势 $E(Cu^{2+}/Cu)$，应是同一值。

即（Ⅲ）＝（Ⅳ）

$$E^{\ominus}(Cu(NH_3)_4^{2+}/Cu) + \frac{0.059\ V}{2}\lg\frac{[Cu(NH_3)_4^{2+}]}{[NH_3]^4}$$

$$= E^{\ominus}(Cu^{2+}/Cu) + \frac{0.059\ V}{2}\lg\frac{1}{K_f^{\ominus}(Cu(NH_3)_4^{2+})} + \frac{0.059\ V}{2}\lg\frac{[Cu(NH_3)_4^{2+}]}{[NH_3]^4}$$

由此即可根据 $E^{\ominus}(Cu^{2+}/Cu)$ 及 $K_f^{\ominus}(Cu(NH_3)_4^{2+})$ 值求算 $Cu(NH_3)_4^{2+}/Cu$ 电极的标准电极电势值：

$$E^{\ominus}(Cu(NH_3)_4^{2+}/Cu) = E^{\ominus}(Cu^{2+}/Cu) + \frac{0.059\ V}{2}\lg\frac{1}{K_f^{\ominus}(Cu(NH_3)_4^{2+})}$$

$$= 0.3419\ V + \frac{0.059\ V}{2}\lg(2.09 \times 10^{13}) = 0.3419\ V - 0.39\ V = -0.05\ V$$

（2）解法二

按照配位平衡：$Cu^{2+} + 4NH_3 \Longrightarrow [Cu(NH_3)_4]^{2+}$

有

$$K_f^{\ominus} = \frac{[Cu(NH_3)_4^{2+}]}{[Cu^{2+}][NH_3]^4}$$

设计两个电极：

（Ⅰ）Cu^{2+}/Cu 电极：$\qquad Cu^{2+} + 2e^- \Longrightarrow Cu$

$$E_{\text{Ⅰ}} = E(Cu^{2+}/Cu) = E^{\ominus}(Cu^{2+}/Cu) + \frac{0.059\ V}{2}\lg[Cu^{2+}]$$

（Ⅱ）$Cu(NH_3)_4^{2+}/Cu$ 电极：$\qquad Cu(NH_3)_4^{2+} + 2e^- \Longrightarrow Cu + 4NH_3$

$$E_{\text{Ⅱ}} = E(Cu(NH_3)_4^{2+}/Cu) = E^{\ominus}(Cu(NH_3)_4^{2+}/Cu) + \frac{0.059\ V}{2}\lg\frac{[Cu(NH_3)_4^{2+}]}{[NH_3]^4}$$

将上述两个电极组成一个原电池，当此电池电动势 $E_{\text{电池}} = 0$ 时，表明上述两个电极反应（Ⅰ）和（Ⅱ）正好达到平衡，$E_{\text{Ⅰ}} = E_{\text{Ⅱ}}$。

即 $\qquad E^{\ominus}(Cu(NH_3)_4^{2+}/Cu) + \frac{0.059\ V}{2}\lg\frac{[Cu(NH_3)_4^{2+}]}{[NH_3]^4} = E^{\ominus}(Cu^{2+}/Cu) + \frac{0.059\ V}{2}\lg[Cu^{2+}]$

则
$$E^{\ominus}(Cu(NH_3)_4^{2+}/Cu) = E^{\ominus}(Cu^{2+}/Cu) + \frac{0.059\ V}{2}\lg\frac{[Cu^{2+}][NH_3]^4}{[Cu(NH_3)_4^{2+}]}$$

由于 $E_{电池}=0$ 表明 Cu^{2+} 与 NH_3 配合反应达到了平衡，可得

$$\frac{[Cu^{2+}][NH_3]^4}{[Cu(NH_3)_4^{2+}]} = \frac{1}{K_f^{\ominus}(Cu(NH_3)_4^{2+})}$$

$$E^{\ominus}(Cu(NH_3)_4^{2+}/Cu) = E^{\ominus}(Cu^{2+}/Cu) + \frac{0.059\ V}{2}\lg\frac{1}{K_f^{\ominus}(Cu(NH_3)_4^{2+})}$$

$$= 0.3419\ V - 0.39\ V = -0.05\ V$$

上述两种解法提供了分析解决这类问题的一般方法。两种方法思考问题的角度不同，但结果相同。利用这类方法，也可通过测定新的组成电极的标准电极电势（如 $E^{\ominus}$（$Cu(NH_3)_4^{2+}$/Cu)），来测定某一反应的平衡常数（如 $K_f^{\ominus}$（$Cu(NH_3)_4^{2+}$)）。

实际过程中的多重平衡关系还有很多，比如酸碱解离平衡与配位解离平衡、氧化还原平衡与酸碱解离平衡等，甚至还可能存在三四种平衡交织在一起，这就需要我们在掌握好平衡基本原理和解题基本思路的基础上进一步提高综合解题能力。

思考题与习题

1. 强电解质与弱电解质的电离方式有何不同？它们在水溶液中各自主要以什么形式存在？

2. 酸碱质子理论的内容是什么？举例说明什么叫共轭酸、共轭碱？

3. 下列说法是否正确？若不正确，则予以更正。

（1）根据 $K_a^{\ominus}=c \cdot \alpha^2$，弱电解质溶液的浓度减小，则解离度越大。因此，对弱酸来说，溶液越稀，酸性越强（即 pH 越小）。

（2）在相同浓度的一元酸溶液中，H^+ 浓度都相等。因为中和等体积等浓度的醋酸溶液或盐酸溶液，所需的碱是等量的。

4. 在 H_2S 的解离平衡中，H^+ 与 S^{2-} 的浓度是否存在 2:1 的比值关系？为什么？

5. 在草酸 $H_2C_2O_4$ 溶液中加入 $CaCl_2$ 溶液，得到 CaC_2O_4 沉淀。将沉淀过滤后，在滤液中加入氨水，又有 CaC_2O_4 沉淀产生。试从离子平衡观点加以说明。

6. 命名下列配合物，并指出配离子的电荷数、中心形成体的氧化数：

$[Cu(NH_3)_4]SO_4$，$K_2[PtCl_4]$，$Na_3[Ag(S_2O_3)_2]$，$Fe_3[Fe(CN)_6]_2$，$Fe_4[Fe(CN)_6]_3$，$[Co(NH_3)_6]Cl_3$，

$[Co(NH_3)_4Cl_2]Cl$，$K_2[Co(SCN)_4]$，$[Pt(NH_3)_2Cl_2]$，$K_2[Zn(OH)_4]$，$Na_2[SiF_6]$，$[Ni(CO)_4]$

7. 用氨水处理含有 Ni^{2+} 及 Al^{3+} 的溶液，起先形成一种有色沉淀，继续加氨水，沉淀部分溶解形成深蓝色的溶液，剩下的沉淀是白色的，再加入过量的 OH^- 处理沉淀，则沉淀溶解，形成澄清溶液；如果向此澄清液中慢慢加入酸，则又有白色沉淀，继续加酸过量，则沉淀又溶解。试写出上述每步反应的方程式。

8. 分别计算在 25 ℃时浓度为 $0.10\ mol \cdot dm^{-3}$ 的 HCl 溶液和浓度为 $0.10\ mol \cdot dm^{-3}$ 的 HAc 溶液的氢离子浓度及 pH。

9. 试计算浓度为 $0.05\ mol \cdot dm^{-3}$ 的次氯酸 HClO 溶液中 H^+ 及 ClO^- 的浓度，及次氯酸的解离度。已知次

氯酸的标准解离常数 $K_a^{\ominus}(HClO) = 3.5 \times 10^{-8}$。

10. 在体积为 $1.0 \, dm^3$，浓度为 $0.20 \, mol \cdot dm^{-3}$ 的 HAc 溶液中，需加入多少克无水 NaAc(假定总体积不变)，才能使溶液的 H^+ 浓度保持为 $6.5 \times 10^{-5} \, mol \cdot dm^{-3}$？

11. 向体积为 $0.10 \, dm^3$，浓度为 $2.0 \, mol \cdot dm^{-3}$ 的氨水中，加入质量为 $13.2 \, g$ 的 $(NH_4)_2SO_4$ 固体，再稀释到总体积为 $1.0 \, dm^3$，求此溶液的 pH。

12. 取体积为 $5.0 \times 10^{-2} \, dm^3$，浓度为 $0.10 \, mol \cdot dm^{-3}$ 的某一元弱酸 HA 溶液，与体积为 $2.0 \times 10^{-2} \, dm^3$，浓度为 $0.10 \, mol \cdot dm^{-3}$ 的 KOH 溶液混合，再将混合液稀释到总体积 $0.10 \, dm^3$。测得该溶液 pH = 5.25，求此一元弱酸的标准解离常数 $K^{\ominus}(HA)$。

13. 在烧杯中盛有体积为 $2.0 \times 10^{-2} \, dm^3$，浓度为 $0.10 \, mol \cdot dm^{-3}$ 的氨水，逐步向其中加入体积为 $V(HCl)$、浓度为 $0.10 \, mol \cdot dm^{-3}$ 的 HCl 溶液，试计算当加入 HCl 溶液的体积分别为：(1) $V(HCl) = 1.0 \times 10^{-2} \, dm^3$；(2) $V(HCl) = 2.0 \times 10^{-2} \, dm^3$；(3) $V(HCl) = 3.0 \times 10^{-2} \, dm^3$ 时，混合溶液的 pH。

14. 已知室温下 $Mg(OH)_2$ 的溶解度为 $1.12 \times 10^{-4} \, mol \cdot dm^{-3}$，求室温下 $Mg(OH)_2$ 的溶度积常数 $K_{sp}^{\ominus}(Mg(OH)_2)$。

15. 根据 PbI_2 的溶度积常数，计算 25 ℃时的下列参数：(1) PbI_2 在水中的溶解度；(2) PbI_2 饱和溶液中 Pb^{2+} 和 I^- 的浓度；(3) PbI_2 在浓度为 $0.010 \, mol \cdot dm^{-3}$ 的 KI 溶液中达到饱和时，溶液中 Pb^{2+} 的浓度；(4) PbI_2 在浓度为 $0.010 \, mol \cdot dm^{-3}$ 的 $Pb(NO_3)_2$ 溶液中的溶解度。

16. 向下列两种溶液中不断通入 H_2S，保持溶液被 H_2S 饱和，假定溶液体积不变，试计算这两种溶液中游离的 Cu^{2+} 的浓度：

(1) 浓度为 $0.10 \, mol \cdot dm^{-3}$ 的 $CuSO_4$ 溶液；(2) 浓度为 $0.10 \, mol \cdot dm^{-3}$ 的 $CuSO_4$ 溶液与浓度为 $1.0 \, mol \cdot dm^{-3}$ 的 HCl 溶液的混合液。

17. 某溶液中含 Pb^{2+} 和 Ba^{2+}，它们的浓度分别为 $0.010 \, mol \cdot dm^{-3}$ 和 $0.10 \, mol \cdot dm^{-3}$，向此溶液中滴加 K_2CrO_4 溶液，问哪种离子先沉淀？两者有无分离的可能？已知 $K_{sp}^{\ominus}(BaCrO_4) = 1.2 \times 10^{-10}$，$K_{sp}^{\ominus}(PbCrO_4) = 1.77 \times 10^{-14}$。

18. Ag^+ 能与 $S_2O_3^{2-}$ 配合：$Ag^+ + 2S_2O_3^{2-} \Longrightarrow Ag(S_2O_3)_2^{3-}$。若未反应时 Ag^+ 的初始浓度为 $0.10 \, mol \cdot dm^{-3}$，$S_2O_3^{2-}$ 的起始浓度为 $1.0 \, mol \cdot dm^{-3}$，求该混合溶液中游离 Ag^+ 的实际浓度为多少？（提示：溶液中 Ag^+ 的实际浓度，也就是配位反应达平衡后 Ag^+ 的平衡浓度）

19. 判断下列反应进行的方向，并简单说明理由：

$$[Zn(NH_3)_4]^{2+} + 2en \Longrightarrow [Zn(en)_2]^{2+} + 4NH_3$$

$$[FeF_6]^{3-} + 6CN^- \Longrightarrow [Fe(CN)_6]^{3-} + 6F^-$$

$$CuS + 4NH_3 \Longrightarrow [Cu(NH_3)_4]^{2+} + S^{2-}$$

20. 试通过计算回答下列问题：(1) 在 $100 \, cm^3$ $0.15 \, mol \cdot dm^{-3}$ 的 $K[Ag(CN)_2]$ 溶液中加入 $50 \, cm^3$ 浓度为 $0.10 \, mol \cdot dm^{-3}$ 的 KI 溶液，是否有 AgI 沉淀产生？ (2) 在上述混合液中再加入 $50 \, cm^3$ 浓度为 $0.2 \, mol \cdot dm^{-3}$ 的 KCN 溶液，是否有 AgI 沉淀产生？

21. 将一块铜板浸在 $NH_3 \cdot H_2O$ 和 $[Cu(NH_3)_4]^{2+}$ 的混合溶液中，组成 $[Cu(NH_3)_4]^{2+}/Cu$ 电极，其中 NH_3 和 $[Cu(NH_3)_4]^{2+}$ 的平衡浓度皆为 $1.0 \, mol \cdot dm^{-3}$，若用标准氢电极作正极，与上述 $[Cu(NH_3)_4]^{2+}/Cu$ 电极组成一个原电池，测得该电池的电动势为：$E_{电池}^{\ominus} = E^{\ominus}(H^+/H_2) - E^{\ominus}([Cu(NH_3)_4]^{2+}/Cu) = 0.050 \, V$，试据此计算铜氨配离子 $[Cu(NH_3)_4]^{2+}$ 的不稳定常数 $K_d^{\ominus}(Cu(NH_3)_4^{2+})$。已知：$E^{\ominus}(Cu^{2+}/Cu) = 0.34 \, V$。

介观科学

第 7 章 元素与化合物

7.1 元素及无机化合物

7.1.1 化学元素

1. 金属元素的概念、性质与分类

迄今为止,已被人类发现并被中文命名的118种元素中,金属元素约占4/5。它们在元素周期表中的位置可以通过硼-硅-砷-碲-砹和铝-锗-锑-钋之间的对角线来划分(如图7-1)。这条对角线的右上方是非金属元素,左下方是金属元素,而位于对角线两侧的硼、硅、锗、砷、碲,则为半金属或准金属或类金属元素。金属元素都具有金属通性,主要表现为还原性、有光泽、导电性与导热性良好、质硬、有延展性,常温下一般是固体(除汞外:汞在常温下为银白色液体,俗称"水银")。

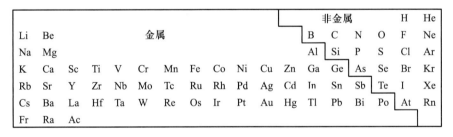

图7-1 金属元素在周期表中的位置分布

金属的分类有各种不同的方法,最常见的按冶金工业分类,它是将金属分为黑色金属(铁、铬、锰)和有色金属(非铁金属,上述三种金属以外的金属)两大类。有色金属又可分为四类。

(1)重金属

包括铜、锌、铅、镍、钴、锡、锑、铋、镉、汞等(密度大于$4.5 \times 10^3 \ kg \cdot m^{-3}$)。

(2)轻金属

包括铝、镁、钠、钾、钙、锶、钡等(密度小于$4.5 \times 10^3 \ kg \cdot m^{-3}$)。

(3)贵金属

包括金、银、钌、铑、钯、锇、铱、铂等(价格比一般常用金属昂贵,地壳丰度低,开采、提取、提纯困难)。

（4）稀有金属

所谓稀有金属通常是指自然界中含量稀少的金属，或虽然含量并不少但分布稀散难以单独成矿的金属，以及难以制备、纯化，因而了解较少、应用较晚的金属。至于完全通过核反应得到的放射性金属元素，也属稀有金属。稀有金属按性质不同，又可分为五类。

① 稀有轻金属：包括锂、铷、铯、铍等。

② 稀有难熔金属：包括钛、锆、铪、钒、铌、钽、钼、钨。

③ 稀散金属：包括镓、铟、锗、铊、铼。

④ 稀土金属：包括钪、钇和镧系金属。

⑤ 放射性金属：包括钋、镭、钍及锕系金属等。

与金属性质相近的元素为准金属元素，准金属为半导体，一般指硅、硒、碲、砷、硼。（习惯放在非金属元素讨论）

2. 金属在自然界中的分布

金属在自然界中的分布很广。由于各种金属的化学活性相差很大，因而在自然界中存在的形式各不相同。少数化学性质不太活泼的金属元素，在自然界中以游离单质存在，其余大多数金属元素以化合物状态存在。一般轻金属以氧化物、氟化物和含氧酸盐（硫酸盐、磷酸盐、碳酸盐等）形式存在，重金属则多以氧化物、硫化物成矿，还有许多以硅酸盐形式存在。这些矿物大多埋藏在地下，成为地壳岩石圈的组成部分，也有些溶解度较大的矿物被雨水或地下水带入海洋，此外海底岩层中原本就含有各种矿藏，所以在海洋中也有大量金属资源。

在我国，有许多储量极为丰富的稀有金属，例如，钨、钼和稀土的储量都占世界首位。这些丰富的矿藏，为我国建设发展提供了难得的物质基础。随着生产的发展，对各种矿藏的需求也将与日俱增。从长远的观点看，矿产资源总是有限的，为了可持续发展，我们必须十分爱惜地使用这些有限的宝藏，因而除了不断地提高矿物的利用率外，还必须重视海洋资源的开发。现已查明，不仅海底有丰富的矿藏，而且海水中也含有 80 多种元素（除了钾、钠、钙、镁外，还含有各种稀有金属，如铷、铀、锂等）。海水中金属浓度虽低，但因海水量十分巨大，所含的金属总量仍是十分可观的。例如，海水中含铀的总量在 40 亿吨以上，相当于陆地铀储量的400 倍。另外，海水中约有 500 万吨金，8000 万吨镍，16000 万吨银，8 万吨钼等。因此，广阔的海洋实在是一个巨大的矿产资源"聚宝盆"。

3. 金属的提炼

从含金属的矿石中提炼金属一般需要经过三大步骤：① 采矿和选矿；② 冶炼；③ 精炼。

所谓选矿就是对开采出来的矿石进行预处理，把矿石中大量脉石（主要是石英、石灰石和长石等）移去，以提高矿石中有用成分的含量，达到富集的目的。常用的选矿方法有水选法、磁选法和浮选法等。选矿过程主要利用矿石中有用成分与脉石在物理性质上的差别将它们分开。而通常所说的金属冶炼，主要是指冶炼和精炼这两步的总称。

除了金、银、铜、汞几种金属元素在自然界中可以游离单质形式存在外，其余绝大多数金属在自然界中都是以它们的化合物或盐的形式存在的。在所有这些化合物中，金属元素都呈正氧化态，因而金属的冶炼过程，实际上是把金属从它们的化合物中还原出来的化学反应过程。由于各种金属的化学活泼性不同，金属离子得到电子被还原为金属原子的能力便不同，因而相应的冶炼方法也不同。冶炼大体分为干法和湿法两种。

工业上提炼金属常用的方法有如下几种。

（1）热还原法

热还原法是用得最为广泛的一种方法：常用的还原剂有碳、一氧化碳、氢和活泼金属。按还原剂不同，可分为下列几种情况。

① 碳还原法：用碳作还原剂。由于碳资源丰富，便宜易得，因而用得十分普遍，如从锡石（SnO_2）或者赤铜石（Cu_2O）提取锡和铜就是用碳还原法。

$$SnO_2 + 2C =\!=\!= Sn + 2CO\uparrow$$
$$Cu_2O + C =\!=\!= 2Cu + CO\uparrow$$

由于反应需要高温，通常在高炉和电炉中进行，所以这种冶炼方法又称为火法冶金。

② 氢还原法：用氢气作还原剂。由于用碳作还原剂所得到的金属往往含有碳和金属碳化物，得不到纯金属。因此若要制取不含碳的金属，或希望得到纯度较高的金属，常用氢还原法。一般来说，具有较小生成焓的氧化物，如氧化铜、氧化铁、氧化钴、氧化钨等，容易被氢还原成金属。例如：

$$WO_3 + 3H_2 =\!=\!= W + 3H_2O$$

③ 金属还原法：用较活泼的金属作还原剂。一些具有较大生成焓的氧化物，如氧化锆、氧化钛等，基本上不能被氢气还原，而只能使用金属还原法。其中铝是最常用的还原剂，此外钙、镁也常用。由于铝的还原能力强，价廉易得，生成氧化铝的反应强烈放热，可降低能耗。因而常用铝还原其他金属氧化物，以制备相应的金属。例如：

$$Cr_2O_3 + 2Al =\!=\!= 2Cr + Al_2O_3$$

但铝容易与许多金属生成合金，得到的金属中常杂有铝，这是用铝作还原剂的缺点。用钙、镁作还原剂，并不和被还原金属生成合金，得到的金属纯度较高。通常用来制备钛、锆、铪、钒、铌、铀等金属。

（2）热分解法

有些金属可直接通过热分解其氧化物、卤化物（主要是碘化物）的方法制得。例如：

$$ThI_4 =\!=\!= Th + 2I_2$$

钛、锆、铪、钒、铬等金属，都可以从它们的碘化物分解而得。此法的优点在于制得的金属纯度较高。在金属活动序中处于氢后面的金属，则可通过热分解它们的氧化物来制取。

$$2HgO =\!=\!= 2Hg + O_2\uparrow$$

（3）电解法

电解是最强的还原手段，任何离子化合物都可以进行电解，在阴极上得到还原产物。因而几乎所有的金属都可以用电解法来制备，特别是对于不能用一般还原剂还原的活泼金属。这种方法得到的产品纯度很高，但能耗大，成本高。目前，在工业上对铝和比铝更活泼的金属，如钙、镁、钠等，都是用电解法制取的。电解法有水溶液电解和熔盐电解法两种。

4. 主族金属

主族金属包括碱金属、碱土金属及铝、镓、铟、铊、锡、铅、锑及铋等元素。主族金属容易参加化学反应，其氧化态较低。反应后大都形成离子化合物，其氧化物溶于水后大都呈碱性，不过其中的两性元素（如铝）的氧化物同时具有酸性和碱性。

碱金属（alkali metal）指的是元素周期表ⅠA族元素中所有的金属元素，目前共有锂（Li）、钠(Na)、钾(K)、铷(Rb)、铯(Cs)、钫(Fr)六种,前五种存在于自然界中,钫只能由核反应产生。碱金属是金属性很强的元素,氧化态通常为 +1;其单质也是典型的金属,表现出较强的导电、导热性。碱金属的单质反应活性高,在自然状态下只以盐类存在。钾、钠是海洋中的常量元素,在生物体内也有重要作用;其余的则属于稀有轻金属元素,在地壳中的含量十分稀少。虽然它们的周期性十分明显,但锂还是和同族的其他碱金属元素有很大不同,其主要表现在锂化合物的共价性,是因锂的原子半径过小所致。由于碱金属最外层只有 1 个电子,标准电极电势很低,具有很强的反应活性,所以能直接与很多非金属元素形成离子化合物。和水发生激烈的反应,生成强碱性的氢氧化物。因此为了防止与空气中的水发生反应,一般放在煤油或石蜡中保存。在氢气中,碱金属都生成白色粉末状的氢化物。碱金属都可在氯气中燃烧。碱金属在人体中以离子形式存在于体液中,也参与蛋白质的形成。钠离子与钾离子调节人体液的渗透压平衡和神经元轴突膜内外的电荷,它们的浓度差变化是神经冲动传递的物质基础。碱金属离子及其挥发性化合物在无色火焰中燃烧时会显现出独特的颜色,这可以用来鉴定碱金属离子的存在;电子跃迁可以解释这种焰色反应,碱金属离子的吸收光谱落在可见光区,因而出现了标志性颜色。碱金属化合物的性质在绝大多数情况下体现为阴离子的性质,而碱金属阳离子是没有特别性质的。碱金属单质与氧气能生成各种复杂的氧化物(氧化物、过氧化物甚至超氧化物)。碱金属的盐类大多为离子晶体,而且大部分可溶于水。碱金属卤化物中常见的是氯化钠和氯化钾,它们大量存在于海水中,电解饱和氯化钠溶液可以得到氯气、氢气和氢氧化钠,这是工业制取氢氧化钠和氯气的方法。碱金属硫酸盐中以硫酸钠最为常见,十水合硫酸钠俗称芒硝。碱金属的碳酸盐中,碳酸钠俗名纯碱,是重要的工业原料,主要由侯氏制碱法生产;碳酸氢钠俗名小苏打,在食品工业等诸多领域中有广泛的应用。

碱土金属(alkali earth metal)是指元素周期表中ⅡA族元素,包括铍(Be)、镁(Mg)、钙(Ca)、锶(Sr)、钡(Ba)、镭(Ra)六种金属元素。其中铍也属于稀有轻金属,镭是放射性元素。钙、镁和钡在地壳内蕴藏较丰富,它们的单质和化合物用途较广泛。除铍外都是典型的金属元素,氧化态为 +2,其单质为灰色至银白色金属,硬度比碱金属略大,导电、导热能力好,容易同空气中的氧气、水蒸气、二氧化碳作用,在表面形成氧化物和碳酸盐,失去光泽。碱土金属的氧化物熔点较高,溶于水显较强的碱性;其盐类中除铍盐外,皆为离子晶体,但溶解度较小。在自然界中,碱土金属都以化合物的形式存在。在高温火焰中燃烧产生的特征颜色,可用于这些元素的鉴定。与水作用时,放出氢气,生成氢氧化物,碱性比碱金属的氢氧化物弱,但钙、锶、钡、镭的氢氧化物仍属强碱。金属镁能与大多数非金属和几乎所有的酸化合,大多数碱及许多有机化学药品与镁仅仅轻微地或者根本不起作用。金属钙在自然界分布广,以化合物的形态存在,如石灰石、白垩、大理石、石膏、磷灰石等;也存在于血浆和骨骼中,并参与凝血和肌肉的收缩过程。碱土金属可形成普通氧化物和过氧化物(除铍外)。其氧化物(除 BeO 和 MgO 外)与水作用即可得到相应的氢氧化物,溶解度较低。常见碱土金属的盐类有卤化物、硝酸盐、硫酸盐、碳酸盐、磷酸盐等。绝大多数碱土金属盐类的晶体都属于离子型晶体,它们具有较高的熔点和沸点。碱土金属的盐比相应的碱金属盐溶解度小,有不少是难溶解的,这是区别于碱金属的特点之一。其中硝酸盐、氯酸盐、高氯酸盐和醋酸盐等易溶。碱土金属有着广泛的用途。镁离子在机体中的生化作用是十分重要的,是构成叶绿素的重要成分;在工业中镁主要用于制备强度高、密度小的合金,广泛用于汽车、飞机制造业中。钙是构成人和动物骨骼的主要成分,在传递神经脉冲、触发肌肉收缩和激素释放、血液的凝结及正常心律调节中,Ca^{2+}都起着重要的作用。钙盐是人体必需的无机盐,主要来源于牛奶、干酪及绿叶蔬菜。

p区金属元素主要包括元素周期表ⅢA族中的铝(Al)、镓(Ga)、铟(In)、铊(Tl),ⅣA族中的锗(Ge)、锡(Sn)、铅(Pb),ⅤA族中的锑(Sb)、铋(Bi)等。铝为自然界分布最广泛的金属元素,属于亲氧元素,在自然界中大量以含氧化合物形式存在,其在地壳中的含量仅次于氧和硅,居第三位,是地壳中含量最丰富的金属元素。铝的应用极为广泛。铝的密度很小,虽然比较软,但可制成各种铝合金,广泛应用于飞机、汽车、火车、船舶等制造工业及宇宙火箭、航天飞机、人造卫星等高技术领域。铝的表面因有致密的氧化物保护膜,不易受到腐蚀,而且有一定的绝缘性,所以铝在电器制造工业、电线电缆工业和无线电工业中有广泛的用途。铝是热的良导体,工业上可用铝制造各种热交换器、散热材料和炊具等。铝有较好的延展性(仅次于金和银),可制成铝箔,广泛用于包装材料等,还可制成铝丝、铝条,并能轧制各种铝制品。镓的活动性与锌相似,却比铝低。镓和铝一样也是两性金属,既能溶于酸(产生Ga^{3+})也能溶于碱。镓在常温下,表面产生致密的氧化膜阻止其进一步氧化。镓的一些化合物与尖端科学技术关系密切。砷化镓是近些年来新发现的一种性能优良的半导体材料,作为电子元件,可以使电子设备的体积大为缩小,实现微型化,同时还可以制成激光器。磷化镓是一种半导体发光元件,能够发射出红光或绿光。铟对固体物理和固体电子学的发展有重要作用,其中氧化铟锡(简称ITO;In_2O_3与SnO_2的9:1混合物)是一种重要的半导体材料,在显示器、触摸屏、传感器、有机发光二极管、太阳能电池、抗静电镀膜等领域中有着十分广泛的用途。锗化学性质稳定,常温下不与空气或水蒸气作用,但在$600\sim700\ ℃$时,很快生成二氧化锗。锗与盐酸、稀硫酸不起作用,但在硝酸、王水中,锗易溶解。锗有着良好的半导体性质,如高的电子迁移率、空穴迁移率等。高纯度的锗是半导体材料,掺有微量特定杂质的锗单晶,可用于制造各种晶体管、整流器及其他器件。锗单晶可作晶体管,是第一代晶体管材料。高纯锗单晶具有高的折射系数,对红外线透明,不透过可见光和紫外线,可作专透红外光的锗窗、棱镜或透镜。锗普遍存在于有机体中,有机锗化合物能抑制肿瘤活性,其可能的机制包括增强机体免疫力,清除自由基和抗突变等多个方面。金属锡主要用于制造合金。硫化锡的颜色与金相似,常用作金色颜料。二氧化锡是不溶于水的白色粉末,可用于制造搪瓷、白釉与乳白玻璃,同时也是常用的气敏材料和汽车废气中一氧化碳的氧化催化剂。锡金属富有光泽、无毒、不易氧化变色,具有很好的杀菌、净化、保鲜效用。锡器历史悠久,其材质是一种合金,其中纯锡含量在97%以上,不含铅的成分,适合日常使用。锡在我国古代常被用来制作青铜,其中锡和铜的比例为3:7。金属铅在空气中受到氧、水和二氧化碳作用,其表面会很快氧化生成保护薄膜;铅主要用于制造铅蓄电池;铅合金可用于铸铅字,做焊料;铅还用来制造X射线等放射性辐射的防护设备;铅及其化合物(尤其是有机铅)对人体有较大毒性,并可在人体内积累。方铅矿(PbS)是人们提取铅的主要来源。锑多用作其他合金的组元,可增加其硬度和强度。含锑合金及化合物的用途十分广泛。高纯锑是半导体硅和锗的掺杂元素。锑白(Sb_2O_3)是搪瓷、油漆的白色颜料和阻燃剂的重要原料。锑在合金中的主要作用是增加硬度,常被称为金属或合金的硬化剂,可以用来制造军火,所以锑被称为战略金属。铅锡锑合金强度高、极耐磨,是制造轴承、齿轮的理想材料。铋主要用于制造易熔合金,用于消防装置、自动喷水器、锅炉的安全塞,一旦发生火灾时,一些水管的旋塞会"自动"熔化,喷出水来。在消防和电气工业上,用作自动灭火系统和电器保险丝、焊锡。铋合金具有凝固时不收缩的特性,用于铸造印刷铅字和高精度铸型。碳酸氧铋和硝酸氧铋用于治疗皮肤损伤和肠胃病。

5. 过渡金属

在众多的金属元素中,大部分为过渡金属元素。过渡金属元素是指元素周期表中从ⅢB族开始到ⅡB族为止的元素及镧系、锕系元素(称为内过渡元素),亦即包括元素周期表中d区、ds区及f区的全部元素。因为这些元素都是典型的金属元素,而且在元素周期表中位于s区元素和p区元素之间,即处于由ⅠA、ⅡA族元素(活泼金属)向ⅢA和ⅣA族元素(半金属、非金属)过渡的区域,因而被称为过渡金属元素又称过渡金属。一般来说,这一区域包括3到12列一共十列八个族的元素,但不包括f区的内过渡元素。过渡金属元素的一个周期称为一个过渡系,第4、5、6周期的元素分别属于第一、二、三过渡系。

过渡金属元素在原子结构上的共同特点是:价电子一般依次排布在次外层d轨道上,由ⅢB族的$(n-1)d^1ns^2$到ⅡB族的$(n-1)d^{10}ns^2$。内过渡元素在原子结构上的共同特点则是,价电子一般依次排入$(n-2)$层的f轨道上。例如,镧系元素从第58号元素铈到第71号元素镥这14个元素的原子最外层都有2个6s电子,0或1个5d电子,1~14个4f电子。这样的价电子排布方式是过渡金属元素所固有的许多物理化学特性的微观依据,也是它们在性质上彼此相似的微观原因。因此这些元素在周期表中形成了一个特别的区域。由于过渡金属原子中未配对的价电子数较多,使这些金属晶体内部的化学键(金属键)相当强,因而这些金属普遍地表现出熔点高、密度大、硬度大等特点。特别是ⅤB,ⅥB,ⅦB等副族元素的原子中未成对电子数相对较多,因而它们的熔点和硬度也相应较高。许多过渡金属具有顺磁性,这是由于它们原子中具有未成对的d电子所引起的。

过渡金属一般都具有较好的延展性和机械加工性,又都是热和电的良导体。这些特性也是基于其金属晶体内部有较强的金属键和较多的自由电子的结果。

由于过渡金属具有上述特殊的结构与物性,故此它们在工程材料方面有着广泛的应用。

在化学性质方面,过渡金属有以下几个特点:

① 除ⅢB族元素的氧化数只有+3以外,其余元素都具有多种氧化数。所以同种金属各种氧化态之间的氧化还原反应的内容十分丰富。这个特点是和它们具有较多的价电子分不开的。

② 几乎所有的过渡金属元素都易于形成配位化合物,这与它们的原子和离子具有空的价层轨道有关。

③ 过渡金属元素的离子往往具有颜色。这是由于它们的离子的价层d轨道常常未填满电子。因而已填充的d电子能吸收某种波长的可见光而被激发到能级较高的空d轨道中去。因此呈现出不同的颜色。

④ 许多过渡元素及其化合物具有催化活性,因而常用作催化剂。

钛副族元素为ⅣB族,包括钛(Ti)、锆(Zr)、铪(Hf),价层电子构型$(n-1)d^2ns^2$,稳定氧化数为+4。钛主要存在于钛铁矿$FeTiO_3$和金红石TiO_2中。锆主要存在于锆英石$ZrSiO_4$和斜锆石ZrO_2中;铪通常与锆共生。钛较轻,强度接近钢铁,兼有铝铁的优点,既轻强度又高硬度(可用于生产航天材料、眼镜架等)。镍钛合金(NT)作为记忆性合金,其形状能在室温和高温可逆转变。TiO_2的化学性质不活泼,且覆盖能力强、折射率高,可用于制造高级白色油漆;它

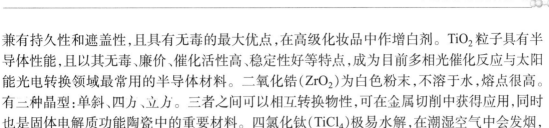

兼有持久性和遮盖性,且具有无毒的最大优点,在高级化妆品中作增白剂。TiO_2 粒子具有半导体性能,且以其无毒、廉价、催化活性高、稳定性好等特点,成为目前多相光催化反应与太阳能光电转换领域最常用的半导体材料。二氧化锆(ZrO_2)为白色粉末,不溶于水,熔点很高。有三种晶型:单斜、四方、立方。三者之间可以相互转换物性,可在金属切削中获得应用,同时也是固体电解质功能陶瓷中的重要材料。四氯化钛($TiCl_4$)极易水解,在潮湿空气中会发烟,利用其水解性,可制作烟幕弹。$TiCl_3$ 可用作烯烃定向聚合的催化剂。

钒副族元素 VB 族,包括钒(V)、铌(Nb)、钽(Ta),价层电子构型 $(n-1)d^3ns^2$,稳定价态为 +5;熔点较高,同族中随着周期数增加而升高;单质都为银白色、有金属光泽。纯净的金属硬度低、有延展性,当含有杂质时则变得硬而脆。室温下钒不与空气、水、碱及除 HF 以外的非氧化性酸发生作用。铌和钽只与 HF 作用;溶于熔融状态下的碱中。高温下它们都可以同许多非金属反应。五氧化二钒(V_2O_5)无臭,无味,有毒;微溶于水。玻璃中加入五氧化二钒可防止紫外线。它属于弱两性氧化物,以酸性为主,溶于强碱生成钒酸盐;溶于强酸,生成含钒氧离子的盐(pH = 13、8.4、3、2、1,分别为无色 VO_4^{3-}、浅黄色 $V_2O_7^{4-}$、黄色 $V_3O_9^{3-}$、深红色 $V_{10}O_{28}^{6-}$、红棕色 $V_2O_5 \cdot xH_2O$ 和黄色 VO_2^+),其中酸性条件下钒酸盐是强氧化剂(VO_2^+),可以被 Fe^{2+}、草酸、酒石酸和乙醇还原为 VO^{2+}。不同氧化态的含钒离子的颜色不同:VO^{2+}(蓝色)、V^{3+}(绿色)、V^{2+}(紫色)。铌、钽的物理、化学性质很相似,属于稀有高熔点金属,最主要的特点是耐热。铌、钽与钨、钼、钒、镍、钴等一系列金属进行加工,得到的"热强合金",可以用作超音速喷气式飞机和火箭、导弹等的结构材料。

铬副族元素为 VIB 族,包括铬(Cr)、钼(Mo)、钨(W)。铬、钼价层电子构型 $(n-1)d^5ns^1$,钨为 $5d^46s^2$。自然界主要矿藏形式为铬铁矿[$FeCr_2O_4$($FeO \cdot Cr_2O_3$)]、辉钼矿(MoS_2)、黑钨矿[$(Fe,Mn)WO_4$]和白钨矿($CaWO_4$)。三种金属都是银白色金属,熔点高。Cr 的硬度大,能刻花玻璃。去掉保护膜的铬可缓慢溶于稀盐酸和稀硫酸中,形成蓝色 Cr^{2+};与空气接触,很快被氧化而变为绿色的 Cr^{3+};铬还可与热浓硫酸作用,但不溶于浓硝酸。三氧化二铬(Cr_2O_3)为绿色固体,可由单质 Cr、$(NH_4)_2Cr_2O_7$ 和 CrO_3 制备。氢氧化铬为灰绿色胶状水合氧化铬($Cr_2O_3 \cdot xH_2O$)沉淀,具有两性,可溶于酸(生成蓝紫色 $[Cr(H_2O)_6]^{3+}$)和碱(生成亮绿色的 $[Cr(OH)_4]^-$)。铬盐中的重铬酸钾 $K_2Cr_2O_7$(红矾钾,橙红色)不易潮解,不含结晶水,常作为化学分析中的基准物。向铬酸盐溶液中加入酸,溶液由黄色变为橙红色;向重铬酸盐溶液中加入碱,溶液由橙红色变为黄色。重铬酸盐在酸性溶液中有强氧化性。钼、钨都是高熔点、高沸点的重金属,可用于制作特殊钢,能溶于硝酸和氢氟酸的溶液中。三氧化钼(MoO_3)由畸变的 MoO_6 八面体组成的层状结构,三氧化钨(WO_3)形成由顶角连接的 WO_6 八面体的三维阵列。钨和钼的含氧酸很容易缩水形成各种杂多酸和同多酸及其相应盐类。钨是所有金属中熔点最高的,故被用作灯丝。铬的硬度是最大的。高熔金属钨和铬还是用作金属陶瓷的重要原料。在通常用作耐火材料的耐高温氧化物中加入一些耐高温金属(如 $Al_2O_3 + Cr$, $ZrO_2 + W$ 等),以细粉混匀,加压成型后再烧结,就得到既有金属强度又有耐高温陶瓷特性的金属陶瓷,是一种很有用的新型结构材料。此外,钨、钼等高熔金属还常被用作电子仪器中的热电子发射(阴极)材料,钨更被大量用来制造各类灯泡中的灯丝和硬质合金(如 W_2C 等)。

锰副族元素为 VIIB 族,包括锰(Mn)、锝(Tc)、铼(Re),价层电子构型 $(n-1)d^5ns^2$。锰是钢的一种重要添加剂,能脱除钢中氧和硫。高锰酸根 MnO_4^- 中,Mn—O 之间有较强的极化效应,吸收可见光后使 O^{2-}端的电子向 Mn(Ⅶ)跃迁,吸收红、黄光,显紫色。高锰酸钾具有强氧化性,其 MnO$_4^-$根据不同的酸碱性环境可被还原成锰酸根 MnO$_4^{2-}$、二氧化锰 MnO$_2$、二价锰离子 Mn^{2+}等形式。二氧化锰在强酸中有氧化性易被还原,在碱性条件下具有一定还原性,可被氧化至 Mn(Ⅵ),在中性时稳定。在工业上 MnO$_2$ 用作干电池的去极化剂、火柴的助燃剂、某些有机反应的催化剂,以及合成磁性记录材料铁氧体的原料等。在酸性溶液中,只有用强氧化剂,如 NaBiO$_3$,PbO$_2$,(NH$_4$)$_2$S$_2$O$_8$ 等,才能将 Mn^{2+}氧化为呈现紫红色的 MnO$_4^-$。二价锰盐中,硫酸锰最稳定,可形成含有 7、5、4 或 1 H$_2$O 的水合物,受热时不分解,易脱水。酸根有氧化性的二价锰盐热稳定性不如硫酸锰,高温分解时 Mn(Ⅱ)被氧化。

Ⅷ族包括元素:铁(Fe)、钴(Co)、镍(Ni)、钌(Ru)、铑(Rh)、钯(Pd)、锇(Os)、铱(Ir)、铂(Pt)。其中前三种元素性质极为相似,且均属第一过渡系,称为铁系元素;后六种均为贵金属,称为铂系元素。

铁系金属最高氧化数不等于其族序数。第Ⅷ族过渡元素 3d 电子已超过 5 个,全部 d 电子参与成键的可能性逐渐减小,所以铁系元素不像其前面的过渡元素易形成 CrO$_4^{2-}$、MnO$_4^-$那样的含氧酸根离子。铁系元素中只有 d 电子最少的铁元素,可以形成很不稳定的、氧化数为 +6(如高铁酸根 FeO$_4^{2-}$)的化合物。一般条件下,铁的氧化数为 +2 和 +3,其中氧化数为 +3 的化合物最稳定;还能形成混合氧化态化合物 Fe$_3$O$_4$,经 X 射线衍射结构研究证明 Fe$_3$O$_4$ 是一种铁(Ⅲ)酸盐,即 Fe(Ⅱ)Fe(Ⅲ)[Fe(Ⅲ)O$_4$]。钴的氧化数可为 +2、+3。镍主要形成氧化数为 +2 的化合物。铁矿有:赤铁矿 Fe$_2$O$_3$、磁铁矿 Fe$_3$O$_4$、褐铁矿 2Fe$_2$O$_3$·3H$_2$O、菱铁矿 FeCO$_3$、黄铁矿 FeS$_2$。钴、镍在地壳中含量相对少得多,其中 Co 含量比 Cu 还少,它们常共生,主要有辉钴矿 CoAsS、镍黄铁矿 NiS·FeS。人类对铁的发现相当早,可能与铜相当,但由于需要较高温度,冶炼有困难,所以利用铁要比铜晚得多。纯的 Fe,Co,Ni 均为银白色金属。Fe,Co,Ni 的金属活性逐渐降低。Co 硬而脆,Fe,Ni 延展性好;铁系元素有强磁性,可与磁体作用。与稀酸反应(Co,Ni 反应缓慢),浓、冷 HNO$_3$ 可使 Fe,Co,Ni 钝化;浓硫酸可使 Fe 钝化。纯 Fe,Co,Ni 在水、空气中较稳定;加热时,Fe,Co,Ni 可与 O$_2$,S,X$_2$ 等反应。Fe,Co,Ni 的 +2,+3 氧化数的氧化物均能溶于强酸,而不溶于水和碱,属碱性氧化物。它们的 +3 氧化态氧化物的氧化能力按铁-钴-镍顺序递增,而稳定性递降。高铁酸盐在强碱性介质中才能稳定存在,是比高锰酸盐更强的氧化剂;是新型净水剂,具有氧化杀菌性质,生成的 Fe(OH)$_3$ 对各种负、正离子有吸附作用,对水体中的 CN$^-$去除能力非常强。人体中许多重要的金属蛋白和金属酶的核心金属都是铁离子,如血红蛋白、肌红蛋白、细胞色素等。铁是所有金属中用途最广、用量最大的,从远古铁器时代起,铁就是制造生产工具、生活用具和武器的基本材料。今天,铁仍是各种不同性能的钢材的基本成分。铁、钴、镍有顺磁性,它们是许多磁性材料的主要成分。钴的配合物维生素 B$_{12}$ 在许多生物化学过程中起非常特效的催化作用,能促使红细胞成熟,是治疗恶性贫血症的特效药。Co 还较大量地用于合金,可制作刀具,高温仍保持硬度。

铂族金属以其特别可贵的性能和资源珍稀而著称;与金、银合称"贵金属"。但其发现与利用相对于金、银来说时间上要晚得多。铂族金属的共同特性是:除了锇和钌为钢灰色外,其余均为银白色;熔点高、强度大、电热性稳定、抗电火花蚀耗性高、抗腐蚀性优良、高温抗氧化性能强、催化活性好。除钯尚能溶于硝酸和热硫酸中,其余五种金属都不溶于一般的酸;铂仅溶于王水;钌、铑、锇、铱四种金属连王水也不能使它们溶解。大多数铂族金属都能吸收气体,特别是氢气。其中钯吸氢能力最强,常温下 1 体积钯能吸收 900~2800 体积的氢。铂吸收氧的能力强,1 体积铂可吸收 70 体积的氧。当铂族金属粒度很细如铂黑、钯黑或呈胶态时,吸附能力更强,故它们有良好的催化性能。纯铂和钯有良好的延展性,能加工成微米级的细丝和箔。铑和铱的高温强度很好,但冷塑性加工性能稍差。锇和钌硬度高,但机械加工性能差。在高温下铂和锇与氧气作用生成挥发性的氧化物,增加它的蒸发速率。铱是唯一可以在氧化性气氛中使用到 2300 ℃ 而不严重损失的金属。铂系金属有多个氧化态,其稳定的氧化态为:钌 +3,铑 +3,钯 +2、+4,锇 +3、+4,铱 +3、+4,铂 +2、+4。它们都有强烈生成配合物的倾向,最常见的配位数为 4 和 6。化学工业中用它们制造特殊用途的反应器皿、蒸发皿和坩埚。铂、钌、铑、钯也是制造耐腐蚀电极及热电偶的重要材料。铂铱合金用于制造标准度量衡的校准器,锇铱合金还用于制造指南针的主要零件及自来水笔等。此外,铂系金属,特别是钌、铑、铂、钯(及其化合物)常用作化学工业的催化剂。

铜副族元素为 ⅠB 族,包括铜(Cu)、银(Ag)、金(Au),价层电子构型 $(n-1)d^{10}ns^1$。虽然铜的第二电离能较大,但铜的二价离子水合热的负值更大,因此铜在水溶液中的稳定价态是 +2。由于铜族元素的 s 电子和 d 电子的能量差不大,部分电子可以参与成键,所以铜族元素表现多种氧化数。它们的电离能不是很大,与变形性小、电负性大的原子成键时,可以失去电子形成离子键,由于 18 电子结构的离子具有很强的极化力和明显的变形性,所以铜族元素一方面易形成共价化合物,另一方面由于它们离子的 d、s、p 轨道能量相差不大,能级较低的空轨道较多,所以铜族元素容易形成配合物。$CuSO_4$ 为蓝色,味苦,俗称蓝矾或苦矾,是重要的试剂和杀菌剂。无水硫酸铜是白色粉末,具有很强的吸水性,吸水后显特征的蓝色,可利用这一性质检验乙醚、乙醇等有机溶剂中的微量水分;也可用作干燥剂和制"波尔多"溶液,用于杀虫灭菌;加入储水池中可防止藻类生长。氧化银 Ag_2O 不溶于水,呈暗棕色,由于它的生成热很小,很不稳定,容易被还原为金属银。硝酸银见光受热会分解,因此必须保存于棕色瓶和避光阴凉处;固体 $AgNO_3$ 或其溶液都是强氧化剂,即使在室温下,许多有机化合物都能将它还原成黑色银粉。10% 的硝酸银溶液在医药上作消毒剂;大量的硝酸银用于制造照相底片上的卤化银,多余的卤化银在定影剂中被溶解掉,以保证影片清晰。大部分的银盐都是难溶盐,Ag_2S 最难溶,分析上用铬酸盐作为硝酸银滴定氯离子的终点指示剂。金、银、铜自古以来就是制造货币的主要材料,直至今天仍是一些国家造币合金的成分。此外制造各种饰物,器皿及精美的工艺品、收藏品也是金和银的一个重要用途。

锌族元素属于 ⅡB 副族,包括锌(Zn)、镉(Cd)、汞(Hg),价层电子构型 $(n-1)d^{10}ns^2$。自上而下活泼性递减;18 电子构型极化作用强,易形成共价键。容易进行 sp^3 杂化,形成四面体构型配合物。除 Hg 可以形成 +1 氧化数外,Zn 和 Cd 只有 +2 氧化数;Hg 的 +1 氧化数化合物实际上是以 —Hg—Hg— 双聚离子存在。18 电子构型的离子或配合物一般是无色的,它们的熔沸点低;汞是所有金属中熔点最低的金属,常温下为液态,汞易挥发,其蒸气有毒。不仅锌族元素之间容易形成合金,它们还容易与其他金属形成合金。但铁系金属不形成汞齐,可用铁制容器盛水银。Zn、Cd 是电镀的原料,锌大量用于制造黄铜、白铁皮等合金。锌用于制造干电池,汞用于制造温度计、压力计、太阳灯等。锌是人体不可缺少的微量元素,也是植物生长的微量元素。其中化学活泼性最强的是锌,最不活泼的是汞;镉的化学性质类似于锌,主要反应表现为:在加热的条件下,锌族元素可与 O_2、S、X_2 等非金属反应;常温下,镉和汞不与空气反应;锌的表面可形成保护层。锌为两性金属,在稀酸或稀碱中反应生成氢气。汞与硫在常温下就能发生反应,这是由于它们的接触面大,另外就是汞与硫的亲和力强,人们常用硫黄粉来处理洒落地上的汞就是利用了这一性质。Cd 与浓酸反应放出氢气,Hg 不与浓酸反应,但与硝酸反应。Cd 和 Hg 都不溶于碱,这里只有锌是两性的。锌和镉的氧化物可由碳酸盐热分解得到,也可由氢氧化物热分解得到。氢氧化汞极不稳定,常温下立即分解为氧化物。

稀土元素是指元素周期表中处于第六周期从 57 号到 71 号的 15 个镧系元素[镧(La)、铈(Ce)、镨(Pr)、钕(Nd)、钷(Pm)、钐(Sm)、铕(Eu)、钆(Gd)、铽(Tb)、镝(Dy)、钬(Ho)、铒(Er)、铥(Tm)、镱(Yb)、镥(Lu)]加上第五周期的钇(Y)和第四周期的钪(Sc)。其中镧系的价层电子构型为 $4f^{0\sim14}5d^{0\sim1}6s^2$,属于ⅢB 族。除 Sc 和具有放射性的 Pm 之外,其余元素由于性质极其相似而相互共生于天然矿藏之中。稀土元素实际上并不十分稀少,且在自然界中丰度符合奇偶数变化规律。我国目前是世界第一稀土储藏国、生产国和消费国。存在南北两大典型稀土资源,除北方内蒙古自治区的白云鄂博为主的独居石矿,还具有以中重稀土为主的南方离子吸附型矿。稀土元素半径周期性变化符合总的减小规律,但变化幅度更小,导致其原子半径极其相近,呈现"镧系收缩"现象。同时其在分离化学中不同溶剂中的分配比、热力学参数(如自由能、稳定常数、焓变、熵变等)都符合典型的"四分组效应"。其主要性质和功能归结于 4f电子排布状态;7 个轨道任意排布,存在多种原子光谱项和电子能级,电子跃迁遍布紫外、可见、红外区域;存在许多亚稳态(长寿命激发态),导致寿命长;$5s^2$,$5p^6$ 电子屏蔽效应,电磁场、配位场影响小。稀土金属为银灰色,有光泽,质软。随原子序数增加,逐渐变硬。化学性质活泼,几乎和所有非金属元素发生反应,属于强的还原剂,可还原部分过渡金属元素;与水作用放氢,需要煤油或石蜡中保存。其离子以 +3 为主,少数离子(Ce^{4+},Tb^{4+},Pr^{4+})呈现 +4 氧化数,还有少数离子(Eu^{2+},Yb^{2+},Tm^{2+},Sm^{2+})固态时可存在 +2 氧化数。稀土离子的特殊电子组态使其在功能材料领域有广泛应用,如发光、磁性、玻璃陶瓷、钢铁冶金、石油化工领域等。

6. 合金与金属间化合物

合金是由两种或两种以上的金属与非金属所合成的具有金属特性的物质。一般通过熔合成均匀液体后凝固而得。根据组成元素的数目,可分为二元合金、三元合金和多元合金。中国是世界上最早研究和生产合金的国家之一,在商朝(距今 3000 多年前),青铜(铜锡合金)制造工艺就已非常发达;公元前 6 世纪左右(春秋晚期)已锻打(还进行过热处理)制造出锋利的剑(钢制品)。合金也可能只含有一种金属元素,如钢(钢,是对含碳量质量分数介于 0.02%～2.04% 之间的铁合金的统称),尽管常见合金一般是混合物,但金属间化合物是由两种或两种以上金属或与类金属组成的具有整数化学计量比的化合物,是纯净物,由于其晶体的有序结构及金属键与共价键共存,因而具有一系列独特的优异性能,如密度低、熔点高、高温强度好及抗氧化性能优良等。利用类金属如 H,B,N,S,P,C,Si,形成的金属间化合物分为正常价化合物、电子化合物、间隙化合物和复杂化合物。其中 TiAl,Ti$_3$Al,NiAl,Ni$_3$Al,FeAl 和 Fe$_3$Al 是其中的典型代表。金属间化合物结构复杂。合金是固溶体,高比例部分叫溶剂金属,少的叫溶质,溶质一般融入溶剂金属间隙,形成间隙固溶体,或替换溶剂原子,形成置换固溶体。

合金的生成常会改善元素单质的性质,例如,钢的强度大于其主要组成元素铁。合金的物理性质,例如,密度、反应性、杨氏模量、导电性和导热性,可能与合金的组成元素尚有类似之处,但是合金的抗拉强度和抗剪强度却通常与组成元素的性质有很大不同,这是由于合金与单质中的原子排列有很大差异。少量的某种元素可能会对合金的性质造成很大的影响。例如,铁磁性合金中的杂质会使合金的性质发生变化。不同于纯净金属的是,多数合金没有固定的熔点,温度处在熔化温度范围时,混合物为固液并存状态。因此可以说,合金的熔点比组分金属低。

根据合金中含量较大的主要金属的名称而分类称作某某合金:如铜含量高的为铜合金,其性能主要保持铜的性能。根据结构的不同,合金主要分为如下类型:

① 混合物合金(共熔混合物),当液态合金凝固时,构成合金的各组分分别结晶而成的合金,如焊锡、铋镉合金等。

② 固溶体合金,当液态合金凝固时形成固溶体的合金,如金银合金等。

③ 金属互化物合金,各组分相互形成化合物的合金,如铜、锌组成的黄铜(β-黄铜、γ-黄铜和ε-黄铜)等。

合金的许多性能优于纯金属,故在材料应用中大多使用合金。

各类合金有以下通性:

① 多数合金熔点低于其组分中任一种组成金属的熔点。

② 硬度一般比其组分中任一金属的硬度大。(特例:钠钾合金是液态的,用于原子反应堆里的导热剂)

③ 合金的导电性和导热性低于任一组分金属。利用合金的这一特性,可以制造高电阻和高热阻材料。还可制造有特殊性能的材料。

④ 有的抗腐蚀能力强(如不锈钢),如在铁中掺入 15%铬和 9%镍得到一种耐腐蚀的不锈钢,适用于化学工业。

钢铁是铁与 C,Si,Mn,P,S 及少量的其他元素所组成的合金。其中除 Fe 外,C 的含量对钢铁的机械性能起着主要作用,故统称为铁碳合金。它是工程技术中最重要、用量最大的金属材料。

按含碳量不同,铁碳合金分为钢与生铁两大类,钢是含碳量为 0.03%~2%的铁碳合金。碳钢是最常用的普通钢,冶炼方便、加工容易、价格低廉,而且在多数情况下能满足使用要求,所以应用十分普遍。按含碳量不同,碳钢又分为低碳钢、中碳钢和高碳钢。随含碳量升高,碳钢的硬度增加、韧性下降。合金钢又叫特种钢,在碳钢的基础上加入一种或多种合金元素,使钢的组织结构和性质发生变化,从而具有一些特殊性能,如高硬度、高耐磨性、高韧性、耐腐蚀性等。经常加入钢中的合金元素有 Si,W,Mn,Cr,Ni,Mo,V,Ti 等。

生铁为含碳量 2%~4.3%的铁碳合金。生铁硬而脆,但耐压耐磨。根据生铁中碳存在的形态不同又可分为白口铁、灰口铁和球墨铸铁。白口铁中碳以 Fe_3C 形态分布,断口呈银白色,质硬而脆,不能进行机械加工,是炼钢的原料,故又称炼钢生铁。碳以片状石墨形态分布的称灰口铁,断口呈银灰色,易切削、易铸、耐磨。若碳以球状石墨分布则称球墨铸铁,其机械性能、加工性能接近于钢。在铸铁中加入特种合金元素可得特种铸铁,如加入 Cr,耐磨性可大幅度提高,在特种条件下有十分重要的应用。

铝合金的突出特点是密度小、强度高。铝中加入 Mn,Mg 形成的 Al-Mn,Al-Mg 合金具有很好的耐蚀性、良好的塑性和较高的强度,称为防锈铝合金,用于制造油箱、容器、管道、铆钉等。硬铝合金的强度较防锈铝合金高,但防蚀性能有所下降,这类合金有 Al-Cu-Mg 系和 Al-Cu-Mg-Zn 系。新近开发的高强度硬铝,强度进一步提高,而密度比普通硬铝减小 15%,且能挤压成型,可用作摩托车骨架和轮圈等构件。Al-Li 合金可制作飞机零件和承受载重的高级运动器材。目前高强度铝合金广泛应用于制造飞机、舰艇和载重汽车等,可增加它们的载重量及提高运行速率,并具有抗海水侵蚀、避磁性等特点。

工业中广泛使用的铜合金有黄铜、青铜和白铜等。Cu 与 Zn 的合金称黄铜,其中 Cu 占 60%～90%、Zn 占 40%～10%,有优良的导热性和耐腐蚀性,可用作各种仪器零件。在黄铜中加入少量 Sn,称为海军黄铜,具有很好的抗海水腐蚀的能力;在黄铜中加入少量的有润滑作用的 Pb,可用作滑动轴承材料。青铜是人类使用历史最久的金属材料,它是 Cu,Sn 合金。锡的加入明显地提高了铜的强度,并使其塑性得到改善,抗腐蚀性增强,因此锡青铜常用于制造齿轮等耐磨零部件和耐蚀配件。Sn 较贵,目前已大量用 Al,Si,Mn 来代替 Sn 而得到一系列青铜合金。铝青铜的耐蚀性比锡青铜还好。白铜是 Cu-Ni 合金,有优异的耐蚀性和高的电阻,故可用作苛刻腐蚀条件下工作的零部件和电阻器的材料。

以锌为基体加入其他元素组成的合金成为锌合金。通常加入的合金元素有 Al,Cu,Mg,Cd,Pb,Ti 等。锌合金熔点低、流动性好,易熔焊,钎焊和塑性加工,在大气中耐腐蚀,残废料便于回收和重熔;但蠕变强度低,易发生自然时效引起尺寸变化。锌合金特点是相对密度大,铸造性能好,可以压铸形状复杂、薄壁的精密件;铸件表面光滑,可进行表面处理,如电镀、喷涂、喷漆;有很好的常温机械性能和耐磨性;熔点低,容易压铸成型。

目前工业上应用的合金种类数以千计,其中几类尤其重要。现只简要地介绍其中几大类。

耐蚀合金:工业上采用合金化方法获得一系列耐蚀合金,一般有三种方法:① 提高金属或合金的热力学稳定性,即向原不耐蚀的金属或合金中加入热力学稳定性高的合金元素,使形成固溶体及提高合金的电极电势,增强其耐蚀性。例如在 Cu 中加 Au,在 Ni 中加入 Cu、Cr 等,即属此类。不过这种大量加入贵金属的办法,在工业结构材料中的应用是有限的。② 加入易钝化合金元素,如 Cr,Ni,Mo 等,可提高基体金属的耐蚀性。在钢中加入适量的 Cr,即可制得铬系不锈钢。实验证明,在不锈钢中,含 Cr 量一般应大于 13% 时才能起抗蚀作用,Cr 含量越高,其耐蚀性越好。这类不锈钢在氧化介质中有很好的抗蚀性,但在非氧化性介质如稀硫酸和盐酸中,耐蚀性较差。这是因为非氧化性酸不易使合金生成氧化膜,同时对氧化膜还有溶解作用。③ 加入能促使合金表面生成致密的腐蚀产物保护膜的合金元素,是制取耐蚀合金的又一途径。例如,钢能耐大气腐蚀是由于其表面形成结构致密的化合物羟基氧化铁 $[FeO_x \cdot (OH)_{23-2x}]$,它能起保护作用。钢中加入 Cu 与 P 或 P 与 Cr 均可促进这种保护膜的生成,由此可用 Cu,P 或 P,Cr 制成耐大气腐蚀的低合金钢。金属腐蚀是工业上危害最大的自发过程,因此耐蚀合金的开发与应用,有重大的社会意义和经济价值。

耐热合金又称高温合金,它对于在高温条件下的工业部门和应用技术领域有着重大的意义。提高钢铁抗氧化性的途径有两条:① 在钢中加入 Cr,Si,Al 等合金元素,或者在钢的表面进行 Cr,Si,Al 合金化处理。它们在氧化性气氛中可很快生成一层致密的氧化膜,并牢固地附在钢的表面,从而有效地阻止氧化的继续进行。② 用各种方法在钢铁表面形成高熔点的氧化物、碳化物、氮化物等耐高温涂层。提高钢铁耐高温强度的方法很多,从结构、性质的化学观点看,大致有两种主要方法:① 增加钢中原子间在高温下的结合力。研究指出,金属中结合力,即金属键强度大小,主要与原子中未成对的电子数有关。从元素周期表中看,ⅥB元素金属键在同一周期内最强。因此,在钢中加入 Cr,Mo,W 等原子的效果最佳。② 加入能形成各种碳化物或金属间化合物的元素,以使钢基体强化。由若干过渡金属与碳原子生成的碳化物属于间隙化合物,它们在金属键的基础上,又增加了共价键的成分,因此硬度极大,熔点很高。例如,加入 W,Mo,V,Nb 可生成 WC,W_2C,MoC,Mo_2C,VC,NbC 等碳化物,从而增加了钢铁的高温强度。利用合金方法,除铁基耐热合金外,还可制得镍基、钼基、铌基和钨基耐热合金,它们在高温下具有良好的机械性能和化学稳定性。其中镍基合金是最优的超耐热金属材料。

钛合金。液态的钛几乎能溶解所有的金属,形成固溶体或金属化合物等各种合金。合金元素如 Al,V,Zr,Sn,Si,Mo 和 Mn 等的加入,可改善钛的性能,以适应不同部门的需要。例如,Ti-Al-Sn 合金有很高的热稳定性,可在相当高的温度下长时间工作;以 Ti-Al-V 合金为代表的超塑性合金,可以 50%~150%地伸长加工成型,其最大伸长可达到 2000%。而一般合金的塑性加工的伸长率最大不超过 30%。由于上述优异性能,钛合金已广泛用于国民经济各部门,它是火箭、导弹和航天飞机不可缺少的材料。船舶、化工、电子器件和通信设备及若干轻工业部门中要大量应用钛合金,只是目前钛的价格较昂贵,限制了它的广泛使用。

7. 非金属元素

已经发现的非金属元素有 16 种,除氢外,非金属元素的价层电子构型为 $ns^2np^{1\sim5}$,通常它们倾向获得电子而呈负氧化态。但是在一定条件下它们也可以部分或全部发生价电子的偏移,而呈正氧化态,因此非金属元素一般都有两种或多种氧化态。

非金属元素单质按其结构和性质大致可分为三类。

① 小分子物质。如 X_2(卤素),O_2,N_2,H_2 等。通常情况下它们大多是气体,Br_2 是液体,I_2 是固体。处于固态时,这些小分子非金属单质都是以分子晶体存在。故熔点和沸点都很低,易挥发。

② 多原子分子物质。如 S_8,P_4,As_4 等。通常情况下它们都是固体,为分子晶体。熔点、沸点都不高,但比上述第①类要高,较易挥发。

③ 大分子物质。如金刚石、晶体硅和硼等。这类物质都以原子晶体存在,故熔点、沸点都很高,不易挥发。

(1) 非金属元素在元素周期表中位置

① 非金属元素除 H 外,都集中在元素周期表右上方,B-At 折线把金属与非金属元素隔开。

② 除稀有气体是零族外,其余的非金属元素均为主族元素。

③ 包括 6 种稀有气体,共计 22 种元素。

(2) 非金属元素原子结构和单质晶体类型

① 非金属元素原子的最外层电子数较多,除 H 为 1 个电子、He 为 2 个电子、B 为 3 个电子外,其余均大于 4 个电子。

② 非金属元素原子半径小于同周期金属元素的原子半径(不包括稀有气体),其中氢原子半径最小。

③ 非金属元素原子的价电子均在最外层。

④ 非金属元素原子半径小于其形成的阴离子半径,如 Cl 原子半径<Cl⁻离子半径。

⑤ 非金属元素的阴离子的价层电子构型与同周期稀有气体元素原子价层电子构型相同,如:S^{2-}、Cl^-与 Ar 价层电子构型相同;也与下一周期金属阳离子的价层电子构型相同,如:O^{2-},F^-与 Na^+,Mg^{2+},Al^{3+}价层电子构型相同。

⑥ 晶体类型

非金属单质固态时,除 B,C,Si 为原子晶体外,其余都为分子晶体。

(3) 非金属单质的物理性质

① 状态

气态:H_2,N_2,O_2,F_2,Cl_2 及 6 种稀有气体,共 11 种。

液态:Br_2 1 种。

固态:I_2,S,Se,Te,P,As,C,Si,B,At,共 10 种。

② 熔点、沸点及其硬度

H_2,N_2,O_2,F_2,Cl_2,S,Br_2,I_2,P,Se,As 和 6 种稀有气体,共 17 种单质,固态时为分子晶体,表现熔点、沸点较低,硬度较小。

C、Si、B 单质,固态时为原子晶体,表现熔点、沸点较高,硬度较大。

(4) 非金属单质的化学性质

① 非金属单质的氧化性和还原性

具有强氧化性的非金属单质:O_2,F_2,Cl_2,Br_2 等。

以氧化性为主的非金属单质:N_2,I_2,S,Se 等。

以还原性为主的非金属单质:H_2,C,Si,P 等。

(i) 非金属单质的氧化性:表现在与 H_2 化合、与金属化合、与非金属化合、与还原性化合物的反应等。

(ii) 非金属单质的还原性:表现在与氧化剂的反应。

(iii) 某些非金属单质在化学反应中,既表现出氧化性,又表现出还原性。

② 多数非金属元素单质能与 H_2 化合,形成气态氢化物　元素非金属性越强,单质越易与 H_2 化合,生成的气态氢化物越稳定。

非金属与 H_2 化合能力逐渐增强,气态氢化物稳定性逐渐增强。

(i) 同周期从左到右,非金属性由弱到强,单质与 H_2 化合能力逐渐增强,形成的气态氢化物稳定性逐渐增强。如:稳定性 $SiH_4 < PH_3 < H_2S < HCl$。

(ii) 同主族从上到下,非金属性由强到弱,单质与 H_2 化合能力逐渐减弱,形成的气态氢化物稳定性逐渐减弱。如:稳定性 $HF > HCl > HBr > HI$。

(iii) 非金属元素的气态氢化物水溶液为无氧酸(或弱碱),其酸性比较:

强酸　HCl,HBr,HI(酸性比较 HCl<HBr<HI)

弱酸　HF,H_2S,H_2Se,H_2Te

弱碱　NH_3 溶于水形成氨水($NH_3 \cdot H_2O$)

SiH_4,B_2H_6 与 H_2O 作用,分解并放出 H_2。

③ 多数非金属元素与 O_2 化合,形成酸性氧化物　元素非金属性越强,单质越易与 O_2 化合,生成的最高价氧化物对应的水化物(含氧酸)酸性越强(F 除外,因 F 无含氧酸)。

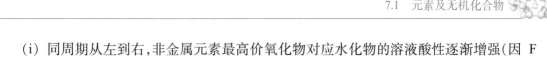

（i）同周期从左到右,非金属元素最高价氧化物对应水化物的溶液酸性逐渐增强(因 F 无含氧酸,则高氯酸 $HClO_4$ 酸性最强)。如酸性:$H_2SiO_3 < H_3PO_4 < H_2SO_4 < HClO_4$。

（ii）同主族从上到下,非金属元素最高价氧化物对应水化物的溶液酸性逐渐减弱。如酸性:$HClO_4 > HBrO_4 > HIO_4$。

（iii）非金属元素最高价氧化物对应水化物,即含氧酸,其酸性比较:

强酸:$HClO_4$,H_2SO_4,H_2SeO_4,HNO_3

弱酸:H_3PO_4(中强酸),H_2CO_3,H_2SiO_3,H_3AsO_4,H_2TeO_4,H_3BO_3。

（5）非金属单质的实验室制备方法

① 还原法,如:$Zn + H_2SO_4 \xlongequal{} ZnSO_4 + H_2\uparrow$

② 氧化法,如:$MnO_2 + 4HCl(浓) \xlongequal{} MnCl_2 + Cl_2\uparrow + 2H_2O$

（6）非金属元素在自然界中的分布及单质的制取

在自然界中,非金属元素大多以化合物形式存在。只有氧、氮、硫、碳等少数非金属元素,可以单质存在于自然界中。

卤素是活泼的非金属元素,在自然界中几乎都是以化合物(特别是卤化物,属于典型的盐类)的形式存在,是成盐元素。

氧虽然也是很活泼的非金属元素,但在自然界中可以氧气和臭氧两种单质的形式存在。在地壳和动、植物体中,氧大部分以化合物的形式(如水、氧化物、含氧酸盐、含氧有机化合物等)存在。在地壳中,氧是含量最丰富的元素,且构成主要有机体。硫主要以化合物存在,但在火山地区也可以单质形式存在,甚至形成硫矿。

氮在自然界中绝大部分是以稳定单质氮气的形式存在于空气中,在地壳中含量很少,以各种化合物(特别是氮的含氧酸盐)存在于岩层矿物中,氮元素还是多种有机化合物的组分元素,在一切生命体中都含有氮的化合物。磷在自然界中主要以磷酸盐形式存在,而砷主要以硫化物的形式存在于自然界中。

碳的单质有金刚石、石墨和碳原子簇(即富勒烯或足球烯,如 C_{60},C_{70},C_{36},C_{84} 和 C_{240} 等)同素异形体。无定形碳属于混合物型碳,其主要成分为单质碳。在自然界中,碳除以单质形式存在外,以化合物形式存在的碳有煤、石油、天然气、生物体、碳酸盐(如石灰石、白云石)和二氧化碳等。其中碳和氢、氧等元素组成的有机化合物在物质世界中占绝对优势,并演化出生命形式。碳是地球上化合物种类最多的元素。

硅和硼则主要以它们的氧化物、含氧酸盐的形式存在于自然界中。

对于以负氧化态形式存在的非金属,可采用氧化法制取单质。而对于以正氧化态形式存在的非金属,其单质则应采用还原法制取。电解法或热分解法也是制取单质的常用手段。这些方法可简单归纳如下。

① 氧化法。如从黄铁矿中提取硫:

$$3FeS_2(s) + 12C(s) + 8O_2(g) \xlongequal{\triangle} Fe_3O_4(g) + 12CO(g) + 6S(g)$$

又如实验室中制备氯气[见(5)②所述]。

② 还原法。如从磷酸钙矿制取磷:

$$2Ca_3(PO_4)_2(s) + 8C(s) + 6SiO_2(s) \xlongequal{\triangle} 6CaSiO_3(s) + 8CO_2(g) + P_4(g)$$

又如从石英矿中制取硅：

$$SiO_2(s) + 2C(s) \xrightarrow{\text{电炉}} Si(s) + 2CO(g)$$

③ 热分解法。如从硅烷制取硅：

$$SiH_4(g) \xrightarrow{\triangle} Si(s) + 2H_2(g)$$

④ 电解法。对于用一般的化学方法无法制得的活泼非金属单质,如 F_2,可用电解法制备。用铁、镍或铜制的电解槽,电解熔融的 KHF_2,以石墨作阳极,槽体本身为阴极,在阳极上即可得到 F_2,在阴极得到 H_2：

$$2KHF_2(l) \xrightarrow{\text{电解}} 2KF(g) + H_2(g) + F_2(g)$$

电解食盐水制取氯气和氢气是氯碱工业的基础。电解水(加入 KOH 以增加电导)制取氧气和氢气在目前工业中也应用得十分广泛。

7.1.2　无机化合物

非金属元素大多以各种化合物形式存在。其中包括由非金属元素与各种金属元素生成的二元化合物,如金属卤化物、金属氧化物、金属硫化物等,以及各种金属的氢氧化物和含氧酸盐。还包括由非金属元素间形成的二元或多元化合物。尤其是以 C—C 键直接相连的化合物,形成了有机化合物的庞大家族。有机化合物、金属有机化合物及金属配位化合物虽然也是含有非金属元素的化合物,但通常都有专门的论述,而不在本节讨论的范围之内。所以本节介绍的只是具有一定代表性的某些含非金属元素或以非金属元素为主构成的最基本的无机化合物。

1. 氢化物

通常把氢与其他元素所生成的二元化合物都称为氢化物。严格地说,氢化物也应是指氢与电负性比氢更小的元素所生成的二元化合物。但习惯上仍把一切与氢结合的二元化合物,包括 HCl、H_2S、NH_3 等都称为氢化物。

除稀有气体外,几乎所有元素都能生成氢化物。氢化物按其结构特点,可分为离子型、共价型(分子型)和金属型三大类。

（1）离子型氢化物

当s区元素(Be、Mg除外)在加热条件下与氢化合时,生成离子型氢化物,如LiH。其中氢元素以 H^- 负离子存在。由于这类氢化物的成键方式和结构特点类似于金属卤化物,故亦称为盐型氢化物。离子型氢化物的一个重要特性是易与水反应而生成氢气,如此得到的氢气很纯,这使它们作为一种高纯氢气源而得到重要的应用。虽然氢化物本身价格昂贵,但在某些场合,如果体积和质量是必须考虑的重要因素时,离子型氢化物作为合适方便的氢气源的优势就很明显了。例如,用于救生衣、救生筏、军用气球的临时充气等。此外,离子型氢化物是有机化工中常用的还原剂或加氢剂。

（2）共价型氢化物(分子型氢化物)

p 区元素(Al、In、Tl 除外)与氢化合形成共价型氢化物。

① 硼的氢化物:硼氢化物分子中存在着两个由两个硼原子和一个氢原子间共享两个电子所形成的"三中心两电子键":$\underset{\cdot\text{H}\cdot}{\overset{\cdot\text{H}\cdot}{>\text{B}\quad\text{B}<}}$。这是一种多中心缺电子的特殊共价键。硼氢

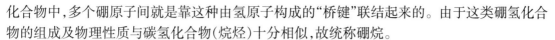

化合物中,多个硼原子间就是靠这种由氢原子构成的"桥键"联结起来的。由于这类硼氢化合物的组成及物理性质与碳氢化合物(烷烃)十分相似,故统称硼烷。

② 碳、硅的氢化物:碳氢化合物即烃类,是有机化合物中极为重要的一个基本部分。碳氢化合物是很好的燃料,是当今世界上最重要的能源之一。低碳烃是石油热裂的主要产品,是有机化工、合成纤维的主要原料。

硅与氢的化合物,在结构上与碳氢化合物相似,因此相应的称为硅烷。但硅烷系列中一般只包括少数几个硅原子所形成的链。其成员的数目远少于碳氢烷烃的数目。

③ 氮、磷的氢化物:由于 N—N 键和 P—P 键都难于形成长链。故氮和磷的氢化物,除 NH_3 和 PH_3 外,只有联氨(肼)$H_2N—NH_2$,联膦 $H_2P—PH_2$ 和氢叠氮酸 HN_3 等少数几种。

特别值得一提的是:无水联氨容易被过氧化氢氧化为氮气和水,并放出大量热。由于该反应的原料都是液体,占的体积小,而反应产物在反应温度下都是气体,所以该反应不仅产生大量的热,产物体积亦有巨大的膨胀。因此联氨和过氧化氢一起被用作火箭推进剂。

④ 氧和硫的氢化物:除水和硫化氢外,还有过氧化氢和多硫化氢。过氧化氢是一种干净的氧化剂或还原剂,其作用的结果是生成水或氧气。多硫化氢在实验室中用作供硫剂。

⑤ 卤素的氢化物:每种卤素都只能生成一种氢化物,即卤化物HX。氢卤键属共价键,但有很强的极性,因而当卤化氢溶于水中时,会强烈解离使其水溶液呈强酸性。但 HF 例外,它常以二聚体或三聚体形式存在,在水中仅微弱解离,故呈弱酸性。

(3) 金属型氢化物

d区和ds区元素与氢作用时,氢原子能钻入到金属晶格的空隙中,填充于金属晶格间隙之中,生成间隙式(间充式)的氢化物。由于氢原子很小,它们填充在金属晶格空隙中,金属晶格基本上仍保持原金属的特性,故此类氢化物亦称金属型氢化物。

钢铁制件用稀硫酸或盐酸清洗时,酸与铁作用生成氢气,其中有一部分会渗入到铁的晶格中去,形成间隙式氢化物。而这类氢化物又不稳定,在以后会慢慢分解,放出氢气。这些氢气在晶格内聚集,形成很大压力,使晶格扭曲,导致钢铁强度降低、变脆。即称为"氢脆"。为了防止和尽量消除氢脆,在酸洗时要加入缓蚀剂,制件清洗后要在 180~400 ℃ 烘 2~3 h,使部分渗入钢铁的氢逐渐放出来。

大多数的铂系元素都能吸收氢气,所以铂系金属对有氢气参加的反应,如合成氨、催化加氢等,有很好的催化作用。钯是吸氢能力最强的,常温下1体积钯能吸收 900 体积以上的氢气;再在真空中把吸足氢的钯加热到100 ℃,所吸的氢就会全部放出。利用这一特性可用钯作为高效储氢剂;还可用钯合金制成特殊的氢过滤器,用以制备极纯的高纯氢气。近来的研究表明比较有希望的储氢材料是某些d区金属的合金,它们通常由两种金属构成。目前,常用的储氢材料有三类:即稀土系合金(如 $LaNi_5$)、钛系合金(如 $TiFe_{1.2}$)及镁系合金(如 Mg_2Ni)。

2. 硼化物、碳化物和氮化物

(1) 硼化物

这里主要介绍的是作为新型无机材料的氮化硼(BN)和硼氮环($B_3N_3H_6$)。

当硼氢化物的氨合物,如 $B_2H_6·2NH_3$,加热到 180~200 ℃ 时,便可生成硼氮环,同时放出氢气。硼氮环又称硼吖嗪,具有和苯十分相似的结构,但却完全不含碳原子,因此被称为

"无机苯":

硼氮环　　　　苯

氮化硼是许多硼氮化物,如 $B(NH_2)_3$,$BF_3 \cdot NH_3$ 等热分解的最后产物。它也可以通过硼和氮或硼和氨加热来制备。氮化硼具有耐热、耐腐蚀、润滑、电绝缘和硬度高等优良性能,因而是一类非常引人注目的新型无机材料。

氮化硼在结构上与碳单质类似。具有无定形、金刚石晶型和石墨晶型。具有石墨结构的六方氮化硼性质与石墨相似,有良好的润滑性,但比石墨耐热性好,能耐 2000 ℃ 高温,可用作高温润滑剂。但其导电性与石墨相反,是优良的高温绝缘材料,在电子工业中有广泛的应用。又因其熔点高,耐热性好,几乎对所有的熔融金属都呈化学惰性,且容易加工,是一种优异的耐火材料,广泛用作熔融金属的盛器和高温实验仪器。

与金刚石结构相同的立方氮化硼具有和金刚石相近的高硬度,且耐热性能优于金刚石(金刚石在 900 ℃ 时会燃烧,而氮化硼晶体在此温度无变化)。其优异的耐高温性和超硬度可作为制造钻头、磨具和切割刀具的材料。

氮化硼还有纤维状的,称氮化硼纤维。其质地柔软如丝绸,且耐腐蚀、耐高温、防辐射、绝缘,有很多特殊的用途。

(2) 碳化物

碳和电负性比它小的元素形成的二元化合物叫碳化物。从碳化物的键型看,可分为离子型、共价型和间隙型(亦称金属型)。

① 离子型碳化物。元素周期表 Ⅰ A,Ⅱ A,Ⅲ A 族金属能形成具有盐类性质的碳化物,叫作离子型碳化物,此类碳化物中碳元素是以碳负离子形态存在的。当其与水作用时,即发生水解而生成碱和碳氢化合物。例如:

$$CaC_2 + 2H_2O == Ca(OH)_2 + C_2H_2$$
$$Al_4C_3 + 12H_2O == 4Al(OH)_3 + 3CH_4$$

② 共价型碳化物。硅或硼的碳化物是共价型碳化物的代表。如碳化硅(SiC)、碳化硼(B_4C)等。当然甲烷(CH_4)及其他烃类化合物也可归入共价型碳化物,但一般把它们放在有机化合物中讨论。

除了甲烷等有机化合物外,共价型碳化物大多为原子晶体。因此无论是 SiC 还是 B_4C,它们都是极硬、难熔、化学惰性的物质。

SiC 俗称金刚砂,其结构和金刚石相似,只是其中半数的碳原子被硅原子代替,其中 C—Si 键是由两种原子的 sp^3 杂化轨道叠加而成,故硬度仅次于金刚石。

B_4C 亦属原子晶体,是黑色的,具有金属特性的晶体,莫氏硬度9.3,可用于研磨金刚石。

③ 间隙型碳化物(即金属型碳化物)。金属型碳化物,可看作是由碳原子进入到金属晶格空隙中,所形成的一种间隙化合物。这实际上是一种固溶体,一种合金。因而金属型碳化物中,碳与金属的摩尔比是可变的;当进入金属晶格的碳原子较少时,原金属晶格类型保持不

变;而当碳含量超过其溶解极限时,原来的晶格就会转为另一种类型的晶格。

碳与钛、锆、铪、钒、铌、钽、铬、钼、钨、锰、铁等d区金属作用生成的碳化物即属间隙型碳化物,如WC,Fe₃C等。这类碳化物具有金属光泽,能导电导热,熔点高,硬度大,是一类十分有用的新材料。

（3）氮化物

氮化物一般指含氮为 -3 氧化态的二元化合物。包括金属氮化物、非金属氮化物和氨（NH₃）,习惯上将氨作为一种特殊物质,不列入氮化物中。金属氮化物的热稳定性高,可用作高温绝缘材料。非金属氮化物的热稳定性也比较高,各具特殊性质。立方氮化硼是优良润滑剂;而六方氮化硼硬度大,可用来制车刀、钻头等。

金属氮化物指金属元素与氮形成的化合物。重要的有氮化锂（Li₃N）、氮化镁（Mg₃N₂）、氮化铝（AlN）、氮化钛（TiN）、氮化钽（TaN）等。其中多数不溶于水,热稳定性高,可用作高温导电材料,例如氮化钛、氮化钽、氮化钒（VN）等。重要的非金属氮化物有氮化硼（BN）、五氮化三磷（P₃N₅）、四氮化三硅（Si₃N₄）等。氮与电负性较小的元素形成的二元化合物,按性质分为四类:① 碱金属和碱土金属元素的氮化物,又称离子型氮化物,它们的热稳定性较低,容易水解产生氨和金属氢氧化物;② 过渡元素的氮化物,称为金属型氮化物,一般具有高硬度、高熔点、高化学稳定性,并具有金属的外貌和导电性;③ 铜族和锌族元素的氮化物,是金属型和共价型之间的过渡形式,称为中间型氮化物;④ 硼族到硫族元素的氮化物,具有共价结构,称为共价型氮化物,一般都非常稳定。碱金属与氮反应时生成叠氮化物,经小心加热即分解形成氮化物,其他氮化物一般都可由元素单质与氮直接反应制备。硼、硅、钛、钒和钽的氮化物由于坚硬、难熔、能抗化学侵蚀,常用作磨料和制作坩埚。常见氮化物应用有:

润滑剂,如六方氮化硼——BN

切割材料,如氮化硅——Si₃N₄

绝缘体,如氮化硼——BN、氮化硅——Si₃N₄

半导体,如氮化镓——GaN

金属镀膜,如氮化钛——TiN

储氢材料,如氮化锂——Li₃N

3. 氧化物

氧化物是指氧与电负性比它小的元素所形成的二元化合物,除大部分稀有气体外,几乎所有元素都能生成氧化物。

金属活泼性强的元素的氧化物（如 Na₂O,CaO 等）是离子型氧化物,形成离子晶体,熔点和沸点都较高。非金属元素的氧化物（如 CO₂,SiO₂,N₂O₅,SO₂ 等）是共价型氧化物。大多形成分子晶体,其熔点、沸点低;少数形成原子晶体（如 SiO₂）,则熔点、沸点高。至于金属活泼性不太强的金属元素的氧化物,是离子型与共价型之间的过渡型化合物。

若同一金属元素具有多种不同氧化态,则随着氧化态的增高,极化能力增强,其氧化物由离子晶体逐渐向分子晶体过渡。它们的熔点也相应降低。如锰的氧化物的熔点如表 7-1 所示。

表 7-1　锰的氧化物的熔点

氧化物	MnO	Mn_3O_4	Mn_2O_3	MnO_2	Mn_2O_7
熔点/℃	1785	1564	1080	535	5.9

氧化物的硬度也与晶体类型有关,离子型或偏于离子型的金属氧化物一般硬度较大,如 α-氧化铝、三氧化二铬、二氧化铈等,常用作磨料。

氧化铍、氧化镁、氧化铝、二氧化硅、二氧化锆等都是很难熔的氧化物,熔点一般为 1500~3000 ℃,可用于制造耐高温材料。

(1) 根据氧化物对水、酸、碱的反应不同,可将氧化物分四类

① 酸性氧化物。非金属的氧化物和高价的金属氧化物呈酸性,其水化物多为酸。如 SO_3,N_2O_3,P_2O_5,Mn_2O_7 等。

② 碱性氧化物。碱金属、碱土金属等的氧化物为碱性氧化物,其水合物为碱。如 K_2O,MgO 等。

③ 两性氧化物。周期表中靠近非金属元素区的一些金属元素的氧化物,如 Al_2O_3,Sb_2O_3,SnO_2 等,既能与酸反应,又能与碱反应,属两性氧化物。

④ 不成盐氧化物。例如 CO、NO 等。它们与水、酸、碱都不起反应。

(2) 氧化物及其水合物酸碱性的递变规律

① 在同一周期中,从左到右,各主族元素最高价氧化物及其水合物的酸性逐渐增强、碱性逐渐减弱。例如,第 3 周期各元素氧化物及其水合物的酸碱性递变顺序如下:

碱性递增 ◄—————————————————————————

Na_2O	MgO	Al_2O_3	SiO_2	P_2O_5	SO_3	Cl_2O_7
NaOH	$Mg(OH)_2$	$Al(OH)_3$	H_2SiO_3	H_3PO_4	H_2SO_4	$HClO_4$
碱性强	碱性中强	两性	酸性弱	酸性中强	酸性强	酸性最强

—————————————————————————► 酸性递增

② 副族及ⅧB 族元素的氧化物及其水合物的酸碱性变化规律和主族中的情况相似,以第 4 周期中ⅢB~ⅦB 族元素最高价氧化物及其水合物为例,它们的酸碱性递变顺序如下:

碱性增强 ◄—————————————————————————

ScO_3	TiO_2	V_2O_5	CrO_3		Mn_2O_7
$Sc(OH)_3$	$Ti(OH)_4$	HVO_3	H_2CrO_4 和 $H_2Cr_2O_7$		$HMnO_4$
氢氧化钪	氢氧化钛	钒酸	铬酸	重铬酸	高锰酸
碱性	两性	弱酸性	酸性中强		酸性强

—————————————————————————► 酸性增强

③ 同族元素从上到下,其相同氧化态的氧化物及其水合物的酸性逐渐减弱,碱性则逐渐增强。例如,在ⅤA 族元素氧化态为 +3 的氧化物中,N_2O_3 和 P_2O_3 呈酸性,As_2O_3 和 Sb_2O_3 呈两性,而 Bi_2O_3 则呈碱性,和这些氧化物对应的水合物的酸碱性也相应递变。

在ⅥB 族元素最高价的氧化物的水合物(即含氧酸)中,铬酸 H_2CrO_4 的酸性比钼酸 H_2MoO_4 强,钼酸的酸性又比钨酸 H_2WO_4 强。

④ 当同一个元素可生成几种氧化物时,高价的氧化物及其水合物的酸性比低价的要强。例如,氯的含氧酸的酸性,按 HClO—HClO₂—HClO₃—HClO₄ 顺序而逐渐增强。又如,铬的氧化物有三种:氧化亚铬 CrO,三氧化二铬 Cr_2O_3 和三氧化铬 CrO_3。Cr_2O_3 呈两性,而 CrO_3 呈酸性。它们相应的水合物的酸碱性递变也是如此。

(3) 氧化物的水合物的酸碱性判断

氧化物的水合物形成的碱和酸,可分别以通式 $R(OH)_x$ 或 H_xRO_y 来表示。从化学键看,两种都具有 R—O—H 的结构。例如,NaOH 具有 Na—O—H 结构,HClO 具有 H—O—Cl 结构。因此,氧化物的水合物的酸碱性可以 R—O—H 的解离情况来说明。如果解离发生在R—O 之间,即发生碱式解离而呈碱性;如果在 O—H 之间解离,即发生酸式解离而呈酸性。

化合物究竟是按照碱式解离还是按照酸式解离,其因素相当复杂。有人认为可由元素 R 的金属活泼性的强弱或电负性的大小、R^{n+} 的电荷多少、半径大小等因素来决定。

如果 R 是活泼性很强的金属(或电负性很小),R^{n+} 的电荷少,半径大,特别是具有稀有气体价层电子构型的正离子,如 NaOH、$Ba(OH)_2$ 中的 Na^+,Ba^{2+},则 R—O 键是离子键,在水溶液中应发生碱式解离。如果 R 是电负性较大的非金属元素,如 HNO_3 中的 N、H_2SO_4 中的 S;或者 R 是氧化态高的金属元素,如 $H_2Cr_2O_7$,$HMnO_4$ 中的 Cr,Mn,R^{n+} 的电荷较多、半径较小,则R—O 键已属典型的共价键。又由于 H—O 键受 R^{n+} 的强烈极化作用影响,使其共用电子对强烈地向氧原子偏移,以至 H—O 键呈现显著的极性,而在水溶液中进行酸式解离。

应该指出,在含氧酸中,R^{n+} 并非是真正的离子。R 右上角的数字,也不是它所带的正电荷数,而是"形式电荷数",即"氧化数"。

(4) 金属氧化物的制备及混合价化合物

金属氧化物是一类品种多、用途广的基础材料。随着科技的发展,人们对于用作材料的金属氧化物,不仅有纯度的要求,而且还有诸如粒度、比表面积、摇实密度等物理性能方面的要求。

① 金属氧化物常用热分解法来制备。即以可热分解的含金属的化合物(亦称前驱物)作原料,在一定气氛中加热分解,生成金属氧化物。采用什么样的金属化合物作为前驱物,前驱物的粒度、形貌,以及热分解条件与气氛对产物的性能都会产生较大的影响。

② 混合价金属氧化物就是指在同一化合物中金属元素有两种或两种以上价态的氧化物,Fe_3O_4 就是一例。有人认为:混合价的存在,可导致金属原子或离子在费米面附近存在非常窄的能带,以至电子比较容易在 nd(或 nf)能级与离域化能带之间转移,从而使固态的基本电磁性质,诸如电导(电阻)、比热容、磁矩等发生显著的变化,人们可以从中开发出有用的新材料。

4. 硫化物

硫化物是指硫与电负性比硫小的元素所形成的二元化合物。多数金属硫化物具有特殊的颜色,绝大多数难溶于水,有的还难溶于稀酸。利用这种溶解度的差别可以鉴别金属离子,或从

金属盐的混合物中使不同的金属离子分步沉淀析出。根据溶解度不同,硫化物可分为三类。

（1）溶于水的硫化物

ⅠA、ⅡA 族元素的硫化物可溶于水,并发生水解。例如：

$$Na_2S + H_2O = NaHS + NaOH$$

$$2CaS + 2H_2O = Ca(HS)_2 + Ca(OH)_2$$

（2）不溶于水而溶于稀酸的硫化物

MnS（粉红色）,FeS,CoS,NiS（黑色）,ZnS（白色）等都属于这一类。如果把 H_2S 通入锰、铁或锌等盐的水溶液中,则不会生成沉淀。这是因为反应中有酸生成,会使这类硫化物溶解,例如：

$$FeCl_2 + H_2S = FeS + 2HCl$$

实际上这个反应向左进行,正是制备 H_2S 的方法。

如果向溶液中加入碱,那么碱产生的 OH^- 将与体系中 H^+ 结合生成水,并使上述平衡向右移动,这时就会有 FeS 沉淀析出。

如果不用 H_2S,而用可溶性的硫化物。例如 $(NH_4)_2S$ 溶液作为 S^{2-} 源,那么即使不加碱,也会有黑色的 FeS 沉淀。因为在反应中没有 H^+ 生成,而生成的 FeS 是不会溶于水的。

$$FeCl_2 + (NH_4)_2S = FeS \downarrow + 2NH_4Cl$$

（3）既不溶于水又不溶于稀酸的硫化物

属于这一类的有黑色的 CuS,Ag_2S,PbS,黑色或红色的 HgS（有异形体）,黄色的 CdS,SnS_2,As_2S_3 等。如果把 H_2S 气体通入这些金属的盐溶液中时,虽然同时生成酸（H^+）,但仍能形成相应的硫化物沉淀。例如,把 H_2S 气体通入 Cu^{2+} 溶液中,则生成黑色的 CuS 沉淀。

$$Cu^{2+} + H_2S = CuS \downarrow + 2H^+$$

不同类型的硫化物在水中、稀酸中表现出不同的溶解性,可用其溶度积常数（$K_{sp}^{\ominus}$）的大小,及相应的沉淀溶解平衡来解释,亦可利用平衡移动原理来改变平衡的结果。

要使不溶于稀酸的硫化物溶解,一般可用 HNO_3 作溶剂。硝酸是一种强氧化性酸,它在提供 H^+ 的同时,还能将溶液中的 S^{2-} 氧化成单质硫（或硫的氧化物）,使溶液中 S^{2-} 浓度降低,而使硫化物溶解,例如：

$$3CuS + 8HNO_3 = 3Cu(NO_3)_2 + 3S \downarrow + 2NO \uparrow + 4H_2O$$

HgS 甚至在硝酸中也不溶解,但可溶于王水（一份浓硝酸与三份浓盐酸的混合酸）中。因为王水不但使 S^{2-} 氧化成 S,同时还使 Hg^{2+} 配位转化成稳定的 $[HgCl_4]^{2-}$,使 S^{2-},Hg^{2+} 的浓度同时减小,从而使 HgS 溶解。

5. 氯化物

氯与电负性比它小的元素生成的二元化合物称为氯化物,氯化物可以看作是卤化物的代表。除稀有气体和少数元素外,氯能与绝大多数的金属和非金属生成二元化合物。

活泼金属的氯化物（如 NaCl,$CaCl_2$ 等）为离子化合物,而非金属氯化物为共价化合物。其他金属氯化物随着金属离子极化力的增强,其分子键型逐渐由离子型向共价型过渡。相应地,氯化物的晶体类型亦由离子晶体向分子晶体转化,晶体的熔点、硬度及在水中溶解度都随之降低。

氯化物是一类用途很广的化学品,在实际中往往配成溶液使用。因而讨论氯化物在水溶液中的存在形式及其与水的作用,对正确使用氯化物是很有帮助的,这里主要讨论氯化物的水解作用。

不同元素的氯化物水解情况是不同的。活泼金属如钠、钾、钡的氯化物在水中完全解离,但不发生水解。镁和大多数金属的氯化物会发生不同程度的水解。一般水解是分级进行的,有的卤化物水解能进行到底,得到氢氧化物;有的卤化物水解不能进行到底,得到难溶的碱式氯化物。例如 $MgCl_2$ 水解一般只进行一级水解:

$$MgCl_2 + H_2O \xrightarrow{\quad\quad} Mg(OH)Cl\downarrow + HCl$$

利用这一反应原理,人们把在 800 ℃ 煅烧过的氧化镁和 30%氯化镁溶液混合,使氧化镁与氯化镁水解产生的盐酸发生反应,形成碱式氯化镁:

$$MgCl_2 + MgO + H_2O \xrightarrow{\quad\quad} 2Mg(OH)Cl$$

从而逐渐硬化,结成白色坚硬的固体,这就是镁氧水泥,除用作建筑材料外,还可制造磨石和砂轮等。又如,氯化锌水解生成碱式氯化锌 $Zn(OH)Cl$ 和盐酸,有除锈作用。因此在焊接金属时常用氯化锌浓溶液清除钢铁表面的氧化物。一般来说,+3 氧化数的金属离子氯化物的水解程度比 +2 氧化数的要大些。如 $FeCl_3$,$AlCl_3$ 都较易水解完全,$FeCl_3$ 在沸水中完全水解,生成 $Fe(OH)_3$。

高氧化态金属离子的氯化物水解可以进行到底。例如,$GeCl_4$ 水解生成胶状的二氧化锗水合物 $GeO_2 \cdot H_2O$,这种二氧化锗凝胶脱水后得到 GeO_2 晶体,是工业上制备高纯锗的原料。硅、磷和其他非金属元素的氯化物(CCl_4,NCl_3 除外),都能强烈水解,生成两种酸。例如:

$$SiCl_4 + 3H_2O \xrightarrow{\quad\quad} H_2SiO_3 + 4HCl$$

$$PCl_5 + 4H_2O \xrightarrow{\quad\quad} H_3PO_4 + 5HCl$$

这类氯化物在潮湿空气中能"发烟"就是由于其强烈水解生成的酸雾滴造成的。若用 $SiCl_4$ 与 NH_3 同时挥发,则 $SiCl_4$ 水解生成的 HCl 将与 NH_3 作用生成 NH_4Cl 固体小颗粒,它们与未作用的酸液滴在空气中混合,形成白色烟雾,可用于制造烟幕弹。但军用烟幕弹通常用白磷制造。

ds 区的 +1 氧化态金属离子如 Cu^+、Ag^+、Au^+、Hg_2^{2+}(可视为 2 个 +1 氧化态汞)及 p 区的 Tl^+ 等的氯化物在水中溶解度很小,可以认为不发生水解作用。值得注意的是氯化亚锡($SnCl_2$)、三氯化锑($SbCl_3$)、三氯化铋($BiCl_3$)水解后所生成的碱式盐在水或弱酸性的溶液中溶解度很小,分别以碱式氯化亚锡[$Sn(OH)Cl$]、氯氧化锑($SbOCl$)、氯氧化铋($BiOCl$)的沉淀形式析出。

$$SnCl_2 + H_2O \xrightarrow{\quad\quad} Sn(OH)Cl\downarrow + HCl$$

$$SbCl_3 + H_2O \xrightarrow{\quad\quad} SbOCl\downarrow + 2HCl$$

$$BiCl_3 + H_2O \xrightarrow{\quad\quad} BiOCl\downarrow + 2HCl$$

氧化态为 +2 的锡、+3 的锑或铋的氯化物的这一水解特性(它们的其他盐类也有与氯化物相似的水解反应)可用来检验亚锡、锑或铋盐。而在配制这些盐类的溶液时,必须加入过量的强酸以抑制其水解作用。

6. 碳酸盐

碳酸盐有正盐、酸式盐和碱式盐三类。通常所说的碳酸盐是指正盐。这里主要讨论碳酸盐的热稳定性。

碳酸盐的热稳定性大致有如下规律。

① 碳酸盐的热稳定性一般比同一金属的相应的酸式碳酸盐要高,说明 H^+ 取代碳酸盐中的金属离子使碳酸盐的热稳定性降低。这和金属离子对碳酸盐热稳定性的影响的规律是一致的。按此规律,碳酸的热稳定性比一切碳酸盐都要低,这是和事实相符的。

② 除活泼金属的碳酸盐外,其他碳酸盐的热稳定性都较差,一般尚未加热到熔点就已分解了。表 7-2 列出了一些常见碳酸盐的熔点及热分解温度。注意,表中所列温度不是碳酸盐开始分解的温度而是生成物 CO_2 的分压达 101 kPa 时的平衡温度。

表 7-2　一些常见碳酸盐的熔点及热分解温度(CO_2 的分压为 101 kPa)

盐	熔点/℃	热分解稳定/℃
Li_2CO_3	618	约 1100
Na_2CO_3	850	约 1800
$BeCO_3$	—	25
$MgCO_3$	—	540
$CaCO_3$	—	910
$SrCO_3$	—	1289
$BaCO_3$	—	1360
$FeCO_3$	—	282
$ZnCO_3$	—	350
$CdCO_3$	—	360
$PbCO_3$	—	300

③ 一般说来,碳酸盐中金属离子的价态越高,半径越小,即金属离子的极化能力越强,则该碳酸盐的热稳定性越差。这点从表 7-2 中可以看出。

④ 碳酸盐的热分解实际也是一种平衡。例如:

$$CaCO_3(s) \xrightleftharpoons{K_p} CaO(s) + CO_2(g) \qquad K_p^{\ominus} = p^{eq}(CO_2)/p^{\ominus}$$

显然,分解所产生的 CO_2 的平衡分压 $p^{eq}(CO_2)$,直接标志了 $K_p^{\ominus}$ 的大小,称为分解压。因此碳酸盐所处环境中的 CO_2 分压的大小,对碳酸盐的热稳定性有直接的影响。如果环境中的 CO_2 分压很小,小于该温度下该碳酸盐的平衡分压 $p^{eq}(CO_2)$,则碳酸盐在此温度下将自动分解,表现出很不稳定。而若环境中的 CO_2 分压较高,高于该温度下该碳酸盐的分解压,则该碳酸盐在此温度下不会分解,表现出较高的热稳定性,而要在更高的温度下才能分解。

7. 硝酸盐和亚硝酸盐

(1) 硝酸盐和亚硝酸盐的热稳定性

① 硝酸盐和亚硝酸盐的热稳定性都很差,容易受热分解。在所有无机含氧酸盐中,同一金属的硝酸盐和亚硝酸盐的熔点通常是最低的,且除钾、钠等少数活泼金属外,其他金属的硝酸盐和亚硝酸盐在受热时,大多未到熔点就热分解了。这一点是与碳酸盐相似的。下面将要述及的两个特点则与碳酸盐完全不同。

② 硝酸盐和亚硝酸盐的热分解伴随 N 的氧化态的改变,属于氧化还原反应,如:

$$2KNO_3(s) == 2KNO_2(s) + O_2(g)$$
$$4NaNO_2(s) == 2Na_2O(s) + 4NO(g) + O_2(g)$$

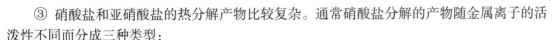

③ 硝酸盐和亚硝酸盐的热分解产物比较复杂。通常硝酸盐分解的产物随金属离子的活泼性不同而分成三种类型：

（i）电动序在镁以前的活泼金属硝酸盐，热分解生成亚硝酸盐和 O_2。如：

$$2NaNO_3(s) \Longrightarrow 2NaNO_2(s) + O_2(g)$$

（ii）电动序介于镁与铜之间的金属（包括镁与铜）的硝酸盐，热分解生成相应的金属氧化物、NO_2 和 O_2。如：

$$2Pb(NO_3)_2(s) \Longrightarrow 2PbO(s) + 4NO_2(g) + O_2(g)$$

（iii）电动序在铜以后的不活泼金属的硝酸盐，热分解生成相应的金属单质、NO_2 和 O_2。如：

$$2AgNO_3(s) \Longrightarrow 2Ag(s) + 2NO_2(g) + O_2(g)$$

对此现象，一般认为是与该温度条件下，各种热分解产物自身的相对热稳定性有关。也有人用软硬酸碱理论来做解释。

NH_4NO_3 的热分解是硝酸盐中的一个特例。因为 NH_4NO_3 中含有两种不同价态的 N，在热分解过程中它们之间发生了氧化还原，最后得到的产物中只有一种价态的 N，且不像其他硝酸盐热分解时能放出 O_2：

$$NH_4NO_3(s) \Longrightarrow N_2O(g) + 2H_2O(g)$$

当然上面介绍的只是硝酸盐热分解的一般规律和基本类型。实际上总有一些例外情况存在。有时同一金属的硝酸盐的热分解也可能出现不止一种分解方式。

④ 各种金属硝酸盐在热分解时，几乎都放出氧气，因而是一种供氧剂。因此各种金属硝酸盐在高温时都具有很强的氧化能力，是氧化剂。如果把硝酸盐、木炭、油类或棉纱等可燃物混在一起加热，会引起猛烈的燃烧和爆炸。黑火药和烟花爆竹的主要成分中都有硝酸盐。

（2）硝酸盐、亚硝酸盐的氧化还原性

① 由于硝酸盐和亚硝酸盐易于热分解，且同时放出氧气。因而可作为固相反应中的氧化剂。

② 硝酸盐和亚硝酸盐在水溶液中都有较强的氧化能力，它们的标准电极电势都较高：

$$NO_3^- + 2H^+ + e^- \Longrightarrow NO_2 + H_2O \qquad E^{\ominus}(NO_3^-/NO_2) = 0.80 \text{ V}$$

$$NO_3^- + 3H^+ + 2e^- \Longrightarrow HNO_2 + H_2O \qquad E^{\ominus}(NO_3^-/HNO_2) = 0.94 \text{ V}$$

$$NO_3^- + 4H^+ + 3e^- \Longrightarrow NO + 2H_2O \qquad E^{\ominus}(NO_3^-/NO) = 0.96 \text{ V}$$

$$HNO_2 + H^+ + e^- \Longrightarrow NO + H_2O \qquad E^{\ominus}(HNO_2/NO) = 1.00 \text{ V}$$

$$2HNO_2 + 4H^+ + 4e^- \Longrightarrow N_2O + 3H_2O \qquad E^{\ominus}(HNO_2/N_2O) = 1.29 \text{ V}$$

由上述各电极反应式可以看出，硝酸盐或亚硝酸盐通常必须在酸性条件下，才显示出较强的氧化能力。而且酸的浓度大大影响到硝酸盐或亚硝酸盐作为氧化剂时的实际电极电势值。事实上在中性或碱性条件下硝酸盐或亚硝酸盐的氧化能力是很弱的。另外，由上面（1）②和（2）②可以看出，活泼金属的亚硝酸盐在固态时比其相应的硝酸盐更稳定；而在水溶液中则相反。

③ 硝酸盐不具有还原能力，因为它的 N 已是最高氧化态了，不可能再失去电子。但亚硝酸盐中的 N 尚不是最高氧化态，因而还具有还原能力；当其与强氧化剂（如酸性溶液中的

$KMnO_4$)作用时,即表现出还原性,可被进一步氧化成硝酸盐。不过一般情况下,亚硝酸盐还是作为氧化剂起作用的。

亚硝酸盐的氧化性被应用于钢铁的发黑处理。如果将钢铁制件放在一定温度的碱性氧化剂溶液(主要组分是氢氧化钠和亚硝酸钠)中加热,进行氧化处理,就会在制件表面生成一层呈现亮蓝色到亮黑色的致密氧化膜(Fe_3O_4),可以防锈并增加金属表面的美观。

工业上还常用 $NaNO_2$(2%～20%)和 Na_2CO_3(0.3%～0.5%)的溶液作为防锈水。将钢铁制件浸在 70～80 ℃的防锈水中,由于 $NaNO_2$ 氧化作用,工件表面形成一层钝化薄膜,能防止制件腐蚀。

8. 硅酸盐

硅酸盐在自然界中分布很广,地壳质量的90%以上是游离二氧化硅和各种硅酸盐矿物。例如长石、云母、石棉、高岭石等都是常见的天然硅酸盐矿物。此外,硅酸盐还是许多建筑材料,如水泥、玻璃和陶瓷的主要成分。

（1）硅酸盐矿物的晶体结构

近代 X 射线衍射分析的结果表明硅酸盐矿物的基本结构单位是硅氧四面体。即由一个 Si 原子与四个氧原子组成的 SiO_4 基元。硅氧四面体可以通过各种方式组合起来,形成各种硅酸盐的结构骨架。以下介绍几种主要类型。

① 如果硅氧四面体并不和其他硅氧四面体直接相连,它就形成单个负4价的 SiO_4^{4-},再与相应的金属离子组成硅酸盐晶体。例如,镁橄榄石 Mg_2SiO_4 中的 SiO_4^{4-} 就具有这样的结构。

② 2个、3个、4个或6个硅氧四面体通过公用顶角氧原子,成直链或环状地连接起来,即可形成较大的负离子。例如,钪硅石 $Sc_2Si_2O_7$ 中,2个硅氧四面体连接成 $Si_2O_7^{6-}$;绿柱石 $Be_3Al_2Si_6O_{18}$ 中,6个硅氧四面体连成环状$(SiO_3)_6^{12-}$。

③ 许多硅氧四面体连接成长链状,形成相当于$(SiO_3)_n^{2n-}$的线型大离子。在平行的线型 $(SiO_3)_n^{2n-}$ 阴离子之间,排列着 Ca^{2+},Mg^{2+} 等阳离子,从而保持电中性。石棉就是这种链状结构,因此石棉易被撕成纤维。

④ 若有许多硅氧四面体通过3个顶角上的氧原子和其他硅氧四面体连接成层状结构,则形成一个层状的大阴离子$(Si_2O_5)_n^{2n-}$。金属阳离子位于各层之间,将各层连接起来,并保持电中性。云母就属这类结构,不过其中有些四面体中的硅被铝所替代。因此云母易剥离成片状。

⑤ 如果每个硅氧四面体的4个顶角上的氧原子都和其他硅氧四面体共用,就组成一个巨大的不带电荷的三维骨架。每个硅原子和 4 个氧原子相连接,而每个氧原子和 2 个硅原子相连接。整个空间结构是电中性的。硅原子和氧原子间完全由共价键结合,两者的摩尔比是1:2,符合最简式 SiO_2。这就是石英的晶体结构,这是一种与金刚石结构相似的原子晶体。因此石英很硬,熔点、沸点都很高。

在硅酸盐矿物中,硅氧四面体中的硅往往被铝所替代,形成一些铝氧四面体。由于铝的氧化数是+3,与+4 的硅不同,由 Al 取代 Si 需要增加金属阳离子来补偿电荷,这便形成铝硅酸盐。有些情况下,结构中的氧原子也可以被羟基替代。由以上几种方式可形成众多的硅酸盐矿物。

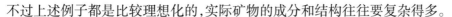

不过上述例子都是比较理想化的,实际矿物的成分和结构往往要复杂得多。

(2) 水泥

水泥是一种粉状矿物质的胶凝材料,与水拌和后能在空气中或水中逐渐凝结硬化。按原料及生成方法不同而有多个品种,最重要的是硅酸盐水泥。

硅酸盐水泥由石灰石和黏土等原料以一定的比例配料,磨细后煅烧而制得。石灰石分解成氧化钙和二氧化碳,黏土中含有二氧化硅、氧化铝和氧化铁,它们在高温下发生化学反应,生成块状的水泥熟料。将熟料和石膏($CaSO_4 \cdot 2H_2O$)等一起磨成粉状便制成水泥。熟料中的主要矿物成分为硅酸三钙($3CaO \cdot SiO_2$ 或简写成 C_3S)、硅酸二钙($2CaO \cdot SiO_2$ 或简写成 C_2S)、铝酸三钙($3CaO \cdot Al_2O_3$ 或简写成 C_3A)和铁铝酸四钙($4CaO \cdot Al_2O_3 \cdot Fe_2O_3$ 或简写成 C_4AF)。其中前两种矿物成分是主要的,占 70%以上。一般硅酸盐水泥熟料的化学成分和矿物组成的大致范围如表 7−3 所示。

表 7−3　硅酸盐水泥熟料的化学成分和矿物组成的大致范围

化学成分	SiO_2 21%~23%	Al_2O_3 5%~7%	Fe_2O_3 3%~5%	CaO 64%~68%	MgO <5%
矿物组成	C_3S 44%~62%	C_2S 18%~30%	C_3A 5%~12%	C_4AF 10%~18%	

水泥加水拌和后所得的糊状物,经过一些时间后会逐渐硬化。水泥硬化的机理很复杂,其细节至今尚未全部弄清楚。硅酸三钙在硬化时是起主要作用的,大致分以下三步进行。

① 水泥颗粒的表面层和水发生水化反应,生成水化硅酸二钙和氢氧化钙

$$3CaO \cdot SiO_2 + (n+1)H_2O \Longrightarrow 2CaO \cdot SiO_2 \cdot nH_2O + Ca(OH)_2$$

② 固态的氢氧化钙从水泥糊状物和 $Ca(OH)_2$ 的饱和溶液中以非晶态物质析出,把水泥颗粒包围起来,并结合成块状——水泥凝结。

③ 氢氧化钙的粒子合并增大,并转变成针状结晶。它伸入到水化硅酸钙的非晶体中,连成一体,增加了水泥的机械强度。

水泥的水化是放热反应,在水化过程中放出的热量称为水泥的水化热。水化热的大小和放热的速率不仅与水泥的矿物组成有关,而且也和水泥的细度等因素有关。铝酸三钙水化时放热量最大,放热速率也快;硅酸三钙放热量稍低;硅酸二钙放热量最低,放热速率也慢。水泥颗粒愈细小,水化反应速率愈快。在建造水坝、桥墩等大体积水泥混凝土建筑时,由于水化热积聚在内部不易发散,内外温度不同引起的内应力,可使水泥混凝土产生裂缝,造成严重的不良后果。这种情况下应采取措施(例如,在水泥熟料中掺入较多的高炉矿渣,制成水化热较低的硅酸盐矿渣水泥)以保证工程质量。

将水泥、砂、碎石按一定配比(例如 1:2:3)混合得到混凝土。以钢筋为骨架的混凝土结构称为钢筋混凝土结构,它们广泛用于建筑工程之中。

水泥混凝土建筑物一般不受普通淡水的侵蚀。但在海水中,由于含有一定量的硫酸镁($MgSO_4$),常常会引起严重的腐蚀。这是因为硫酸镁和水泥中的氢氧化钙、硅酸三钙等发生

下列反应：

$$MgSO_4 + Ca(OH)_2 = Mg(OH)_2 + CaSO_4$$

$$CaO \cdot SiO_2 + MgSO_4 + 2H_2O = CaSO_4 + Mg(OH)_2 + H_2SiO_3$$

$Mg(OH)_2$ 的溶解度比 $Ca(OH)_2$ 小，因此没有胶凝能力的 $Mg(OH)_2$ 会逐渐置换出硬化水泥中的 $Ca(OH)_2$，从而使水泥混凝土建筑物的强度降低。上述反应中所得的 $CaSO_4$ 可进一步和水泥中的水化铝酸钙作用生成三硫型水化硫铝酸钙（$3CaO \cdot Al_2O_3 \cdot 3CaSO_4 \cdot 3H_2O$），体积大大增加，使结构物胀裂。

将水泥混凝土制品浸在黏度低的有机单体（如甲基丙烯酸甲酯，即有机玻璃的单体）之中，使有机单体渗入水泥混凝土的孔隙和微裂缝内。然后通过加热或高能射线辐照等方法，使有机单体聚合成大分子聚合物。这样可降低水泥混凝土的孔隙率，从而大大提高混凝土的强度和抗蚀性能。这称作聚合物浸渍混凝土，它是一种很有发展前途的无机物与有机物的复合材料，已受到国内外的广泛重视。

7.2 有机化合物

7.2.1 有机化合物的概念及分类

1. 有机化合物的概念及特点

有机化合物，最初是指存在于生物有机体中的化合物，区别于自然界非生物体物质的无机矿物等无机化合物。后来在结构和组成的研究中发现有机化合物和无机化合物有较为显著的区别：从结构上看，有机化合物都是以碳原子之间的共价键为基本骨架，辅以一定的碳氢键组成，而无机化合物中基本不存在这种以碳碳键为骨架的架构（碳元素的单质石墨、金刚石和富勒烯除外）；从组成上看，有机化合物中都含有碳、氢两种元素，虽然某些有机化合物中还含有氧、氮、硫、磷等其他元素，但总是以碳、氢作为主要成分。因此，有机化合物也可以看成是碳氢化合物及其衍生物。

有机化合物的特点：

① 有机化合物的主要成分是碳、氢元素，因此绝大多数有机化合物具有可燃的性质，在完全燃烧的情况下，有机化合物中的碳元素一般转化为二氧化碳，氢元素转化为水。

② 有机化合物的晶体基本上属于分子晶体。因而熔点、沸点都较同类型的无机化合物低，并且部分有机化合物具有易挥发的特性。

③ 有机化合物分子通常极性较弱，甚至非极性，根据相似相溶原理，有机化合物一般难溶于极性大的溶剂（如水），而易溶于极性较小的或者非极性的有机溶剂中（如苯、甲苯和石油醚等）。

④ 有机化合物常见的同分异构现象。由于每个碳原子可以形成四个共价键，因此由多个碳原子组成的有机化合物，在具有完全相同的化学组成的情况下，也可能由于采用了不同的连接方式或者不同的连接顺序而形成结构上完全不同的分子，这种现象就称为同分异构现象。同分异构现象中又可以根据异构的特征分为官能团异构、位置异构、顺反异构和旋光异

构等。因此要准确地描述一个有机化合物,不仅需要确定其分子的化学组成(即分子式或者化学式),而且需要详细地描述其化学结构(即结构式)。

⑤ 有机化合物之间的化学反应通常较慢,并且常伴随着一些平行反应(即副反应),得到的产物往往也不是单一化合物,而是混合物。因此一般有机化学反应式表示的只是其主反应。

2. 有机化合物的分类

有机化合物按照其相对分子质量的大小可以分为三大类,一类为分子摩尔质量小于 $500\ \mathrm{g\cdot mol^{-1}}$ 的有机化合物,称为低(小)分子有机化合物;另一类是分子摩尔质量大于 $500\ \mathrm{g\cdot mol^{-1}}$ 的有机化合物,称为大分子有机化合物;而对于平均分子摩尔质量大于 $10000\ \mathrm{g\cdot mol^{-1}}$ 的有机化合物,则称为高分子有机化合物,也称高聚物。通常所说的有机化学一般是指对低(小)分子有机化合物的研究,本节内容主要也是介绍这一部分有机化合物。大分子有机化合物主要是指生物体中的蛋白质、核酸和纤维素等天然有机化合物,这些是生命过程中起重要作用的物质,一般在专门的生物化学中进行介绍。对于有机高分子化合物也已单列为高分子化学这门独立的学科进行专门研究。

对于低(小)分子有机化合物,根据其结构和官能团的不同,可以细分为如下几种类型。

(1) 按照分子中碳链的骨架分类

① 链烃。该类有机化合物中碳链骨架呈链状,可以有分支,碳链两端是分开的,不形成环状结构,链烃按照结构中是否存在双键和三键,又可以细分为烷烃、烯烃和炔烃等。例如:

丙烷　　$CH_3CH_2CH_3$

丙烯　　$H_2C{=}CHCH_3$

丙炔　　$HC{\equiv}C{-}CH_3$

② 环烃。该类有机化合物中碳链骨架首尾相连,形成环状结构,根据其中碳碳键的成键情况又可以细分为脂肪族环烃、芳香族环烃。例如:

③ 杂环化合物。该类化合物中的骨架结构也是环状的,但是碳链中含有非碳原子,如氧、硫、氮等。有机化学中一般把碳、氢以外的原子称为杂原子,含有杂原子的环称为杂环,相应的含有杂环的有机化合物就是杂环化合物。例如:

（2）按照分子中所含官能团的种类分类

有机化合物由于结构的不同,化学性质也各不相同,其中对化合物化学性质影响最大的特征结构称之为官能团。例如,含有羧基(—COOH)的化合物具有酸性,含有氨基(—NH$_2$)的化合物具有一定的碱性等。官能团的存在,会带给有机化合物某些特定的性质,因此,可以把结构中含有同一类官能团的化合物归为一类来和其他化合物进行区分。

表 7-4 列举了普通有机化合物的基本类别及其特征官能团。

表 7-4 普通有机化合物的基本类别及其特征官能团

类名	通式	官能团或特征结构	范例
烷烃	C_nH_{2n+2}	全部为碳碳单键	丙烷 $CH_3CH_2CH_3$
烯烃	C_nH_{2n}	含有碳碳双键	丙烯 $H_2C\!\!=\!\!CHCH_3$
炔烃	C_nH_{2n-2}	含有碳碳三键	丙炔 $HC\!\equiv\!C\!-\!CH_3$
二烯烃	C_nH_{2n-2}	含有两个碳碳双键	1,3-丁二烯 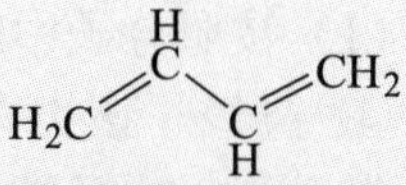
醇	R—OH	—OH(羟基)	乙醇 CH_3CH_2OH
酚	Ar—OH	—OH 与芳环相连	苯酚 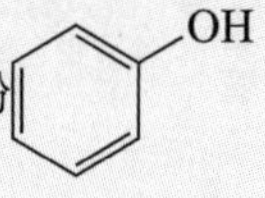
醚	R—O—R′	含有—O—键	乙醚 $CH_3CH_2OCH_2CH_3$
醛	R—CHO	—CHO(醛基)	乙醛 CH_3CHO
酮	R—C(O)—R′	$-\overset{O}{\overset{\|}{C}}-$(羰基)	丙酮 CH_3COCH_3
羧酸	R—COOH	—COOH(羧基)	乙酸 CH_3COOH
酯	R—COO—R′	—C(O)O—R′ (R′不能为氢原子)	乙酸乙酯 $CH_3COOCH_2CH_3$
芳香烃	Ar—H	含有苯环或者稠环	苯 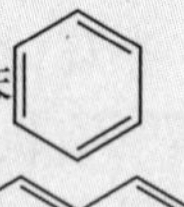 萘 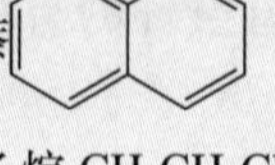
卤代烃	R—X	—X(卤原子)	氯乙烷 CH_3CH_2Cl
伯胺	R—NH$_2$	—NH$_2$(氨基)	一甲胺 CH_3NH_2
腈	R—CN	—CN(腈基)	乙腈 CH_3CN

注:通式中 R 和 R′代表烃基,可以相同;也可用芳基 Ar 和 Ar′代替。

7.2.2 有机化合物的命名

有机化合物种类繁多，其中有些化合物的结构相对复杂，因此，在命名的时候，不仅要反映有机化合物分子中的元素组成，更重要的是需要反映分子中的化学结构。命名的方法一般有普通命名法和系统命名法。

普通命名法一般只适用于结构较为简单、常见的有机化合物，且其名称一般为俗名或约定而成。结构较为复杂的有机化合物一般采用系统命名法，系统命名法是我国根据国际纯粹与应用化学联合会(IUPAC)规定的命名原则，同时结合汉字的特点制定的，其主要命名原则如下。

1. 链烃类有机化合物的命名

(1) 选择主碳链

① 若为饱和碳链，选含有碳原子数最多的碳链为主碳链；

② 若为不饱和碳链，选含有不饱和键(双键或三键)的碳原子数最多的碳链为主碳链；

③ 若链烃中含有其他特征官能团，选含有特征官能团(羟基、羧基等)的碳原子数最多的碳链为主碳链；

(2) 主碳链中碳原子的编号

将主碳链中的碳原子依次用阿拉伯数字(1,2,3,…)编序，同时满足不饱和键碳原子和官能团所在碳原子的序数尽量小的原则。

(3) 取代基和官能团的编号

取代基或者官能团的位序(连接在主碳链上的位置，采用 1,2,3,…编号)，加上取代基或者官能团的数目(采用二，三，四，…数目为一的可省略一)，再加上取代基或者官能团的名称标示取代基或者官能团的结构情况，整体写在主碳链名称的前面。例如：

4-甲基-3-乙基辛烷

3-甲基-2-戊酮

3,5-二甲基-3-庚烯

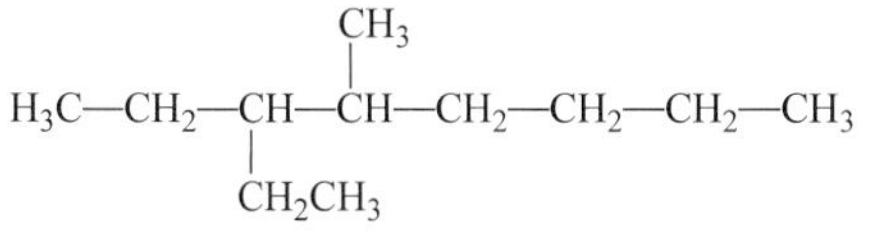

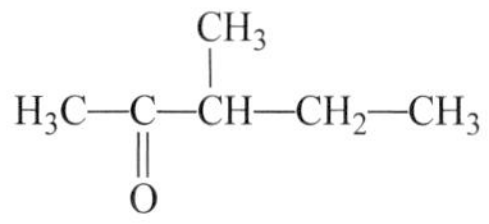

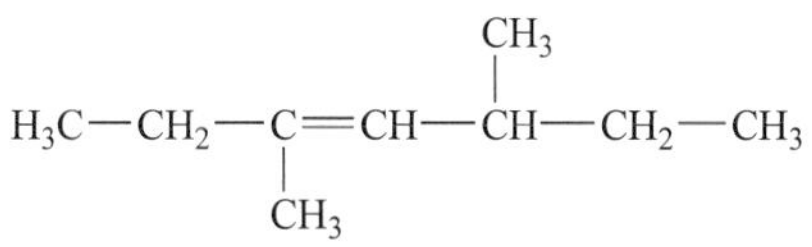

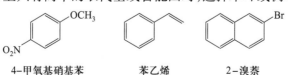

2. 芳烃类有机化合物的命名

(1) 选择母体

① 当苯环或稠环上只有简单的取代基或官能团时，选择苯环或稠环为母体。例如：

4-甲氧基硝基苯

苯乙烯

2-溴萘

② 当苯环上接的碳链较长或碳链中含有两个以上取代基或官能团时,可以考虑选择含有取代基或官能团的最长碳链作为主碳链,把苯环视作取代基。

（2）母体（或主链）和苯环的碳原子编序

① 当苯环作为取代基时,编序与链烃类有机化合物的命名类似。

② 当苯环作为母体时,含有两个或以上取代基或官能团时,尽可能使取代基或官能团的编号之和最小。例如:

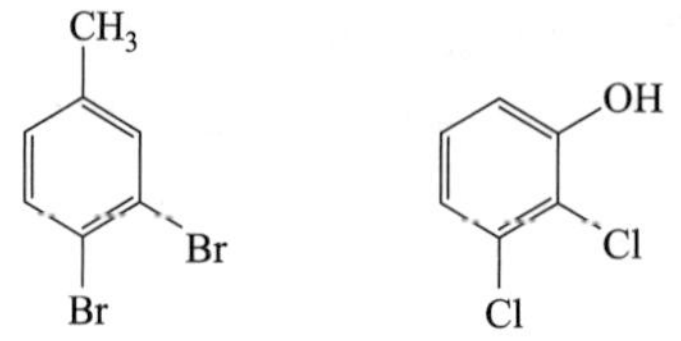

3,4-二溴甲苯　　　　2,3-二氯苯酚

7.2.3　有机化合物的主要种类及其性质

1. 烷烃

烷烃分子中碳原子之间均以单键相结合,其余价键都连接氢原子,即被氢原子"饱和"了,因此,烷烃也称为饱和烃(saturated hydrocarbon),其分子组成的通式为 C_nH_{2n+2}。

最简单的烷烃是甲烷,它是天然气的主要成分,燃烧产物是二氧化碳和水,是一种重要的清洁能源。

（1）烷烃的物理性质

烷烃一般为非极性共价化合物,分子间作用主要是范德华力。烷烃类化合物随着相对分子质量的增加,其熔点、沸点及密度都会随之升高,同时在相对分子质量相同或者相近时,其熔点、沸点及密度较之相应的含杂原子的化合物低。由于烷烃是非极性化合物,因此不溶于水,易溶于非极性有机溶剂醚类等。

（2）烷烃的化学性质

① 氧化反应。氧化还原反应的本质是电子的转移,一般来说,使有机化合物分子中氧原子增加或者氢原子减少的反应都可称为氧化反应;反之是还原反应。在高温下,有机化合物与氧气发生完全氧化反应,也就是燃烧,一般生成二氧化碳和水。

甲烷的完全燃烧反应:

$$CH_4 + 2O_2 \longrightarrow CO_2 + 2H_2O$$

此外,如果控制反应条件,可以进行部分氧化,制备得到一些有用的产品。例如:

$$RCH_2\text{—}CH_2R' + O_2 \xrightarrow[\text{高温高压}]{\text{锰盐}} RCOOH + R'COOH$$

② 取代反应。化合物分子中一个或几个原子或原子团被其他原子或原子团代替的反应,称之为取代反应。烷烃分子经常与卤素原子发生取代反应,这类与卤素原子发生的反应也称为卤代反应。在强光照射的条件下,有些卤代反应非常剧烈,甚至伴有大量的热量放出,形成爆炸。此外,卤代反应一般都难以得到单一的卤代产物,但如果条件控制得当,可以使某一种产物成为主要产物。例如:

$$CH_4 + Cl_2 \xrightarrow{h\nu} CH_3Cl + HCl$$

$$CH_3Cl + Cl_2 \xrightarrow{h\nu} CH_2Cl_2 + HCl$$

$$CH_2Cl_2 + Cl_2 \xrightarrow{h\nu} CHCl_3 + HCl$$

$$CHCl_3 + Cl_2 \xrightarrow{h\nu} CCl_4 + HCl$$

2. 烯烃和炔烃

烯烃是指分子中含有碳碳双键的一类有机烃类化合物,而分子中含有碳碳三键的烃类化合物一般称为炔烃。由于碳碳双键和碳碳三键与碳碳单键相比,没有被氢原子饱和,因此烯烃和炔烃都属于不饱和烃,单烯烃的通式为 C_nH_{2n},单炔烃的通式为 C_nH_{2n-2}。

乙烯是最简单的单烯烃类有机化合物,而乙炔则是最简单的单炔烃类化合物。两者都可从石油中提炼出来,其中乙烯可以用来制造聚乙烯等高聚物,并且乙烯系列产品在国际市场上占全部化工产品产值的一半左右。因此,乙烯和乙烯系列产品的水平往往用来衡量一个国家石油化工的水平。

(1) 烯烃和炔烃的物理性质

在常温下,含有 2~4 个碳原子的烯烃和炔烃为气体,含有 5~8 个碳原子的烯烃和炔烃为液体,更高级的同系物一般是以固体形式存在。熔点、沸点和密度的变化趋势与烷烃相同,随着相对分子质量的增加而变大。烯烃和炔烃与烷烃相比有微弱的极性,但仍然难溶于水,易溶于非极性的有机溶剂中。

(2) 烯烃与炔烃的化学性质

烯烃和炔烃中含有的碳碳双键和碳碳三键属于不饱和键,因此其化学性质比烷烃要活泼得多,可以发生加成、氧化、聚合等反应,其中加成反应是不饱和碳碳键的特征反应。

① 加成反应。烯烃和炔烃的加成反应就是不饱和碳碳键中的 π 键被打开,加成试剂的两个原子或原子团分别连接到不饱和键两端的碳原子上,形成两个新的键,从而不饱和键变成饱和键。一般来说,烯烃的碳碳双键可以与一分子加成试剂进行反应,而炔烃的碳碳三键则可以与两分子的加成试剂进行反应。烯烃的加成反应通式如下:

$$RC{=}CR' + XY \longrightarrow R{-}\overset{\displaystyle |}{\underset{\displaystyle X}{C}}{-}\overset{\displaystyle |}{\underset{\displaystyle Y}{C}}{-}R'$$

加成试剂的常见类型主要有:氢气、卤素、卤化氢和水等。例如:

$$H_2C{=}CH_2 + H_2 \longrightarrow CH_3CH_3$$

$$H_2C{=}CH_2 + Cl_2 \longrightarrow CH_2ClCH_2Cl$$

$$H_2C{=}CH_2 + HCl \longrightarrow CH_3CH_2Cl$$

$$H_2C{=}CH_2 + H_2O \longrightarrow CH_3CH_2OH$$

② 氧化反应。在氧化剂的作用下,烯烃和炔烃的不饱和键容易被氧化而发生断裂,根据氧化剂和反应条件的不同,氧化产物也不尽相同。例如:

$$R{-}CH{=}CH_2 \xrightarrow[OH^-]{KMnO_4} R{-}\overset{\displaystyle |}{\underset{\displaystyle OH}{CH}}{-}\overset{\displaystyle |}{\underset{\displaystyle OH}{CH_2}}$$

$$R{-}CH{=}CH_2 \xrightarrow[\triangle]{KMnO_4} RCOOH + HCOOH$$

$$R-C \equiv C-R' \xrightarrow{\text{KMnO}_4} RCOOH + R'COOH$$

③ 聚合反应。在催化剂或引发剂存在的条件下,烯烃和炔烃也能与自身或者同类烯烃进行相互的加成反应,得到彼此相连的相对分子质量较大的高分子化合物,这类反应也称为聚合反应,生成的产物叫作聚合物。例如:

$$n\text{CH}_2=\text{CH}_2 \longrightarrow \left[\text{CH}_2-\text{CH}_2\right]_n$$

上述反应式中的乙烯和丙烯称为聚合单体,工业上作为聚合单体的还有异丁烯、丁二烯和苯乙烯等,它们是合成橡胶、塑料和纤维等的重要原料。

炔烃的聚合反应较烯烃来说比较少见,然而具有导电性能聚乙炔的合成却打开了导电聚合物的大门。另外,在合适的条件下,三分子乙炔也可以发生聚合反应生成苯,这可以看成是乙炔进行聚合反应生成的低聚物。

3. 芳香烃

芳香烃一般是指含有苯环或稠环(多个苯环组合而成)的有机化合物,因最早发现时该类物质具有芳香气味而得名。芳香烃主要从煤和石油中提炼得到。根据分子中所含的苯环数目及连接方式,芳香烃又可以分为单环芳香烃(苯及其衍生物等)、多环芳香烃(联苯及其衍生物等)和稠环芳香烃(蒽、萘、菲及其衍生物等)。

苯是最简单的芳香烃,是合成其他芳香族化合物和精细化工的重要基础原料,在这里主要介绍苯及其同系物的性质。

(1) 苯及其同系物的物理性质

苯及其同系物一般为无色液体,易挥发,密度比水轻,不溶于水,易溶于非极性的有机溶剂。此外,苯及甲苯等本身也是一种常用的优良有机溶剂。

(2) 苯及其同系物的化学性质

最早认为苯的结构是单双键交替的六个碳原子形成的环,如(式1)所示,该结构式也称为凯库勒式,后经实验证明,苯环中六个碳原子之间的键都是相同的,整个环形成一个大的 π 键,因此也可以表示为(式2)的结构式,但是由于习惯,凯库勒式仍在兼用。

式1 　　　　式2

苯环上的氢原子被取代的反应是苯及其同系物最重要的化学反应,其中又可以分为:卤代反应、硝化反应和磺化反应。

① 卤代反应。苯环上的氢被卤素原子取代,生成卤代苯和卤化氢。例如:

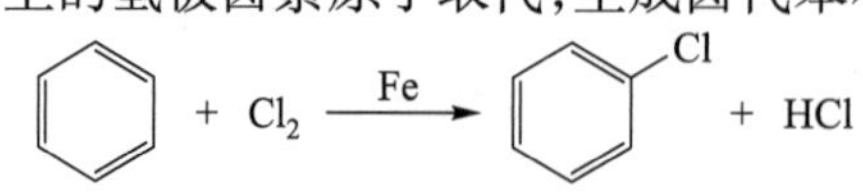

② 硝化反应。芳香烃在与浓硫酸和浓硝酸共热时,苯环上的氢原子可以被硝基取代,生成硝基芳烃。例如:

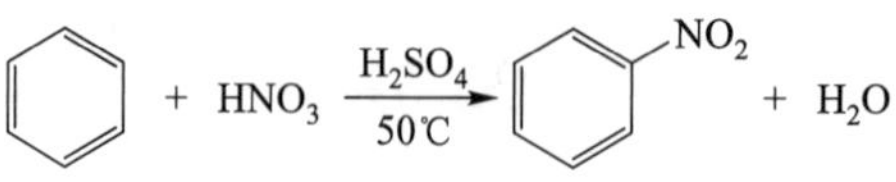

③ 磺化反应。芳香烃在单独与浓硫酸或发烟硫酸作用时,氢原子也可以被磺酸基取代,生成苯磺酸类化合物。例如:

$$\bigcirc + H_2SO_4 \xrightarrow{80℃} \bigcirc SO_3H + H_2O$$

此外,由于磺酸基的酸性很强,在水中有很大的溶解性,因此引入了磺酸基的芳香烃,其在水中的溶解度大增,就形成了表面活性剂分子,有较为广泛的实际用途。

4. 醇、酚和醚

醇是指分子中羟基(—OH)与链烃碳直接相连的一类有机化合物(R—OH);而酚则是羟基与芳烃碳直接相连形成的有机化合物(Ar—OH)。它们都可看成是分子中氢原子被羟基取代后的产物,羟基是醇类和酚类化合物的特征官能团。

根据羟基数量的不同,可以分为一元醇(含有一个羟基)、二元醇(含有两个羟基)和多元醇(含有三个或者三个以上的羟基)等,甲醇,乙二醇和丙三醇等便是其常见的实例。

根据羟基所连接的碳原子的种类又可以分为伯、仲、叔醇:

$$R—CH_2—OH \qquad \begin{matrix}R\\CH—OH\\R'\end{matrix} \qquad \begin{matrix}R\\R'—C—OH\\R''\end{matrix}$$

伯醇　　　仲醇　　　叔醇

醚是由两个烃基和氧原子相连组成的一类化合物,可以看作是醇类化合物中羟基上的氢被另一个烃基所取代的产物。其中醚氧链(C—O—C)就是醚类化合物的特征官能团。

(1) 醇、酚和醚类化合物的物理性质

低级醇一般为具有酒香味的无色液体,十二个碳原子以上的醇为固体,醇类化合物由于有羟基的存在,容易生成氢键,故一般是极性分子,碳原子数少的醇易溶于水。

大多数酚是无色针状结晶或白色结晶;水溶性较小,可溶于碱性介质;有特殊气味;遇空气和光变红,遇碱变色更快。

醚分子的极性就比醇小得多,由于醚分子极性小,且与水分子不能形成氢键,因而醚在水中的溶解性很差,相反却易溶于有机溶剂。乙醚($CH_3CH_2OCH_2CH_3$)作为最重要的醚类化合物之一,本身也是一种很好的溶剂,早期在外科手术中还被用作麻醉剂。

(2) 醇、酚和醚类化合物的化学性质

醇可以和活泼金属、卤化氢发生取代反应,还可以根据条件的不同进行分子内或分子间的脱水反应,其中分子间的脱水反应可以生成相应的醚,这也是制备醚类化合物的一种常用方法。

① 与活泼金属反应

$$R—OH + Na \longrightarrow RONa + H_2$$

② 与卤化氢反应

$$R—OH + HX \longrightarrow RX + H_2O$$

③ 脱水反应

$$CH_3CH_2OH \xrightarrow[170℃]{H_2SO_4} H_2C=CH_2 + H_2O$$

$$2CH_3CH_2OH \xrightarrow[140℃]{H_2SO_4} CH_3CH_2OCH_2CH_3 + H_2O$$

　　酚羟基上的氢比醇羟基上的活泼,故显弱酸性。酚类易被氧化,但产物复杂。酚羟基由于 p-π 共轭而难于被取代,但其苯环上邻、对位的氢原子却取代更容易。酚类还可以进行傅-克反应和显色反应。

　　醚类化合物中的醚氧链较为稳定,化学性质不活泼,通常很难进行化学反应,因此醚类化合物非常合适作为各种有机反应中的惰性溶剂。

　　5. 醛和酮

　　醛和酮类化合物分子中共同的特点是都含有羰基(C=O),可以统称为羰基化合物,其中与羰基的碳原子相连的有一个是氢原子,就形成醛基(—CHO),这类含有醛基的化合物称为醛类化合物。如果羰基中的碳原子两端都接的是烃基,那这类化合物就称为酮类化合物。例如:

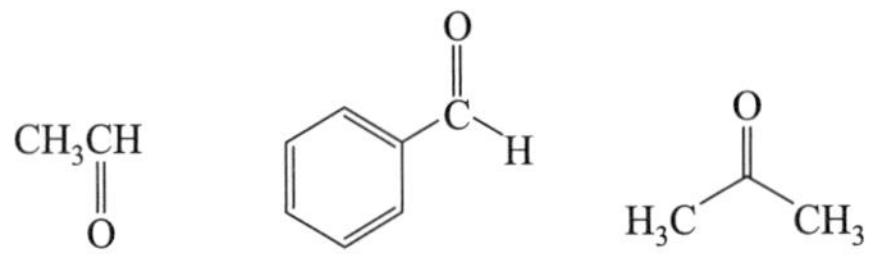

　　乙醛　　　　　　苯甲醛　　　　　　丙酮

　　(1) 醛和酮类化合物的物理性质

　　常温下,只有甲醛是气体,其他的醛和酮类化合物都是液体或固体。一般低级醛具有刺激性气味,而高级醛往往具有水果香味。由于羰基中碳氧双键的存在,醛和酮分子一般都是极性分子。由于羰基在水中也能形成氢键,所以醛和酮类化合物在水中有一定的溶解性,但随着碳原子数的增加而降低,一般含有六个及以上碳原子的酮基本不溶于水。

　　甲醛和乙醛是最简单也是最重要的醛类化合物,甲醛通常为气体,市场上一般是浓度为 35%~40% 的水溶液,也叫作福尔马林,可用于杀菌消毒、鞣革和保存动、植物标本等。同时甲醛和乙醛也是重要的基本化工原料。

　　丙酮是最简单的酮类化合物,是一种具有芳香气味的无色液体,作为一种重要的有机溶剂,广泛应用于有机合成和分离分析等行业,同时也是制造氯仿、碘仿等有机化合物的基本原料。

　　(2) 醛和酮类化合物的化学性质

　　羰基是比较活泼的官能团,因此醛和酮类化合物的化学性质都比较活泼,容易发生加成、氧化和还原等反应。

　　① 加成反应。羰基中碳氧双键的两端分别连接加成试剂中的原子或原子团。例如:

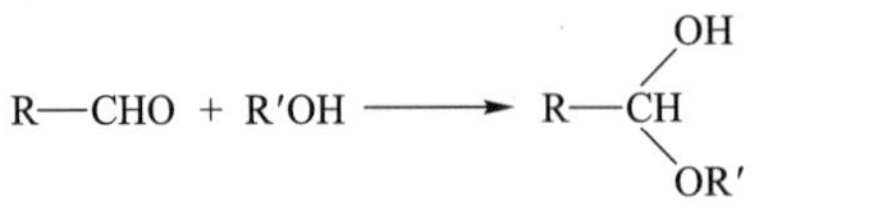

② 氧化反应。醛基相对比较活泼,容易被氧化成羧基(—COOH),但酮类化合物相对比较稳定,只有较强的氧化剂才能使羰基相连的碳碳键断裂,形成两个羧基。例如:

$$CH_3CHO \xrightarrow{[O]} CH_3COOH$$

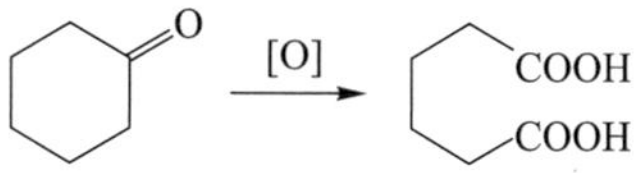

③ 还原反应。醛和酮类化合物的还原反应一般指与氢气等还原剂进行的反应,得到相应的醇类化合物。例如:

$$CH_3CHO \xrightarrow[H_2]{Ni} CH_3CH_2OH$$

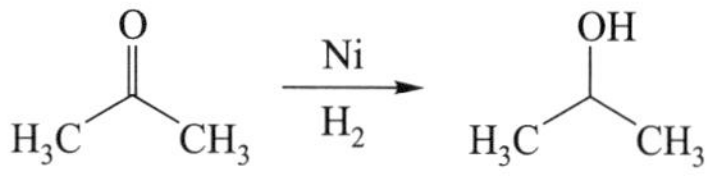

此外,与酮类化合物相比,醛类化合物还能进行两类特殊的反应,即歧化反应和缩合反应。

④ 歧化反应。在醛分子中,如果醛基的邻位没有 α–碳原子(如甲醛)或者 α–碳原子上没有氢原子,这样的醛在碱性条件下,可以二分子醛彼此相互氧化还原,生成相应的醇和酸,这就是歧化反应。例如:

$$2HCHO \xrightarrow{NaOH} HCOONa + CH_3OH$$

⑤ 缩合反应。在醛和酮分子中,如果羰基的 α–碳原子上有氢原子,这类醛和酮的分子在碱性条件下就可以进行缩合反应。例如:

醇醛缩合

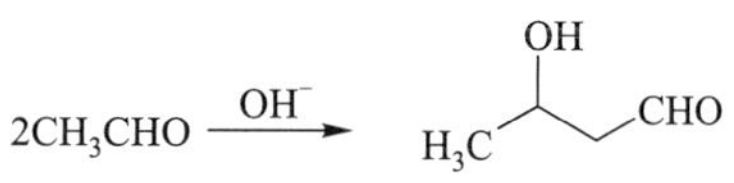

烯醛缩合

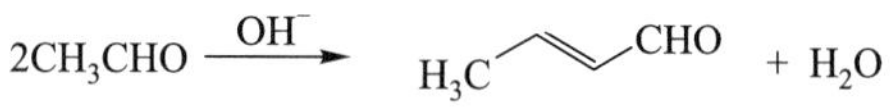

酮类化合物也可以进行类似的反应,但是条件相对要苛刻一些。例如:

醇酮

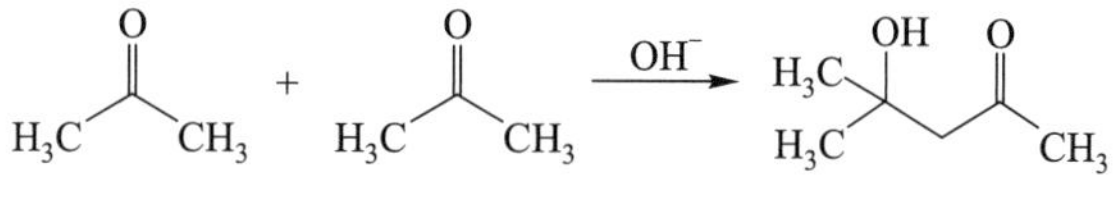

烯酮

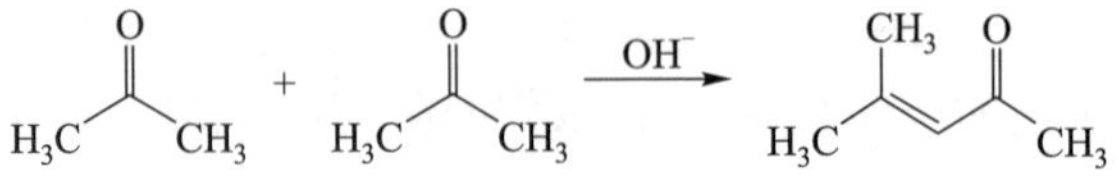

此外,甲醛和苯酚在进行酚醛缩合反应的同时也进行聚合反应,根据条件的不同得到一系列不同的高聚物,这类化合物称为酚醛树脂,是一类非常重要的高分子材料。

6. 羧酸和酯

有机化合物中的酸,也称为羧酸,是其分子中含有羧基(—COOH)的一类化合物。羧基是它们的特征官能团。酯类化合物分子中含有酯基(—COO—),是酸和醇脱去一分子水后的产物:

$$R—OH + R'—COOH \longrightarrow R'COOR + H_2O$$

(1) 羧酸和酯类化合物的物理性质

羧酸中羧基的极性比羟基要强,其水溶性比相应的醇要好很多,并且在水溶液中可以解离成羧酸根和氢离子,呈弱酸性。低级的羧酸水溶性较好,但是五个以上碳原子的羧酸随着碳原子数的增加其水溶性迅速降低。甲酸、乙酸和丙酸是具有较强酸性气味的无色液体,也是重要的化工原料,其中乙酸也叫作醋酸,还广泛应用于食品行业。

酯类化合物中酯基的两端一般是烃基或芳香基,不含有羧基和羟基,因此其化学性质相对比较稳定,难溶于水,液态的酯类化合物也是常用的化学反应溶剂,如乙酸乙酯等。

(2) 羧酸和酯类化合物的化学性质

羧酸中由于含有羧基,其化学性质比较活泼,主要可以进行酯化反应、脱水反应和还原反应。

① 酯化反应。酸和醇作用,分子间脱去一分子水生成酯的反应,是羧酸类化合物最为重要的典型反应。例如:

$$CH_3CH_2OH + CH_3COOH \xrightarrow{\triangle} CH_3COOCH_2CH_3 + H_2O$$

② 脱水反应。羧酸分子之间也可以在脱水剂的作用下脱去一分子水,形成酸酐。例如:

$$2CH_3COOH \xrightarrow{脱水剂}$$

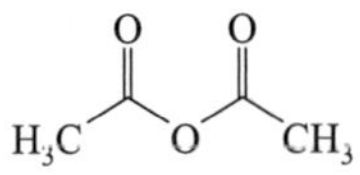

③ 还原反应。羧基在一般情况下比较稳定,但是在强还原剂作用下也可以被还原成醇。例如:

$$RCOOH \xrightarrow{LiAlH_4} RCH_2OH$$

酯类化合物相对比较稳定,但是在一定条件下也可以发生水解反应,水解成相应的羧酸和醇。这也是酯化反应的逆反应。例如:

$$R'COOR \xrightarrow{OH^-} R—OH + R'—COO^-$$

7. 胺

氨分子(NH₃)中的一个或者几个氢原子被烃基取代后生成的衍生物称为胺。根据被取代的氢原子个数可以分为伯胺(取代一个氢原子)、仲胺(取代两个氢原子)和叔胺(取代三个氢原子)。胺类化合物是含氮有机化合物中最重要的一类。

简单的胺类化合物,以胺为母体,烃基作为取代基,命名为"某胺"。但是当烃基较为复杂时,可采用烃基作为母体,氨基作为取代基,命名为"某氨基某烃"。例如:

$CH_3CH_2NH_2$ 　　　　　　　　　　　$(CH_3)_3N$

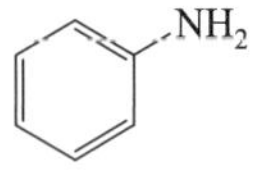

乙胺　　　　　　　　　苯胺　　　　　三甲胺

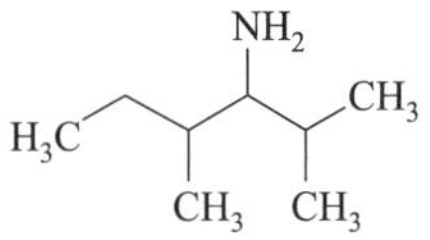

2,4-二甲基-3-氨基己烷

(1) 胺类化合物的物理性质

低级胺的气味与氨相似,一般为气体,如甲胺、二甲胺和三甲胺等,有时候还有鱼腥味,腐烂的鱼发出的恶臭就是其释放的三甲胺气体的味道。

胺类化合物是极性化合物,除叔胺外均可在分子间形成氢键。因此伯胺和仲胺的沸点比同分子量的烷烃要高,而叔胺由于不能形成氢键所以与同分子量的烷烃沸点较为接近。此外,胺类分子都能与水分子形成氢键,因此胺类化合物都有一定的水溶性,但也是随着相对分子质量的增加而迅速降低。

(2) 胺类化合物的化学性质

① 胺的碱性。胺类化合物中氮原子上有孤对电子,能与质子相结合,因此胺类分子表现出一定的碱性,也是一类比较重要的有机碱。

胺类化合物中氮原子上的电子出现的概率密度越大,其分子的碱性就越强,一般来说,碱性的大小顺序是:叔胺＞仲胺＞伯胺＞氨。

胺类化合物与强酸作用,可以形成铵盐,作为有机盐类,铵盐易溶于水,不溶于醚、烃等有机溶剂。例如:

$$CH_3CH_2NH_2 \xrightarrow{H^+} CH_3CH_2NH_3^+$$

由于铵盐一般为强酸弱碱盐,遇到强碱时会被置换,使得胺又重新游离出来。利用这一特性可以进行胺的分离和提纯。

② 胺的取代反应。胺与卤代烃反应,可以得到多一个取代基的胺,叔胺与卤代烃反应可以得到季铵盐。反应式如下:

$$CH_3CH_2NH_2 + CH_3CH_2Br \longrightarrow (CH_3CH_2)_2NH + HBr$$

$$(CH_3CH_2)_2NH + CH_3CH_2Br \longrightarrow (CH_3CH_2)_3N + HBr$$

$$(CH_3CH_2)_3N + CH_3CH_2Br \longrightarrow (CH_3CH_2)_4N^+Br^-$$

③ 胺的缩合反应。胺类化合物(除叔胺外)与羧酸在脱水剂存在下,进行分子间的脱水缩合反应,得到羧酸中羟基被氨基取代的产物称为酰胺:

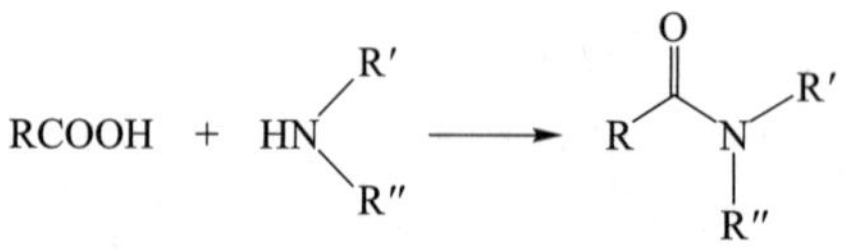

$$RCOOH + HN\underset{R''}{\overset{R'}{}} \longrightarrow R-\underset{\underset{R''}{|}}{\overset{\overset{O}{\|}}{C}}-N\overset{R'}{}$$

式中,R′和 R″可以为 H 或者是其他取代基。

液态的酰胺是一种非常好的溶剂,既可以溶解极性化合物,也可以溶解非极性化合物,在有机合成和医药行业应用广泛,如 N,N-二甲基甲酰胺(DMF)。

8. 腈

除去胺类化合物外,腈类化合物也是一类重要的含氮有机化合物,可以看作是烃基中的氢原子被氰基所取代的产物。氰基(—CN)是腈类化合物的特征官能团。和胺类化合物一样,简单的腈类化合物可以直接命名为"某腈",当烃基较为复杂时,可以把氰基当作取代基,命名为"某氰基某烃"。例如:

$$CH_3CN \qquad\qquad H_2C\!=\!CH\!-\!CN$$

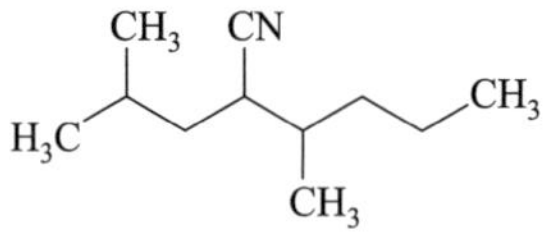

乙腈　　　　　丙烯腈　　　　　2,5-二甲基-4-氰基辛烷

(1) 腈类化合物的物理性质

低级腈一般是无色液体,高级腈为固体。其中乙腈能与水以任意比例互溶,由于氰基的极性很大,所以乙腈不仅能溶于水,还能溶解相当种类的盐,并且与有机溶剂(醚类,氯仿等)也可以一定比例互溶,因此乙腈在实验室和工业应用上是一种非常好的溶剂。

(2) 腈类化合物的化学性质

氰基中的碳原子和氮原子是以三键结合,因此,在一般情况下比较稳定,但在条件合适的时候也可以进行水解、还原等反应。反应式如下:

$$RCN + H_2O \xrightarrow{\text{OH}^-} RCOO^- + NH_3$$

$$RCN + H_2 \xrightarrow{\text{催化剂}} RCH_2NH_2$$

9. 卤代烃

烃类分子中氢原子被卤素原子所取代得到的化合物称为卤代烃,可以表示为 R—X,其中 X 表示卤素原子。

(1) 卤代烃的物理性质

卤代烃大部分具有极性,但是不溶于水,能溶于有机溶剂。液态的卤代烃作为优良的有机溶剂应用于有机合成、医药和材料等多个领域。以前普遍用作空调制冷剂的氟利昂就是含氟含氯的卤代烃,但由于其泄漏进入大气层时会破坏臭氧层,所以近年来已被逐渐限制使用甚至禁用。

(2) 卤代烃的化学性质

卤原子作为卤代烃的特征官能团,由于其电负性很大,所以当卤代烃遇到带有孤对电子的亲核试剂时,容易发生取代反应;同时在强碱作用下,也可以消去一分子卤化氢,发生消除反应生成双键。

① 取代反应

$$RX + H_2O \longrightarrow ROH + HX$$

$$CH_3CH_2I + NH_3 \longrightarrow CH_3CH_2NH_2 + HI$$

$$CH_3CH_2I + NaCN \longrightarrow CH_3CH_2CN + NaI$$

这类反应也是制备醇(R—OH)、胺(R—NH$_2$)和腈(R—CN)类化合物的重要方法。

② 消除反应

$$RCH_2CH_2X \xrightarrow{OH^-} RCH{=\!=}CH_2 + H_2O + X^-$$

需要注意的是,能发生消除反应的卤代烃,β 位上的碳原子必须有氢原子,不能是叔碳原子。

7.2.4 有机化合物的波谱分析方法简介

在20世纪50年代以前,有机化合物结构的鉴定通常采用化学分析的方法,该方法准确性欠佳。但随着科学技术的发展,更为准确可靠的波谱分析方法便成为有机分子结构鉴定的主要手段。核磁共振谱(nuclear magnetic resonance spectroscopy,NMR)、质谱(mass spectroscopy,MS)、紫外–可见光谱(ultraviolet visible spectroscopy,UV)、红外光谱(infrared spectroscopy,IR)是四种较为常用的解析手段,俗称"四谱",其中核磁共振谱和质谱在有机化合物的分析中尤为重要。

1. 核磁共振谱

(1) 核磁共振的基本原理

① 原子核一般由一定数量的质子和中子组成。质子和中子统称为核子,其中,质子带一个单位的正电荷,中子不带电荷。核子和电子一样,也有自旋运动,具有一定的自旋角动量,实验结果表明,虽然中子整体不带电荷,但是也能和质子一样,其自旋运动能产生相应的磁矩,称为核磁矩。

② 由于核子自旋有两种不同的取向,因而核磁矩是有方向的矢量。自旋相反的核子可以两两配对,但是必须是同类核子,质子和中子是不能配对的。配对的一对核子,其核磁矩大小相等,方向相反,正好相互抵消,总核磁矩为零。因此如果某元素(或同位素)原子核的质子数或中子数(或两者)都为奇数,那么它们的核自旋量子数就不等于零,这种核就有一定的核磁矩。

③ 当原子核处于外磁场中,由于原子的核磁矩与外磁场相互作用,随着原子核磁矩取向的不同,其与外磁场相互作用的大小也不同,这就会影响分子或者原子核的能级。当总核磁矩不为零时,外加磁场可以使得它们原来简并的能级分裂开来,分裂后的能级称为核的塞曼(Zeeman)能级。

④ 核子在不同的塞曼能级之间跃迁需要吸收或放出具有确定频率的辐射。当外界提供的能量符合这一频率要求时,核子就会吸收这一频率的辐射能量发生跃迁,这种现象就称为核磁共振吸收,简称为核磁共振。当共振吸收发生时,通过仪器自动记录下来。在核磁共振图谱上出现的谱线正是指明了在实验条件下发生核磁共振的频率(或场强)位置。

（2）核磁共振谱的解析

核磁共振是分析、确定有机化合物分子结构的重要方法。核磁共振谱能够提供的主要信息有：化学位移、共振吸收峰峰面积及吸收峰分裂的特征。

① 化学位移。核磁共振所吸收的电磁波能量与原子核所处的磁场强度有关，同时也与原子核在分子结构中所处的化学环境有关，原子核受周围原子的电子云屏蔽的程度不同，因而即使在相同的外磁场条件下，各自的共振频率也是有所不同的。由于原子核所处的化学环境不同而造成共振谱线位置的不同变化称为化学位移。所以化学位移也是在一定外磁场中，实际检测到的核磁共振频率与未受屏蔽时的核磁共振频率之差。

为了测定各种化合物的核磁共振谱图和各基团上连接的氢原子的化学位移，一般需要选择一个化合物作为参照标准，通常选四甲基硅烷（tetramethyl silane，TMS）作为参照标准。以 TMS 的化学位移为零，来标示其他氢原子的化学位移位置。

最常用的是检测核磁共振中质子的化学位移，用以标示和区分不同结构和位置中的氢原子，即核磁共振氢谱。对于碳原子、氟原子和磷原子等的核磁共振谱现今也早有办法清晰观察并记录下来，它们都有其特征的化学位移。

在核磁共振氢谱中，各类常见氢原子的特征化学位移，可以从已出版的参考书或者网上查找，对于一些结构复杂的化合物，可以通过研究文献或专著及与标准品谱图进行比对来确认其可能对应的目标化合物。

② 核磁共振吸收峰峰面积。在核磁共振氢谱中，每组吸收峰的位置（化学位移）代表了相应的氢原子在分子中的位置，而吸收峰的峰面积（吸收峰强度）则是与该类氢原子的数目相关。一般峰面积的积分值都是由仪器自动标出，各个峰面积之间的比值就表示了分子结构中各类氢原子数目之比。

③ 吸收峰分裂的特征。在核磁共振氢谱中，不同化学位移的吸收峰代表了不同类型的氢原子，对于同一类型的氢原子，如乙醇中的—CH_3，在早期分辨率较低的核磁共振谱中无法区分，其吸收峰是合在一起的，但现在使用高分辨率的核磁共振仪后，可以发现该甲基实际上是由一组三重峰组成的，这种吸收峰分裂的特征现象，也可以称为核磁共振的精细结构。

因此，根据核磁共振吸收峰分裂的特征（分裂为几重峰），便可以推测出该类氢原子更为细致的化学环境，为进一步了解化合物的结构提供重要的信息。

（3）核磁共振谱的举例

图 7-2 和图 7-3 给出了根据化学位移、峰积分面积和峰裂分的情况推测的化合物结构，并将图谱所示氢原子进行了归属。

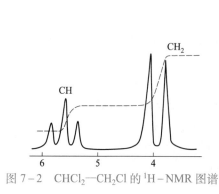

图 7-2　$CHCl_2$—CH_2Cl 的 ^1H-NMR 图谱

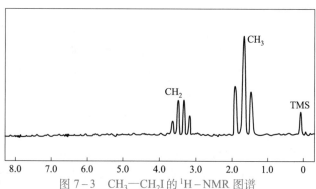

图 7-3　CH_3—CH_2I 的 ^1H-NMR 图谱

2. 质谱

（1）质谱的基本原理

化合物分子在高能电子的轰击下,会发生电离生成分子离子,或者发生分子内键的断裂,生成质量大小不一的分子片段,或者称为碎片离子,这些带电荷的离子具有不同的质荷比(m/z),然后再将这些带电荷的离子经过高速电场或者磁场分离开,分别进入检测器进行检测,这整个过程就是质谱仪工作的大致流程,得到的谱图称为质谱。

（2）质谱图的解析

质谱图中一般以样品中所含离子的质荷比作为横坐标,以相应离子的相对强度作为纵坐标,从质谱图进行分析,叫作质谱分析,这种分析方法可以较为直观地了解样品的相对分子质量,特别是在分子离子峰存在的情况下。同时还可以得到大量碎片离子的相对分子质量,根据物理有机化学和结构化学的基本原理,可以猜测某类分子最易发生断裂的部位和断裂的结果,由此可以反向推测被测样品的分子结构。

（3）质谱技术的发展

随着高分辨率的质谱仪的应用,根据检测结果,可以直接确定被测分子的分子式,由于高分辨率质谱仪可以精确地测定化合物的相对分子质量,精确到千分之一国际原子量单位。按照得到的实验数据,比对理论值,基本就可以确定待测分子的分子式。比如在低分辨率质谱上只能测得 $m/z=44$ 的一条分子离子峰谱线的一组化合物,而在高分辨率质谱仪中则可以发现是在 44 附近的一组谱线,分别代表不同的分子式:

$$CO_2 \ 43.9898 \quad C_2H_6N \quad 44.0500 \quad CH_4N_2 \quad 44.0374$$
$$C_3H_8 \ 44.0626 \quad NO_2 \ 44.0011 \quad C_2H_4O \quad 44.0262$$

此外,由于在高能电子的轰击下,样品分子大部分发生了断裂,各种碎片离子成了主要产物,在质谱图中分子离子峰反倒不明显,这样会影响我们对实验数据的分析。为了改善这种状况,科研人员不断发展和改进了各种"软电离"技术,即使用相对比较温和的激发源,尽可能多地保留分子离子,用这种思路发展出来的电喷雾质谱、飞行时间质谱等质谱新技术,特别适用于测量相对分子质量比较大、热稳定性比较差的样品。

3. 紫外–可见光谱

紫外–可见光谱主要是用于无机化合物的定量分析,但也能定性或定量测定许多有机化合物的结构。它具有仪器简单、使用方便、测量灵敏度和准确度高等优点,在配合其他波谱方法的情况下,也是分析和鉴别有机化合物不可缺少的手段之一。

（1）紫外–可见光谱的基本原理

紫外–可见光谱是由待测样品分子中电子能级跃迁而产生的,一般是由原子外层的价电子跃迁产生,价电子主要包括成键电子、反键电子、孤对电子、游离基电子和离子电子等。

紫外–可见光谱谱图是待测样品溶液在指定条件下测得的吸收波长对吸收强度作图所得到的曲线。样品的紫外–可见光谱中最大吸收波长和在该波长处相应的最大吸收强度是所测样品紫外–可见光谱的特征信息,也是进行紫外–可见光谱分析的主要依据。

（2）紫外–可见光谱的特征吸收类型

由于有机化合物中具有不同碳链骨架和不同官能团的分子内价电子的分布是各不相同的,因此紫外光谱的特征也各不相同,主要有以下几类情况:

① 饱和碳氢化合物。一般这类化合物分子中主要是 σ 键,键能较大,激发 σ 键成键电子需要较大的能量,因此该类分子的吸收光谱一般落在远紫外区($\lambda < 150$ nm),另外饱和碳氢化合物中如果含有杂原子,杂原子中一般含有孤对电子,该类电子相对较容易被激发,故这类分子的紫外光谱中的特征吸收峰与饱和烷烃相比,移向了波长更长的区域,这种现象称为"红移"。

② 不饱和有机化合物。这类化合物中一般含有 π 键电子,这类电子比孤对电子更容易被激发,因此这类分子的特征吸收峰基本上都出现在紫外－可见区域($\lambda = 200 \sim 1000$ nm),这也是现代紫外－可见吸收光谱研究的灵敏区域。因此,紫外－可见光谱最适合分析和鉴别含有双键或三键等不饱和键的不饱和有机化合物,表 7–5 列举了一些常见生色基团的紫外－可见特征吸收峰数据。

③ π–π 共轭作用。分子内有两个或以上的 π 键呈相间排列,即形成 π–π 共轭作用,如 1,3–丁二烯、丙烯酸和环戊二烯等。这类键的价层电子较 π 键电子更容易被激发,因此其特征吸收峰也会发生红移现象。该类分子的紫外－可见吸收中有两个特征吸收谱带,分别称为 K 带和 R 带,其中 K 带是强吸收带,K 带中 λ_{max} 随共轭键的长度而增加,R 带就没什么规律。

④ 芳香族化合物。这类化合物都是以苯环为骨架结构,因此这类化合物都具有苯环的特征紫外吸收峰带,苯及常见的稠环芳香烃的紫外特征吸收峰带在一些研究文献和手册中已有报道,其他衍生物可以看成是氢原子被官能团所取代的产物,其特征吸收峰带可以根据苯环和相应的取代基的紫外－可见光谱特征来估计。

此外,紫外－可见光谱在某些情况下也可用于定量分析。当样品中待测化合物某特征官能团的特征吸收峰未受干扰,且其吸收强度与待测组分浓度成正比时,则可以利用样品在该特征吸收处的吸收强度来分析样品的含量。

表 7–5　常见生色基团的紫外－可见特征吸收峰数据

生色团	化合物示例	溶剂	λ_{max}/nm	ε_{max}/(L·cm^{-1}·mol^{-1})
$\diagdown$C=C$\diagup$	$H_2C{=}CH_2$	—	193	1000
—C≡C—	HC≡CH	—	173	6000
$\diagdown$C=O	CH_3COCH_3	正己烷	300	—
			166	15
			276	—
—COOH	CH_3COOH	水	204	40
$\diagdown$C=N—	$(CH_3)_2C{=}N{-}OH$	—	190	5000
$\diagdown$C=S	CH_3CSCH_3	水	400	—

4. 红外光谱

（1）红外光谱的基本原理

红外光谱和紫外－可见光谱一样,也属于分子光谱,但是它们的产生机制有着本质的不同:前者产生于振动或转动能级的跃迁,而后者则是电子跃迁机理。红外光谱主要包括分子中原子在平衡位置附近振动产生的振动光谱和分子绕其中心转动产生的转动光谱。由于分子的振动能级和转动能级相对较低,因而由于分子振动和转动产生的吸收谱线主要是出现在能量比紫外–可见光区低的红外光区,因此称为红外光谱。

化合物中每种官能团都有自己的特征红外吸收,即使是同一类型的官能团,在不同的化学环境下也有不同的特征红外吸收,有时差别还比较大,因此每个化合物都有自己的独特的红外光谱,这也是用红外光谱对化合物进行分析和鉴别的基础。

红外光谱主要用于有机化合物中的各种基团的分析检测,尤其对有机化合物的结构做定性分析。其应用范围广,操作简便快捷,在石油化工和天然有机化合物中的分析应用最为常见。但是红外光谱检测的灵敏度不高,一般来说,1%以下的组分很难被检出。所以,一般只采用红外光谱做定性分析,不做定量分析,并通常要和其他波谱分析联用。

（2）红外光谱的解析

红外光谱是在一定测量条件下,测得样品在不同波长处的红外吸收强度对波数作图得到的曲线(见图7–4)。

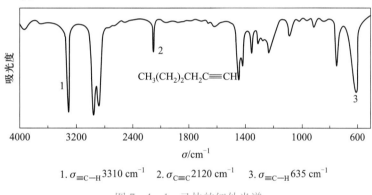

1. $\sigma_{\equiv C-H}$ 3310 cm^{-1}　　2. $\sigma_{C\equiv C}$ 2120 cm^{-1}　　3. $\sigma_{\equiv C-H}$ 635 cm^{-1}

图 7–4　1–己炔的红外光谱

① 若分析的样品是已知化合物纯品,则只需把同样条件下测得的样品谱图与数据库中的标准谱图进行比对,看其是否一致,即可判断被测样品是不是目标产物。

② 若分析的样品是未知化合物,在这种情况下,主要考察红外光谱中官能团的特征吸收峰位置,并参考已知官能团的特征吸收峰数据(一般可在专业文献或网上数据库中查到)推测其分子中可能含有的官能团或者结构单元,然后再结合其他分析方法(如核磁共振、质谱等)的数据,综合比对,推测待测样品的确切结构。

7.3　高分子化合物

7.3.1　高分子化合物的基本概念

1. 高分子化合物简介

高分子化合物(macromolecular compound),也称高分子聚合物或高聚物(high polymer),

系指那些由众多原子或原子团主要以共价键结合而成的相对分子质量在 10000 以上的化合物。高分子化合物包括天然高分子化合物和合成高分子化合物。前者如云母、石棉、石墨等天然无机高分子化合物，又如松香、淀粉、纤维素和蛋白质等天然有机高分子化合物；后者如聚乙烯（PE）、聚氯乙烯（PVC）、聚四氟乙烯（PFE）、尼龙（nylon）、丁苯橡胶（styrene-butadiene）和涤纶（terylene）等合成高分子化合物。

高分子化合物具有高熔点（或高软化点）、高强度、高弹性，以及其溶液和熔体具有高黏度等特殊的物理性质。与具有相同组成和结构的低分子化合物相比较，其基本特征有：

（1）化学组成简单，分子结构有规律

高分子化合物是由小分子化合物（也称单体，monomer）通过共价键结合而成的。这种由许多单体结合成高分子化合物的反应称为聚合反应，高分子化合物作为聚合反应的产物，称为高聚物。

例如聚乙烯是由单体乙烯分子聚合而成，

$$n\,H_2C=CH_2 \xrightarrow{\text{聚合}} +CH_2-CH_2\frac{}{n}$$
乙烯　　　　　　　　　　　聚乙烯

在聚乙烯分子链中，化学组成和结构可重复的最小单位是—CH_2—CH_2—，称为重复结构单元（repeating unit），也称为链节。n 为重复结构单元数或链节数，又称聚合度，它是衡量高分子化合物相对分子质量的重要指标。一般而言，高分子化合物都是由具有相同化学组成、不同聚合度的高聚物组成的混合物。

（2）相对分子质量很大，而且具有多分散性

高分子化合物几乎都是通过共价键互相连接，其相对分子质量在 1 万以上，甚至高达上百万之巨。但是，高分子化合物的相对分子质量只是这些不同聚合度的高聚物的相对分子质量的统计平均值。其相对质量和聚合度必须分别理解为平均相对分子质量和平均聚合度。加聚物的相对分子质量分布较宽，而缩聚物的相对分子质量分布较窄。真实的分子量和聚合度是在一定范围内分布的，分布区间越窄越好。

（3）分子链的形态多种多样

众所周知，作为天然高分子的蛋白质具有多级结构，这一现象在合成高分子中同样存在。高分子链由重复结构单元以共价键连接，高分子的一级结构意指其化学组成。主链由碳原子组成的高分子化合物，称为碳链高分子化合物，如聚氯乙烯 $+CH_2-\underset{Cl}{CH}\frac{}{n}$、聚丙烯腈 $+CH_2-\underset{CN}{CH}\frac{}{n}$、聚苯乙烯 $+CH_2-CH\frac{}{n}$ 等。若构成高聚物主链的元素除碳原子外，还含有氧、氮、硫、磷等元素，则称为杂链高分子化合物。绝大部分缩聚物如聚酯、聚酰胺（尼龙等）、聚氨酯、聚醚等均属于杂链高分子化合物。

由同一种单体聚合而成的高分子化合物称为均聚物（homopolymer），如聚乙烯、聚四氟乙烯、聚甲醛、聚己内酰胺（尼龙-6）等。而由两种或两种以上的单体聚合而成的高分子化合物称为共聚物（copolymer），如丁苯橡胶、ABS 塑料等。对于共聚物而言，按单体在高分子链

中排列方式不同,又可细分为无规共聚物、交替共聚物、嵌段共聚物和接枝共聚物四类。

AAAAAAAAAAAAAAAA
均聚物

AABBABABABAAABAAAA
无规共聚物

AAABBBAAAABBBAAABBB
嵌段共聚物

AABBAABBAABBAABB
共聚物

ABABABABABABABAB
交替共聚物

AAAAAAAAAAAAAAAA
B
B
BBBBBBB
接枝共聚物

高分子的二级结构是指高分子的大小与形态、链的柔顺性及高分子在各种环境中所采取的构象。高分子的三级结构是指高分子材料整体的聚集态结构,用以描述高分子聚集体中分子的堆砌情况,其中包括晶态结构、非晶态结构、液晶态结构等。

2. 高分子化合物的命名

聚合物的命名应遵循两个基本原则,即不仅能表明其结构特征,而且能反映其与单体之间的联系。尽管 1972 年 IUPAC 对线型高分子化合物提出了系统命名规则,但有时显得过于繁杂,迄今未在国内获得广泛认同,本书介绍最简单、最常用的习惯命名法。

(1) 烯烃均聚物

由烯类单体均聚而成的聚合物命名为"聚"+"单体名称"。例如由乙烯单体均聚而成的聚乙烯;由苯乙烯均聚而成的聚苯乙烯。值得注意的是,聚乙酸乙烯酯经水解后,可得到一种高聚物,习惯上将之命名为聚乙烯醇(PVA),但"乙烯醇"仅仅是假想的单体。

(2) 共聚物

由两种或两种以上的烯类单体加聚而成的共聚物一般命名为"单体名称"+共聚物。例如,由甲基丙烯酸甲酯和苯乙烯聚合而成的"苯乙烯-甲基丙烯酸甲酯共聚物";由丙烯腈、丁二烯和苯乙烯加聚而成的"丙烯腈-丁二烯-苯乙烯共聚物",常称作 ABS 树脂。

(3) 缩聚物

由己二酸和己二胺缩合而成的聚己二酰己二胺(俗称尼龙-66);由对苯二甲酸和乙二醇缩合而成的聚对苯二甲酸乙二(醇)酯(俗称涤纶,一种聚酯)。

7.3.2 高分子化合物的聚合反应

1. 加聚反应和缩聚反应

按照反应机理的不同,可将由单体合成高分子化合物的聚合反应分为加成聚合反应(简称加聚反应)和缩合聚合反应(简称缩聚反应)两类。

加聚反应(addition polymerization)是数量众多的含不饱和键的单体(多为烯烃)进行连续、多步的加成反应。其特征为所得高聚物的结构单元的原子组成与单体的组成相同。例如,四氟乙烯单体通过打开双键彼此连接,形成聚四氟乙烯。绝大多数烯类单体都能发生自由基聚合。影响烯类单体发生自由基聚合的主要因素有电子效应和位阻效应;烯键中取代基的种类、位置、数目和体积大小对聚合反应速率的影响很大,有些烯类单体甚至不能发生聚合反应。

例如,1-取代烯烃较易发生聚合反应。氯乙烯(一取代的乙烯衍生物)中取代基氯原子的存在既降低了烯键的对称性,又改变了单体分子的极性,从而增强了单体参与聚合反应的能力;而乙烯分子高度对称,进行自由基聚合反应的条件相当苛刻,必须在高温高压下进行。由于结构不对称,极化程度增加,1,1-二取代的烯类单体如 $H_2C{=}C(CH_3)_2$、$H_2C{=}CCl_2$ 和 $H_2C{=}C(CH_3)COOCH_3$ 等均易发生聚合。但若两个取代基的体积很大时,因位阻效应,1,1-二苯基乙烯只能形成二聚体。由于位阻效应、结构对称、极化程度低,1,2-二取代的烯类单体很难均聚,但氟烯烃却是一个例外。此外,取代基的电负性和吸电子能力对烯类单体的影响很大,取代基的吸电子能力越大,越容易发生自由基均聚。例如,丙烯腈中的侧基氰基的吸电子能力强,而丙烯单体中甲基的推电子能力较强,所以,丙烯腈的自由基均聚较之于丙烯单体容易许多。

缩聚反应(condensation polymerization)通常是由带有两个或两个以上官能团的单体之间连续、重复进行的缩合反应,在形成缩聚物的同时,伴有小分子物质(如水、氨、醇及卤化氢等)的失去。根据主链中官能团的不同,常见的缩聚物有聚酯(—C(=O)—O—)、聚碳酸酯(—O—C(=O)—O—)、聚酰胺(—N(H)—C(=O)—)、聚亚酰胺(—C(=O)—N(H)—C(=O)—)、聚氨酯(—N(H)—C(=O)—O—)、聚脲(—N(H)—C(=O)—N(H)—)等。

$$n\,HO{-}C(=O){-}(CH_2)_5{-}NH_2 \xrightarrow{\triangle} {+}C(=O){-}(CH_2)_5{-}NH{+}_n + n\,H_2O$$
ω-氨基己酸　　　　　　　　　尼龙-6

$$n\,H_2N(CH_2)_6NH_2 + n\,HOOC(CH_2)_4COOH \xrightarrow{\triangle} {+}NH(CH_2)_6NHC(=O)(CH_2)_4C(=O){+}_n + n\,H_2O$$
己二胺　　　　　　己二酸　　　　　　　　　　尼龙-66

2. 连锁聚合和逐步聚合

根据聚合反应的动力学特征,可将聚合反应分为连锁聚合和逐步聚合。

(1) 烯烃类单体的聚合大多属于连锁聚合(chain growth polymerization),它有链引发和链增长两个显著的动力学特征步骤。在链引发过程中,烯类单体中的烯键被引发剂激活,使烯类单体通过单键彼此连接而聚合。引发剂按烯类单体的聚合机理可分为自由基引发剂(引发自由基聚合)、阳离子引发剂(引发阳离子聚合)和阴离子引发剂(引发阴离子聚合),其中80%以上工业化的聚合反应都为自由基聚合。现以自由基引发剂过氧化二苯甲酰(BOP)引发苯乙烯连锁聚合的自由基聚合反应为例说明其动力学过程。

① 链引发(initiation)。

(i) 引发剂受热,产生自由基(以 R · 表示):

过氧化二苯甲酰引发剂　　　　　　　　苯甲酰自由基R·　　苯自由基R·

（ii）自由基R·引发苯乙烯聚合：

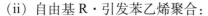

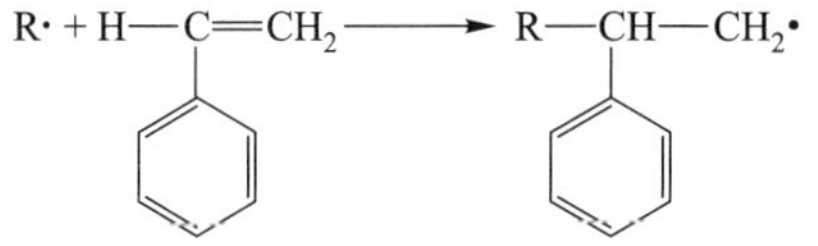

这里引发单体聚合的自由基可以是$C_6H_5COO\cdot$，也可以是$C_6H_5\cdot$，其比例视反应条件而变化。特别应指明的是，在自由基引发单体聚合时，发生了自由基转移，生成了新的自由基。故体系中自由基的数量（或浓度）并没有减少。

② 链增长（propagation）。由引发过程所产生的自由基在聚合过程中可持续不断向苯乙烯单体分子转移，保证了自由基浓度基本不变，也就保证了聚合反应不断进行，而聚合链却在不断增长（即聚合度不断增加）。因而，这是一个链增长的过程。这个过程可一直维持到自由基捕获到不活泼自由基而发生链终止反应，或直至单体消耗完毕：

......

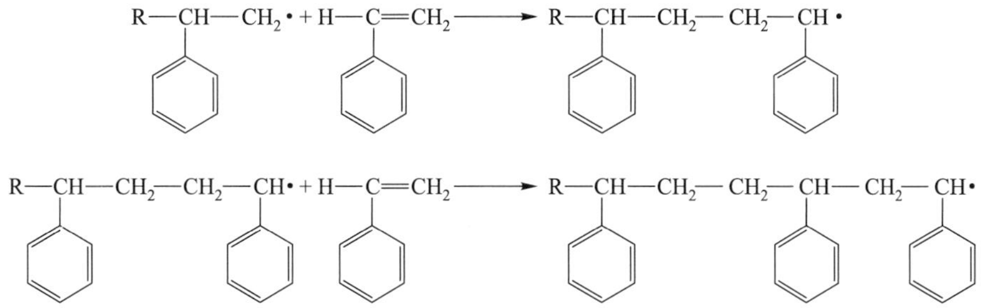

③ 链终止（termination）。自由基两两偶合成键，使自由基数目（或浓度）不断降低，这是一种自由基终止反应，最后使链的增长终止。

$$R(CH_2CH{-}C_6H_5)_m{-}C_6H_5{-}CHCH_2\cdot + R(C_6H_5{-}CHCH_2)_n{-}C_6H_5{-}CHCH_2\cdot$$
$$\longrightarrow R(CH_2CH{-}C_6H_5)_m{-}C_6H_5{-}CHCH_2CH_2CH{-}C_6H_5{-}(CH_2CH{-}C_6H_5)_nR$$

（2）逐步聚合反应（step growth polymerization）基本上是同种或不同单体的官能团之间所发生的缩合聚合反应，其特点是每发生一步缩合，体系中可聚合的活性基团的总数（或浓度）随之减少。不像连锁反应中自由基浓度基本不变。因而此类聚合反应中，聚合物链通常是由聚合度不同的短链彼此进一步缩合连接起来，是逐步逐段增长的。例如：

$$H_2N{-}R{-}COOH \longrightarrow H{\left[HN{-}R{-}\overset{O}{\overset{\|}{C}}{-}NH{-}R{-}\overset{O}{\overset{\|}{C}}\right]_m}OH + H{\left[HN{-}R{-}\overset{O}{\overset{\|}{C}}{-}NH{-}R{-}\overset{O}{\overset{\|}{C}}\right]_n}OH$$
$$\longrightarrow H{\left[HN{-}R{-}\overset{O}{\overset{\|}{C}}{-}NH{-}R{-}\overset{O}{\overset{\|}{C}}\right]_{m+n}}OH$$

连锁聚合与逐步聚合的差别在于：连锁聚合中，单体的消耗速率较低，所形成的聚合物的分子量迅速增加；而在逐步聚合中，单体消耗速率较大，但分子量增加缓慢。另外，连锁聚合的链引发、链增长和链终止步骤的速率差别很大，一旦发生链终止反应，聚合反应随即停止。然而，若链终止反应未发生，即使单体消耗完毕，只要继续加入单体，聚合反应仍可继续；相反,在逐步聚合中,链引发和链增长反应的速率相同。

表 7-6 为连锁聚合与逐步聚合的特点比较。

表 7-6　连锁聚合与逐步聚合的特点比较

反应类型	连锁聚合反应	逐步聚合反应
单体主要类型	烯烃、共轭二烯烃等	双、多官能团化合物
聚合反应类型	主要是烯烃的加成反应	聚合反应多样
反应历程	链引发、链增长、链终止的三基元反应	单一或两种类型
反应热力学	一般属不可逆、非平衡反应	一般属可逆平衡反应
反应动力学	引发、增长、终止速率明显不同。总聚合速率很快	聚合速率平稳,总聚合速率较低
单体消耗速率	较低	较大
中间产物	不稳定	稳定存在
相对分子质量增长	平稳,自由基聚合有加速过程	快速
相对分子质量	较高	较低
相对分子质量分布	较宽	较窄
产物再聚合能力	一般无	一般有

7.3.3　高分子化合物的结构和性能

1. 高分子化合物的结构

（1）高分子链的不均一性和多样性

高分子长链是由许多单体分子聚合连接而成的,一般聚合度都在 1000 以上。但高分子结构的不均一性是一个显著的特点,即便在相同条件下的反应产物,每条高分子链的分子量、结构单元的键合顺序、空间结构的规整性、支化度、交联度等均会存在差异,这是因为在成千上万次连接中,每一次连接时的位置或取向的不同,都会导致整个高分子链结构上的差异,造成高分子链结构的多重性及异构现象。高分子链结构的多重性具体表现为单体的连接形式、立体异构、顺反异构、支化和交联等。例如,自由基聚合制得的无规聚氯乙烯,其高分子链中,氯乙烯单体主要以头-尾方式连接,但也伴有少量的头-头或尾-尾连接(聚氯乙烯分子链中,头-头连接可高达 16%):

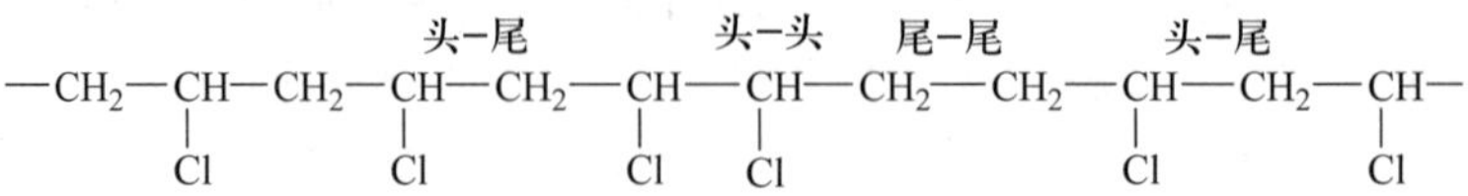

$$\overset{\text{头-尾}}{\underset{\text{Cl}}{-CH_2-CH}}-\overset{}{\underset{\text{Cl}}{CH_2-CH}}-\overset{\text{头-头}}{\underset{\text{Cl}}{CH_2-CH}}-\overset{}{\underset{\text{Cl}}{CH-CH_2}}-\overset{\text{尾-尾}}{CH-}\overset{}{\underset{\text{Cl}}{CH_2-CH}}-\overset{\text{头-尾}}{\underset{\text{Cl}}{CH_2-CH}}-$$

　　高分子链中结构单元的连接方式往往对聚合物的性能产生很大的影响,用以织物纤维的高聚物,一般要求高分子链中的单体排列规整,这样才能保证聚合物的结晶性能较好,便于抽丝和拉伸。例如以聚乙烯醇制成的维尼纶,只有头-尾连接才能使之与甲醛缩合生成聚乙烯醇缩甲醛。如果是头-头连接,羟基就不易醛化,高分子链中仍留有一部分羟基,这就是维尼纶缩水性较大的根本原因。为控制高分子链的结构,往往需要改变聚合条件。一般来说,离子型聚合较自由基聚合所得聚合物的规整度要高得多。

　　(2) 线型、支链和体型(交联)高分子

　　一般而言,普通的加聚物或缩聚物都是无规的线型结构,高分子链主要沿一维方向延伸,称为线型高分子。高分子化合物究竟呈何种结构形态,取决于单体种类和聚合条件。例如,在自由基加聚过程中,在链增长阶段内必然会发生自由基的链转移反应,高分子主链上会生长出一段侧链,形成支链高分子,如低密度聚乙烯和聚氯乙烯的均聚过程。此外,如果聚合体系内存在两个或两个以上的烯键,且第二个烯键活化时,生成的聚合物主链上就有支链形成,有些甚至发生交联,例如丁苯橡胶(苯乙烯-丁二烯共聚物),又如,在苯乙烯和二乙烯基苯的共聚过程中,因共聚体系存在三个烯键官能团,高分子链会发生支化甚至交联,分别形成支链高分子或体型高分子,如图 7-5 所示。共聚物先因第二个烯键形成支链,而后第三个烯键产生交联,最终形成体型的苯乙烯-二乙烯基苯共聚物。就缩聚反应而言,乙二醇与对苯二甲酸可缩合成线型的聚对苯二甲酰乙二(醇)酯(俗称涤纶,一种聚酯)。但当含三个或三个以上官能团的单体存在时,例如以甘油代替部分乙二醇,则可得到体型缩聚物。

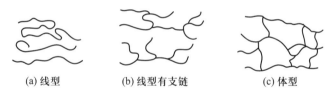

(a) 线型　　　　　(b) 线型有支链　　　　　(c) 体型

图 7-5　线型高分子与体型高分子

　　高聚物的物理性质与高分子链的结构密切相关。线型高分子和支链高分子以分子间力凝聚,按相似相溶原理,能溶于适当的溶剂。受热时会软化、熔融塑化,冷却时可固化成型,且可反复加热和冷却,被称作热塑性塑料,如聚乙烯、聚苯乙烯、涤纶和尼龙等。尽管支链高分子的化学性质和溶解熔融性质与线型高分子相似,但支化对其他物理性质的影响却相当显著。高压聚乙烯经自由基均聚而成,因聚合过程发生的链转移反应,主链上产生许多支链,这些支链破坏了高分子的规整性,使主链的运动受到一定的限制,导致结晶度大大降低,硬度也随之减少,只能用以制作薄膜;而低压聚乙烯(采用 Ziegler-Natta 催化剂,经配位聚合制成)是一种线型高分子,因主链上无支链,分子链排布规整,易结晶,在密度、熔点、结晶度和硬度等方面都高于高压聚乙烯,可制成瓶、管材和棒材等。一般来说,高分子链的支化程度越高,支链结构越复杂,对其应用的影响也越大,例如,以无规支链高分子制成的橡胶,其抗张强度和伸长率均不如线型高分子制成的橡胶优越。

　　高分子链之间通过支化连接成一个三维空间交联大分子,即称体型(交联)高分子。交联与支化有着本质的区别,支链高分子能够溶解,而体型高分子则不溶于溶剂,加热也不融熔,如热固性塑料酚醛树脂、环氧树脂、不饱和聚酯及硫化橡胶等。除无规体型结构外,还存在着多种有规的体型结构,如稠环片状(如石墨)和三维稠环(如金刚石)等。只有交联度不太大时,体型高分子才在溶剂中发生溶胀,但只能一次加热成型,不可反复热加工使用。交联程度较低的高分子化合物在溶剂中不溶解,但能溶胀,加热时不熔融,但能软化。

许多聚合物如酚醛树脂、脲醛树脂和醇酸树脂等,在树脂合成阶段,先制成线型或少许支化的预聚物。成型时,经加热使预聚体中预留的官能团进一步反应,形成体型交联结构加以固化。天然橡胶、丁苯橡胶原本是线型高分子,高分子链间容易滑动,受力后会产生永久变形,不能恢复原状。经硫化后的橡胶,高分子链之间不能滑移,才会形成可逆的弹性变形。但交联度小的橡胶(5%以下)弹性较好,交联度大的橡胶(20%~30%)虽然硬度和机械强度都有增加,但缺乏弹性而变脆。

2. 高分子链的柔顺性

在溶液、熔体或非晶体中,高分子并不是以伸直的长链存在的,而是像普通的乱线团,无规则地蜷曲缠绕成团。这正是高分子链柔顺性的表现。高分子链的柔顺性是高聚物及一切弹性材料产生高弹性的根本原因。

高分子主链的绝大部分都由 C—C 单键相连,其中 C 原子以 sp^3 杂化,C—C 单键的键角为 109°28′,每个 C—C 的 σ 单键的电子云分布都是轴对称的,每个 C—C 键能绕相邻的轴旋转,称作内旋转,如图 7-6 所示。当碳链上无任何其他原子或基团时,C—C 键的内旋转应该是完全自由的,即没有位阻效应(这是理想状态)。高聚物中含有成千上万个 C—C 单键,每个 C—C 单键内旋转的状态也不尽相同,致使主链在空间的形态有无穷多种可能性,且每一瞬间都有不同。因内旋转而产生的高分子在空间的不同形态称为构象。不难想象,高分子链的构象数非常大,相应的构象熵很高。根据热力学原理,在无外力作用下,高分子链的构象总是自发地向着熵增大的方向发展。此外,由于分子

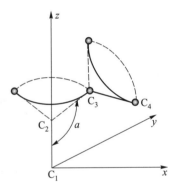

图 7-6 单键的内旋转

的热运动可以越过内旋转的能垒,高分子链就会有无数个构象,并且这些构象是在不断变换着的,因此,高分子链的构象仅具有统计性。在高分子链的这无数种构象中,只有一种构象是呈直线形的,其概率趋于无穷小,几乎为零。所以,线型高分子链呈无规则卷曲线团状构象的概率较大,这充分说明了 C—C 单键的内旋转是导致高分子链呈蜷曲构象的根本原因。内旋转越自由,蜷曲的趋势也越大。高分子链能够改变其构象的性质称为高分子的柔顺性,这是高分子有别于小分子化合物的一个重要特征。只有高聚物才有可能形成高弹体。

高分子链的结构是决定高分子链柔顺性的最重要的因素。一般来说,凡有利于单键内旋转的结构,其柔顺性越大。对于线型高分子而言,因碳氢化合物的极性小,分子间力也最小,碳链高分子中的 C—C 键易发生内旋转,故柔顺性较好,如聚乙烯、聚丙烯和聚氯乙烯等。而同样线型的杂链高分子,因主链中的 C—O 键、Si—O 键的内旋转较之于 C—C 键的内旋转更容易,聚合物的柔顺性更好,如硅橡胶(聚二甲基硅氧烷)是一种柔顺性极好的合成橡胶。但某些杂链高分子如聚苯醚、聚苯和聚乙炔等,因主链含有不可旋转的双键,故聚合物的柔顺性显著降低。而主链同样含有双键的聚丁二烯和聚异戊二烯,尽管双键不能旋转,但由于连接双

键的原子和基团数量少,使这些原子或基团的排斥力减少,致使双键周围的单键内旋转的能垒降低,内旋转也较容易,故柔顺性也相当好。主链中侧基的极性、体积越大,则聚合物的柔顺性越差,如聚丙烯、聚氯乙烯、聚丙烯腈的柔顺性随侧基极性的增大而降低。

由于高分子链越长,因内旋转所形成的分子的构象数也越大,故聚合物的柔顺性越好。此外,高分子链间相互作用越强,链的柔顺性越差,尤当有氢键存在时,分子链的刚性增加。例如,纤维素,因分子内的氢键作用使得纤维素分子的刚性极大。另外,聚己二酰己二胺(尼龙–66)的主链中也存在氢键,故聚合物的刚性增大,适合制成纤维织物。高分子链之间发生化学交联,形成体型高分子时,交联点附近单键旋转受到很大阻碍,分子链的柔顺性将大大降低。若交联度很大,分子链的相互滑移和永久形变被消除,其柔顺性便完全丧失,聚合物呈刚性,尺寸稳定,如硬橡胶和酚醛树脂。

3. 高分子化合物的力学状态

高分子化合物按其结构形态存在晶态和非晶态两种形式。经自由基聚合制成的树脂和橡胶均属无规线型非晶态高分子。线型的非晶态高聚物在不同温度下,可以呈现三种不同的力学状态,即玻璃态、高弹态和黏流态。这是由于高分子链的热运动有两种不同的运动方式引起的,一种是分子链的整体运动,另一种是高分子链中的个别链段(包含几个或几十个链节的部分称链段)的运动。

(1) 玻璃态

处于玻璃态的高分子化合物,由于温度较低,整个分子链的热运动能量很低,不足以克服主链内旋转的能垒,也不足以激发主链中链段的热运动,链段处于被"冻结"的状态,只有那些较小的单元如侧基、支链等可局部运动,分子链不能从一种构象转变到另一种构象,只能在自己的位置上作振动,分子链和链段的相对位置固定,分子链卷曲成一条无规线团。受到外力作用时,只有链段作瞬时的微小伸缩和键角改变,总的形变很小。外力撤销后,形变立即恢复。此时,高分子化合物同玻璃一般,表现得坚硬而缺少弹性。这种力学状态称为玻璃态。常温下,塑料就处于玻璃态。因此,把以树脂为主要成分,在一定温度和压力下塑造成型的,常温下处于玻璃态的高分子化合物称为塑料。

(2) 高弹态

随温度升高,分子的热运动能量逐渐增大,分子运动加剧,虽然整个分子链还不能平动,但分子热运动能量足以克服主链中 C—C 单键的内旋转,而产生构象的改变。这时链段运动被激发,能自由转动,聚合物处于高弹态。此时,聚合物分子链可以通过单键的内旋转和链段的构象改变以适应外力的作用。例如,受到外力的拉伸时,主链可以从蜷曲状态转变为拉伸状态。一旦外力撤销,高分子链可通过单键的旋转和链段的运动恢复至原来的蜷曲状态(因为蜷曲状态的熵大于伸展状的熵),从而产生很大的可逆形变,在宏观上表现为弹性回缩。由于这种形变是经外力作用导致聚合物主链发生内旋转造成的,其变形量比玻璃态要大得多,这种力学性质称为高弹性。从两种不同尺度的链运动方式来看,链段的运动如同液体分子的运动模式,而主链的运动则是固体分子的运动方式,因此高弹态具有双重性,既表现出液体的性状,又表现出固体的性状,这是非晶态聚合物处于高弹态下特有的力学状态。常温下的橡胶就处于这种状态。因此,把具有可逆形变的常温下处于高弹态的高分子化合物称为橡胶。

（3）黏流态

当温度继续升高,分子动能越来越大,较易克服分子间力。此时,不仅链段能够自由运动,而且整个分子链都能自由移动。聚合物成为可流动的黏稠液体,具有流变性。这种流动如同小分子液体,它是整个分子链互相滑动的宏观表现,是不可逆形变。当外力解除后,形变不能恢复。高聚物所处的这种状态称为黏流态。在常温下处于黏流态的高分子化合物称为流动性树脂。一般高分子材料加工成型都是在黏流态完成的。

（4）线型非晶态高分子的玻璃化温度和黏流化温度

线型非晶态高分子不同的力学状态随温度的变化可以互相转化,如图 7-7 所示。这三种状态的转变都不是突变过程,而是在一定的温度区间内发生。两个转变温度区间分别是:在玻璃态与高弹态之间的转变温度称为玻璃化温度(glass transition temperature),以 T_g 表示;在高弹态与黏流态之间的转变温度称为黏流化温度(flow temperature),以 T_f 表示。习惯上把 T_g 高

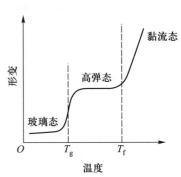

图 7-7　高分子化合物的力学状态与温度的关系

于室温的高聚物称为塑料;把 T_g 低于室温的高聚物称为橡胶。这几个转变温度表征了高分子化合物的应用特性和工作温区,是人们选用高分子材料的重要依据。一些高聚物的玻璃化温度可参见表 7-7。

表 7-7　几种高分子化合物的玻璃化温度

高分子化合物	$T_g/℃$	高分子化合物	$T_g/℃$
聚苯乙烯	80~100	尼龙-66	48
有机玻璃	57~68	天然橡胶	-73
聚氯乙烯	75	丁苯橡胶	-75~-63
聚乙烯醇	85	氯丁橡胶	-50~-40
聚丙烯腈	>100	硅橡胶	-109

高分子的上述三种状态和两个转变温度对聚合物的加工和应用有着重要的意义。对橡胶材料而言,要保持高度的弹性,高分子化合物的 T_g 就是工作温度的下限(即耐寒性的标志)。因为低于 T_g 时,高聚物将进入玻璃态,会变硬、发脆而失去弹性,所以,应选取 T_g 低、T_f 高的高分子化合物。这样,橡胶的高弹态的温区较宽。塑料和纤维是在玻璃态下使用,T_g 就成为工作温度的上限(即耐热性标志)。因为,若高于此温度,高聚物便呈现高弹性,因而丧失了机械强度和形状尺寸的精度,以致无法使用。因此,为扩大其工作温度范围,塑料、纤维的 T_g 越高越好。同时,作为塑料还要求它既易于加工又要很快成型,所以 T_g 与 T_f 的差值还要小。一般对高聚物的加工成型来说,T_f 越低越好;对耐热性来说,T_f 越高越好。

体型高分子化合物,其链呈三维方向延伸,相互交联,变得不溶不熔。因而无黏流态存在。这类体型高分子的加工成型只能在未完成三维交联前,将其放在一定形状的模具中,再加热使其交联,在完成内部交联,变成体型高分子的同时就成形了。这种成形是一次性成形,成形以后就不能再变了。

4. 高分子化合物的性能

(1) 化学稳定性

高分子化合物的分子链主要由 C—C、C—H 等共价键构成,所含活泼基团较少,性质较稳定。许多高分子化合物可以制成耐酸碱、耐化学腐蚀的优良材料。含氟高聚物是已知高聚物中化学性质最稳定的高分子化合物。例如 $\left[CF_2-CF\right]_m\left[CH_2-CF_2\right]_n$ 六氟丙烯与偏氟乙烯的共聚物,它广泛运用于航天飞机的密封材料,其性能在 $-170\sim260\ ℃$ 的严酷环境下仍保持不变。在高聚物中引入含氟基团也能大大改善其化学稳定性,如无机阻燃高分子化合物聚磷腈在潮气中极不稳定,若用三氟乙醇钠(CF_3CH_2ONa)处理,引入含氟基团,即便在 $-77\ ℃$ 下,仍有极高的弹性,并能抑烟、抑火。

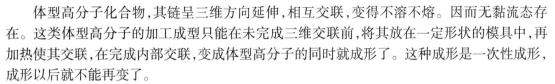

聚磷腈

高分子材料总体比较耐化学腐蚀,但也不是绝对的。实际上,许多高分子化合物在物理因素(光照、受热及高能辐射等)和化学因素(如氧化、受潮及酸、碱)的长期作用下,也会发生化学变化。高分子化合物的化学变化可归结为链的交联和链的裂解。交联反应是高分子链与高分子链相联,形成体型结构致使高分子化合物进一步变硬、变脆而丧失弹性。裂解反应是高分子链的断裂、分子量降低,致使高分子化合物变软、变黏,并丧失机械性能。此外,高分子链上还会发生氧化还原等反应,例如,由 1,3-丁二烯聚合而成的橡胶,骨架链中含有双键,在臭氧的作用下,骨架链中的双键被氧化,之后水解,使聚合物变软、发黏。

高聚物材料在加工使用过程中,由于环境的影响使高聚物逐渐失去弹性,变硬、变脆,出现龟裂或失去刚性,变软、发黏等,从而使得其使用性能越来越坏的现象,叫作高聚物的老化。为提高聚合物材料的使用价值,可采用改变聚合物的结构,添加防老化剂及在聚合物表面镀膜(涂膜)等手段以防止老化。

(2) 弹性与塑性

① 弹性(elasticity)。线型高聚物在通常情况下,总是处于能量最低的卷曲状态。由于高分子链的柔顺性,当线型聚合物被拉伸时,卷曲的分子链可以延展,整个分子链的能量增大,高聚物处于紧绷状态。撤去外力,分子链又蜷缩在一起,高聚物又恢复原状。这时,高聚物呈现弹性。橡胶就是极好的例子。交联度较小的体型高分子化合物(如橡胶)仍有一定的弹性,但过度硫化的橡胶因交联度很大,变得很僵硬,弹性很差。

② 塑性(plasticity)。线型高分子化合物受热会逐渐软化,直至形成黏流态。这时可将它们加工成各种形状,冷却去压后,形状仍可保持。然后,再加热至黏流态,又可加工成别的形状。这种性质称为塑性。塑料即因其具有塑性而得名。如聚乙烯、聚苯乙烯、聚酰胺等线

型高聚物具有热塑性,都属于热塑性高聚物。在反复受热时会变软,可多次加工,反复使用。而另一些高聚物如酚醛树脂、脲醛树脂等体型高聚物,由于受热过程中发生了交联,变得不溶不熔,无法再使其变到黏流态。这类高聚物称为热固性高聚物。它们只能一次成型,不能反复加工。

（3）机械性能（mechanical property）

高分子化合物的机械性能如抗压、抗拉、抗冲击、抗弯等与其化学结构、聚合度、结晶度及分子间力等因素密切相关。一般而言,同种高聚物的聚合度越大,结晶度和晶体的定向性越高,分子间力越大,机械性能越好。但当聚合度大于 400 时,这种关系就不那么显著,此时,高聚物的机械性能更大程度上受其他因素的影响,如高聚物中的添加成分等。

（4）绝缘性（insulation）

大多数高分子化合物具有良好的绝缘性,这与它们的化学结构有关。由于高分子链基本上由共价单键构成,分子链中没有自由电子或离子,因此,高聚物一般不具备导电特性。

近年来,科研人员发现一些高聚物在光照条件下具有良好的导电性,其中最引人注目的有聚乙炔（polyacetylene）。在聚乙炔分子链中,离域的共轭π电子能在整条高分子链迁移,在外电场作用下,能形成电子定向流动。其他的导电性高聚物还有聚苯（polyphenylene）、聚苯硫醚（polyphenlyene sulfide）、聚吡咯（polypyrrole）等,对它们的研究开发已成为日益蓬勃发展的功能高分子材料前沿研究领域。

聚乙炔　　　　聚苯　　　　聚苯硫醚　　　　聚吡咯

7.3.4　几种重要的高分子合成材料

高分子合成材料具有许多优异的性能,如质轻、比强度大、高弹性、透明、绝热、绝缘、耐磨、耐辐射、耐化学腐蚀等,因此,高分子合成材料已成了人类生活、生产、科研中不可或缺的重要材料。这里简要介绍塑料、合成橡胶、合成纤维、涂料和黏合剂等几种重要类型。

1. 塑料（plastic）

塑料原意是具有塑性的高分子化合物。现在一般是指在一定的温度和压力下可塑制成型的高分子材料,即热塑性高聚物。但习惯上把像酚醛树脂、脲醛树脂这样的热固性树脂也并在塑料之列。因此,比较合理的定义还应是:在室温下,以玻璃态存在和工作的高分子材料称为塑料。

塑料和其他合成高分子材料一样,都是由一定的高聚物（称合成树脂）作为主要成分,加上各种辅助成分（称添加剂）组成的。

合成树脂是塑料的重要成分,它决定了塑料的基本性质和类型（热固性或热塑性）,而塑料中的添加剂可改善塑料的各种使用性能。例如,加入增塑剂（如氯化石蜡、苯二甲酸酯、癸二酸酯、磷酸酯类化合物）可增加合成材料的可塑性;加入稳定剂（如硬脂酸、铅化合物等）可防止塑料的老化;加入脱模剂（如硬脂酸、硬脂酸盐）可防止塑料粘附模具,使塑料表面光滑;加入颜料可使塑料制品色彩丰富;加入发泡剂可制成泡沫塑料;加入抗静电剂可消除塑料的静电效应;加入金属添加剂可增强塑料的导电性,等等。

塑料按其用途可分为通用塑料、工程塑料等。

(1) 通用塑料

通用塑料常指应用范围广、产量大的塑料品种,主要有聚烯烃如聚氯乙烯、聚苯乙烯等,酚醛树脂、脲醛树脂等。

① 聚乙烯和聚丙烯(聚烯烃)　聚乙烯无味、无毒、半透明、质轻、有韧性、电绝缘性能优越,主要用作化工管道、防腐材料及包装材料。聚丙烯较聚乙烯更耐热,可制成纺织品。

② 聚氯乙烯　是通用塑料中产量最大、用途最广的一个品种,这是由于聚氯乙烯原料易得,具有较好的综合性能,可容易制成各种型材,如板材、棒材、薄膜、管材等软硬制品。聚氯乙烯相对密度很小,只相当于最轻的金属铝的一半,其抗拉强度与橡胶相当,且具有良好的耐水性、耐油性及耐化学腐蚀。常用作化工、纺织等工业废水、尾气排污管道及腐蚀性液体的输送管道,也是常用的建筑材料。聚氯乙烯薄膜也是重要的包装材料(但不宜作食品包装)及农用薄膜的主要材料。

聚氯乙烯本身无毒,但在制膜过程中使用亲油性添加剂会渗出聚氯乙烯薄膜表面,污染食品,因此,不能用于食品包装。聚氯乙烯塑料的性能可以通过改变聚合配方来加以改善。例如,添加适量的醋酸乙烯单体,嵌聚在聚氯乙烯高分子链中,可制成软的聚氯乙烯塑料,即便在冬天也不会变硬。又如在配方中加入特种耐油的增塑剂,还可制成耐油污的聚氯乙烯塑料制品。

③ 聚苯乙烯　电绝缘性好、透明、易加工。广泛用于制造高频绝缘材料、家用电器外壳、化工设备衬里及各种日用品、文具、玩具等。聚苯乙烯的一项重要用途是制成泡沫塑料,用于防震、防湿、隔热、保温、隔音材料,并可用于打捞沉船。

④ 酚醛树脂　又称电木,是第一个人工合成的热固性塑料。但如果用酸催化,在苯酚与甲醛物质的量比例大于1(如 6:5)时,则可以得到线型低聚物,常称为热塑性酚醛树脂(商品名 novolac)。该预聚体不会交联,须用六亚甲基四胺(乌洛托品)交联剂才能形成体型聚合物。酚醛树脂可做层压板、电器零件和仪表外壳等。

⑤ 脲醛树脂和密胺树脂　脲醛树脂是由尿素$(H_2N)_2C$=O 与甲醛缩合得到的具有体型结构的热固性塑料。脲醛树脂俗称电玉,具有鲜艳的色彩与优良的电绝缘性能及耐热性能,可用于制作各种胶合板、纤维板、装饰板,也用于大量制造生活用品、加热容器、家用电器外壳等。

密胺树脂是三聚氰胺与甲醛的缩聚物。首先经羟甲基化反应得到不同数目的多取代 $N-$羟甲基取代物(下图为一取代反应),然后多羟基的三聚氰胺可进一步与甲醛缩合成体型高聚物,即密胺树脂。与酚醛树脂类似,缩聚发生在羟甲基与甲醛之间。密胺树脂与脲醛树脂属于同一类塑料,强度大、刚性好、耐热耐潮,大量用于制造色彩艳丽的餐具、生活品、玩具及家用电器等。此外还可用作瓷釉和纺织纤维整理剂,与酚醛树脂一样,密胺树脂、脲醛树脂是产量很大的通用塑料,在热固性塑料中占首位。

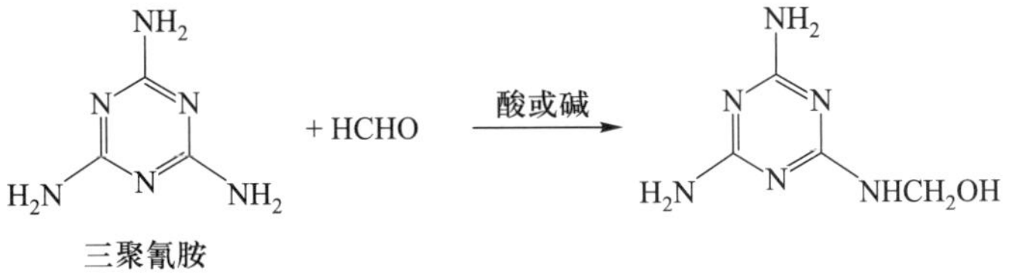

（2）工程塑料

工程塑料通常是指综合性能好（电绝缘性、机械性能、耐高温低温性能等），可以作为工程材料或替代金属使用的塑料。这里主要介绍聚甲醛、聚酰胺、聚碳酸酯和 ABS 工程塑料。

① 聚甲醛。聚甲醛由甲醛聚合得到。它的力学、机械性能与铜、锌极其相似，可在 $-40 \sim +100\ ℃$ 的温度范围内长期使用，其耐磨性和自润滑性也比绝大多数工程塑料优越，且耐油、耐老化，但不耐酸和强碱，不耐日光和紫外线的辐射。聚甲醛的用途很广，自来水和煤气工业中的管件、阀门和各种结构的泵、运动服的拉链等都由聚甲醛制成。

② 聚酰胺。聚酰胺是含有酰胺键的高聚物总称，分为脂肪族聚酰胺（主链由脂肪链组成）和芳香族聚酰胺（主链上有芳环），尼龙－6、尼龙－66 是脂肪族聚酰胺中最重要的品种。由于聚酰胺内部存在氢键，尼龙－66 的熔点高达 265 ℃，芳香族聚酰胺的熔点更可高达近 400 ℃。尼龙质轻，耐油性极为优良，可替代有色金属，广泛用于制造轴承、齿轮、泵叶等零件。

聚氨酯塑料属于聚酰胺一类，它由二异氰酸酯与二元醇（二元胺）通过逐步聚合加成而制得。常用的单体有甲苯二异氰酸酯（简称 TDI）、4,4′－二苯基甲烷二异氰酸酯（简称 MDI）及 1,4－丁二醇（但更多用聚醚二醇和聚酯二醇）。二异氰酸酯如与二元胺加聚则生成聚脲。聚氨酯塑料熔点高、韧性好，适宜作纤维。

4,4′－二苯基甲烷二异氰酸酯　　　丁二醇　　　　　　　　　　　　聚氨酯

③ 聚碳酸酯。聚碳酸酯属于聚酯类高分子化合物。工业上重要的聚碳酸酯树脂是以双酚 A 为原料，与光气或碳酸二苯酯经酯交换反应制成。由于主链中有苯环和四取代碳原子，使链刚性增加。聚碳酸酯被誉为“透明金属”，透明度达 86%～92%，$T_f = 270\ ℃$，$T_g = 150\ ℃$。抗冲击性、韧性极高，不但可以替代某些金属，还可以替代玻璃、木材、特种合金等，用作飞机、汽车、摩托车的挡风玻璃、安全头盔、仪表面板、电器外壳等。聚碳酸酯制品质轻、透明、耐冲击，是重要的工程塑料。

双酚A(bisphenol A)　　　　　　　　　　　　　　　　　　聚碳酸酯

④ ABS 工程塑料。ABS 工程塑料是由丙烯腈（acrylonitrile）、丁二烯（butadiene）和苯乙烯（styrene）的共聚物。将丙烯腈、丁二烯、苯乙烯三元共聚后，聚合物保留了聚苯乙烯的坚硬、良好的电性能和加工性，又兼具聚丙烯腈较高的强度、耐热、耐油性及聚丁二烯良好的弹性、耐冲击性。ABS工程塑料广泛用于制造电讯器材、汽车和飞机上的零件，也可以代替金属制成电镀工件，或代替木材作装潢材料。

2. 合成橡胶（synthetic rubber）

合成橡胶是由人工合成的、在常温下以高弹态存在并工作的一大类高聚物材料。合成橡

胶主要是二烯型的高聚物。在结构上与天然橡胶有共同之处,因而它的性能与天然橡胶十分相似。它们共同的特点是在工作温区内都显示出极优良的高弹性。合成橡胶的原料主要来自石油化工产品。如下所示:

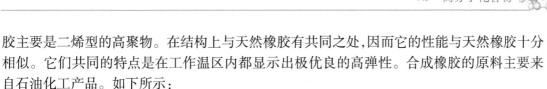

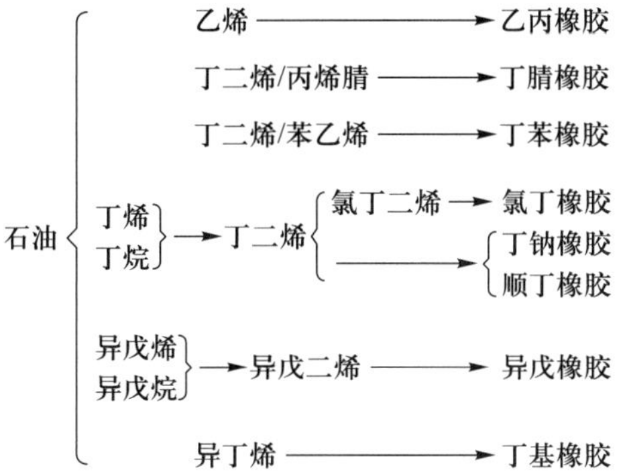

油田气、炼厂气经过高温裂解和分离提纯后,得到能制造合成橡胶的各种原料:乙烯、丁烯、丁烷、异戊烯、戊烯、异戊烷。乙烯等在一定条件下与水分子作用,可以合成乙醇,两个乙醇分子脱水后,生成丁二烯;丁烯和丁烷在高温下脱氢,也可生成丁二烯;丁二烯经过聚合,生成丁钠橡胶、顺丁橡胶。同样,异戊烷和异戊烯通过高温裂解,生成异戊二烯,异戊二烯聚合得到异戊橡胶。

按照不同的性能和用途,合成橡胶可分为通用橡胶和特种橡胶。

(1)通用橡胶

① 丁苯橡胶。丁苯橡胶是应用最广、产量最多的合成橡胶,其性能与天然橡胶接近,加入炭黑后,其强度与天然橡胶相仿。它与天然橡胶混炼,可制成轮胎、密封器件、电绝缘材料等。

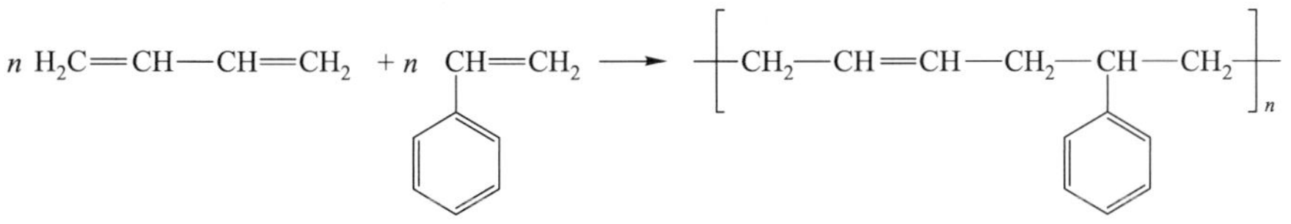

$$n\ H_2C{=}CH{-}CH{=}CH_2\ +\ n\ CH{=}CH_2 \longrightarrow {+}CH_2{-}CH{=}CH{-}CH_2{-}CH{-}CH_2{+}_n$$

丁苯橡胶

② 顺丁橡胶。顺丁橡胶的全称是顺式-1,4-聚丁二烯橡胶,它由单体丁二烯分子通过定向的1,4-加成聚合而成。高分子链中的C=C双键均在链的一侧,为顺式结构,这种结构与天然橡胶的结构十分接近,所以其性能很像天然橡胶,甚至在弹性、耐磨性、耐老化性等方面还超过天然橡胶。但其加工性能较差,耐油性不好,目前用于制造三角胶带、耐热胶管、鞋底等。

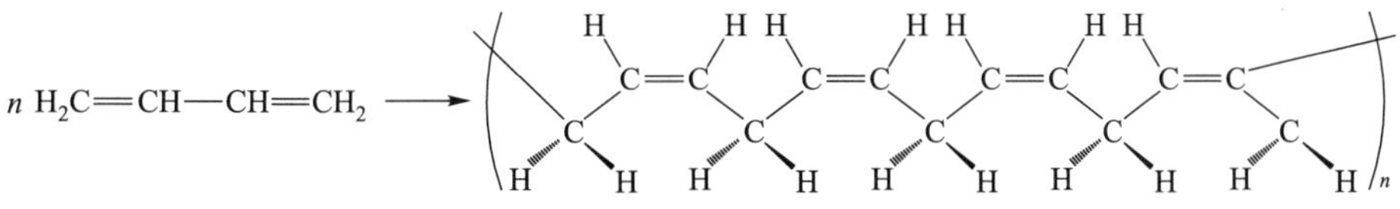

$$n\ H_2C{=}CH{-}CH{=}CH_2 \longrightarrow$$

顺丁橡胶

③ 氯丁橡胶。它由氯丁二烯聚合而成,有耐油、耐氧化、耐老化、阻燃、耐酸碱、抗曲挠和

耐气性好等性能。氯丁橡胶遇火会释放出 HCl 气体,具有阻燃特性,尤其适宜制造采矿用的橡胶制品。它的缺点是耐寒性差,电绝缘性低劣。

④ 丁腈橡胶。丁腈橡胶由丁二烯与丙烯腈通过自由基乳液共聚而成。因为分子链中有氰基(—CN)存在,耐油性特别好,特别耐脂肪烃,故被广泛用来制造油箱、印刷用品等,其缺点是耐寒性差,电绝缘性低劣。

⑤ 丁基橡胶。用异丁烯和少量的戊二烯为原料,采用阳离子共聚,在 CH_3Cl 溶剂中冷却至 $-100\ ℃$,得到丁基橡胶。丁基橡胶在 $-50\ ℃$ 时仍具有柔性,气密性为天然橡胶 5～11 倍。但交联度小于天然橡胶,弹性较差,不适合制造轮胎的外胎,多用于汽车内胎。

$$n\ H_3C-\underset{\underset{CH_3}{|}}{\overset{\overset{CH_3}{|}}{C}}=CH_2 + m\ H_2C=\underset{|}{\overset{CH_3}{C}}-CH=CH_2 \xrightarrow[\text{AlCl}_3,\ \text{CH}_3\text{Cl}]{-100℃} \left[\left(CH_2-\underset{\underset{CH_3}{|}}{\overset{\overset{CH_3}{|}}{C}}-CH_2\right)_n\left(CH_2-\overset{CH_3}{C}=CH-CH_2\right)_m\right]$$

丁基橡胶

⑥ 异戊橡胶。异戊橡胶的单体是异戊二烯。异戊橡胶的结构与天然橡胶相同,因此,其性能与天然橡胶相当接近,是天然橡胶的极佳的替代品。

(2) 特种橡胶

特种橡胶是一些具有特殊性能的合成橡胶。它们往往是为某种特殊需要而专门设计制造出来的。

① 硅橡胶。以高纯的二甲基二氯硅烷为原料,经水解和缩合等反应可制得硅橡胶。

$$(CH_3)_2SiCl_2 + 2H_2O \longrightarrow (CH_3)_2Si(OH)_2 + 2HCl$$

$$n\ HO-\underset{\underset{CH_3}{|}}{\overset{\overset{CH_3}{|}}{Si}}-OH + HO-\underset{\underset{CH_3}{|}}{\overset{\overset{CH_3}{|}}{Si}}-OH \longrightarrow HO-\underset{\underset{CH_3}{|}}{\overset{\overset{CH_3}{|}}{Si}}-O-\left[\underset{\underset{CH_3}{|}}{\overset{\overset{CH_3}{|}}{Si}}-O\right]_n\underset{\underset{CH_3}{|}}{\overset{\overset{CH_3}{|}}{Si}}-OH + (n-1)H_2O$$

硅橡胶制品柔软、光滑,物理性能稳定,对人体无毒性反应,能长期与人体组织、体液接触,不发生变化,因此,在医疗方面用作整容材料。由于硅橡胶中的主链由硅、氧原子构成,它与碳链橡胶性能不同,既能耐低温,又能耐高温,能在 $-65～+250\ ℃$ 之间保持弹性,耐油、防水、耐老化且电绝缘性也很好,可用作高温高压设备的衬垫、油管衬里、火箭导弹的零件和绝缘材料等。硅橡胶的缺点是机械性能较差、较脆、容易撕裂。

② 氟橡胶。氟橡胶是含氟特种橡胶的统称,如偏氟乙烯与六氟丙烯的共聚物、偏氟乙烯与三氟氯乙烯的共聚物、四氟乙烯与六氟丙烯的共聚物等。这类橡胶经硫化后所得的制品能耐高温、耐油、耐化学腐蚀,可用来制造喷气飞机、火箭、导弹的特种零件。氟橡胶还可用作人造血管、人造皮肤等。

③ 复合橡胶。合成橡胶也可制造成复合材料。如石棉橡胶板是由石棉砂、磨床粉尘为填料,与丁苯橡胶、顺丁橡胶及其他添加剂,经混炼、压延、合层热压、磨底、冲模而成的轻质材料。具有质轻、耐磨、阻燃、富有弹性、美观等特点,在建筑及车船制造中大有作为。又如硬质橡胶,是一种高强度的复合材料,它是含有硬质胶粉(常用丁苯橡胶)、无烟煤粉、陶土、氧化镁或炭黑的高度硫化橡胶。另外,在固体橡胶中加入发泡剂(如氟利昂类化合物),可制成海绵

橡胶或泡沫橡胶,它们多用于制造家具、汽车和飞机的衬垫材料。实际上,复合橡胶根据不同的特殊需要,既可由合成橡胶加其他组分炼制,也可由天然橡胶加其他组分制成,还可由合成橡胶与天然橡胶联合其他组分炼制而成。因此,其组成、结构和性能十分丰富多样。

3. 合成纤维(synthetic fiber)

合成纤维一般是线型高聚物。它要求分子链具有较大的极性,这样可以形成定向排列而产生局部结晶区。在结晶区内分子间力较大,可使纤维具有一定的强度。此外,高聚物内部还存在无定形区域,其中的高分子链可自由转动,使纤维柔软、富有弹性。合成纤维一般都具有强度高、弹性大、密度小、耐磨、耐化学腐蚀、耐光、耐热等特点,广泛用作衣料等生活用品,在工农业生产、交通、国防等部门也有许多重要应用。例如,用锦纶帘子线做的汽车轮胎,寿命比一般天然纤维高出 1～2 倍,并可节约橡胶用量 20%。

合成纤维的商品名在我国常称为某"纶"。除日常生活常用的涤纶、锦纶、腈纶、维纶、丙纶、氯纶这六大纶纤维外,还有耐高温的纤维(芳纶 1313)、高强力纤维(芳纶 1414)、高温耐腐蚀纤维(氟纶)、耐辐射纤维(聚酰亚胺纤维)和弹性纤维(氨纶)等。

耐高温纤维一般指可在 200 ℃ 以上连续使用几千小时,或者可在 400 ℃ 以上短时间使用的合成纤维,如聚间苯二甲酰间苯二胺纤维(芳纶 1313)。以间苯二甲酰与间苯二胺作为缩合单体,在两种互不相溶的介质界面上进行缩合,即可得到芳纶 1313:

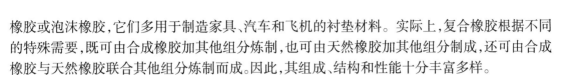

芳纶 1313

由于芳环的存在,大大增强了分子间力,使分子的柔顺性减小,刚性增大,耐热性增大。

高强度纤维芳纶 1414(即聚对苯二甲酰对苯二胺纤维)是目前合成纤维中强度最高的之一。这是由于其高分子链之间存在着氢键,使分子间力增强。用这种纤维制成的帘子线的强度比同等质量的钢丝强度大 5 倍。该种纤维对橡胶有良好的黏合力,作轮胎中的帘子线,质量可减轻、布层数可减小、热量易散发、增加了轮胎的使用寿命。

高弹性纤维氨纶是聚氨基甲酸酯纤维的简称,它能够拉长 6～7 倍,且随张力的消失能迅速恢复到初始状态。其分子结构为一个像链状的、柔软及可伸长性的聚氨基甲酸酯,通过与硬链段连接在一起而增强其特性。

高模量碳纤维是将腈纶纤维在 200～300 ℃ 空气中氧化,然后在稀有气体保护下,将温度升至 700～1000 ℃ 进行碳化处理,形成碳原子组成的碳纤维。在此过程中,须对纤维施加一定的张力,其作用是限制纤维的收缩,并使分子定向排列,从而使纤维获得高强度和高弹模量。碳纤维与合成树脂制成的复合材料,其性能优于玻璃钢。

4. 涂料和黏合剂(coating and adhesive)

高分子合成材料除了量大面广的塑料、合成纤维和合成橡胶三大类之外,还有涂料、黏合剂、离子交换树脂以及其他液态的高分子化合物(如聚硅油、液态的氟碳化合物)等一些小的类别。其中涂料和黏合剂在近些年也使用得越来越多。

(1) 涂料

涂料是指涂布于物体表面在一定的条件下能形成薄膜而起保护、装饰或其他特殊功能

(如绝缘、防锈、防霉、耐热等)的一类液体或固体材料。因早期的涂料大多以植物油为主要原料,故又称作油漆(paint),生漆和桐油是其典型产品。现在合成树脂已大部分或全部取代了植物油,故统称为涂料(coating)。

① 涂料的组成及作用。涂料虽有许多种类,但它们都有四种主要成分,即成膜物质、颜料、溶剂和助剂。

成膜物质是形成涂膜(或称漆膜、涂层)的物质,是涂料的基本组分,是天然或合成的高聚物。它在涂料的储存期间内应相当稳定,不发生明显的物理和化学变化。而在涂饰成膜后,在设定的条件下,应能迅速形成固化膜层。合成涂料的成膜物质是合成树脂,它们是决定合成涂料基本性能优劣的关键因素。

颜料不仅使漆膜呈现颜色和遮盖力,还可以增强机械强度、耐久性及特种功能(如防蚀、防污等)。涂料中的颜料可分为无机颜料和有机颜料,前者如氧化锌(白色)、炭黑(黑色)、铅丹(红色)、铅黄(黄色)、普鲁士蓝(蓝色)、铬绿(绿色)等;后者如酸性染料系、盐基性染料等。

溶剂不仅能降低涂料的黏度,以符合施工工艺的要求,且对涂膜的形成质量起关键作用。正确地使用溶剂可提高涂膜的物理性质,如光泽、致密性等。

助剂在涂料中用量虽小,但对涂料的储存性、施工性及对所形成的涂膜的物理性质都有明显的作用。

② 涂料的成膜机理。当涂料被涂覆在被涂物上,由液态(或粉末状)变成固态薄膜的过程,称为涂料的成膜过程(或称涂料的固化)。涂料主要靠溶剂挥发、熔融、缩合、聚合等物理或化学作用成膜。其成膜机理随涂料的组分和结构的不同而异,一般可分为非转化型(溶剂挥发、熔融冷却)、转化型(缩合反应、聚合反应、氧化聚合、电子束聚合、光聚合)和混合型(即物理和化学共同作用结果,为上述两类成膜机理的组合)三大类。

③ 涂料的品种。涂料的常见品种及其成膜物质如表 7-8 所示。

表 7-8 涂料的常见品种及其成膜物质

品种	主要成膜物质
油性涂料	干性油。这种涂料的干燥是靠脂肪酸碳链上的不饱和双键自动氧化聚合,使之成为体型结构而固化成膜
天然树脂涂料	如松香及其衍生物涂料、虫胶漆、生漆及其改性树脂
酚醛树脂涂料	可溶性酚醛缩聚物
沥青涂料	沥青
醇酸树脂涂料	由多元醇与多元脂肪酸经过酯化缩聚而得的缩聚物
氨基树脂涂料	水溶性氨基树脂

此外,还有硝化纤维素涂料、纤维素酯和醚涂料、聚氯乙烯树脂涂料、乙烯树脂涂料、丙烯酸树脂涂料、聚酯树脂涂料、环氧树脂涂料、聚氨酯涂料、元素有机聚合物涂料、橡胶涂料等。

④ 涂料在建筑方面的应用。涂料在建筑中应用极广,这里主要对防水涂料、防火涂料、防腐蚀涂料略做论述。

（i）防水涂料。涂膜具有抗水性,使被保护物件不被水渗透或润湿,并具有耐久性和耐老化性,不致开裂或粉化。常用的防水涂料有沥青涂料、氯丁橡胶涂料等。

（ii）防火涂料。能滞延燃烧,防止火势扩大。防火漆采用不燃或难燃的树脂,最常用的有氯丁橡胶、聚氯乙烯树脂、氯乙烯醋酸乙烯树脂、酚醛树脂和氨基树脂等。防火涂料所用颜料均为不燃烧、能高度反射热量和传导散热的颜料,以钛白、锑白、云母、石棉等较为常用。同时,在防火涂料组成中还添加有增强防火效果的阻燃剂,如氯化石蜡、碳酸钙、硫酸铵、磷酸铵等,它们一旦受热,便分解出 CO_2,NH_3 等不燃性气体,隔绝空气以达到熄火的目的。低熔点的无机材料如硅酸钠、硼酸钠、玻璃粉等也能起到阻燃作用,它们受热时均能熔融凝结成绝热的玻璃层,将被涂物与火隔绝,而不致迅速燃烧。此外,还有磷酸二氢铵、磷酸铵、硼酸锌、淀粉、硅油等物质,它们不仅能在受热时放出不燃性气体,降低燃烧,而且能使漆膜起泡,形成厚的泡沫层,产生隔热作用。常用的防火涂料有酚醛防火漆、聚氯乙烯防火漆等。

（iii）防腐蚀涂料。在各种条件下,能经受多种介质(如水、酸、碱、盐、溶剂、油类等)的化学腐蚀的涂料。如酚醛树脂、环氧树脂、聚四氟乙烯等合成树脂皆可作为防腐蚀涂料。

（iv）其他特种涂料。根据应用的需要,专门设计合成的特种涂料,如耐高温漆、绝缘漆、免(或不)去锈涂料、示温涂料、感光涂料、磁性涂料、伪装涂料、发光涂料、特制墙粉、彩色玻璃涂料等。现将前三种涂料简介如下：

耐高温漆是含有硅、磷、钛、氟、溴等元素的合成树脂,具有耐高温和不燃烧特性。如果再加入类似云母、石棉等无机粉末,则既耐高温又有良好的隔热性能。耐高温漆在航空、航天方面有重要的用途。例如,在火箭的外壳涂上一层又轻又薄的耐高温漆,就能阻止因火箭高速飞行表面产生的几千度高温传到火箭内部;又因为涂料被慢慢烧蚀,也可以消耗部分热量。因为在高温作用下,涂料逐渐形成一层和外壳牢固结合的碳化层,这层碳化层就像一道隔热的屏障,把大部分热量隔绝,避免了热量传到火箭内壳去,而使火箭内的各种仪表能正常工作。这就是所谓烧蚀涂料的作用原理。

绝缘漆是一种重要的绝缘材料。绝缘漆包覆的铜丝可绕成电机的转子和定子,在电器仪表中有很多用途。绝缘漆的原料和一般的油漆大致相同,里面含有油料、树脂、颜料和溶剂等,但绝缘漆中的树脂是一种电阻系数大、电击穿强度高、耐热、抗潮的树脂,因而能起到良好的绝缘作用。而用于热带环境中的绝缘漆,还要选用防霉、防盐的合成树脂,并加入适量的杀菌剂,如汞、铜等化合物,以防霉菌对电器绝缘包皮的腐蚀。

免去锈涂料是一种含磷酸-亚氰化钾为去锈剂,以环氧树脂-煤焦油为主要成膜剂的新型涂料,当用于钢铁设备的防腐蚀表面涂层时,可直接涂刷在工件上,而不必事先去锈。采用这种涂料,可免去繁重的去锈处理,大大提高了劳动生产率,保护了环境和操作人员的身体健康。还可加强膜的附着力和保护性。免去锈涂料既可以在干燥表面上涂刷,也可以在潮湿表面上涂刷,并能在常温的大气中固化。免去锈涂料在某些情况下,还能替代底漆使用。

（2）黏合剂

黏合剂又称胶黏剂(adhesive),简称"胶"。它能把两个物体(或两个部分)牢固地粘贴在一起。

① 胶黏机理。胶黏剂和被粘物之间通过什么方式胶接的? 关于这个问题学者们提出了各种论点,如吸附理论、化学键理论、扩散理论及机械理论等,从不同角度探讨胶接机理。

吸附理论认为胶黏剂和被粘物之间存在以范德华力和氢键为主的作用力,有时也有化学键力,作用力大小直接影响到胶接强度。由于被粘物通常是极性的(如金属、陶瓷、塑料等),因此,胶黏剂分子的极性强,胶接效果就好,胶接强度就高。这个理论有一定的说服力。然而,对影响胶接强度的其他因素及诸如为什么剥离胶接薄膜所做的功远远超过分子间力好几十倍等现象,却不能给予圆满的解释。

化学键理论认为,胶黏剂分子和被粘物之间形成了化学键,由于化学键力比范德华力大得多,所以胶接很牢固。这个理论得到某些实验的印证,例如,有人用电子衍射法研究硫化橡胶胶接镀黄铜的金属,发现黄铜表面形成了一层硫化亚铜,换言之,黄铜通过硫原子和橡胶分子形成化学键而结合起来。近年来,在胶接技术中引入偶联剂来提高胶接强度,也是对化学键理论的印证。偶联剂(如 γ-氨丙基三乙氧基硅烷,$NH_2(CH_2)_3Si(OC_2H_5)_3$)分子结构中通常含有两种不同性质的基团,一种是强极性基团,另一种是弱极性或非极性基团。胶接过程中,偶联剂分子的一端和被粘物形成牢固的化学键,另一端和胶黏剂发生化学反应,这样将性质上差别很大的被粘物和胶黏剂通过偶联剂联结了起来。

扩散理论主要针对高聚物之间的胶接,认为胶黏剂在胶接过程中,能和被粘物分子相互扩散渗入,形成交织的扩散层,胶接是这类扩散的结果。

至于机械理论则把胶接视作胶黏剂与被粘物之间的纯机械咬合或者镶嵌作用,完全不提表面性能与胶接的关系。

上述理论各有可取之处,又各具局限性,可以说,到目前为止,尚缺乏一个完美解释各种胶接机理的理论。

② 黏合剂的分类。黏合剂的种类繁多,组成各异。大的分类可按天然和合成分为两大类。一般浆糊、虫胶等动植物胶属于天然黏合剂;常用的环氧树脂黏合剂等属于合成黏合剂。

合成黏合剂是通过化学合成的方法来制备的,它无论在性能上还是在用途上都比天然的黏合剂优越和重要。合成黏合剂的种类很多,按用途(或按胶结接头受力情况)可分为结构胶和非结构胶两种。所谓结构胶,胶接后能承受较大的负荷,受热、低温和化学试剂作用也不降低其性能或使其变形。表 7-9 为结构胶的技术指标。

表 7-9　结构胶的技术指标

技术指标	技术参数
室温抗剪强度	15～30 MPa
剪切疲劳强度	经 106 h 循环后,为 4～8 MPa
剪切持久强度	经 200 h,为 8～12 MPa
保证不均匀扯离强度	5～7 MPa

非结构胶一般不承受任何较大的负荷,只用来胶结受力较小的制件或用作定位。它在正常使用时,具有一定的黏结强度,但受较高温度或较大负荷时,性能迅速下降。

③ 黏合剂的组成。黏合剂的组成包括以下几个方面:

(i) 树脂成分(俗称黏料)。所谓树脂是指受热后有软化或熔融范围,软化时在外力作用下有流动倾向,常温下是固态、半固态,有时也可以是液态的有机聚合物。广义上讲,可以作为塑料制品加工原料的任何高分子化合物都称为树脂。它是黏合剂的基本组分。黏合剂的黏结性主要由它决定。在合成树脂黏合剂中,黏料主要是合成的高分子化合物,其中属于热固性树脂的有酚醛树脂、脲醛树脂、有机硅树脂等;属于热塑性树脂的有聚苯乙烯、聚醋酸乙烯酯等;属于弹性材料橡胶型的有氯丁橡胶、丁腈橡胶等。所有这些材料都可以根据需要作为黏料使用。但是热固性树脂作为黏料往往脆性高,抗弯曲、抗冲击、抗剥离能力差;而且热塑性树脂和弹性材料作黏料时,则易产生蠕变和冷流现象,这会使胶层抗拉和抗剪强度降低,也影响胶的耐热性。因此,在设计黏合剂配方时,应做全面考虑,选择适当的材料、合理的用量,以获得优良的综合性能。

(ii) 固化剂(硬化剂)和促进剂。固化后胶层的性能在很大程度取决于固化剂。例如,环氧树脂中加入胺类或酸类固化剂,便可分别在室温或高温作用后成为坚固的胶层,以适应不同的需要。因此,熟悉各种固化剂的特性,对正确设计配方是很重要的。在某种情况下,为加快固化速率,提高某种性能,还常加入促进剂来达到目的。

(iii) 填料。填料的基本作用在于克服黏料在固化时造成的缺陷,或是赋予黏合剂某些特殊性能以适应使用的要求。例如,加入石棉填料对提高耐热性有很好的作用。一般加入填料有增大胶料黏度,降低热膨胀,减小收缩性和降低成本等作用。

(iv) 其他附加剂。为有效提高黏合剂的抗冲击性能和抗断裂性能,增加胶层对裂缝增长的抵抗能力,常需加入增韧剂。为了满足黏合剂对光、热、氧等抵抗力,还常加入防霉剂、防氧剂、稳定剂等。

总之,黏合剂的组成是复杂的,根据需要可作不同的配方。

④ 黏合剂的性能。合成黏合剂具有黏合强度优异,耐水、耐热、耐化学试剂,密封性好,质量轻,胶结应力分布均匀等优点,可用作不同材料的粘结(不仅能用来粘结纸张、织物、木材、皮革、玻璃等非金属材料,也能粘结钢铁、铝、铜等金属材料)。但是,它在性能上也有不足之处,在使用上也有一定的局限性。其主要问题是:使用温度还不够高,某些黏合剂耐环境老化、耐酸、耐碱等尚不稳定;有些黏合剂虽性能优良,但施工工艺复杂,需加温加压,固化时间长,或需要特殊的表面处理方法等。

⑤ 黏合剂的用途。黏合剂具有各种各样的优良性能,因此,它的用途也是多方面的。

目前,黏合剂已广泛用于建筑、装饰、汽车、造船、航空、宇航、照相机、家用电器、音响器材、乐器、体育用品、造纸、纺织、家具、制鞋、包装、机械、情报、医疗及牙科等几乎一切行业之中。

比如现代建筑改用黏合工艺后,天花板、墙壁、地板等内部装饰几乎全靠黏合来完成。而层合板、装饰板、建筑密封板、屋面及地下工程中的防火(防漏)等建筑材料也是用黏合剂加上其他原料制成的。飞机跑道、高速公路及桥面与桥墩的连接缝隙都需要使用黏合剂铺建或处理。半导体收音机的组装就要用到30种以上的黏合剂,完全不用钉子和螺丝。扬声器锥形筒除用黏合法外,别无他法。钢琴则完全是黏合剂创造出来的艺术作品,外壳用层压板(把几块板黏合起来)制造,内部则是用大小不同的几百块木片黏合而成。喷气式飞机的机身和机翼等结构体、直升机的回转翼(铝板和金属框黏合)也使用黏合剂。汽车的车顶、地板、壁面等内部装饰,挡泥板、车门的内部、车翼的增强板等也是黏合的。此外,挡风的安全玻璃也是利用黏合剂组装到车身上去的。由此可见,黏合剂已经成为我们生活中不可或缺的一部分。

7.4　超分子体系

7.4.1　超分子化学与超分子化合物

超分子化学(supramolecular chemistry)是基于分子间非共价键相互作用而形成的分子聚集体的化学。不同于基于原子构建分子的传统分子化学,超分子化学是分子以上层面的化学,它主要研究两个或多个化学实体(如离子、分子、原子团、配合物等)通过分子间非共价键的弱相互作用如静电引力、氢键、范德华力、芳环堆叠、偶极-偶极相互作用、亲水-疏水相互作用,以及它们之间的协同作用而生成的分子聚集体的结构与功能。

超分子化学的出现使得化学研究领域从单个分子拓展至分子组装体。超分子化学提供了一条用分子聚集体来创造新物质的途径。超分子科学(supramolecular science)的出现和发展对于传统的合成化学、材料化学、生命科学和纳米科学与技术产生了深远的影响,同时这些学科的发展也对超分子科学的发展起到了积极的推动作用。

在超分子化学中,组装(assembly)等同于传统分子化学中的合成,各种新型、复杂、功能集成的组装体都可以通过不同分子之间的组装而获得。超分子科学是一门集基础研究与应用于一体的交叉学科,其根本的目的之一是通过分子组装与复合,以一种更为经济的手段来制备尺寸日益微型化、结构和功能日益复杂的功能器件和机器。通过对分子间相互作用的精确调控,超分子化学逐渐发展成为一门新的分子信息化学,它包括在分子水平和结构特征上的信息存储,以及通过特异性相互作用的分子识别(molecular recognition)过程实现超分子组装在分子尺寸上的修正、传输和处理。这导致了程序化化学体系(programmed chemical systems)的诞生。超分子化合物应是信息性和程序性的统一、流动性和可逆性的统一、组合性和结构多样性的统一。超分子化学是一门研究物质的信息化、组织性、适应性和复合性于一体的学科。

超分子化合物是物质世界中纷繁复杂的物质结构大厦内一个新近开拓的全新层面。虽然"超分子"这一词汇早在20世纪30年代中期就已出现,但真正赋予超分子以严格定义、全新的概念并阐明这类新物质的组成、结构、性质、变化的基本规律,及其潜在应用前景,从而开辟当代超分子化学这一全新的前沿研究领域的,则应当归功于法国的莱恩(Lehn J)、美国的克拉姆(Cram D)和美国的佩特森(Pedersen C)所领导的科研组所作的开创性贡献,他们三人共同分享了1987年诺贝尔化学奖。

超分子(supermolecule)在主客体化学中称为主客体络合物(host-guest complex)。习惯上将依靠化学键力结合起来的原子团称为分子,而把两种或两种以上分子或其他化学实体依靠非共价键力结合起来的组成复杂的、有组织的聚集体称为超分子。因此,由原子通过化学键力组成分子的结构、性质及行为变化规律,我们可以称它为"分子化学"。而超分子化学则是研究依靠分子间力(非共价键)由分子结合成超分子的结构、性质及其行为变化规律的,因此被定义为"超越分子以外的化学"。

超分子化学揭示了物质结构中不同于原子、分子的一个全新层次。在超分子这一层面上,物质间相互作用具有许多不同于一般化学规律的新特点,遵循一系列独具特色、自成体系的作用规律,即超分子作用的规律。这就界定了当代超分子化学的内容与范畴。自然界中,特别在生命过程中有许多重要的现象,或作用过程是与超分子作用密切相关的。例如,在生物体内的 DNA 的复制、蛋白质的合成,食物中各类脂肪、蛋白质及糖类的酶催化水解及吸收,氧气及二氧化碳在血液中的运输,细胞及组织中各种生命物质的合成与新陈代谢,细胞膜内外的物质传输及浓度调节过程,生物体内的神经系统与信息传递过程,以及对于入侵体内的微生物、细菌和病毒的识别、包围、吞噬和消除作用等,都是超分子化学作用的实例。

除此之外,超分子化学在功能新材料的设计与创造、环境保护与治理、放射性废物的分离回收、贵重金属的回收利用、化学反应的催化(特别是仿生催化)、膜分离及手性拆分等领域都有重要的应用。与一般的化学过程相比,超分子作用通常具有更高的反应选择性(如酶催化反应)。这种选择性往往会达到专一的、排他的程度。之所以如此,是因为在超分子作用中总包含有一个分子识别过程。这是一切超分子作用的基础,也是超分子作用不同于一般化学作用的根本特点。

7.4.2 超分子作用中的分子识别

1. 分子识别作用的特点

分子识别是判断超分子作用的不可替代、极其重要的因素。分子识别被定义为一个过程,这个过程至少涉及一种给定的受体(主体)分子对一种底物(客体)的识别(认识、寻找)、选择和键合(结合)作用。它实际上就是主体对客体的选择性结合并产生某种特定功能的过程,这是一个高度专属性的过程。分子识别,就是要从多种相似的分子中寻找、选择出某种特定的分子并与之结合。在自然界中键合虽然更容易发生,但分子间单纯的键合并非是分子间的识别,这是因为单纯的键合并不能保证对底物的高选择性。只有分子识别作用才是受体对底物高选择性结合的前提。在超分子作用中,如果没有受体与底物间的识别,就不可能发生键合。尽管识别与键合同时发生、无法分割,但就键合性质而言,识别是键合的基础和前提。因此,识别作用是一种有目的的键合作用,受体是一种"有目的"配体。顾名思义,"有目的"的行为应是指主动的行为,这通常是用来描述有生命的生物主动行为的,如动物的捕食行为等。而在传统化学中,反应产物是由化学反应热力学和动力学因素的可能性和可行性所决定,而不是化学分子主动寻找结合对象,产生选择性键合的结果。这正是超分子作用不同于一般化学作用的特点。

2. 分子识别作用的化学基础

要实现受体对底物的高选择性精准识别,就要有一种专属性"结合"过程。于是首先就要求受体的分子结构中包含多个能与底物发生作用的"化学位点";同时还得要求受体分子整体形貌与底物形成结构上相匹配的"几何构造";再者还得要求其位点和结构的嵌合要有相匹配的"能量体系";另外还得要求其分子识别是一个总体的"熵增加"或者体系的"吉布斯自由能减少"过程。

总的来说,分子识别作用的化学基础就是受体分子的结构基础和识别过程的能量基础。

3. 分子识别的原理

分子识别的过程实际上是分子在特定的条件下通过分子间力的协同作用达到相互结合的过程。这其实也揭示了分子识别原理中的三个重要的组成部分："特定的条件"是指分子要依靠预组织达到互补的状态；"分子间相互作用力"是指存在于分子之间的非共价相互作用；而"协同作用"则是强调了分子需要依靠大环效应或者螯合效应使得各种相互作用之间产生一致的效果。

4. 受体化学——分子受体的设计原则

受体对底物的分子识别作用，是基于受体与底物在能量上和结构上的高度匹配（亦即是以受体与底物同时满足能量匹配和几何匹配条件为前提的）。而这一切都依赖于在设计、合成受体时，将与指定底物相匹配的特征信息预先输入受体分子。只有这样，合成得到的受体分子才有可能对特定的底物表现出有效的分子识别作用。因此，人们在进行超分子研究时，往往首先必须设计和合成针对特定底物的受体分子，否则一切都无从谈起。因此，根据超分子化学的基本原理，设计和合成各种分子受体，便成为超分子化学研究的一个重要领域，即受体化学（receptor chemistry）。

为了成功地设计和合成针对某种底物的受体分子，除了应用现有的化学知识，特别是有机合成及有机结构化学的规律和方法外，还必须考虑应用超分子化学所特有的规律和方法。这主要是指：预组织原则，匹配性原则，及柔性与刚性间的平衡。

（1）预组织原则（principle of preorganization）

所谓预组织原则，简单说来就是受体和底物在彼此结合而形成超分子物以前，先按需要分别经过一定程度的预组合。特别是受体，其结构总是比较复杂的，是由若干个能与指定底物结合的基团［包括原子、离子、官能团，称为"键合子基元"（binding subunits）或"子基元"］，通过化学方法按照预先设计的种类、数目、位置及排列方式，经"剪裁""拼接""堆砌"组合在一起，以适应识别底物的需要。这种过程即为预组织过程。实验表明经过预组织的受体在与合适的底物结合时，表现出高度的稳定性与选择性。克拉姆教授指出：预组织作用是决定超分子键合能力的核心因素。如图 7-8 所示球状分子 A（称为"球状物"，spherand）与相应的链状分子 B（称为"荚状物"，podand），二者的化学组成几乎相同，都是由六个对甲苯基甲基醚 $\left(H_3C-\bigcirc-OCH_3\right)$ 结合而成，但二者的预组合程度不同。对于识别 Li^+（或 Na^+）而言，A 的预组合程度高于 B，因而 A 对 Li^+（或 Na^+）的结合能力远远高于 B，显示出很高的识别能力和选择性：

分子 A 和 B 中的醚氧原子是其识别键合 Li^+（或 Na^+）的键合子基元，或称为识别位点（site of recognition）。虽然 A 和 B 分子同样都含有六个醚氧原子，但因 A 和 B 的预组织程度不同，具有不同的分子结构，致使 A 和 B 中六个醚氧原子的空间位置排列及所处的环境和状态都大不相同，因而它们对 Li^+（或 Na^+）的识别能力有巨大差别。

分子 A 具有球状空腔结构，其中六个氧原子的相对位置是固定的，它们规则地排列在分子的球状空腔内壁上，位于球内接正八面体的六个顶点位置。它们的键合方向是彼此聚焦的，正好指向球状空腔的球心位置。这种空间排布正好适合于对底物 Li^+（或 Na^+）的最佳配位，是与底物的配位要求相匹配的。而分子 B 为非环的链状结构，其六个氧原子在空间的位

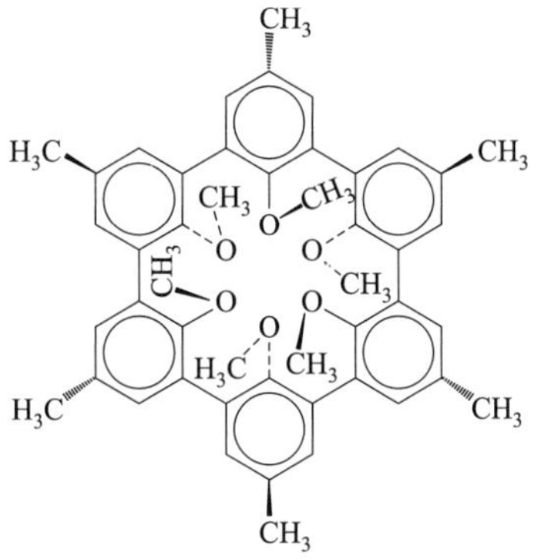

A 球状物

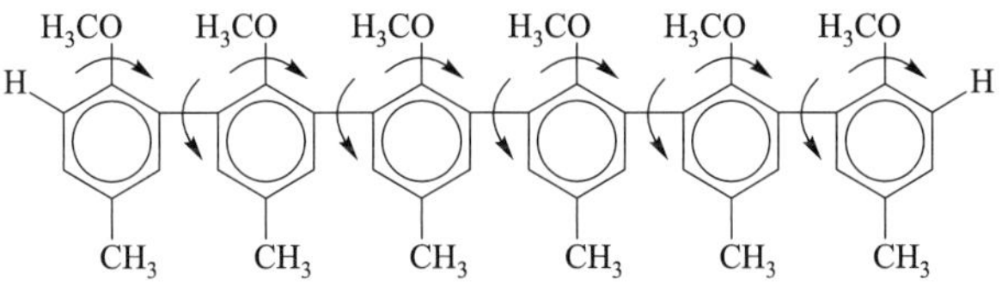

B 荚状物

图 7-8 两种组成相似而结构不同的受体

置是不固定的。由于碳-碳单键两端的碳原子及取代基可以绕键轴自由旋转,分子 B 就像一根藤上结着六个豆荚一样,虽然每个豆荚都连着藤,但其空间位置却是不确定的,因此分子 B 的立体结构可以呈现许多种不同的构象。事实上 B 分子的构象有一千多种,其中只有两种构象是适合于对 Li^+(或 Na^+)配位的。而分子 A 由于联结苯环的碳链首尾相接,闭合成环,限制了苯环间的相对转动,因而只具有一种稳定的构象,即球状构象。所以从主体构象上看,分子 A 所具有的构象是完全适合于识别底物 Li^+(或 Na^+)的,可以说分子 A 是被设计、合成出来专门用于识别、键合这类底物的,就好像是度身定做的衣服一样。而相比之下,分子 B 显然不适合于识别底物 Li^+(或 Na^+)。实际上要使分子 B 与 Li^+(或 Na^+)结合,首先就必须使 B 中的六个氧原子围绕 Li^+(或 Na^+)离子形成正八面体配位,而这种构象出现的概率理论上是千分之二。事实上由于六个甲氧基具有相同的极性,它们之间是相斥的,要使它们在溶液中自动形成规整的、聚焦的正八面体排列,其概率微乎其微,远远小于千分之二,几乎是不可能的。另外,由于分子 A 具有球状结构,其对 Li^+(或 Na^+)的键合子基元是联结在球状空腔内壁上,受到腔壁的屏蔽,保护它不受溶剂分子的作用,是非溶剂化的。因而分子 A 的六个氧原子都处在随时能与 Li^+(或 Na^+)结合的状态。而分子 B 为链状结构,其六个氧原子完全暴露在溶剂中,没有任何保护,全部是溶剂化的。因而 B 要与 Li^+(或 Na^+)结合,必须先使其氧原子去溶剂化。无论是使 B 分子中相对自由的键合子基元形成规整、聚焦的排列,或是使键合子基元去溶剂化,都需要消耗相当大的能量。这是阻碍分子 B 识别并结合 Li^+(或 Na^+)的能垒。对分子 A 而言,所需的这些能量已经在由对甲苯基甲基醚组合成 A 时支付过了。所以经过预组织的分子 A,在识别 Li^+(或 Na^+)时自然不再存在这些能垒障碍。因此,受体预组织的程度决定了其对指定底物的识别能力。实验结果表明受体分子 A 和 B 与 Li^+(或 Na^+)结合成超分子 $A-Li^+(Na^+)$ 与 $B-Li^+(Na^+)$ 的标准结合吉布斯自由能变 $\Delta_r G_m^\ominus$ 及相应的标准结合常数 $K^\ominus$ 相差十分巨大:

$$\Delta_r G_m^{\ominus}(B-Li^+) - \Delta_r G_m^{\ominus}(A-Li^+) = 71\, kJ \cdot mol^{-1}$$

$$\Delta_r G_m^{\ominus}(B-Na^+) - \Delta_r G_m^{\ominus}(A-Na^+) = 54\, kJ \cdot mol^{-1}$$

$$K^{\ominus}(A-Li^+) / K^{\ominus}(B-Li^+) = 10^{12}$$

$$K^{\ominus}(A-Na^+) / K^{\ominus}(B-Na^+) = 10^{10}$$

由此结果可以看出,受体 A 与 Li^+(或 Na^+)结合成超分子的常数,比受体 B 的常数大 10^{12} (10^{10})倍。如此巨大的差别足以导致 A 结合 Li^+(或 Na^+)的高度选择性。即当 A 和 B 与 Li^+(或 Na^+)共存时,A 与 Li^+(或 Na^+)结合的概率远远大于 B。以至只要有 A 存在,B 就实际上没有机会与 Li^+(或 Na^+)结合。这就显示了 A 对 Li^+(或 Na^+)的分子识别作用。

(2) 匹配性原则(principle of complementarity)

预组织作用是决定受体与底物结合成超分子的结合能力的核心决定因素,而受体与底物的结构匹配性(互补性)和能量匹配性则是结构识别的核心决定因素。因而也是受体设计时必须考虑和遵守的原则。

由于超分子化学结合属于非共价键结合,基本上是依赖于分子间作用力。与化学键相比,这是一种弱相互作用。因此对于构成超分子而言,必须要求在受体和底物间同时有多个作用位点。只有这样才能积少成多,保证生成的超分子有足够的稳定性和高度的选择性。而这种多点作用的模式取决于结合双方键合位置的高度匹配性排布。莱恩教授指出:为了达到高度的识别作用,希望受体和底物的接触遍及一个大的区域。这种情况只有当受体能围绕它的底物而将其包裹起来时才会出现。只有这样,受体与底物间才可以建立大量非共价键相互作用,受体分子并可借此"估计""探测""感受"底物的大小、形状和构造。当受体分子具有一个适合于底物进入其中的空腔,就可以接纳底物,形成一种包容络合物(inclusion complex),这类超分子也称为窝穴合物(cryptate)。冠醚、球状物、窝穴状物及杯芳烃(calixarene)等都是具有分子内空腔的新型受体。这些受体分子中的键合子基元大多是被设置在分子空腔内壁上,其作用方向分别指向位于空腔中心的底物。因此,这些受体分子空腔内壁上的键合位置排布使其作用方向是聚焦的(converge)。而被键合的底物上的键合位置则应排列在底物的外表面上,其作用方向是发散的(inverge)。受体和底物各自作用位点的位置排列和指向正好是对应的,互补的。这就是立体结构上的匹配。就像锁芯与钥匙间的匹配一样。当然受体与底物间除了键合位点在数量、位置、排列方面的互补匹配外,匹配性原则还必须包括双键合子基元在能量(电性)方面的匹配。当底物的键合子基元是带正电荷的基团,如金属阳离子、铵离子、季铵盐等,则受体中对应的键合子基元就应是带负电荷的基团,如羧基—COOH、酸根离子、卤离子、羟基等。图 7-9 表示了这样一种双重匹配原则的作用模式:

(3) 刚性(vigidity)和柔性(flexibility)间的平衡

在受体的设计和合成中,应考虑受体分子结构的刚性与柔性间有一种合宜的平衡。分子结构的刚性,有助于分子中各键合子基元间相对位置的固定,有助于提高分子识别的精准度和选择性,有利于对仅有细微区别的相似底物的区分和识别。但刚性带来的不可调节性,将使高度刚性的受体的识别范围变得狭窄,缺少必需的可调节性和兼容性,对于环境变化或某种偶然因素所引起底物特性的某种细微变化,不能主动响应和进行适应性调整。因而底物稍有细微变化即不能被识别。在实际情况下,特别在生物体中,受体与底物相互作用时,柔性具

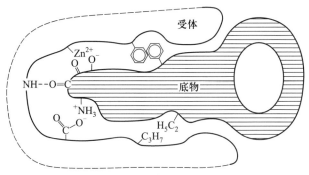

图 7-9　超分子结合中受体与底物间的双重匹配作用

有很大的重要性。因为在实际体系中各种影响因素(如温度、酸度等)是在不断变化的,并会引起受体与底物的结构发生某些变化,如异构化(isomerization)或变构性(allostery)等。这就要求受体能对这些随时可能出现的变化进行适应性调整。因此受体分子结构应具有适当的柔性与刚性的平衡(使之刚柔相济)。这也是在受体分子的设计与合成中应予考虑的重要原则之一。

5. 几类重要的分子识别举例

（1）球形识别作用

对球形底物的识别作用是最简单的识别作用,底物是具球状外形而半径不同,或带不同电荷的单个粒子(如阳离子、原子或阴离子)。球形识别作用的核心是从许多具有相同电荷、不同半径的球体的集合系中选择识别出一种指定的球状离子。具有优秀的球形识别能力的受体分子大都具有一个球状空腔,可以用来接纳并结合球形底物(如图 7-8 中受体 A)。这类分子识别的关键主要在于受体分子的球形空腔与球状底物间的大小匹配。

（2）正四面体识别作用

具有优秀的正四面体识别能力的受体分子通常具有一个大小合适的空腔,在空腔内壁至少具有一组呈正四面体排列的键合子基元,当这些键合子基元的极性(或电性)与底物相匹配时,受体与底物间即能发生正四面体识别作用。图7-10提供了正四面体识别作用的非常有趣的实例。

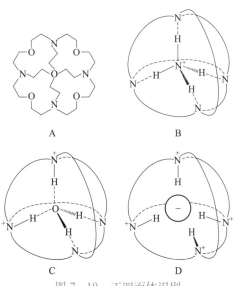

图 7-10　正四面体识别

图 7-10 中 A 为一种人工合成的多大环受体分子,分子中有一个由多个大环圈成的球状空腔,空腔内壁上有四个 N 原子(键合子基元),呈内接正四面体排列,这些子基元带有孤对电子(具有负电性),且是指向球心聚焦的。B 为受体 A 与底物 NH_4^+ 离子形成的超分子物。由于 NH_4^+ 具正四面体结构,其四个 N—H 键向外发散地指向内接正四面体的四个顶点,正好与受体 A 中的四个键合位点 N 的位置相匹配,NH_4^+ 离子带正电荷,与受体的作用位点 N 原子的负电性又是相互匹配的。而且 NH_4^+ 中每个 N—H 键正好又能与受体结合位点上的 N 原子形成 N—H---N 氢键。这一切保证了受体分子 A 对底物 NH_4^+ 的精准识别,也保证了两者结合成 B 的高度稳定性。而如果 A 所处的环境中酸度加大,则可使 A 中部分 N 原子与 H^+ 结合,而被质子化。当 A 分子中 N 原子有两个被质子化后,其对 NH_4^+ 的识别和键合能力将大大降低,而相反却能对中性水分子有很强的识别和键合,如图 7-10 中 C 所示,由于 H_2O 分子中 O 原子上两对孤对电子及两个 O—H 键分别指向正四面体的四个顶点,即分别正对着受体分子 A 中的四个 N 原子,因而正好形成四个 O—H---N(或 O---H—N)氢键,导致双质子化的 A 对底物 H_2O 分子的识别及键合。如果 A 所处环境的酸度更高,则 A 可能被四质子化,即 A 中每个 N 原子全被质子化,这时 A 将带上四个正电荷,而失去对 NH_4^+ 或 H_2O 的识别能力,但此时的受体(四质子化的 A)将表现出对合适的卤负离子的识别和键合作用。

这个例子提供了在不同环境条件下,受体分子的特征识别能力随之变化的实证。受体分子 A 在不同的 pH 条件下,可分别作为检测 NH_4^+、H_2O 及 X^- 等底物的选择性电极,也可反过来被设计成 pH 探头。其实,这是一个普适原则,可在更广泛的范围内推广。

(3) 对 RNH_3^+ 及相关底物的识别作用

这类识别作用,是对 NH_4^+ 的正四面体识别作用的扩展和延伸。区别仅在于,底物 NH_4^+ 中一个或部分 H 被 R 基所取代而已。对 RNH_3^+ 或其他相关底物的识别作用的实质仍是对底物中相应的氨基正离子的识别,如图 7-11 所示。

由于在生物体中广泛存在各种带氨基的小分子,如各种氨基酸、生物碱等,因而对 RNH_3^+ 及相关底物的分子识别在生物体系及生命现象中起着十分重要的作用。

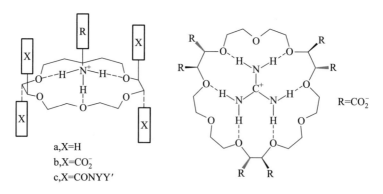

图 7-11 对 RNH_3^+ 及相关底物的识别作用

(4) 对分子长度的线性识别

具有这类识别作用的受体分子,通常具有一个狭长的空腔可容纳底物。而关键在于,受体分子中必须具有两个被固定在分子空腔两端的键合子基元。作为长度识别的识别位点,这两个键合子基元不仅应与位于底物结构两端的被识别基团在极性(电性)方面相匹配,而且受体的两个识别基团间的距离与底物的两个被识别基团间的距离也必须相匹配,这样才会产生对底物分子长度的线性识别。图 7-12 为这种识别的作用模式示意图。

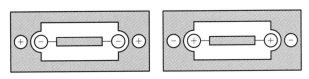

图 7-12　对分子长度的线性识别作用示意图

7.4.3　超分子催化作用

超分子的催化性(supramolecular catalysis)代表了超分子体系性质与功能的主要特征。如果受体除了与底物结合的键合子基元外,还含有多余的合适的反应性基团。那么受体不仅能与底物结合成超分子,而且其多余的反应基团还能与被结合的底物反应,引起底物的变化,生成新的化合物(即产物),然后放出产物,使受体分子重新再生出来,用于新一轮的催化循环。在这整个过程中,受体分子只是起了催化剂的作用,这类过程本质上是一种在超分子水平上的催化过程,因而称为超分子催化作用。超分子催化的过程包括两个主要步骤:(Ⅰ) 键合,这一步是由受体选择底物,并与之结合成超分子物。这实际上就是一个分子识别的过程。(Ⅱ) 转化,即被键合的底物,在所形成的超分子内部,进一步与受体反应,转化为产物,完成催化。然后生成的产物脱离受体,使受体重新再生,可重新接纳底物分子而进入新一轮的催化循环。如图 7-13 所示:

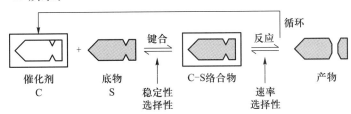

图 7-13　超分子催化过程示意图

与一般的化学催化作用相比,超分子催化作用具有下列特征:

① 超分子催化过程必须是先由受体与底物结合成超分子物,然后在生成的超分子内,受体对底物作用,引起底物的转化,形成产物。而超分子结合的前提是受体对底物的识别作用,因此超分子催化也必须建立在受体对底物的分子识别基础上。即在超分子催化过程中,受体对底物的选择(识别)应优先于反应本身。正因为超分子催化是建立在严格的分子识别基础上的,因此具有很高的选择性。例如,生命过程中蛋白质和核酸的水解与合成,大都是在专门的酶(enzyme)催化下完成的,这些酶催化反应都属于超分子催化作用,当然具有很高的选择性,甚至有不少是专一性和排他性的。

② 由于超分子催化是在生成的超分子内进行的,如果体系中存在某些可能进入受体空

腔而与受体结合的竞争性物体(如金属离子),则将对超分子催化起阻抑作用。在一般催化作用中,金属离子往往形成活化中心而促进催化,而在超分子催化中,金属离子却常会阻抑催化。

③ 超分子催化中,每个受体分子(即催化剂分子)在每次催化中一般只能结合并催化一个底物分子,因而单次催化的速率较慢。故催化剂(受体)与被催化物(底物)的起始浓度比值通常要比一般催化反应高。

超分子催化是超分子化学最主要的应用领域,许多在生命过程中十分重要的化学反应,如蛋白质的水解与合成,DNA 的自身复制,核苷酸的定点切割,ATP 的水解与合成等,都是超分子催化反应。对它们的研究,有利于我们设计、合成各种仿生催化剂及仿生药物,造福人类。

7.4.4　超分子的液膜传输作用

所谓液膜(liquid membrane)是指一层很薄的液体薄膜。通常由二层油(有机溶剂)中间夹一薄层水,或是二层水中间夹一层油(有机溶剂),就构成了液膜。最简单的液膜体系由三个相组成,中间的为液膜相,液膜相的两边分别为源相和吸收相。虽然源相和吸收相同为水相(或同为油相),但由于中间被不相混溶的液膜相隔开,因而源相中的物质(溶质)只有通过液膜相才能进入吸收相;反之亦然。将指定物质从源相穿过液膜相传送到吸收相的过程称为液膜传输(liquid-membrane transport)。由于亲水的物质一般都是憎油的,而亲油的物质多是憎水的,所以溶于源相中的物质一般是不溶于液膜相的,亦不能依靠自身的扩散通过液膜相,主动地完成传输过程。实际发生的液膜传输过程,大多是靠载体(carrier)来输送的,是一种被动的传输过程。在这类传输过程中,载体就像渡船一样,是保证传输成功的关键。没有合适的载体就不能实现传输,就像没有渡船不能渡河一样。

载体实际是一种可溶于液膜相的受体。这种受体是专门针对某种底物(即被传送物质)而设计、合成的。因而对于被传送物质具有特殊的分子识别能力。将这种人造受体溶于液膜相中,这些受体分子就可以在液膜相与源相的相界面上,识别被传送的底物,并与其结合成超分子。这个过程就好比是将乘客或货物装载上船。由于这些载体分子可以在液膜相中自由运动(因而称为流动载体),可以装载着底物从液膜相的一边迁移到另一边。然后在液膜相与吸收相的相界面上,载体分子可将携带的底物放入到吸收相中(如果吸收相中含有对底物具有强结合力的物质,那么底物的释放就更加容易,整个液膜传输过程也就有了原动力),就像满载的渡船到对岸下客、卸货一样。图 7-14 为载体传输物质通过液膜的过程示意图。

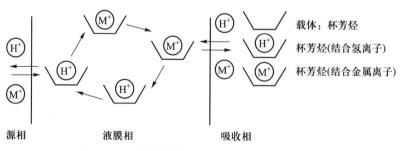

图 7-14　载体传输物质通过液膜的过程示意图

显然,这类传输过程的关键在于载体与被传输物质间的可逆结合,这是一种由载体调控的传输过程。如果载体对被传输的物质(底物)具有分子识别能力,那么液膜传输就会成为高选择性的,甚至是专一性的传输。发生在生物体中的许多传质过程,如血液中的 O_2,CO_2 的传送,细胞膜内外 K^+,Na^+,Ca^{2+} 传递与调控,特定蛋白质吸收、排出等,都具有这种专一性传输的特征。这种专一性传输实质是一种超分子作用,其基础是分子识别。因此,液膜传输作用是超分子作用的基本内容,是超分子的重要特性之一。

虽然传输过程的物理化学协同特征及其生物学与仿生学的重要性早就被人们认识了,但针对特定的膜传输过程的载体的设计与合成,特别是各种生物膜传输过程的研究及仿生膜与仿生载体的设计与合成,仍是当今研究的热点。载体的设计与合成是储存识别指定物质的信息的过程。载体的结构特点,不仅决定了它能识别、传输什么样的底物,而且还决定了这种传输过程的机理和类型:由被传输物质的浓度梯度控制的,简单扩散机理;在 pH 梯度推动下与逆向的质子流相耦合的耦合传输;在氧化–还原梯度推动下与电子流同向耦合的耦合传输;在光驱动下的光耦合传输等。

除了上面介绍的,受流动载体控制、调节的液体传输外,还有一种十分重要的传输过程,即通过膜通道的传输。膜通道提供了一种特别的离子通道或电子通道或分子通道,指定的底物可以被这样的通道所识别而进入通道内部,并被传送通过通道,完成从源相到吸收相的迁移。这种膜通道实际是由若干受体分子堆积而成的,它们与指定底物间的分子识别和可逆结合,导致了被传送的底物能进入这种通道,并以"流动"的形式,或是从一个位置到下一个位置"跳跃"的方式穿过膜通道。显然这也是一种超分子作用,其作用基础仍然是受体(膜通道)与底物(被传输物质)间的分子识别,其关键仍在于膜通道的设计与合成,其作用机理与规律基本上与由流动载体控制的液膜传输是相似的,只不过若把流动载体看作是渡船,那么膜通道则可比作是过江的隧道。这种通过膜通道进行的传输作用在生物传输过程中占有很重要的地位。生物体中神经传递作用及生物电流传递作用即属于此种机理。

7.4.5 分子自组装

分子自组装(molecular self–assembly)指的是分子间相互识别、相互结合的过程,这个过程通常是自发的,受体能主动寻找、选择、识别底物,并自动与之结合,是典型的超分子作用。仅由少数几个数目确定的受体与底物相互结合的产物,如由一个受体结合一个或几个底物的产物,一般就称为超分子;而由大量数目不确定的受体与底物相互识别,并结合成一个整体,则称为分子组装体系。这是一种多分子体系,由大量而数目不确定的组分分子,通过相互识别而同时组合在一个特定的相中而形成的。分子自组装具有确定的组分分子,但组分分子的数量多少却是不确定的,在不同情况下,组合量的多少是不尽相同的。这就像高聚物一样,每种高聚物的单体分子是确定的,但每个高聚物分子中含单体的数目(聚合度)却各不相同。所不同的是高聚物的单体间是靠化学键结合起来的,在高聚物分子中不再存在单体分子。而分子组装物则是由其组分分子靠分子间力(超分子作用)结合起来的,在分子组装物中,组分分子基本上保留其原有的特性,分子组装的产物不是一个大分子,而是一种超分子组合。分子自组装可以发生在不同分子之间,也可发生在同类分子间。分子组装的产物可以是长链,也可以是薄层,或是膜、孔泡、胶束或液晶等。虽然分子组装产物中所含组分分子的总数是不确定的,但由于其组分分子的组成和结构是确定的,所以分子组装物具有十分确定的微观组织和宏观特征。

　　如果受体和底物各自都至少具有两个以上可以相互识别的键合子基元,那么当一个底物与一个受体相互识别而结合以后,产物仍保留有两个以上的活性位置,可供与新的组分进一步结合,这种情况下就能形成大量组分分子之间的分子组装。比如由氨基酸分子组成蛋白质长链(肽链),或由核苷酸组成DNA,以及DNA的自身复制过程,都是这种分子自组装的例子(见图 7-15)。分子自组装现象在生物体中十分普遍,是由化合物分子组成细胞进而构成器官的基础。对分子自组装作用的过程、机理及影响因素的深入研究,有助于人们利用分子自组装的原理,设计、制备各种新型的功能材料,并进而组装成具有特定功能的分子器件和超分子组装结构。为研制化学微反应器及人造细胞等开辟了道路。

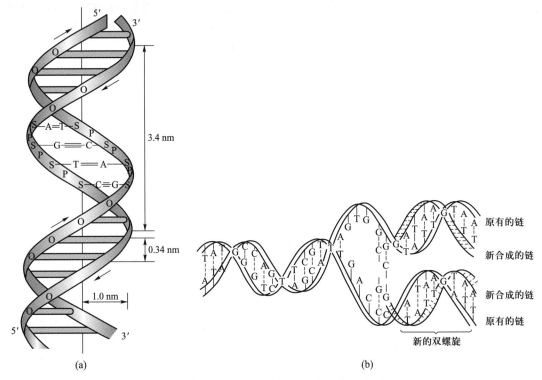

(a)　　　　　　　　　　　　　　　　(b)

图 7-15　DNA 双螺旋链及自身复制示意图

思考题与习题

　　1. 试述非金属元素在元素周期表中的分布,其价层电子构型的特征。氢的价层电子构型与它们有什么异同,为什么氢也属非金属元素?

　　2. 概述非金属元素在自然界的存在形态,非金属单质的分类。举例说明各类非金属单质的制备方法。

　　3. 各种氯化物的水解程度与相应元素的性质有何关系? 联系实际加以说明。

　　4. 为什么在配制 $SnCl_2$ 溶液时需要先加入盐酸?

5. 周期系中元素的氧化物及其水合物的酸碱性如何递变(包括周期递变、同族递变和同一元素不同价态的递变)?

6. 比较碳酸盐和硝酸盐的热分解情况。

7. 试述碳化物、氮化物、氢化物的分类及其在结构、性质上的特点。

8. 什么是氮化硼? 它们有什么优良性能?

9. 氢化物有哪些类型? 各类氢化物在结构和性质上有什么特点? 试举例说明。

10. 硅酸盐矿物的晶体结构的基本单元是什么? 它们怎样结合成硅酸盐骨架? 硅酸盐水泥熟料的主要化学成分和矿物组成有哪几种?

11. 写出下列氯化物与水作用的化学方程式。

(1) $MgCl_2$　　(2) $ZnCl_2$　　(3) PCl_3　　(4) $SnCl_2$　　(5) $GeCl_4$

12. 下列各氧化物的水合物中,哪些能与强酸溶液作用? 哪些能与强碱溶液作用? 写出相应的离子方程式。

(1) $Mg(OH)_2$　　(2) $SiO \cdot H_2O$　　(3) $Cr(OH)_3$　　(4) $Fe(OH)_2$

13. 比较下列各组物质的有关性质,按其高低或强弱的顺序排列。

水解度　　$CaCl_2$，$FeCl_2$，$FeCl_3$，PCl_5

酸碱度　　CaO，BaO，B_2O_3，Cr_2O_3

酸性　　HNO_3，H_3PO_4，H_3PO_3

溶解度　　HgS，MgS，MnS，SnS

热稳定性　$CaCO_3$，$Ca(HCO_3)_2$，H_2CO_3，$BaCO_3$

14. 讨论 KNO_2 的氧化还原性质,写出有关化学方程式。

15. 一般用硝酸盐或亚硝酸盐作氧化剂时,应在酸性介质还是碱性介质中进行? 为什么?

16. 如何区分有机化合物和无机化合物? 有机化合物有哪些种类?

17. 什么是官能团? 试说出醛、羧酸、醇、烯烃等化合物的特征官能团。

18. 用系统命名法给下列化合物命名:

(1)
$$CH_3CH_2CH_2CH_2\overset{\overset{\displaystyle CH_3}{|}}{C}HCH_2\overset{\overset{\displaystyle}{|}}{C}HCH_2CH_3$$
　　　　　　　　　　　　　　　CH_2CH_3

(2)
　　　　　　　　　　　　　CH_2CH_3
$$CH_3CH_2CH_2CH_2\overset{\overset{\displaystyle}{|}}{C}HCH_2\overset{\overset{\displaystyle}{|}}{C}HCH_3$$
　　　　　　　　　　　　　　CH_3

(3)
$$H_3C\overset{CH_3}{-}CH=CH-CH\overset{CH_3}{\diagdown}$$

(4)
$$H_3C-CH=CH-\overset{\overset{\displaystyle CH_3}{|}}{C}=CH-CH_3$$

(5)
$$H_3C-\overset{OH}{\underset{}{C}H}-\overset{\underset{\displaystyle Br}{|}}{C}H-CH_2-CHO$$

（6）

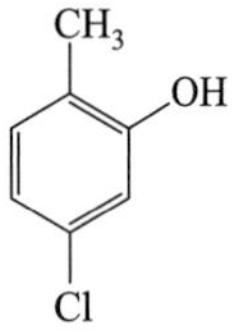

（7）

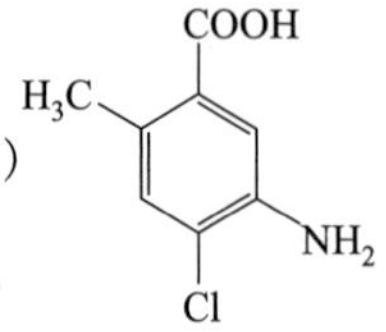

（8）

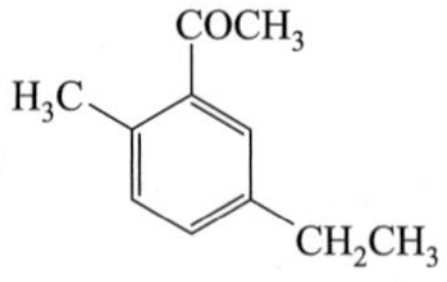

19. 写出下列名称的化学结构式：

（1）1,2－二氯丙烷　　（2）1－戊醇　　（3）2－氨基乙酸　　（4）甘油　　（5）醋酸

（6）邻苯二甲酸　　　（7）氯乙醇　　　（8）甲基叔丁基醚　　（9）甲酸乙酯　　（10）丁酮

20. 写出下列化合物的特征官能团：

$CH_3CH_2CH_2OH$，$CH_3CH_2OCH_3$，　　　　　　OH，$CH_3COCH(CH_3)_2$，CH_3CH_2COOH， 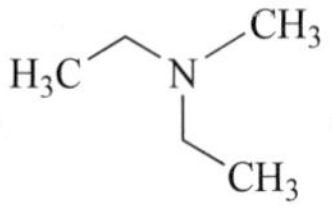　　　　　　，

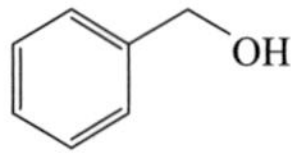

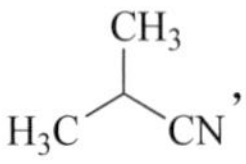

　　　　　，$CH_3COOCH_2CH_3$，　　　　　　CHO，

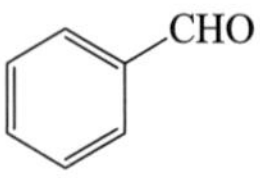

21. 下列化合物中哪些属于芳香烃：

CH_3CH＝$CHCH_3$， 　　　， 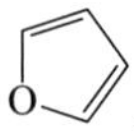　　　， 　　　， 　　　， 　　　，

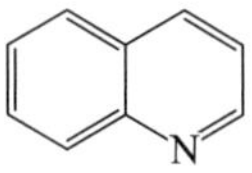

22. 写出下列反应的产物：

（1）H_2C＝$CH_2 + O_2$ $\xrightarrow{\text{完全燃烧}}$

（2）$CH_2Cl_2 + Cl_2$ $\xrightarrow{hv}$

（3）　　　O $\xrightarrow{[O]}$

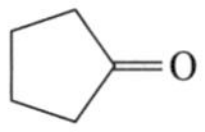

（4）$2CH_3CH_2OH$ $\xrightarrow[140℃]{H_2SO_4}$

（5） 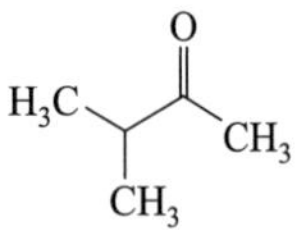　　　$\xrightarrow[H_2]{Ni}$

23. 乙醇在浓硫酸作用下会发生脱水反应，但是控制反应温度可以生成不同的脱水产物，试写出在140 ℃和170 ℃时的乙醇脱水反应的方程式。

24. 什么是醛的歧化反应？能发生歧化反应的醛有什么特点？

25. 卤代烃在碱性条件下可以进行消除反应，但 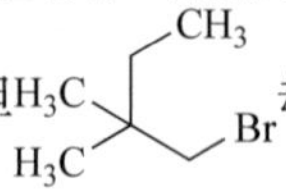　　　　　却不能发生消除反应，为什么？

26. 四个试管中分别装有乙醇、乙酸、乙醛和丙酮四种液体，怎么鉴别它们？写出所涉及的反应方程式。

27. 比较下列胺的碱性强弱：

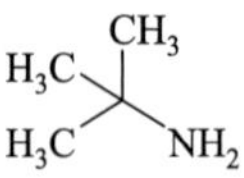

　　　， 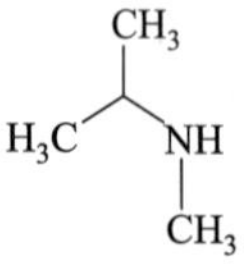　　　，

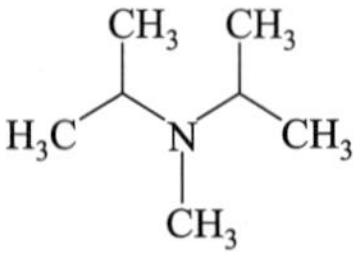

28. 现代化学中用来鉴定有机化合物结构的手段主要有哪几种？它们各自有什么特点？

29. 解释下列名词：

（1）单体、链节、聚合度；

（2）加聚、缩聚、连锁聚合、逐步聚合，并举例说明；

（3）高聚物的热塑性、热固性与其化学结构的关系；

（4）玻璃态、高弹态、黏流态。

30. 试举例说明加聚、缩聚、连锁聚合、逐步聚合反应。

31. 写出聚烯烃、聚酯、聚醚、聚酰胺这几类中的一个高分子化合物的名称及其重复单元。

32. 写出下列化合物的聚合反应方程式，并指出所得聚合物的类型。

（1）苯乙烯　　　（2）ABS 树脂　　　（3）丁腈橡胶

33. T_g 和 T_f 与高分子化合物的哪些性质有关？

34. 从力学状态的角度，举例说明橡胶、纤维、塑料间结构与性能的差别与联系。

35. 下列聚合物，若用作通用塑料、弹性材料，应分别选择哪一种？为什么？

	聚二甲基丁二烯	聚氯乙烯
T_g	−75 ℃	75 ℃
T_f	90～200 ℃	80～150 ℃

36. 举例说明什么是通用塑料，什么是工程塑料？

37. 举例说明什么是热塑性塑料，什么是热固性塑料？

38. 举例说明什么是涂料，什么是黏合剂？

39. 何为合成纤维？试写出尼龙−66 及芳纶 1313 的分子式，简述它们的性能特征。

40. 合成黏合剂由哪些组分组成？各组分的作用如何？

第8章 化学交叉领域概述

　　化学作为一门中心科学,与其他学科的交叉和渗透十分广泛,一些与之相关的交叉学科也应运而生,如生物化学、医药化学、材料化学、能源化学、地球化学、海洋化学、环境化学等,并促进了生物、电子、航天、通信、地质、海洋等科学技术的迅猛发展。目前,化学已经渗透到现代工业、农业、国防、交通、建筑及日常生活的各个方面,并与材料、环境、能源、信息、医药等领域都有密切的联系。化学已经成为一门社会迫切需要的实用科学。

8.1　化学与材料

　　材料不但与信息、能源一同构筑了当今世界新技术革命的三大支柱,还与信息技术、生物技术一起形成了 21 世纪最重要、发展最快和最具有发展潜力的三大领域。新材料的发展水平已成为衡量一个国家综合实力的主要标志,是判断一个国家科技现代化程度与生产力水平的重要依据。材料的发展与化学有着非常紧密的联系,材料化学(materials chemistry)已经成为化学学科和材料学科的重要交叉领域。本节将简要介绍金属材料、有机高分子材料、无机非金属材料和复合材料四方面的内容。

8.1.1　金属材料

　　金属材料(metal materials)是指金属元素或以金属元素为主构成的具有金属特性的材料的统称,包括纯金属、合金、金属间化合物和特种金属材料等。

　　1. 金属材料的种类

　　(1) 黑色金属　又称钢铁材料,包括含铁 90%以上的工业纯铁,含碳 2%~4%的铸铁,含碳小于 2%的碳钢,以及各种用途的结构钢、不锈钢、耐热钢、高温合金、精密合金等。广义的黑色金属还包括铬、锰及其合金。按化学成分可分为碳素钢、低合金钢和合金钢。按主要质量等级可分为① 普通碳素钢、优质碳素钢和特殊质量碳素钢;② 普通低合金钢、优质低合金钢和特殊质量低合金钢;③ 普通合金钢、优质合金钢和特殊质量合金钢。

　　(2) 有色金属　指除铁、铬、锰以外的所有金属及其合金,分为轻金属、重金属、贵金属、半金属、稀有金属和稀土金属等。

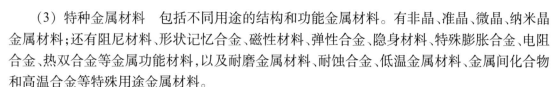

（3）特种金属材料　包括不同用途的结构和功能金属材料。有非晶、准晶、微晶、纳米晶金属材料；还有阻尼材料、形状记忆合金、磁性材料、弹性合金、隐身材料、特殊膨胀合金、电阻合金、热双合金等金属功能材料，以及耐磨金属材料、耐蚀合金、低温金属材料、金属间化合物和高温合金等特殊用途金属材料。

2. 金属材料性能

（1）力学性能　是指金属在一定温度下承受外力（载荷）作用时，抵抗变形和断裂的能力，也称机械性能。所承受的载荷有静态载荷和动态载荷，包括单独或同时承受的拉伸应力、压应力、弯曲应力、剪切应力、扭转应力，以及摩擦、振动、冲击等的作用力。衡量金属材料力学性能的指标主要有强度（包括强度极限 σ_b、屈服强度极限 σ_s、弹性极限 σ_e 和弹性模数 E）、塑性、硬度（常用布氏硬度 HB、洛氏硬度 HR 和维氏硬度 HV）、韧性、疲劳。此外，航空航天及核工业、电厂等要求特别严格的金属材料，还要求蠕变极限、高温拉伸持久强度极限、金属缺口敏感性系数等指标。

（2）化学性能　指金属与其他物质发生化学反应的特性。实际应用中主要考虑金属的抗蚀性、抗氧化性，以及不同金属之间、金属与非金属之间形成的化合物对力学性能的影响等。其中，抗蚀性对金属的腐蚀疲劳损伤有着重大的意义。

（3）物理性能　主要包括密度、熔点、热膨胀性、磁性和电学性能。

（4）工艺性能　指机械零件在加工制造过程中，金属材料在所定的冷、热加工条件下表现出来的性能。主要表现在切削加工性能、可锻性、可铸性和可焊性四个方面。

8.1.2 有机高分子材料

高分子材料（polymer materials）若不特别说明就是指有机高分子材料（因无机高分子材料种类较少），它是由一种或几种结构单元多次（$10^3 \sim 10^5$）重复连接起来的含有碳、氢、氧、氮等元素的高聚物。相对分子质量在 10000 以上，甚至高达几百万。高分子结构单元间的作用力及分子链间的交联结构，决定了高分子材料的主要性能。固体高分子化合物存在的状态主要有玻璃态、橡胶态和纤维态。

1. 有机高分子材料的性能

有机高分子材料具有机械强度大、弹性高、可塑性强、硬度大、耐磨、耐热、耐腐蚀、耐溶剂、电绝缘性强、气密性好等性能，因而有非常广泛的用途。常用的高分子材料大多是由高分子化合物加入各种添加剂所形成的，其基本性能取决于所含高分子化合物的性质，不同添加剂可以更好地发挥、保持、改进高分子化合物的性能，满足不同的应用要求。

2. 有机高分子材料的分类

根据来源分为天然高分子材料（纤维素、淀粉等）、合成高分子材料（聚乙烯、聚丙烯等）和半合成高分子材料（如醋酸纤维素等）；根据合成反应特点分为聚合物、缩合物和开环聚合物材料等；根据性质和用途分为塑料、橡胶、纤维等。

3. 新型有机高分子材料

（1）高分子分离膜　用聚砜、聚烯烃、纤维素脂类和有机硅等高分子材料制成的具有选择性透过功能的半透性薄膜，具有节能、高效和洁净等特点。从膜的结构看，有多孔膜、致密膜(非多孔膜)、不对称膜等;从膜的形式看,有平板膜、管式膜、中空纤维膜等;从分离原理看,有超滤膜、纳滤膜、反渗透膜等;从分离功能看,有气体分离膜、液体分离膜、离子交换膜等。高分子分离膜的应用能获得巨大的经济和社会效益。例如,利用离子交换膜电解食盐水可减少污染、节约能源;利用反渗透膜进行海水淡化和脱盐比其他方法能耗小;利用气体分离膜从空气中富集氧可以大大提高氧气回收率等。

(2) 高分子磁性材料　为了克服工业用的铁氧体磁铁、稀土类磁铁和铝镍钴合金磁铁等磁性材料既硬且脆、加工性差的缺点,将磁粉混炼于塑料或橡胶中制成的高分子磁性材料便应运而生了。这种复合高分子磁性材料,具有相对密度轻、易加工成尺寸精度高和形状复杂且能与其他元件一体成型等特点。

(3) 光功能高分子材料　是指能够对光进行透射、吸收、储存、转换的一类高分子材料。主要包括光导材料、光记录材料、光加工材料、光学用塑料、光转换系统材料、光显示用材料、光导电用材料、光合作用材料等。利用光功能高分子材料对光的透射性能,可制成多种线性光学材料,如普通的安全玻璃、各种透镜、棱镜等;利用高分子材料曲线传播特性,又可以开发出非线性光学元件,如塑料光导纤维、塑料石英复合光导纤维等;而先进的信息储存元件光盘的基体材料就是高性能的有机玻璃和聚碳酸酯。此外,利用高分子材料的光化学反应,可以开发出在电子和印刷工业上得到广泛使用的感光树脂、光固化涂料及黏合剂;利用高分子材料的能量转换特性,可制成光导电材料和光致变色材料;利用某些高分子材料的折射率随机械应力而变化的特性,可开发出光弹材料,用于研究材料内部应力分布等。

8.1.3　无机非金属材料

无机非金属材料(inorganic nonmetal materials, ceramic materials)是以某些元素的氧化物、碳化物、氮化物、卤素化合物、硼化物,以及硅酸盐、铝酸盐、磷酸盐、硼酸盐等物质组成的材料。是除有机高分子材料和金属材料以外的所有材料的统称。

对于晶态材料来说,无机非金属材料的晶体结构远比金属复杂,并且没有自由电子。离子键的高键能赋予这一大类材料以高熔点、高硬度、耐腐蚀、耐磨损、高强度和良好的抗氧化性等基本属性,以及宽广的导电性、隔热性、透光性及良好的铁电性、铁磁性和压电性。因品种繁多,用途各异,至今还没有一个统一而完善的无机非金属材料分类方法。通常把它们分为传统无机非金属材料和新型无机非金属材料两大类。

1. 传统无机非金属材料

也称传统陶瓷材料,主要成分是硅酸盐。自然界存在大量天然的硅酸盐,如岩石、土壤,以及许多矿物如云母、滑石、石棉、高岭石等。此外,为了满足生产和生活的需要,人们生产了大量人造硅酸盐,主要有玻璃、水泥、各种陶瓷、砖瓦、耐火砖、水玻璃及分子筛等。硅酸盐制品性质稳定,熔点较高,难溶于水,有广泛的用途。

硅酸盐制品一般都是以黏土(高岭土)、石英和长石为原料经高温烧结而成。黏土的化学组成为 $Al_2O_3 \cdot 2SiO_2 \cdot 2H_2O$,石英为 SiO_2,长石为 $K_2O \cdot Al_2O_3 \cdot 6SiO_2$(钾长石)或 $Na_2O \cdot Al_2O_3 \cdot 6SiO_2$(钠长石)。这些原料中都含有 SiO_2,因此在硅酸盐晶体结构中,硅与氧的结合是最重要也是最基本的。硅酸盐材料是一种多相结构物质,包含晶态和非晶态部分,

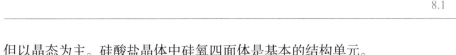

但以晶态为主。硅酸盐晶体中硅氧四面体是基本的结构单元。

2. 新型无机非金属材料

也称新型陶瓷材料,其化学组成已远超出了传统硅酸盐的范围。例如,透明的氧化铝(Al_2O_3)陶瓷、耐高温的二氧化锆(ZrO_2)陶瓷、高熔点高硬度的氮化硅(Si_3N_4)和碳化硅(SiC)陶瓷等。现代科技、生产和生活对大量特殊性能新材料的需要,促使人们开发新型陶瓷材料,并在超硬陶瓷、高温陶瓷、电子陶瓷、磁性陶瓷、光学陶瓷、超导陶瓷和生物陶瓷等方面取得了良好的进展。

(1)高温结构陶瓷　汽车发动机一般用铸铁铸造,耐热性能有一定限度。由于需要用冷却水冷却,热能散失严重,热效率只有 30% 左右。如果用高温结构陶瓷制造发动机,发动机的工作温度能稳定在 1300 ℃左右,由于燃料充分燃烧而又不需要水冷系统,热效率大幅度提高。质量较轻的陶瓷发动机,对航天航空事业极具吸引力,用高温陶瓷取代高温合金来制造飞机上的涡轮发动机效果会更好。高温结构陶瓷除了氮化硅外,还有碳化硅、二氧化锆、氧化铝等。

(2)透明陶瓷　因为内部存在杂质和气孔,一般陶瓷是不透明的,但通过选用高纯原料,排除气孔就可以获得透明陶瓷。常见的有氧化铝、白刚玉、氧化镁、氧化铍、氧化钇、氧化钇－二氧化锆等多种氧化物系列透明陶瓷,近期又研制出砷化镓、硫化锌、硒化锌、氟化镁、氟化钙等非氧化物透明陶瓷。它们不仅有优异的光学性能,而且耐高温(熔点高于 2000 ℃),如氧化钍－氧化钇透明陶瓷的熔点可高达 3100 ℃,比普通硼酸盐玻璃高出 1500 ℃。其重要用途是制造工作温度高达 1200 ℃、压力大、腐蚀性强的高压钠灯。选用氧化铝透明陶瓷制造的高压钠灯,发光效率比高压汞灯提高了一倍,使用寿命可达 2 万小时,是使用寿命最长的高效电光源。透明陶瓷的透明度、强度、硬度都高于普通玻璃,耐磨损、耐划伤,可用于制造防弹汽车的车窗、坦克的观察窗、轰炸机的轰炸瞄准器和高级防护眼镜等。

(3)光导纤维　从高纯二氧化硅(石英玻璃)熔融体中,拉出直径约 100 μm 的细丝,称为石英玻璃纤维。普通玻璃可以透光,但在传输过程中光损耗很大,而用石英玻璃纤维则光损耗大为降低,故这种纤维称为光导纤维,是新型陶瓷的一种。利用光导纤维可进行光纤通信。激光的方向性强、频率高,是光纤通信的理想光源。与电波通信相比,光纤通信能提供更多的通信通路,可满足大容量通信系统的需要。光导纤维有质量轻、体积小、结构紧凑、绝缘性好、寿命长、输送距离长、保密性好、成本低等优点。与数字及计算机技术相结合,可用于传送电话、图像、数据,控制电子设备和智能终端等,起到部分取代通信卫星的作用。另外,光导纤维可短距离使用,适合制作人体内窥镜(如胃镜、膀胱镜、直肠镜、子宫镜等),利于诊治各种疾病。

(4)生物陶瓷　人体器官和组织由于种种原因需要修复或再造时,选用的材料要求生物相容性好,对肌体无免疫排异反应;血液相容性好,无溶血、凝血反应;不会引起代谢作用异常;对人体无毒,不致癌。目前的生物合金、生物高分子和生物陶瓷基本上能满足这些要求,可用于制造人工器官,并在临床上得到广泛的应用。但是这类人工器官一旦植入体内,要经受体内复杂的生理环境的长期考验。例如,不锈钢虽常温稳定,但做成人工关节植入体内,三五年后便会出现腐蚀斑,并有微量金属离子析出,这是生物合金的缺点。有机高分子材料做成的人工器官容易老化,相比之下,生物陶瓷是惰性材料,耐腐蚀,更适合植入体内。氧化铝陶瓷做成的假牙与天然齿十分接近,还可做膝关节、肘关节、肩关节、指关节、髋关节等人工关节。氧化锆陶瓷的强度、断裂韧性和耐磨性比氧化铝陶瓷好,也可以制造牙根、骨和股关节等。羟基磷灰石〔$Ca_{10}(PO_4)_6(OH)_2$〕是骨组织的主要成分,人工合成的这种材料与骨的生物相容性非常好,可用于颌骨、耳听骨修复和人工牙种植等。$CaO-Na_2O-SiO_2-P_2O_5$ 生物玻璃具有与骨骼进行键合的能力,但性脆的弱点影响了其作为人工人体器官的应用。

（5）纳米陶瓷　利用纳米陶瓷粉体(10^{-9}m)制造的陶瓷材料,具有延展性,甚至出现超塑性。室温下合成的 TiO_2 陶瓷可以弯曲,塑性变形高达 100%,韧性极好。

8.1.4　复合材料

复合材料(composite materials)是由两种或两种以上不同性质的材料,通过物理或化学的方法,在宏观上形成具有新性能的材料。各种组成材料在性能上取长补短,所产生的协同效应使复合材料的综合性能优于原单一的组成材料,能满足各种不同的需求。具有质量轻、强度高、加工成型方便、弹性优良、耐化学腐蚀和耐候性好等特点,已逐步取代木材及金属合金,广泛应用于航空航天、汽车、电子、电气、建筑、健身器材等领域,近些年来更是得到了飞速发展。

1. 复合材料的分类

按组成不同可分为金属与金属复合材料、非金属与金属复合材料、非金属与非金属复合材料。按结构特点又可分为以下几种类型：

（1）纤维增强复合材料　将纤维置于基材内复合而成,如纤维增强塑料或金属等。

（2）夹层复合材料　由性质不同的表面材料和芯材组合而成,有实心夹层和蜂窝夹层,通常面材强度高、薄;芯材质轻、强度低,但具有一定刚度和厚度。

（3）细粒复合材料　将硬质细粒均匀分布于基体中,如弥散强化合金、金属陶瓷等。

（4）混杂复合材料　由两种或两种以上增强相材料混杂于一种基材中构成。与普通增强相复合材料比,冲击强度、疲劳强度和断裂韧性均得到显著提高,并具有特殊的热膨胀性能。又分为层内混杂、层间混杂、夹芯混杂、层内/层间混杂和超混杂复合材料。

2. 复合材料的性能

复合材料中以纤维增强复合材料应用面最广、应用量最大。其性能特点是相对密度小、比强度和比模量大。例如,碳纤维与环氧树脂复合材料,其比强度和比模量均比钢和铝合金大数倍,并具有优良的化学稳定性、减摩耐磨、自润滑、耐热、耐疲劳、耐蠕变、消声、电绝缘等性能。石墨纤维与树脂复合可得到热膨胀系数几乎等于零的材料。纤维增强材料的另一个特点是各向异性,可按制件不同部位的强度要求设计纤维的排列。以碳纤维和碳化硅纤维增强的铝基复合材料,在 500 ℃时仍能保持足够的强度和模量。碳化硅纤维与钛复合,不但钛的耐热性提高,且耐磨损,用作发动机风扇叶片,使用温度可达 1500 ℃,比超合金涡轮叶片的使用温度(1100 ℃)高得多。碳纤维增强碳、石墨纤维增强碳或石墨纤维增强石墨,构成耐烧蚀材料,已用于航天器、火箭导弹和原子能反应堆中。非金属基复合材料密度小,用于汽车和飞机可减轻质量、提高速度、节约能源。用碳纤维和玻璃纤维混制的片弹簧,其刚度和承载能力与质量大 5 倍多的钢片弹簧相当。

3. 纳米复合材料

复合材料由于其优良的综合性能,特别是其性能的可设计性被广泛应用于航空航天、国防、交通、体育等领域,纳米复合材料则是其中最具吸引力的部分,近年来发展很快,世界发达国家新材料发展的战略都把纳米复合材料的发展放到重要的位置。该研究方向主要包括纳米聚合物基复合材料、纳米碳管功能复合材料、纳米合金复合材料等。

4. 功能复合材料

是指除力学性能以外还具有其他物理性能(光、电、磁、声、热等)的复合材料,如导电、超导、半导、磁性、压电、阻尼、吸波、透波、摩擦、屏蔽、阻燃、防热、吸声、隔热等。功能复合材料主要由功能体和增强体及基体组成。功能体可由一种或多种功能材料组成。多元功能体的复合材料可以具有多种功能。同时,还有可能由于复合效应而产生新的功能。多功能复合材料是功能复合材料的发展方向。

5. 复合材料的应用

(1) 航空航天领域　由于复合材料热稳定性好,比强度、比刚度高,可用于制造飞机机翼和前机身、卫星天线及其支撑结构、太阳能电池翼和外壳、大型运载火箭的壳体、发动机壳体、航天飞机结构件等。

(2) 汽车工业　由于复合材料具有特殊的振动阻尼特性,可减振和降低噪声、抗疲劳性能好,损伤后易修理,便于整体成形,故可用于制造汽车车身、受力构件、传动轴、发动机架及其内部构件。

(3) 化工、纺织和机械制造领域　有良好耐蚀性的碳纤维与树脂基体复合而成的材料,可用于制造化工设备、纺织机、造纸机、复印机、高速机床、精密仪器等。

(4) 医学领域　碳纤维复合材料具有优异的力学性能和不吸收 X 射线特性,可用于制造医用 X 射线机和矫形支架等。碳纤维复合材料还具有生物组织相容性和血液相容性,生物环境下稳定性好,也用作生物医学材料。

此外,复合材料还大量用于加工建筑材料和制造体育运动器材等。

8.2　化学与生命

生命化学的发展现正值腾飞时期,尤其是在物质生活不断丰富的今天,人类对健康、生活质量及自身生命的重视更是以往任何时代都无法比拟的,所以在近几十年中生命化学取得了惊人的进展,它不仅吸引了学术界的广泛关注,而且极大程度地影响了人们的日常生活。

生命化学(life chemistry)着眼于研究生命机体的物质组成、结构、性质,以及维持生命活动的各种化学变化及其规律;同时又用化学的原理和方法去研究生命的现象和过程及其本质特征。它是比生物化学(biochemistry)和化学生物学(chemical biology)更广泛的概念。本节将主要介绍生命体内重要的组成物质。

8.2.1 蛋白质

蛋白质是由 40 个以上天然氨基酸所组成的近线性聚合物,是相对分子质量大于 5000 的高分子化合物。氨基酸是蛋白质组成的基本单位。

1. 氨基酸

氨基酸(amino acid)是组成蛋白的基本结构单元。氨基酸是含有氨基的羧酸的简称,已经发现的天然氨基酸有 180 多种,其中有 20 种氨基酸具有特别重要的地位,从细菌到人类,所有蛋白质均由这 20 种氨基酸组成。它们分别是:甘氨酸 Gly,丙氨酸 Ala,丝氨酸 Ser,半胱氨酸 Cys,苏氨酸 Thr,缬氨酸 Val,亮氨酸 Leu,异亮氨酸 Ile,甲硫氨酸 Met,苯丙氨酸 Phe,色氨酸 Trp,酪氨酸 Tyr,天冬氨酸 Asp,天冬酰胺 Asn,谷氨酸 Glu,谷氨酰胺 Gln,赖氨酸 Lys,精氨酸 Arg,组氨酸 His,脯氨酸 Pro。

这 20 种氨基酸中除脯氨酸外,均具有以下通式:

$$\underset{R}{} \text{—CH—C—OH}$$
$$\overset{NH_2}{|} \qquad \overset{O}{\|}$$

由于氨基(—NH_2)结合在羧基的邻位 α-碳原子上,所以称为 α-氨基酸。以下讨论的氨基酸中,除特别说明外,均指这 20 种 α-氨基酸。

按照营养学角度氨基酸可分为必需氨基酸和非必需氨基酸两大类。对人类而言,有 8 种氨基酸(它们是缬氨酸、亮氨酸、异亮氨酸、赖氨酸、蛋氨酸、苏氨酸、苯丙氨酸、色氨酸)是在体内不能自行合成,而必须从食物中取得的,称为必需氨基酸;而其他几种氨基酸可以在体内由别的代谢中间产物目标合成,称为非必需氨基酸。所以人们应该注意食物多样性,避免偏食。

2. 肽键、肽及肽链

肽键(peptide bond)是一个氨基酸的氨基与另一个氨基酸的羧基之间缩合脱水形成的酰胺键,如下所示。当两个氨基酸通过肽键结合时,形成的分子叫二肽,由 n 个氨基酸缩合而成的肽就叫 n 肽。当肽相对分子质量达到 1500 以上(或氨基酸残基多于 25 个)时,称为多肽或肽链。

由于多肽仍然保有某些未形成肽键的"自由"氨基和羧基,在表示肽键时,常将肽链的端位氨基写在左端,称为肽链的氨端(或氮端)。而将肽链端位的羧基写在右端,称为肽链的羧酸端(或碳端)。在氨基酸残基之间用短横相连表示肽键。例如,三肽 ^+H_3N—丝氨酸—亮氨酸—苯丙氨酸—COO^-,也可简写为 Ser—Leu—Phe 或 S—L—F。

大多数蛋白质分子由多条肽链所组成。

$$H_3\overset{+}{N}-\overset{\overset{H}{|}}{\underset{\underset{R_1}{|}}{C}}-\overset{\overset{O}{\|}}{C}-O^- \quad + \quad H_3\overset{+}{N}-\overset{\overset{H}{|}}{\underset{\underset{R_2}{|}}{C}}-\overset{\overset{O}{\|}}{C}-O^- \quad \rightleftharpoons \quad H_3\overset{+}{N}-\overset{\overset{H}{|}}{\underset{\underset{R_1}{|}}{C}}-\overset{\overset{O}{\|}}{C}\overset{\text{肽键}}{-}N-\overset{\overset{H}{|}}{\underset{\underset{R_2}{|}}{C}}-\overset{\overset{O}{\|}}{C}-O^- \quad + \quad H_2O$$

3. 蛋白质

蛋白质(protein)是组成人体一切细胞、组织的重要成分,是生命的物质基础,是生命活动的主要承担者。没有蛋白质就没有生命。人体内蛋白质的种类很多,性质、功能各异,但都是由 20 种天然氨基酸按不同比例通过肽链组合而成的高分子物质,并在体内不断进行代谢与更新。

蛋白质中不同的氨基酸序列和复杂的立体构造构成了蛋白质结构的多样性。蛋白质具有一级、二级、三级、四级结构:氨基酸残基在蛋白质肽链中的排列顺序称为蛋白质的一级结构,肽键是一级结构中连接氨基酸残基的主要化学键;蛋白质分子中肽链的规律卷曲(如 $\alpha-$螺旋结构)或折叠(如 $\beta-$折叠结构)形成特定的空间构型,即为蛋白质的二级结构,氢键是其中的主要作用力;在二级结构的基础上,进一步卷曲折叠成特定的球状分子结构的空间构象即为蛋白质的三级结构,维系三级结构的作用力有盐键、氢键、疏水作用和范德华力,这些作用力统称为次级键。具有三级结构的多肽链按一定空间排列方式结合在一起形成的聚集体结构称为蛋白质的四级结构,如血红蛋白由 4 个具有三级结构的多肽链构成,其中两个是 $\alpha-$链,另两个是 $\beta-$链,其四级结构近似椭球形状。

蛋白质在生物体内占有特殊的地位,不仅在质量上占到细胞干重的一半以上,并且在所有生命分子中,蛋白质的结构和功能是最具多样性的,以下是蛋白质的一些主要的生物学功能。

① 催化作用:生物体内有数千种酶,它们可以高效催化体内的各种代谢反应,这种催化往往具有很高的选择性,甚至达到专一性(排他性)的程度。而酶的主要成分是蛋白质,有的酶本身就是蛋白质。

② 运输和储存作用:许多小分子和离子要在血液及细胞中运输,必须借助载体蛋白质的作用,如输送氧气的载体蛋白质就是血红蛋白。

③ 建构作用:某些蛋白质参与了细胞结构的建成,如胶原蛋白提供了皮肤、牙齿及骨骼的强度支撑。细胞及细胞器的质膜构成中蛋白质也是主要组分,其中的蛋白质同时还具有其他的功能。

④ 运动作用:肌动蛋白和肌球蛋白是纤维状蛋白质,它们相互作用可完成肌肉的收缩功能。其中肌球蛋白也具有酶的活性,可将 ATP 储存的化学能转化为生物运动所需的机械能。

⑤ 防护作用:某些蛋白质是抗体,在高等动物的机体免疫机制中起主要作用;也有一些生命体(如某些昆虫或植物等)能分泌足以杀死外敌的特殊有毒蛋白质。

⑥ 信息处理作用:许多激素和细胞生长分裂的调节因子也是蛋白质,细胞表面和内部各种受体也是蛋白质,它们在生命体内起着各种信息的传递、反馈和调控作用。

8.2.2 核酸

核酸(nucleic acid)起初是由脓细胞核中分离出来的一种大分子化合物。由于其在溶液中呈酸性故称为核酸。核酸是核糖核酸(RNA)和脱氧核糖核酸(DNA)的总称,是由许多核苷酸单体聚合成的生物大分子化合物,为生命体内最基本物质之一。

核酸是遗传信息的载体,并参与遗传信息在细胞中的表达,从而促进生物体内的新陈代谢过程和相应的调控,它在活细胞的各种组分中,起着关键的作用。

核酸是生物体内极为重要的基本物质。生物体的生长,遗传,变异等都与核酸密切相关。在活细胞中,它总是与碱性蛋白如组蛋白、鱼精蛋白等结合以核蛋白形式存在。

核酸由核苷酸组成,而核苷酸单体由五碳糖、磷酸基和含氮碱基组成。如果五碳糖是核糖,则形成的聚合物是 RNA;如果五碳糖是脱氧核糖,则形成的聚合物是 DNA(图 8-1)。

图 8-1　DNA 的分子构造

天然存在的 DNA 分子在大多数情况下是双链的(见第 7 章图 7-15),而 RNA 分子是单链的。然而,也有许多例外。比如一些病毒具有由双链 RNA 构成的基因组;而其他病毒具有单链 DNA 基因组,并且在某些情况下,可形成具有三个或四个链的核酸结构。

DNA 是遗传的物质基础,负责着遗传信息的存储和发布,遗传信息记录在 DNA 分子的碱基序列中,DNA 分子中碱基的不同排序组成了遗传密码,通过 DNA 分子的复制,可以实现由上代至下代的准确传递,这种排序控制着遗传个体的种种特征,既保持了生物种类的稳定,又保证了同一种群中不同个体的千差万别,维系着自然界的生物多样性。平常所说的基因(gene)就是指 DNA 链上由若干核苷酸所组成的包含着特殊遗传信息的片段。

RNA 主要有三种类型:mRNA、tRNA、rRNA。

mRNA 称信使核糖核酸,它负责把 DNA 分子中的遗传信息转达为蛋白质分子中的氨基酸序列,每一个 mRNA 携带着一个 DNA 序列的拷贝,相当于一个合成蛋白质的模板。mRNA 占细胞中 RNA 总量的 10%～15%。

tRNA 称转运核糖核酸,在细胞内的蛋白质合成中主要起搬运氨基酸的作用,它占细胞中 RNA 总量的 10%～15%。

rRNA 称核糖体核糖核酸,它存在于核糖体中,占细胞中 RNA 总量的 75%～80%。核糖体 RNA 和几十种蛋白质组成亚细胞颗粒核糖体,这些核糖体既可以游离状态存在于细胞内,也可与内质网结合,形成微粒体。在生物细胞中,核糖体就像一个能沿着 mRNA 模板移动的工厂,在工厂中执行的是蛋白质合成的功能和任务。

因此,正是三种 RNA 的配合作用,由 tRNA 运送氨基酸到含有 rRNA 的核糖体上,按照 mRNA 提供的模板合成出了新的蛋白质分子,在三者的合作下,共同完成了把 DNA 分子中的遗传信息表达到蛋白质中去的任务。

8.2.3　糖类

糖类(saccharides)广泛地存在于生物界,特别是植物界。糖类物质按干重计占植物的 85%～90%,占细菌的 10%～30%,占动物的 2%以下。动物体内糖类的含量虽然不多,但其生命活动所需能量主要来源于糖类。

1. 糖类的元素组成和化学本质

大多数糖类物质只由碳、氢、氧三种元素组成,其实验式为 $(CH_2O)_n$ 或 $C_n(H_2O)_m$。

从化学角度看,糖类是多羟基的醛或多羟基的酮。人们熟悉的简单糖如葡萄糖和果糖,具有下面的结构式:

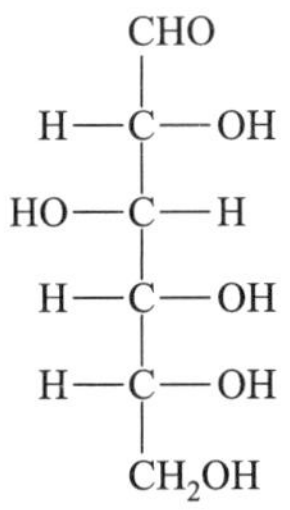

D-葡萄糖 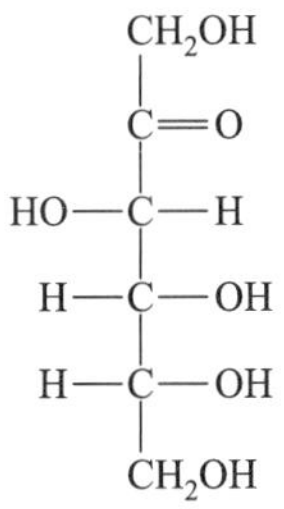   D-果糖

2. 糖类的生物学作用

糖类是生命体中非常重要的一类有机化合物。糖类的生物学作用概括起来主要有以下几个方面：

（1）作为生物体的结构成分　植物的根、茎、叶含有大量的纤维素、半纤维素和果胶物质等，这些糖类物质构成植物细胞壁的主要成分；属于杂多糖的肽聚糖是细菌细胞壁的结构多糖；昆虫和甲壳类的外骨骼也是一种糖类物质，称壳多糖。

（2）作为生物体内的主要能源物质　糖类在生物体内（或细胞内）通过生物氧化释放出能量，供生命活动的需要。生物体内作为能源贮存的糖类有淀粉、糖原等。

（3）在生物体内转变为其他物质　某些糖类是重要的中间代谢物，糖类物质通过这些中间物为合成其他生物分子如氨基酸、核苷酸、脂肪酸等提供碳骨架。

（4）作为细胞识别的信息分子　糖蛋白是一类在生物体内分布极广的复合糖。它们的糖链可能起着信息分子的作用，早在血型物质的研究中就有了一定的认识。随着分离分析技术和分子生物学的发展，近些年来对糖蛋白和糖脂中的糖链结构和功能有了更深的了解。发现细胞识别（包括黏着、接触抑制和归巢行为）、免疫保护（抗原与抗体）、代谢调控（激素与受体）、受精机制、形态发生、发育、癌变、衰老、器官移植等，都与糖蛋白的糖链有关。

8.2.4 脂类

1. 脂类的特点

脂类（lipid）是指脂肪（真脂）和类脂（磷脂、固醇和固醇脂）等物质的总称。脂类广泛存在于自然界的生物体中。它们的元素组成除碳、氢、氧外，有的还含有磷和氮。其化学结构的特点是由长链脂肪酸（高级脂肪酸）与醇所形成的酯或酯类化合物。

2. 脂类物质的生物功能

脂类物质的生物功能主要有以下几个方面：

① 是构成生物膜的主要成分，细胞中所含有的磷脂几乎都集中在生物膜中。

② 是机体代谢所需能量的重要储存形式和运输形式。脂类氧化时提供的能量是糖原或淀粉的 2～3 倍。

③ 可提供动物营养所必需的脂肪酸和脂溶性维生素。

④ 是某些重要生物大分子如糖脂或脂蛋白的重要组成部分，具有强烈生物活性的维生素和激素也是脂类物质。

⑤ 作为细胞表面物质参与细胞的识别和组织免疫作用等。

8.2.5 维生素与矿物质

1. 维生素

（1）维生素的基本概念　维生素（vitamine）是维持生物生长和代谢所必需的微量有机物。它有很多种类，相应的化学结构、性质也各不相同，但具有以下共性：

① 是维持生命机体的正常生长、发育、繁殖等必需的。它们一般是某种酶的辅酶、辅基的组分。

② 机体对维生素的需要量很少，但若供应不足，便会出现代谢障碍和临床症状。

③ 机体不能合成维生素或合成量不足，所以必须从外界摄入。

（2）维生素的分类　若按溶解度分，可把维生素分为脂溶性和水溶性两类。

① 脂溶性维生素有维生素 A、维生素 D、维生素 E、维生素 K、它们与脂类共存，经肠道随脂类同时被吸收，在肝内储存。

② 水溶性维生素有维生素 B_1、维生素 B_2、维生素 B_6、维生素 B_{12}、维生素 C 等。它们不能在体内储存，多余的部分将随代谢产物排出体外。

（3）几种重要的维生素

① 维生素 A 是一种不饱和一元醇。可直接来源于动物肝、乳制品、蛋黄等，也可间接来自富含 $\beta-$ 胡萝卜素的胡萝卜、玉米和绿色蔬菜等。

② 维生素 D 是类固醇的衍生物，又叫钙化醇。在肝、乳、蛋黄中较多，皮肤中有关物质经日光照射也能转化成维生素 D。缺少维生素 D 可引起儿童的佝偻病和成人的骨软化病。

③ 维生素 E 又称生育酚，动物缺少维生素 E 可引起不育症等。

④ 维生素 K 已知的都是萘酚的衍生物。在绿色植物、动物肝及细菌代谢产物中含量较丰富，其主要作用是促进凝血功能，又叫凝血维生素。

⑤ 维生素 B_1 又称硫胺素，是最早被人们提纯的水溶性维生素，具有维持正常糖代谢的作用。

⑥ 维生素 B_2 又称核黄素。缺少时会出现口角炎、口腔黏膜溃疡等。

⑦ 维生素 B_6 又叫抗皮炎维生素。

⑧ 维生素 B_{12} 是抗恶性贫血维生素，当缺少时，可产生恶性贫血。

⑨ 维生素 C 又叫抗坏血酸，其生理功能主要有促进黏多糖细胞间质的合成，参与肾上腺皮质激素的合成，参与体内氧化还原反应等，并对砷、铅、苯及某些细菌毒素有缓解作用。

2. 矿物质

现在已经知道生命体中存在的元素有六七十种。其中 O、C、H、N 四种元素含量最多，约占全部元素含量的 96%，除了这四种元素外，还有许多元素也是维持生命过程所必需的，它们是 Ca、K、S、P、Cl、Na、Mg、Fe、Si、F、Zn、Cu、Sn、I、Mn、Mo、Se、Co、Ni、Cr、V、B 等，这些元素都称为生命必需元素。而根据元素在体内的含量不同，常又把 Ca、K、S、P、Cl、Na、Mg 连同 C、H、O、N 11 种元素（占据人体质量的 99.95%）称为人体中的宏量元素，而把其他 15 种必需元素（总共含量仅占 0.05%）称为人体中的微量元素。

几种重要元素在生命体内的功能和作用如下：

钾和钠:K^+和 Na^+是细胞中的重要离子,其主要生物功能是维持细胞内外体液的容量及水平衡,保持渗透压。

氯:Cl^-是细胞中的主要负离子,对维持水平衡、渗透压和酸碱平衡是必要的。

钙:骨骼、牙齿、蛋壳和细胞壁形成时的重要结构组分。

铁:血红蛋白(运输氧气)、肌红蛋白(储存氧气)等的重要组成部分,血红蛋白、肌红蛋白的活性部位主要是铁与卟啉形成的配合物,它也是细胞色素及铁硫蛋白的重要组成部分。

锌:存在于胰岛素及至少 200 种酶中,它与人体的免疫机能、生长发育、创伤愈合等有密切的关系。缺锌可使蛋白质合成的基本生化反应受阻,从而影响儿童的生长发育和智力发展。

铜:人体内多种酶系的重要组分,它与人体的造血功能及抗氧化作用密切相关。

氟:牙齿和骨骼正常生长所必需的元素。

硅:与生命体内胶原蛋白和骨骼组织的生物合成密切相关,是构建上皮组织、结缔组织的重要组分。

由于一切生命体都是在地球上生活的,不可能脱离周围的环境而生存,并且随时随地与环境进行着能量和物质交换,因而周围环境中各种元素的含量也会直接或间接影响人的生命和生长。某些非生命必需的微量元素的摄入,会引起疾病甚至死亡。例如,汞中毒可以引起人的中枢神经系统疾病,甲基汞能使脑部含巯基的酶活性丧失;镉中毒是引起骨软化、骨痛病、急性肺气肿的重要原因等。即使是人体必需的微量元素,在体内也是有一个合适的浓度范围的,无论是含量不足或含量过高,都会导致疾病的发生。

8.3　化学与医药

医学的重要任务是疾病的预防、诊断和治疗,而无论在哪一个方面,化学都占据着举足轻重的地位。杀菌剂、消毒剂和疫苗等的使用可有效地实现传染病的预防与控制。血液、尿样、唾液和分泌物等成分的化验更与化学知识密切相关,利用化学原理并通过化学方法可检查出人体的异常变化。化学药物的合成及结构、性质、功能的鉴定,中草药有效成分的提取,新药的研制和药物作用机理等,都需要丰富的化学知识来解决。医学科学日新月异,临床治疗中使用的人造皮肤、人造器官、人造血管、人造血液等先进医疗方法不断取得新进展,放射性同位素和化学造影剂在医学中的广泛应用,是化学与医学密切联系的必然结果。医学的发展依赖于化学提供的平台,化学的进步依靠于医学的更新。精准医疗不但要研制精确灵敏的化验方法实现精准诊断,而且要为患者量身设计出最佳治疗方案,以期达到理想的治疗效果。限于篇幅,本节仅对化学与医学诊断和化学与药物治疗两个方面的内容做简单介绍。

8.3.1　化学与医学诊断

临床生物化学检验(clinical biochemistry test)用化学和生物化学技术检测人体体液标本,以了解人体在生理、病理状态下物质的组成和代谢,为疾病的预防、诊断、治疗和预后提供依据。医学检验是临床医疗的基础和前提,检验水平的高低直接决定了医生是否能够准确诊断患者的疾病,正确治疗。

1. 生物化学检验的临床价值

(1) 在疾病预防中的作用 临床生物化学检验可通过对某些标志物进行检测,从而对某些疾病早期或疾病隐患进行有效筛查,及时采取干预措施,以避免疾病的发生。如超敏 C 反应蛋白用于心血管疾病的风险评估,如果其血液浓度小于 $1.0 \ mg \cdot L^{-1}$ 即为低风险,$1.0 \sim 3.0 \ mg \cdot L^{-1}$ 为中度风险,大于 $3.0 \ mg \cdot L^{-1}$ 为高度风险。如通过对孕产妇血清中的相关指标进行检测,可及时发现新生儿出生缺陷风险,实施干预措施后,有效避免新生儿出生缺陷的发生。

(2) 在疾病诊断中的作用 临床生物化学检验中的内分泌试验、肝肾功能检查、血气分析检查、肿瘤标志物检查等项目可为疾病的诊断提供依据,进而明确疾病的发生机制。如某些内分泌试验可以直接诊断内分泌疾病,电解质和酸碱平衡指标可用于判断机体失衡状态,空腹血糖和口服葡萄糖耐量试验可用于糖尿病的诊断。

(3) 在疾病治疗中的作用 临床生物化学检验可为临床治疗方案的制定提供指导,根据临床生物化学检验结果,对疾病作出诊断的同时,及时制定出有针对性的治疗措施。如凝血酶原时间(PT)的国际正常比值(INR)能够监测服抗凝药(如华法林)的治疗效果:如 INR<1.5 则说明治疗无效;INR 为 2.0～3.0 则说明治疗有效;如果 INR>3.0 则说明用药量过大。

(4) 用于疾病的预后判断 临床生物化学检验可对病情的预后进行判断,评估患者是否完全康复,进一步认识疾病的发展规律。例如,CA125 可用于卵巢癌患者的预后判断,即手术治疗前 CA125 的血清浓度越高,患者的预后就越不好。

2. 常见疾病的临床生物化学检验

(1) 心血管疾病 心肌缺血损伤时主要监测的生化指标为心肌酶和心肌蛋白,心肌酶包括肌酸激酶(CK)和肌酸激酶同工酶(CK－MB),心肌蛋白包括心肌肌钙蛋白 T(cTnT)和心肌肌钙蛋白 I(cTnI)。当心肌损伤时,检测上述指标的浓度,并观察其动态变化对诊断心肌损伤的严重程度有重要价值。目前肌酸激酶的常规检测方法是酶偶联法、肌酸显色法。肌酸激酶同工酶的常规检测方法是免疫抑制法和酶免疫荧光法。脑钠肽(BNP)是帮助诊断和评估心衰的强力有效检验指标,其增高程度和心脏衰竭的严重程度正相关。脑钠肽常用的检测方法有放射免疫法(IRA)、免疫放射测量法(IRMA)、电化学发光法(ECLA)。

(2) 肾脏疾病 通过对肌酐(CRE)、尿素氮(BUN)、血清胱抑素 C(CysC)及尿微量白蛋白(UmAlb)等的检测,可为肾脏疾病诊断、病情分级提供重要依据,基于血液和尿液中肌酐浓度计算的肾小球滤过率、尿液微量白蛋白与肌酐比率等都是有效诊断肾脏疾病的指标。目前肌酐的常规检测方法主要有化学法(碱性苦味酸终点比色法)和酶法(肌酐酶法),其次是高效液相色谱法;参考方法为同位素稀释液相色谱串联质谱。

(3) 肝胆胰腺疾病 通过检测血清中氨基转移酶、碱性磷酸酶(ALP)、γ－谷氨酰转移酶(γ－GT)、总胆红素(STB)的活性或量的变化来诊断肝和胆道疾患及代谢功能变化。用于肝功能检查的血清氨基转移酶主要是丙氨酸氨基转移酶(ALT)和天门冬氨酸氨基转移酶(AST),上述两种氨基转移酶的常用的检测方法是速率法。碱性磷酸酶的检测方法是磷酸对硝基苯酚速率法(37 ℃)。γ-谷氨酰转移酶水平升高提示肝内合成亢进或胆汁排出受阻,目前常用的检测方法是 L-γ-谷氨酰-3-羧基-对硝基苯胺法(37 ℃)。血清中总胆红素水平的常用检测方法包括重氮试剂法、胆红素氧化酶法。总胆红素水平升高与黄疸相关。胰腺疾病的主要检测指标是血清胰淀粉酶(AMS)和脂肪酶(LPS)。血清胰淀粉酶常用的检测方法是酶速率法和比色法;脂肪酶常用的检测方法是比色法和滴度法。血清胰淀粉酶和脂肪酶增高常见于急性胰腺炎。

(4)胃肠道疾病 胃疾病的生化检测指标主要包括胃蛋白酶原、胃蛋白酶、胃泌素和幽门螺杆菌(Hp)测定。胃蛋白酶原和胃蛋白酶的常用检测方法是放射免疫法和牛血清蛋白水解法。胃泌素的测定常用放射免疫法。上述三者含量增高提示消化性溃疡发病的危险性增加。幽门螺杆菌测定对检测慢性胃疾病患者幽门螺杆菌感染有临床意义,临床上常用的幽门螺杆菌的检查方法有快速尿素酶检查、呼气试验等。粪便隐血实验是胃肠道疾病的重要检查手段,对胃肠道出血鉴别诊断具有重要的意义,临床检测常用的方法是邻甲联苯胺法。

(5)骨代谢疾病 骨代谢疾病标志物一般分为三类:一般生化标志物、骨代谢调控激素和骨转换标志物。一般生化标志物包括血钙与血磷,电解质钙、磷在血液中的水平与甲状旁腺功能、骨质疏松症、多发性骨髓瘤、骨肿瘤相关。血钙的检测目前采用甲基麝香草酚蓝比色法,血磷的检测采用磷钼酸还原法。骨代谢调控激素包括甲状旁腺激素(PTH)、降钙素(CT)。PTH 增高是诊断甲状旁腺功能亢进症的主要依据,PTH 常用的检测方法是化学发光免疫分析法。CT 的增高主要见于甲状腺髓样癌,CT 常用的检测方法是免疫放射分析法。骨转换标志物分为成骨标志物和骨吸收标志物。成骨标志物主要分为骨钙素、骨性碱性磷酸酶、I 型前胶原肽,成骨标志物可反映成骨细胞活性和骨形成情况。骨钙素的主要检测方法有放射免疫法(RIA 法)、酶联免疫法(ELISA 法);骨性碱性磷酸酶的主要检测方法是化学发光免疫法;酶联免疫法是测定 I 型前胶原肽的首选方法。骨吸收标志物分为吡啶酚和脱氧吡啶酚、I 型胶原 C 端肽和 N 端肽、抗酒石酸酸性磷酸酶、尿羟脯氨酸,骨吸收标志物主要用于甲状旁腺功能亢进及其他伴有骨吸收增加性疾病的诊断。吡啶酚和脱氧吡啶酚的检测主要采用酶联免疫法(ELISA 法)和放射免疫法(RIA 法)。酶联免疫法(ELISA 法)是目前测定 I 型胶原 C 端肽和 N 端肽最主要的方法。抗酒石酸酸性磷酸酶采用酶动力学法、电泳法、RIA 法和 ELISA 法。尿羟脯氨酸采用化学试剂法(酸性对二甲氨基苯甲醛试剂)检测。

(6)糖尿病 空腹血糖是诊断糖代谢紊乱最重要的指标,空腹血糖的检测方法采用葡萄糖氧化酶法和邻甲苯胺法。糖化血红蛋白(GHb)可反映近 2~3 个月糖尿病的控制程度,对高血糖,特别是血糖和尿糖波动较大时有诊断价值。目前临床上采用的是高效液相离子层析法(HPLC)检测糖化血红蛋白的表达量。另外,临床上通过检测空腹和口服葡萄糖后胰岛素浓度的变化来了解胰岛 B 细胞的基础功能和协助判断糖尿病的分型。体内胰岛素的检测方法可概括为两类:免疫检测方法和非免疫检测方法。免疫检测方法包括放射免疫法、酶联免疫法和发光免疫法等;非免疫检测方法包括同位素稀释法、高效液相色谱法等。

(7)神经及精神系统疾病 通过脑脊液的检查对神经系统疾病的诊断、疗效观察和预后有重要的意义。脑脊液中常见的神经递质有 5-羟色胺(5-HT)、谷氨酸、抑制性递质γ-氨基丁酸以及肽类递质(阿片肽、P 物质、生长抑素、β-内啡肽等),这些神经递质的增高或减少对精神抑郁症、狂躁症、精神分裂症的诊断具有重要的意义。5-羟色胺(5-HT)、谷氨酸和抑制性递质γ-氨基丁酸常采用高效液相色谱法检测表达量,肽类递质目前采用放射免疫法检测其表达。脑脊液中的蛋白含量的变化对脑血管疾病及中枢神经系统退行性改变的诊断具有重要的价值,tau 蛋白是一种重要的微管相关蛋白,是中枢神经系统神经元变性的一个重要指标,tau 蛋白和β-淀粉样蛋白是阿尔茨海默病形成和发展的关键因素,目前临床上采用双抗体夹心酶联免疫吸附试验检测其表达。

(8) 妊娠异常　妊娠异常主要包括异位妊娠和妊娠滋养细胞疾病。妊娠异常主要检测孕妇γ血及尿液中的绒毛促性腺激素(hCG),目前常用的检测方法有:胶乳集抑制试验和血凝抑制试验;放射免疫试验(RIA);酶联免疫吸附试验(ELISA);单克隆抗体胶体金试验。其中单克隆抗体胶体金试验由于快速、敏感、操作简便成为目前最常用的方法。胎盘催乳素(hPL)是胎儿迅速生长发育的重要条件,通常采用酶联免疫吸附试验(ELISA)测定其浓度。通过上述激素的测定,可以了解妊娠期母体的变化,有助于做好孕期异常妊娠的早期诊断和治疗。

(9) 肿瘤　肿瘤标志物是由肿瘤细胞本身合成、释放,或是机体对肿瘤细胞反应而产生或升高的一类物质,肿瘤标志物的检测对肿瘤的诊断、疗效和复发的监测、预后的判断都有重要的价值。肿瘤标志物主要包括蛋白质类(甲胎蛋白、癌胚抗原、前列腺特异抗原、鳞状上皮细胞癌抗原等);糖脂肿瘤标志物(癌抗原 50、癌抗原 72-4、糖链抗原 19-9、癌抗原 125 等);酶类肿瘤标志物(前列腺酸性磷酸酶、神经元特异性烯醇化酶等)。蛋白质类肿瘤标志物目前采用放射免疫法(RIA)、化学发光免疫法(CLIA)、酶联免疫吸附试验(ELISA)等。糖脂肿瘤标志物癌抗原 50(CA50)的监测目前采用免疫放射度量分析(IRMA)及化学发光免疫法测定(CLIA),它对肿瘤的诊断没有器官特异性,常见于胰腺癌、胆囊癌及肝癌。其余糖脂肿瘤标志物一般采用放射免疫法(RIA)、化学发光免疫法(CLIA)、酶联免疫吸附试验(ELISA)检测其浓度。酶类肿瘤标志物前列腺酸性磷酸酶(PAP)一般采用放射免疫法(RIA)、化学发光免疫法(CLIA)检测其浓度,浓度的升高与前列腺癌的发展呈平行关系;神经元特异性烯醇化酶(NSE)采用放射免疫法(RIA)和酶联免疫吸附试验(ELISA)来检测其浓度,该标志物与神经内分泌起源肿瘤相关。

(10) 内分泌疾病　内分泌生物功能紊乱的化学指标包括四个方面:下丘脑-垂体内分泌功能、甲状腺、肾上腺、性腺功能检测指标。下丘脑-垂体内分泌功能检测指标包含生长激素(GH)、催乳素、促黄体生成素、抗利尿激素等。GH升高常见于巨人症或肢端肥大症,GH降低常见于垂体功能减退或侏儒症。GH的常用检测方法是免疫分析技术。催乳素和促黄体生成素病理性升高常见于垂体肿瘤、乳腺肿瘤、库欣综合征等,目前一般采用放射免疫法(RIA法)来测定二者浓度。肾上腺功能检测指标包括肾上腺皮质激素(皮质醇、醛固酮、尿 17-羟皮质类固醇、尿 17-酮皮质类固醇)和肾上腺髓质激素(肾上腺素、去甲肾上腺素、多巴胺),尿 17-羟皮质类固醇和尿 17-酮皮质类固醇目前临床上采用分光光度法检测,皮质醇和醛固酮采用免疫化学法检测,该方法除特异性及灵敏度均满足要求外,且操作简便、快速,为目前最常使用的方法。肾上腺髓质激素目前多采用 HPLC-电化学检测法。

8.3.2 化学与药物治疗

药学是医学的基础、化学的衍生,即化学与医学的交叉地带。没有化学基础,就无法研制药物;没有药物,就难以治病救人。药物化学(medicinal chemistry)就是利用化学的概念和方法发现确证和开发药物,从分子水平上研究药物在体内的作用方式和作用机理的一门学科。

1. 药物的发展

第一阶段:从古代到19世纪末,是天然药物利用时期,极大部分是纯天然药物。1805年,德国的 Serturner 分离出吗啡;1818 年,法国的 Pelletier 等分离出番木鳖碱;1819 年,Rurge 分离出奎宁;1820 年,法国化学家 Pelletier 和 Caventou 又一次分离出金鸡纳树皮中的活性物质——奎宁,并进一步确定了它的分子式;1832 年,法国的 Robiquet 分离出可待因;1831 年,德国的 Mein 等从植物性草药中分离出有效成分阿托品;1855 年,德国的 Niemann 等分离出可卡因。

药物合成的兴起可以认为是药物发展的第二阶段。1910 年,Ehrlich 合成出第 606 号化合物即二氨基二氧偶砷苯(商品名砷凡纳明或 606),从而开启了化学合成药物治疗的时代;1911 年,波兰化学家 Fank 在谷物中发现了维生素 B_1,并且发现缺乏维生素 B_1 会患脚气病,随后新的维生素被不断地分离纯化并进行了结构的鉴定,使人们认识到维生素缺乏与疾病的关系;1932 年,德国生物化学家多马克发现了第一个磺胺类抗生素——百浪多息;1963 年,美国化学家 Wani 和 Wall 从红豆杉中分离到了抗癌活性成分——紫杉醇(taxol)等。这些重要药物的发明发现无不与化学的分离分析及结构表征技术有关,体现了化学对医学的深远影响和重大作用。这一时期努力的结果是形成了新药问世的黄金时期,而且对药物作用及其机理的研究也深入到细胞水平。

第三阶段是 20 世纪 70 年代以来的几十年,医学、化学、生物学三者紧密结合,研究体内调控过程,从整体直达分子水平,多学科渗透,进入生物药学时期。此阶段远比前述各段发展迅速,成果辉煌。在分子水平上对生物体内调控过程有了新知识,加上生物化学原已取得的成就,就使得人们可以追究药物分子怎样与机体内各种大小分子,特别是与生物大分子相互作用,由此形成生化药理学研究的主要内容。从正常的和疾病变化的分子过程入手,明确药物作用机理,为设计新药奠定基础。

2. 药物与人类健康

统计数据表明:在 1949—2021 年期间,我国居民人均预期寿命由 35 岁增长到 78 岁,京沪地区更是超过 80 岁;而传染病死亡率从 35%降低到 5%。这是因为随着时代的发展,药物也在发展。人们的身体一旦受到疾病的侵扰,小到身体不适(感冒、咳嗽、腹泻、发烧等),大到重大疾患(癌症、心脏病、肺结核等),都需要使用药物予以调节或治疗。因此,人类健康离不开药物。

在医药学领域,参照正常生理功能标准,药物对人体的影响方式主要分为增强和减弱两种,前者称为兴奋(excitation),后者叫作抑制(inhibition)。药物作用根据其性质和临床表现,又有各不相同的作用。例如,当药物使低于正常的生理功能指标恢复到正常时,有苏醒或强壮作用;使之超过正常生理水平时,有兴奋、致惊和致幻作用等。药物使高于正常的生理功能活动降至正常水平时,有镇静、安定、抗惊厥和解痉作用等;使之降至正常水平以下时,有抑制、麻痹和麻醉作用等。

药物的另一显著作用,是杀灭和抑制寄生性生物和肿瘤细胞的分裂增殖,它们要求对人体正常组织或器官无明显毒性,却能够有效干扰、阻断病原体或异常细胞的代谢,进而诱导异常细胞凋亡或抑制其生长繁殖,以达到消灭或排除病原体的目的。这类药物一般称作化学治疗药物。

3. 药物的种类

药物的种类繁多,因分类方法不同而称谓各异。① 根据药品的安全性、有效性原则,依其品种、规格、适应证、剂量及给药途径等的不同,可将药品分为处方药和非处方药。② 根据我国的用药传统可分为中药和西药。③ 根据给药途径的不同可分为口服药、外用药、注射用药等。④ 根据剂型的不同可分为片剂、散剂、乳剂、颗粒剂、胶囊剂、溶液剂、混悬剂等。⑤ 根据用途(适应证)的不同可分为心血管系统用药、消化系统用药、呼吸道系统用药、泌尿系统用药、神经系统用药、内分泌系统用药、皮肤用药、眼科用药等。⑥ 根据功效的不同可分为抗病毒药、抗菌药、抗癌药、降压药、降糖药、镇静药、减肥药等。

4. 药物的结构与功效

药物分子结构决定着药物的溶解度、解离度、电子密度分布,影响着药物和受体间的键合方式,从而影响着药效的发挥。

药物要到达受体部位,首先必须能溶解在体液内并被转运通过多种生物膜。因此药物必须具有一定的脂溶性和水溶性,即药物的脂溶性和水溶性要有一定的平衡。药物的功效的还受到解离度影响,强酸性或强碱性物质在体液(pH=7.4)中几乎全部解离,因而临床上使用的多数药物为弱酸或弱碱。电子密度分布影响着其与受体间的键合方式,从而对药效的发挥产生影响。总之,无论是溶解度、解离度还是电子密度,都是由药物的分子结构所决定的,尤其是其官能团构造。除此之外,药物的立体结构对药效的影响也不可忽视,20 世纪 50 年代治疗妊娠呕吐的手性药物"反应停"引起婴儿致畸的"海豹婴儿"事故就是由于其中的一种对映体引起的。

5. 药物的组合合成与筛选

传统的药物研制方法是根据天然先导化合物,逐个地进行合成、纯化,然后进行结构鉴定、生物活性测定等,一般每推出一个新药需 6～10 年的时间,耗资大,周期长、成本高。随着酶和受体作为药物治疗靶点的不断阐明,以及药物自动化快速筛选方法的不断出现,筛选的效率也提升到非常高的程度,但样品的来源却远远跟不上,于是科学家们便把注意力转入合成大数目的化合物群,即化合物库,组合化学便应运而生。

组合化学是 20 世纪末期为了适应大规模药物筛选的需要而发展起来的快速化学合成策略。思路是以平行的、自动的合成方式通过类似的反应,由不同的原料或试剂同时得到大量类似的化合物(化合物库),再进行高通量筛选。

组合化学不仅提供了快速合成、建立化合物库、扩大分子多样性的方法,还为高通量筛选药物提供了可能的化合物来源,为寻找先导物和研究构效关系提供了有力武器。随着此项技术的日臻成熟,高通量药物筛选已经成为当今药物筛选的常用方法。这一方法集计算机控制、自动化操作、高灵敏度检测、数据结果的自动采集和处理于一体,实现了药物筛选的快速、微量、灵敏和大规模,日筛选量可达到数千甚至数万样品次,是寻找新药的一大进步。

8.4 化学与能源

能源(energy resources)是人类社会赖以生存和发展的重要物质基础。能源利用的广度与深度是衡量一个国家的社会生产力水平的重要标志之一。每一种新能源的发现和利用及能源科学技术的每一次重大突破,都把人类适应和改造自然的能力提高到一个新的水平,同时也为"碳中和"做出了较大贡献。在能源利用中,能量的转换、存储及传输均与化学科学有着密切的关系。

8.4.1 能源概述

在各种能源中,有些是自然界中存在且能直接被利用的,如日光、流水、风、煤炭、木材等,称为一次能源。利用一次能源经加工转化得到的能源,如煤气、焦炭、汽油、电、氢气等,称为二次能源。其中,日光、流水、风、地热、潮汐等能源是取之不尽用之不竭的可再生能源。但煤炭、石油、天然气、核燃料等化石能源的生成周期远长于其使用周期,有的生成周期比人类历史还长,且储量有限,故称为不可再生能源,面临能源枯竭的问题。

当前世界能源消费仍以不可再生能源为主,人类面临的能源危机日趋严重,迫切需要开发氢能、核能、风能、地热能、太阳能和潮汐能等新能源,以部分解决化石能源面临耗尽的危机,同时减少碳排放和$PM_{2.5}$等环境污染。因此,世界能源结构是常规化石能源与新能源共存的局面。我

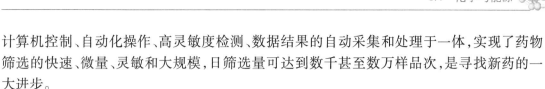

图 8-2 2020 年
我国能源消费结构

国是以煤炭为主的能源消费大国(图 8-2),能源安全的主要矛盾是能源结构(包括能源生产结构和能源消费结构)的矛盾。原煤生产比例过大,对石油的依存度不断升高。在世界能源版图剧烈变化的今天,我国除了要增强自己在主要产油地区的影响力和争取世界能源市场的定价权外,还要推进能源结构的战略性调整,促进能源优质化,保证我国能源的安全。

8.4.2 常规能源

从全世界消耗能源的结构看,当今世界的能源仍然是以煤炭、石油和天然气三种化石能源为主。石油在世界一次能源消费结构中占 40.1%,高于煤炭(26.7%)、天然气(22.9%)、核能(7.4%)和水电(2.6%),是世界第一能源。

1. 石油

石油(petroleum)又称原油(crude oil),是含多种碳氢化合物的混合物,包括烷烃、环烷烃、芳香烃和烯烃。它既是一种优良的燃料,也是重要的化工原料。利用石油各组分沸点的不同,可通过分馏、精馏将不同组分分组、分离、提纯。其中低沸点的挥发性成分,主要是含碳原子数很少的烃类,如乙烯、丙烯、丁烯、低碳烷等,是有价值的基本化工原料,可用于制造合

成纤维、合成橡胶,以及塑料、树脂等许多重要产品。开采的原油先通过炼制,提取了各种有用的低碳烃类后,再分离加工成航空油、汽油、煤油、柴油等燃料油,以及润滑油、石蜡、沥青等。但天然石油中含有的低碳成分不多,远不能满足实际需要,于是采用催化裂化技术使石油中含碳原子数较多的长链分子发生碳碳键的断裂,裂解为含碳原子数较少的短链分子,使其成为化学工业的基本原料。对石油的深加工,既提高了石油的利用价值,又提高了石油作为能源的有效利用率。

2. 煤炭

煤炭(coal)是三种化石燃料中储量最丰富、开发利用最早的一种。据估计,世界上煤炭的总储量约为 136093 亿吨,已探明的储量为 10391 亿吨。目前我国煤炭的储量、产量和消耗量均居世界首位。煤炭的化学组成元素复杂,除 C、H、O、N、S 外,还含有 Ca、Al、Mg、Fe、Cu、Na、K 等。燃烧后这些成分变成灰分进入环境,不仅浪费,而且造成环境污染。碳是煤炭中主要的可燃成分,煤炭的炭化程度越高,含碳量也越多,燃烧发热值也越高。按原煤的炭化程度可将煤炭划分为泥煤、褐煤、烟煤、无烟煤。

对天然能源进行深加工,可提高其热值和综合利用价值,延长使用期限,同时减少和控制对环境的污染。采用的煤炭的气化技术是用水蒸气、氧气或空气在高温下与煤作用,通过完全气化法与干馏法,生成 H_2、CO 和 CH_4 等可燃气体的混合气(煤气)。烧煤气不仅可以提高煤炭的热值和利用效率,减少污染,而且煤气可作为重要的化工原料生产氨、甲醇等,也可制成液化气,部分代替燃油作为汽车的动力。此外,煤炭的地下气化,不仅可省去开采和运输,而且能充分利用不便于开采的煤炭资源。这是俄国科学家门捷列夫于 1888 年提出来的,但进展缓慢。20 世纪 70 年代后,煤炭的地下气化又重新被重视。煤炭的地下气化原理及过程与地面上的煤气发生炉中对煤气化的原理和过程基本相同,但工作条件则差别甚大。

3. 天然气

天然气(natural gas)的主要成分是甲烷,还有少量的乙烷和其他碳氢化合物,是一种天然的优质气体燃料和重要的化工原料。常温下加压可使其转化为液体,得到液化天然气可替代汽油成为汽车燃料。此外天然气还有望用作燃料电池的燃料,直接转化为电能。天然气的热值与城市煤气相当,比煤炭要高得多。更令人感兴趣的是:天然气与煤炭、石油相比,含碳量较少,因而燃烧后排放的二氧化碳相应较少,并且废气中其他有害物质含量也大大降低。

科学考察中发现了一种外观像冰且遇火可燃的新矿产资源,被称作"可燃冰"或者"固体瓦斯"和"气冰"。它是在合适的温度、压力、气体饱和度、水的盐度、pH 等条件下由水和天然气在中高压和低温条件下混合组成的类冰的、非化学计量的、笼形结晶化合物(碳的电负性较大,在高压下能吸引与之相近的氢原子形成氢键,构成笼状结构)。组成天然气成分有 CH_4、C_2H_6、C_3H_8、C_4H_{10} 等同系物及 CO_2、N_2、H_2S 等,可形成单种或多种天然气水合物($mCH_4 \cdot nH_2O$)。将甲烷分子含量超过 99%的天然气水合物称为甲烷水合物,可直接点燃,燃烧后几乎不产生任何残渣,污染比煤炭、石油、天然气小很多,被誉为"未来能源"或"21 世纪能源"。

此外,还有一种从页岩层中开采出来的天然气即页岩气(shale gas),它分布在盆地内厚度较大、分布广的页岩烃源岩地层中。美国是最早使用页岩气的国家。1821 年,美国在阿巴拉契亚盆地泥盆系 Dunkirk 页岩中完井获得页岩气。近几十年来,美国页岩气产量增长迅速,实现了大规模商业化开发,在天然气产业中占比持续增加。这场页岩气革命,已经蔓延到英国、法国、德国、波兰等国家。我国也吹响了开发页岩气的号角。我国陆域页岩气地质资源潜力为 134.42 万亿立方米,可采资源量约 25 万亿立方米,开发潜力大,但是我国地质条件复杂,开发难度大,起步晚,技术和环保方面也存在挑战。我国的页岩气资源以海相为主,有华北地区、南方古生界和塔里木盆地三大区域。目前对四川盆地周缘海相页岩和鄂尔多斯盆地陆相页岩开采取得突破,并建立了涪陵、长宁、威远和延长四大页岩气产区。

8.4.3 新能源

新能源常指核能(亦称原子能,包括核裂变能和核聚变能)、太阳能、地热能、海洋能、风能等。世界也正进入能源结构变革的新时期,将从依靠有限的化石燃料为主的能源结构,转变为以新能源和其他可再生能源为主的持久性能源结构。世界将进入多元化新能源时期。

1. 核能

核能(nuclear energy)是原子核发生反应而释放出来的巨大能量。原子核反应分为裂变(nuclear fission)反应和聚变(nuclear fusion)反应:裂变反应是较重原子核(如铀 235)分裂成较轻原子核的反应;聚变反应是较轻原子核(如氘)聚合成较重原子核的反应。核反应产生的能量是巨大的,1 kg 铀 235 裂变时就能放出相当于 2700 t 标准煤的能量,而 1 kg 氘聚变时则能放出相当于 4 kg 铀裂变的能量。每千克海水中含有约 0.03 g 氘,如果能从海水中提炼出氘,并用于核聚变,则一桶海水就相当于 300 桶汽油,能够为人类提供无穷无尽的能源。

2. 太阳能

太阳能(solar energy)是一种可再生的清洁能源。但对太阳能的大规模收集、转换及储存技术尚未完全解决,这就制约了太阳能的规模化开发利用。太阳能发电分为光热发电和光伏发电。

光热发电是利用太阳的热辐射,通过太阳能热机产生的动能来带动发电机发电。光热发电系统主要包括集热器、热接收器、热传输装置、蓄能器、热交换器、发电装置等。通过大面积的采光场上的定日镜把太阳光反射到竖塔热接收器上,对载热介质钠进行加热,利用双工质液态钠的热接收器和水的热交换器的热传递来获得过热蒸汽以推动汽轮发电机组发电。

太阳能电池是通过光电效应或者光化学效应直接把光能转化成电能的装置。Fritts 在 1883 年成功制备了第一块硒上覆薄金的半导体/金属结太阳能电池,其效率仅约为 1%。1954 年美国贝尔实验室的 Pearson,Fuller 和 Chapin 等人研制出了第一块晶体硅太阳能电池,获得 4.5% 的转换效率,开启了利用太阳能发电的新纪元。此后,太阳能技术发展大致经历三个阶段:第一代太阳能电池主要指单晶硅和多晶硅太阳能电池,其在实验室的光电转换效率已经分别达到 25% 和 20.4%;第二代太阳能电池主要包括非晶硅薄膜电池和多晶硅薄膜电池;第三代太阳能电池主要指具有高转换效率的一些新概念电池,如染料敏化电池、量子点电池及有机太阳能电池等。太阳能光伏发电是利用半导体界面的光生伏特效应而将光能直接转变为电能的一种技术,简称“光电池”。基本元件是太阳能电池(片),有单晶硅、多晶硅、非晶硅和薄膜电池等。其中,单晶硅和多晶硅在太阳能电池中用量最大,非晶硅电池用于一些小系统和计算器辅助电源等。由一个或多个太阳能电池片组成的太阳能电池板称为光伏组件。转化效率是太阳能电池的重要指标,它很大程度依赖于其电极材料。太阳能电池的材料种类非常多,如单晶硅、多晶硅、非晶硅、钙钛矿、CdTe,$CuIn_xGa_{(1-x)}Se_2$ 等半导体的、或Ⅲ—Ⅴ族、Ⅱ—Ⅵ族的元素链接的材料等。目前在实验室所研发的硅基太阳能电池中,单晶硅电池效率为25.0%,多晶硅电池效率为20.4%,CIGS 薄膜电池效率达 19.6%,CdTe 薄膜电池效率达16.7%,非晶硅(无定形硅)薄膜电池效率为 10.1%。

3. 其他新能源

(1) 海洋能　分为波浪、潮汐、海流、海洋温度差、海水浓度差及海洋生物等形式,分别属于运动能、热能和化学能。其中,潮汐发电的原理和水力发电差不多,它是在海湾或有潮汐的河口上建筑一座拦水堤坝,形成水库,并在坝中或坝旁放置水轮发电机组,然后利用潮汐涨落时海水水位的升降,使海水通过水轮机转动水轮发电机组发电。另外,海水温差能也可用来发电,它以海洋表层的温海水(25~28 ℃)作为高温热源,以 500~1000 m 深处的冷海水(4~7 ℃)作为低温热源,用热机组成热力循环进行发电。

(2) 风能　主要用于发电,有少量风轮机用于提水或做其他动力,也可将风力转换为热能用以取暖。风能发电装置主要由风轮机、传动变速机构、发电机等组成。风轮机是发电装置的核心。根据其用途分成中小容量和大容量两种发电机装置,前者主要为农村或分散的孤立用户而设计,机组容量从几百瓦到几十千瓦,其工作风速从每秒几米到十几米都适用,可用于各种恶劣的气候条件。这种装置多采用直流发电机-蓄电池的配套装置,从而能够在风速多变的情况下也能对外提供恒定的电压。后者机组容量在几十千瓦至 100 kW 甚至到1000 kW 以上,同火电网并网运行。大容量机组采用水平轴螺旋桨式风轮机比采用立轴风轮机要经济,而且风轮直径越大,单位功率投资越少。另外,这种大容量机组采用交流发电机。

(3) 地热能　指蕴藏于地球内部的热能。地球是一个庞大的热库。距地面约 2900 km 的地核温度高达几千摄氏度。在地核外面包裹一层厚厚的熔岩称为地幔,温度有 1100~1300 ℃,地幔的外面是由冷却的坚硬岩层构成的地壳,地壳层厚度仅为 30~40 km。据估计仅在地壳 10 km 内含有的地热能就足够人类使用 40 万年。地表水通过地壳裂缝渗入地壳岩层中,在位于热岩浆上方的可渗透岩层中被加热。如果含水层上方覆盖着一层不可渗透的冠岩,将阻止热水流到地面上来。在这种情况下,打地热井钻透冠岩到达高压热水区,即可获得地热能。如果水温足够高,蒸汽会通过地热井输送到地面,设法将其导入汽轮机,即可带动发电机发电,实现地热能向电能的转换。

(4) 氢能　氢气是一种可燃气体,发热值高,燃烧后生成水,不污染环境,是一种理想的清洁能源。因制氢的成本较高,还不能作为一般能源使用。目前制氢的方法有水煤气法、电解水制氢、光分解制氢、水的热化学分解制氢等。另外,利用氢和氧在火箭燃烧室燃烧,并同时向燃烧室喷些水,火箭燃烧室就成了蒸汽发生器,其效率比传统锅炉的效率高许多,而尺寸却比传统锅炉小很多。产生的蒸汽送往汽轮机做功发电。这种装置结构简单,造价低,启动快,适于做尖峰机组。在电网系统中,把平时多余的电力用于电解水,制成氢和氧储存起来,在负荷高峰时把氢发电装置投入运行。若干年后,如果矿物燃料价格继续上涨,而水解的效率和热循环效率又不断改善,则氢能尖峰发电机组就会取代常规的储能电站。

（5）生物质能　指来源于生物体的能量。是利用现代科技手段使含生物质的废弃物（或废弃的生物质），如有机垃圾、粪便之类，转化为燃料，进而从中获取的能量。这是一种废物利用，变废为宝的新能源。例如，人工制造沼气、垃圾发电等，不仅降低了环境污染，保护了环境，而且开辟了新的能源方向，提高了能源利用率，是大有前途的新能源。

8.4.4　能量转换与存储器件

面对新型可再生能源（太阳能、风能、地热能等）具有不可控性和间歇性的情况，发展高效的能量转换与存储器件成为解决能源问题的一个重要部分。电化学储能系统因其高效且应用前景广阔而备受关注，主要包括二次电池、超级电容器和燃料电池等。

1. 二次电池

电池（battery）是通过化学反应将化学能转化为电能的一种能量转化与储存装置，由电极、电解质、隔膜和外壳四个基本部件组成，通常分为一次电池（不可充电电池或原电池）和二次电池（可充电电池或蓄电池）两大类型。一次电池即原电池（俗称干电池），是放电后不能再充电使其复原的电池。它从电池单向化学反应中产生电能，电池放电导致电池化学成分永久和不可逆的改变。二次电池是指在电池放电后，可以通过充电的过程使活性物质激活而继续使用的电池。其原理是利用化学反应的可逆性，组建成一个新电池，即当一个化学反应转化为电能之后，还可以用电能使化学体系修复，然后再利用化学反应转化为电能。主要有铅酸蓄电池、锂离子电池、金属氢化物电池、二次碱性锌锰电池等。其中，锂离子电池已发展成为一种成熟的商业化储能器件，具有能量密度高、循环寿命长、自放电小、无记忆效应、绿色环保等特点，受到各界青睐。锂离子电池的工作原理是在充放电过程中锂离子在正负极之间来回穿梭，并伴随氧化还原反应发生，如图8-3所示。在充电时，锂离子从正极脱出，经过电解液传递，穿过隔膜，嵌入层状的负极材料中，此时负极材料处于富锂状态，而放电过程与充电过程正好相反，放电时，锂离子从富锂的负极材料中脱出，经过电解液传输，回到正极材料；同时，在这个过程中电子通过外电路传递到正极，产生电流，可为各种系统供电。锂离子电池已经逐步替代传统能源而被广泛应用，尤其是在便携式电子器件、电动汽车、卫星航天等领域中发挥着越来越重要的作用。但锂资源的稀缺，使得开发新一代高性能可规模化应用的储能技术日益迫切。现阶段关于锂硫电池、锂空电池、钠离子电池等的研究受到材料与能源科

图8-3（a）锂离子电池充放电原理示意图

图8-3（b）锂离子电池充放电过程的电极反应与电池反应

学工作者的广泛关注。此外，根据电解质材料不同，锂离子电池可以分为液态锂离子电池和聚合物锂离子电池两大类。二者所用的正负极材料都是相同的，电池的工作原理也基本一致。它们的主要区别在于电解质的差异，聚合物锂离子电池则以固体聚合物电解质来代替液体电解质，具有可薄形化、任意面积化与任意形状化等优点，也不会产生漏液与燃烧爆炸等安全方面的问题，在工作电压、充放电循环寿命等方面都有优势。

2. 超级电容器

超级电容器（supercapacitor）是介于传统电容器和充电电池之间的一种新型储能装置，它

既具有电容器快速充放电的特性,同时又具有电池的储能作用。由于该类器件的功率密度高、充放电速度快、循环寿命长、温度范围宽,且安全环保、免维护,使之成为电化学储能系统中快速发展的一个领域,尤其是兼有高功率密度和尚佳能量密度的双重优点,为建立具有高效功能一体化的储能系统提供了极大的可能性。目前,它已经被广泛应用在便携式电子设备、工业能源、移动通信等领域,特别是在近年来兴起的混合动力汽车方面,超级电容器更是具有广阔的应用前景。根据储能机理的不同,超级电容器可分为双电层电容器、法拉第赝电容器和混合型电容器三大类。双电层电容器主要是通过纯静电电荷在电极表面进行吸附来产生存储能量。法拉第赝电容器主要是通过法拉第赝电容活性电极材料(如过渡金属氧化物和高聚物)表面及表面附近发生可逆的氧化还原反应产生法拉第赝电容(与锂离子电池不同,这种方式没有材料的相变),从而实现对能量的快速存储与转换。由于具有高功率密度,超级电容器可以满足汽车在启动或者变速时对能量瞬间释放的需求,同时还可以避免在此类情况下大电流对二次电池组的冲击和损害。

3. 燃料电池

燃料电池(fuel cell)是将储存在燃料和氧化剂中的化学能直接转化为电能的一种能量转换装置,又称电化学发电器,其实际过程是氧化还原反应。由于是通过电化学反应把燃料的化学能中的吉布斯自由能部分转换成电能,不受卡诺循环效应的限制,而转化效率高;其次,燃料电池用氢或含氢燃料(如天然气、沼气、甲醇、乙醇等)和氧气作为原料,燃料来源广且反应清洁、完全,很少产生有害物质,环境污染小;再者,由于没有机械传动部件,噪声低;另外,由于该装置不含或含有很少的运动部件,故工作可靠性高。因此,所有这一切都使得燃料电池被视为最有发展前途的发电技术,是继水力、火力、核电之后的第四类发电技术。

燃料电池组件有电极、电解质隔膜与集电器等。燃料气和氧化气分别由阳极和阴极通入。燃料气在阳极上放出电子,电子经外电路传导到阴极并与氧化气结合生成离子。离子在电场作用下,通过电解质迁移到阳极上,与燃料气反应,构成回路,产生电流。同时,由于本身的电化学反应以及电池的内阻,燃料电池还会产生一定的热量。电池的阴、阳两极除传导电子外,也作为氧化还原反应的催化剂。当燃料为碳氢化合物时,阳极要求有更高的催化活性。阴、阳两极通常为多孔结构,以便于反应气体的通入和产物排出。电解质起传递离子和分隔燃料气、氧化气的作用。为阻挡两种气体混合导致电池内短路,电解质通常为致密结构。

燃料电池的发展经历了第一代燃料电池磷酸型燃料电池,第二代燃料电池熔融碳酸盐型燃料电池,第三代燃料电池固体氧化物燃料电池,以及目前发展的质子交换膜燃料电池。质子交换膜燃料电池具有较高的能量效率和能量密度、体积小、质量轻、冷启动时间短、运行安全可靠等特点。另外,由于使用的电解质膜为固态,可避免电解质腐蚀。其中直接以甲醇为燃料的质子交换膜燃料电池称为直接甲醇燃料电池,无须中间转化装置,因而系统结构简单,同时还具有低温启动快、工作温区大、运行可靠性高,燃料丰富且储存和补充方便等优点。可以广泛应用于野外作业或军事领域的便携式移动电源、50~1000 kW 的固定式发电设备、未来电动汽车动力源,以及移动通信设备电源。近年来,微型直接甲醇燃料电池及军用燃料电池已接近实用,但阳极催化活性差,阳极催化剂层中缺乏合理的甲醇和二氧化碳分流通道,在阻止有害中间产物(如 CO 等)生成、防止甲醇从阳极向阴极穿透等方面还存在很多技术难

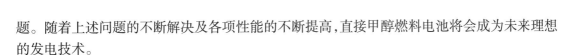

题。随着上述问题的不断解决及各项性能的不断提高,直接甲醇燃料电池将会成为未来理想的发电技术。

8.5　化学与环境

自然环境是指人类赖以生存和发展的必要物质条件,是人类周围的各种自然因素的总和,由大气圈、水圈、岩石圈和生物圈等几个自然圈组成。随着人口的增加和工业化进程的加剧,化学给人类谋福利的同时,也带来了一系列的环境问题,环境化学(environmental chemistry)就是运用化学的理论和方法,研究环境中潜在有害有毒化学物质含量的鉴定和测定、污染物存在形态、迁移转化规律、生态效应及减少或消除其产生的一门新兴交叉学科。

8.5.1　人类面临的十大环境问题

人类与自然环境之间是一个相互作用和制约的统一体,必须认识环境、重视环境和保护环境,才能使大自然持久地为人类造福,为后代营造一个美好的生活环境。环境问题是环境与发展失调的结果,是人类活动或自然原因引起环境恶化及生态失调,而对人类的生活和生产带来的不利影响或灾害,甚至影响人体健康的现象。当今世界面临以下十大环境问题:

1. 全球气候变暖

地球气温的变化源于人类的活动。在人类的生活和生产中,化石燃料的使用和有机废物的发酵,会不断地释放出二氧化碳(CO_2)、甲烷(CH_4)、氧化亚氮(N_2O,俗称"笑气")等气体。特别是近年来化石燃料用量猛增,加上植被破坏严重,大气中的 CO_2 浓度不断上升。这些气体围绕在地球周围,可允许波长较短的太阳辐射透过,但却吸收由地表散发的波长较长的辐射(红外线),将部分太阳辐射的热量截留在大气层内,使地球表面形成了一个庞大的温室,产生"温室效应",而这类气体统称为温室气体。温室效应造成全球气候的不可逆变暖,使南北两极的冰川融化,海平面上升和海洋面积扩大,带来频繁的暴风雨和飓风,海水淹没陆地,海水倒灌及地下水位上升,造成农田盐碱化,大规模农业减产等严重的后果。科学家们预测,若不即刻控制,2050 年地表平均气温会上升 2～4 ℃,南北极冰川将大幅度融化,海平面将上升20～150 cm,一些岛屿国家和沿海城市包括纽约、上海、东京和悉尼将被淹没。气候变暖还将影响生态系统的改变。热带的边界层扩张,现在的中纬度部分温带地区会变成亚热带。这将导致热带地区疾病蔓延,虫害大量繁殖,加剧光化学污染等一系列问题。为有效控制温室效应的发展,一方面需要实施新的能源政策,减少对化石燃料的依赖,大力发展新能源和其他可再生能源;另一方面要采取绿色低碳的生产生活方式,减少碳排放;还有一方面是要保护好森林、海洋和其他生态环境,使它们能多吸收温室气体,以缓解温室效应。

2. 臭氧层破坏

大气中臭氧层位于距离地面 15～35 km 的平流层内,约在 25 km 附近臭氧密度最高。赤道和低纬度地区臭氧量最少。臭氧层能吸收太阳的大部分紫外线,尤其是其中对生物有害的部分,因此对地球上的生物有保护作用。然而,目前广泛使用的"氟利昂"(氟氯烃类化合物)制冷剂、除臭剂、喷雾剂等释放到大气中扩散到臭氧层后,会被紫外光分解,释放出氯原子自由基,使臭氧分解为氧。对臭氧的过度消耗,使臭氧层产生空洞且面积不断扩大,对人类的健康和生命构成很大威胁。20 世纪中叶以来,人们发现北极圈的臭氧浓度明显降低,南极圈的臭氧层还出现了空洞,产生的严重危害包括:增高人类皮肤癌和白内障的发病率;对人和动物的免疫系统造成损伤;阻碍植物的正常生长;严重破坏生态系统,造成微生物及海洋中浮游生物死亡,并会导致以这些浮游生物为食的海洋生物的相继死亡。

3. 生物物种的锐减

生物多样性是人类社会赖以生存和发展的基础,为人类提供了食物、纤维、木材、药材和多种工业原料。同时,还在保持土壤肥力、保证水质及调节气候等方面发挥了重要作用。此外,在大气层成分、地球表面温度、地表沉积层氧化还原电位及 pH 等的调控上也有重要作用。然而,随着工业的发展,人类不经意间对动植物产生了破坏作用。目前,每年有 4000~6000 种生物从地球上消失,更多的物种正受到威胁。1996 年,世界动植物保护协会在报告中指出,地球上四分之一的哺乳类动物正面临濒临灭绝的危险,每年还有 1000 万公顷的热带森林被毁坏。人类威胁其他生物生存的最终结果将是威胁到自己的生存好在人们早已意识到这个问题的严重性,并非常重视起人与自然的协调发展。

4. 酸雨蔓延

因空气中 CO_2 等酸性物质的存在,自然界中的正常雨雪降水呈弱酸性,pH 约为 5.6。若降水的 pH 小于 5.6,则称为"酸雨"。生活和生产中排放出大量二氧化硫(SO_2)和氮氧化物(NO_x)气体。SO_2 在大气中固体颗粒烟尘(含 Fe、Cu、Mg 等)的催化下,或在雷电作用下会被氧化成三氧化硫(SO_3),溶入雨水变为硫酸,形成酸雨。NO_x 溶入雨水则成为硝酸和亚硝酸。酸雨具有腐蚀性,降落地面损害农作物的生长,导致林木枯萎,湖泊酸化,鱼类死亡,建筑物及名胜古迹遭受破坏。世界三大酸雨区,一个在北美,一个在北欧,另一个就在我国。进入 21 世纪以来,我国的酸雨区不断扩大,已接近国土面积的 1/3,集中在华中、华南、西南及华东等工业发达地区。整治酸雨,刻不容缓。

5. 森林锐减

森林是陆地生态系统的主体,不仅为社会提供木材,而且具有保护环境、防风固沙、蓄水保土、涵养水源、净化大气、保护生物多样性的栖息地、吸收 CO_2 等许多重要功能。森林是所有生态系统中最大的、最复杂的和能使自身长久存在的系统,在环保方面起着不可替代的作用。但人类的过度采伐和开垦,加上气候变化引起的森林火灾,世界森林面积不断减少。据统计,近 50 年,森林面积已减少了 30%,而且锐减的势头至今不见减弱。森林锐减导致水土流失、洪灾频繁、物种减少、气候恶化等多种严重后果。

6. 土地荒漠化

气候变异和人类活动等因素造成的干旱、半干旱和亚湿润干旱地区的土地退化,也包括沙漠化,但含义更广。土地荒漠化的成因是多元的,过度放牧和重用轻养的情况使草地逐渐退化,开荒、采矿、修路等对土地的破坏,加上水土流失,致使全球每年有 600 万公顷的农田、900 万公顷的牧区失去生产力。人类文明的摇篮底格里斯河、幼发拉底河流域,已由沃土变成荒漠。我国黄河流域等地区也存在水土流失现象。

7. 大气污染

大气污染是指大气中出现一种或几种污染物,其含量和存在时间达到一定程度,对人体、动植物和其他物品造成的伤害到了可测量的程度。最普遍的大气污染是燃煤过程中产生的粉尘造成的,细小的悬浮颗粒被吸入人体,易引起呼吸道疾病。现代都市还出现光化学烟雾,源于工业废气和汽车尾气中夹带大量碳氢化合物、氮氧化物、CO 等,它们会与太阳光作用而成一种刺激性烟雾,能引起眼病、头痛、呼吸困难等疾病。近年来频繁出现的雾霾天气就是大气污染严重的象征。雾霾天气是一种大气污染状态,雾霾是雾和霾的组合词,是对大气中各种悬浮颗粒物含量超标的笼统表述,尤其是 PM2.5(空气动力学当量直径小于等于 2.5 μm 的颗粒物)被认为是造成雾霾天气的"元凶"。

8. 水环境污染

水是生命之源。虽然地球表面 70%以上都是水,但其中 97.3%都是海水,而常年不融化的冰帽、冰川占 2.1%,人类所能利用的淡水资源仅占总水量的 2.53%。其中地下水 0.61%,大气中水蒸气占 0.01%,包括江、河、湖泊在内的全部地下水约占总水量的 0.02%。水污染是指水体因某种物质的介入,而导致其化学、物理、生物或放射性等方面特征的改变,从而影响水的有效利用,危害人体健康或破坏生态环境,造成水质恶化的现象。根据污染杂质的不同,水污染主要分为化学性污染、物理性污染和生物性污染三大类。化学性污染包括无机物污染、重金属污染、有机毒物污染、耗氧物污染、植物营养物污染、油类物污染六类;物理性污染有悬浮物污染、热污染和放射性污染;生物性污染主要是生活污水,特别是医院污水,带有细菌或病原微生物。

9. 赤潮和海洋污染

赤潮是指海洋浮游生物在一定条件下爆发性繁殖引起海水变色的现象,其颜色取决于占优势浮游生物种类的色素,是一种海洋污染现象,可杀死海洋动物,危害甚大。其成因是近海水域有机物污染,即富营养化。当大量富含氮和磷营养物的生活污水、工业废水和农业废水进入海洋,加之对生物的生长和繁殖有利的温度、光照、海流和微量元素等因素,赤潮生物便急剧繁殖而形成赤潮。波罗的海、北海、黑海、我国东海等地都出现过赤潮。赤潮的频繁发生会破坏红树林、珊瑚礁、海草,使近海鱼虾锐减,导致渔业损失惨重。此外,污水、废渣、废油和化学物质源源不断地被排入大海,巨型油轮泄漏或沉没造成的石油污染,向海洋倾倒化学和放射性废物,大量使用塑料制品和塑料包装造成的微塑料污染(四大类新型污染物之一)等,都是造成海洋污染的重要原因。

10. 固体废弃物成灾

固体废弃物,包括城市垃圾和工业固体废弃物,是随着人口的增长和工业的发展而日益增加的,至今已成为城市的一大灾害。垃圾中含有各种有害物质,任意堆放不仅占用土地,还会污染周围空气、土壤、水源等,并传播疾病、诱发癌症。有的工业废弃物中含有易燃、易爆、致毒、致病、放射性等有毒有害物质,危害更为严重。还有值得注意的是,以塑料垃圾为代表的固体废弃物已经形成了难以处理的"白色污染"。

显然,上述的环境问题已经对人类提出了十分严峻的挑战,这是涉及人类能否在地球上继续生存和持续发展的挑战,人类无法回避,更不能听之任之,必须找到出路。

8.5.2　绿色化学与可持续发展

1. "可持续发展"模式的提出

面对人类赖以生存和发展的环境和资源遭到越来越严重的破坏,人们努力寻求一种建立在环境和自然资源可承受基础上的长期发展的模式,1987 年,以挪威首相布伦特兰为主席的联合国世界与环境发展委员会(WECD)发表了一份报告《我们共同的未来》,正式提出"可持续发展"(sustainable development)概念:它是一种"既满足当代人的需求,又不对后代人满足其需求的能力构成危害的发展模式",是一个涉及经济、社会、文化、技术和自然环境的综合而动态的概念。它从理论上明确了发展经济同保护环境与资源是相互联系、互为因果的关系。其核心要素是"需求"与"限制"。

2. 可持续发展观与绿色化学

不同于传统的发展模式,可持续发展模式不是简单开发自然资源以满足当代人类发展的需要,而是在开发资源的同时保持自然资源的潜在能力,以满足未来人类发展的需要;可持续发展模式不是只顾发展不顾环境,而是尽力使发展与环境协调,防止、减少,以及治理人类活动对环境的破坏,使维持生命所必需的自然生态系统处于良好的状态。因此,可持续发展是一种可以持续不断的发展模式,它既能满足当今的需要,又不致危及人类未来的发展。可持续发展理论所体现的原则具有公平性、持续性、共同性。公平性体现在当代人和后代人之间,以及发达国家与发展中国家之间、国家内的富人和穷人之间;持续性强调人类的经济和社会发展不能超越资源与环境的承载能力,从而真正将人类的当前利益与长远利益有机结合;共同性在于,地球的整体性和相互依存性决定全球必须联合起来,共同努力才能实现可持续发展的总目标。

可持续发展强调经济与环境的协调发展,追求人与自然的和谐。其核心思想是:健康的经济发展应建立在生态持续能力、社会公正和人民积极参与自身发展决策的基础之上。在发展指标上,考虑了资源消耗和环境污染所花费的投入,提出用绿色 GDP(在国内生产总值中扣除自然资本的消耗来替代单纯的 GDP。因此,环境问题会直接影响全人类的可持续发展,可以从以下三方面来分析:

(1) 环境问题的全球性　当代的环境问题表现为"上天入海"的全球性,其危害也是全球性的。环境问题的全球性源于污染物的迁移。因此,在人们认为是净土的南极却发现了DDT 的踪迹。有些发达国家将一些有毒有害化学品或化学品生产转移到发展中国家和地区,结果毁掉的是整个地球和整个生态环境。

(2) 环境问题的持久性　当代的环境问题并非全是近期形成的,不仅有现代社会滋生的新的环境问题,还有历史上遗留的老的环境问题,新老两方面交织形成了从人类社会出现以来各种环境在地球上的积累、组合,并集中暴发的复杂局面。这些大量的环境问题在短期内难以解决,需要人们长期而共同的努力。

(3) 环境问题的毁灭性　当代的环境问题所造成的危害并非都能挽回,比如因环境问题加速的许多生物的灭绝,是毁灭性的且无法挽回的;环境问题对人类健康所造成的伤害也多是致命的且无法挽回的;支撑人类社会不断发展的消耗性资源日趋枯竭,对整个人类更是毁灭性的打击。

可持续发展的首要问题是发展。我们既要为开创更美好的生活而发展化学和化学工业，又不能让化学品及其生产过程来破坏我们的环境。这就要求我们要大力倡导一种既能支撑经济发展，又能满足环境要求的新的化学发展思想——绿色化学。这是建立在可持续发展观基础上的新化学，是可持续发展观建立的必然产物，也是实现可持续发展的必由之路。

3. 绿色化学

（1）绿色化学的概念与原子经济性　为了既保持对发展的支持，又避免对人类健康和环境的危害，20 世纪 90 年代以来，被誉为"新化学"理念的"绿色化学"（green chemistry）应运而生，并受到重视。绿色化学又称环境友好化学或清洁化学，其基本思路是要把节约能源和防止污染放在首位，作为设计一切化学过程的出发点和终极目标。它以"原子经济性"为原则，研究如何在产生目标产物的过程中充分利用原料及能源，减少有害物质的释放。目的是反应的最高效率，损耗降到最少，污染降到最低，从源头到最终产物的过程中减少废物的产生，降低对环境的污染或冲击等不利影响。

原子经济性（atom economy）是指在化学品合成过程中，合成方法和工艺应被设计成能把反应过程中所用的所有原材料尽可能多的转化到最终产物中。理想的原子经济反应是原料分子中的原子百分之百转变成产物，不产生副产物或废物，从而实现废物的"零排放"。原子经济性的反应有两个显著优点：一是最大限度地利用了原料；二是最大限度地减少了废物的排放，是合成方法发展的趋势。对大宗基本有机原料的生产，选择原子经济反应十分重要。实现原子经济性的程度可用下面的原子利用率来衡量，它可以衡量一个化学反应中，生产一定量目标产物产生废物的量。

$$原子利用率 = \frac{目标产物的量}{各反应物的量之和} \times 100\%$$

（2）绿色化学的原则　Anastasi 和 Warner 提出下面 12 项具体原则：

① 设计化学合成方法防止废物的产生，从而无须进行废物的处理；

② 最有效地实现化学反应和过程，最大限度地提高原子经济性；

③ 尽量不使用、不产生对人类健康和环境有毒有害的物质；

④ 化工产品应被设计成既保留功效，又降低毒性；

⑤ 使用更安全的溶剂和反应条件：避免使用溶剂、混合物分离试剂和其他辅助化合物。如果必须使用，应选择无害的物质。如果需要使用溶剂，尽量选择水。

⑥ 在考虑环境和经济效益的同时，应尽可能使能耗最低；

⑦ 使用可再生的原料而非消耗型原料。可再生的原料一般来源于农产品或是其他过程产生的废物；消耗型原料一般来源于石油、天然气、煤炭、矿物等；

⑧ 应尽可能避免衍生反应（阻断基团、保护/脱保护、物理和化学过程的修饰等）；

⑨ 尽可能使用性能优异的催化剂；

⑩ 应设计在功能终结后可降解为无害物质的化学品；

⑪ 应发展实时分析方法,以随时监控过程和避免有毒有害物质的生成;

⑫ 尽可能选用安全的化学物质和相关设备,最大程度减少化学事故的发生。

（3）绿色化学的方法

① 设计或重新设计对人类健康和环境更安全的目标化合物及化学过程　这是绿色化学的关键部分。必须利用化学结构－活性关系进行分子设计,以达到功效和毒性之间的最优结果。要求一个化合物完全无毒而效果又好是很难的。实际上,在可能条件下求得化合物的功效和毒性的最优平衡,正是合成化学最困难最富挑战的任务。在医药界、农药的研制中一直在追求这样的目标,并取得了可喜的成就。绿色化学要把设计更安全的化合物这一理念介绍、推广和运用到所有可行的化工产品中过去。这种"更安全"概念不仅是指在使用期间表现出来的影响,还包括化合物整个寿命周期中对生态环境、动物、水生生物和植物的影响;除直接影响外,还要考虑转化产物或代谢物毒性的间接影响。绿色化学要求对化合物的暴露、接触途径、摄入、吸收、分布机制及进入生物体内毒性作用机理进行更深入的研究和理解。因此,不仅要重视新化合物的设计,还要对合成这些产品的现行化工过程重新评估、重新设计。

② 改变反应原料和起始化合物　尽量对人类健康和环境危害小的物质作为起始原料,去设计实现某一化学过程,使此过程更为安全,这也是实现绿色化学目标的重要手段之一。

③ 改变反应试剂　在反应原料及合成路线基本确定后,对每一步所用试剂仍有各种的选择可能。绿色化学提倡尽可能用与环境友好的化合物去取代有毒试剂,以减少乃至消除有毒物质的使用。但这很不容易,必要时还得改变原先的反应路线或寻求合适的催化剂。

④ 改变反应条件　温度、压力、时间、物料平衡、溶剂等反应条件对合成路线的总环境效应有时会有明显的影响,特别是反应方式和反应介质。目前的热点是研究用水或超临界流体为反应介质,取代易挥发的有毒有机溶剂。

（4）绿色化学的发展方向　目前看来,绿色化学有三个重大发展:使用超临界二氧化碳作为绿色溶剂;水相过氧化氢的清洁氧化反应;在不对称合成中使用氢气。今后,绿色化学的发展方向为:

① 在原子经济性和可持续发展的基础上研究对环境无害的新化学反应过程。

② 改良传统化学反应过程至绿色化学反应过程,解决污染问题。

③ 开发清洁能源及去除有害物等技术。

④ 资源的再生、回收与循环再利用技术。

⑤ 在一切可能的绿色化学反应中,遵循绿色化学的 12 项原则。

8.6　化学与食品

人要不断补充食物。食物作为支撑人体生存的基本物质,源源不断地为人体的组织、器官和系统的细胞等提供了能量。由基本元素组成的食品与化学紧密相关。食品(food)一般指人类为维持正常生理功能而食用的各类含有营养素的物质,常泛指一切食物。严格来讲,食品、食物和原料有所区别。对原料进行加工后形成的食物称为食品。未经过加工或粗加工的含营养素物质,如鸡蛋、肉等称原料。食物则是指至少含有一种营养素的可食物料,是原料和食品的统称。食物中的营养素是能提供维持人体正常生长发育和新陈代谢所必需的物质,按化学性质不同分为蛋白质、脂类、糖类、矿物质、维生素和水 6 大类,膳食纤维称为第 7 类营养素。生命机体组织要依靠糖类、脂类和蛋白质来提供能量,要通过蛋白质、水、矿物质和维生素来调节生理机能,而膳食纤维则扮演清道夫的角色。

化学与食品密切相关,并于 20 世纪随着化学、生物化学的发展和食品工业的兴起形成了食品化学(food chemistry)的独立学科。从化学角度和分子水平上研究食品的化学组成、结构、理化性质、营养和安全性及它们在生产、加工、贮藏、运输、销售过程中发生的变化,以及这些变化对食品品质和安全性的影响。它属于应用化学的一个分支,与无机化学、有机化学、分析化学、物理化学等相关联。食品化学的起源虽可追溯到远古时代,但相关的研究则始于 18 世纪末期,其发展可大致归纳为四个阶段:18 世纪末期至 19 世纪初的早期研究阶段,19 世纪中后期的发展阶段,20 世纪的成熟阶段,21 世纪开始的现代阶段。

8.6.1 食品的化学组成与分类

食品的化学组成包括天然成分和非天然成分两大类。天然成分中有无机成分(包含水、矿物质)和有机成分(包含蛋白质、糖类、脂类化合物、维生素、色素、激素和有毒物质);非天然成分包括食品添加剂(有天然与人工合成两大类)和污染物质。

人类的主食包括谷类、豆类和薯芋类。谷类有大米、小麦、玉米、高粱、小米、荞麦等,主要成分为:淀粉含量 70%~80%,蛋白质含量 1%~3%,其他还有一定量的维生素(多为 V_{B1} 和 V_C)和无机质(钾、钙较少,磷较多)。主食经胃肠消化后大多变成葡萄糖,是人体的主要能量来源。

常吃的副食主要分肉类、蔬菜类及水果类三大类。肉类主要包括畜禽肉类、鱼及水产品和蛋类。肉类主要成分为蛋白质,氨基酸较多,其中肝富含维生素;鱼及水产品除含高蛋白质和低脂肪之外,维生素及无机微量元素含量高,且蛋白质中的硫等非氮化物较多,味道鲜美。蔬菜含水分90%以上,是可作纤维素、无机质和纤维之源的植物,多种维生素有鲜味及各种刺激性成分。水果类主要成分为糖类(约 10%),多数缺少脂肪及蛋白质,但含某些特殊营养成分。

8.6.2 食品中的水

水本身就是最重要的食品。普通人不吃不喝只能活 3~5 天,而仅依靠饮水则能活 1~3 周甚至更长。水是食品中最丰富的组分,不同食品有不同的品质特征含水量,果蔬 75%~95%,肉类 50%~80%,谷物 10%~15%。它对食品性质有重要影响,是食品腐败变质和各种化学反应速度的主要影响因素,也是导致冷冻期间发生不良反应的一个因素。水的含量、分布和状态对食品的结构、外观、质地、风味、色泽、流动性、新鲜程度和腐败变质的敏感性产生极大的影响。水在食品储藏加工过程中不仅作为化学和生物化学的反应介质,还是水解过程的反应物;水也是微生物生长繁殖的重要因素,会影响食品的货架期;水与蛋白质、脂类和多糖会通过物理相互作用影响食品的质构;水还能发挥膨润、浸湿的作用,影响食品的加工性。

因此,通过水能控制许多化学和生化反应的速率,有助于保持食品的稳定和品质。

1. 水和冰的结构与性质

水是唯一以三种物理状态广泛存在的物质。水与元素周期表中临近氧的某些元素的氢化物(CH_4、NH_3、HF、H_2S)相比较,除了黏度以外,其他性质差异显著。水分子(H_2O)是氢原子通过与氧原子的 sp^3 杂化轨道成键,而形成的四面体角锥结构,氧原子位于四面体的中心。由于四面体中两对孤对电子对成键电子的挤压作用,会使两个 O—H 键之间的夹角压缩为104.5°。多重氢键的作用使水分子在三维空间发生缔合形成网络结构,因此,水的熔点和沸点都很高。因水的氢键缔合而生成的庞大水分子簇$(H_2O)_n$,产生了多分子偶极子,会使水的介电常数显著增大;基于动态的氢键网络结构,在瞬时与邻近分子间氢键的键合关系时,会增大分子的流动性,所以水的低黏度也与其结构有关。此外,水分子还可与带极性基团的有机分子通过氢键相结合,所以糖类、氨基酸类、蛋白质类、黄酮类、多酚类化合物在水中均有一定的溶解度。

冰是水分子通过氢键相互结合、有序排列形成的具有一定刚性的六方形晶体结构。水的冰点为 0 ℃,可是纯水并不在 0 ℃结冻,而是出现过冷状态,只有当温度降低到开始出现稳定性晶核时,或在振动的促进下才会立即向冰晶体转化并放出潜热,同时促使温度回升到 0 ℃。食品中的水实际上是溶解了其中可溶性成分所形成的溶液,结冰温度均低于 0 ℃,为 $-1.0\sim2.6$ ℃,且随冻结量增加,冻结点持续下降到更低,直到低共晶点($-65\sim-55$ ℃),但冻藏食品一般常为 -18 ℃。因此,冻藏食品的水分实际上并未完全凝固。但大部分水结冰过程是在 $-4\sim1$ ℃之间完成的,这可最大限度地降低其中的化学反应。冰的密度较水低,有膨胀行为,所以含水食品在冻结过程中组织结构会遭到机械性破坏损伤,其热导率是相同温度下水的 4 倍,热扩散速率是水的 9 倍。因此,温差相等时,生物组织的冷冻速率比解冻速率更快。现代冻藏工艺提倡速冻,因为在该工艺下形成针状的细小冰晶,冻结时间短,且微生物活动受到更大限制,从而保证了食品品质。

2. 水与非水组分之间的相互作用及其在食品中的存在形式

一方面,由于水分子的偶极矩较大,能与离子或离子基团的电荷产生强的水合作用。另一方面,水与疏水性物质相混合,导致疏水分子附近的水分子间的氢键键合增强,结构更为有序,使疏水基团相聚集,减少与水的接触面积,产生疏水合作用,形成笼形水合物。根据作用的性质和程度,食品中的水可分为结合水和体相水。结合水也称束缚水或固定水,通常是指存在于溶质或其他非水组分附近,与溶质分子间通过化学键结合的那部分水。根据结合的牢固程度,分为化合水、邻近水和多层水。结合水多在 -40 ℃不结冰,不能被微生物利用,基本无溶剂能力。由于不易结冰,植物的种子和微生物的孢子得以在很低的温度下保持生命力。结合水的蒸汽压比自由水低,在 100 ℃下是不能从食品中分离出来的,若被强行分离,食品质量、风味就会改变。体相水又称游离水,是指食品中除结合水以外未被非水物质化学结合的那部分水,有不移动水或滞化水、毛细管水和自由流动水。体相水能结冰,但冰点有所下降,有较强的溶解溶质能力,干燥时易被除去,且与纯水分子平均运动速率接近,很适于微生物生长和大多数化学反应,易引起食品的腐败变质,与食品的风味及功能性紧密相关。多汁组织冰冻后,细胞结构被体相水的冰晶破坏,解冻后组织会有不同程度的崩溃。

3. 水分活度及其与食品稳定性的关系

长期以来人们就已经认识到食物的水分含量和它的易腐蚀性之间存在着一定的关系。然而,不同类型的食品虽然含水量相同,其易腐蚀性却显著不同,原因是水与非水成分缔合强度的差异,强缔合的水比弱缔合的水在较低程度上支持降解活力,因而水分活度正说明了水与各种非水成分的缔合强度。水分的活度(A_w)是指食品中水的蒸气压(p)与相同温度下纯水的饱和蒸气压(p_0)的比值(即 $A_w=p/p_0$)。由于一般食品不仅含有水分,还有非水组分,食品的蒸气压总是比纯水小,即 $p<p_0,A_w<1$。水分活度与食品中所发生化学变化的种类和速率密切相关,而化学变化依赖于各种食品成分而发生。水分活度降低,会使食品中体相水含量降低,以水为介质的反应就难以发生,从而降低了离子型反应的速率和水参加的反应速率;并且,水还会影响酶的活性及酶促反应中底物的输送,以及食品中微生物的生长繁殖,因此要求最低限度的 A_w。因此,降低水分活度能抑制食品的化学变化和微生物的生长繁殖,可以稳定食品质量。但水分活度太低,又会加速脂肪的氧化酸败。此外,水分活度还影响干燥和半干燥食品的质地。要保持干燥食品的理想品质,A_w值应为 $0.35\sim0.5$,但会随食品种类的差异而有所变化。对于软质构含水量高的食品,为了避免失水变硬,要保持相当高的水分活度。因此,只有将水分活度保持在结合水范围内才能保证食品的最佳稳定性。

8.6.3 食品储藏和食品添加剂

食品储藏过程中存在氧化、呼吸,以及微生物(酶和细菌)作用,会破坏脂肪、糖类、蛋白质、维生素,将有机物分解成二氧化碳和水,并释放能量,最终导致食品腐败变质。通常的食物保存和防腐的思路一是阻止腐蚀,二是防止细菌滋生,分为物理方法和化学方法。物理方法包括低温冷藏、高温杀菌、脱水或干燥、辐射杀菌、提高渗透压、密封罐装等。其中,冷冻是保藏大多数食品的好方法,低温下,微生物的繁殖能被抑制,使化学反应的速率常数降低,因而提高了大多数食品的稳定性。但冷冻的温度和速度对食品品质都有很大影响。温度升高,冻结的小冰晶融化;温度再降低时,未冻结的水或先前小冰晶融化的水将会扩散并附着在较大冰晶表面,造成再结晶冰晶体积增大,更大程度破坏组织结构。因慢冻产生分布不均的大冰晶,使细胞破裂,组织结构受损,解冻时会有大量汁液流出,降低食品品质。而速冻是细胞内外同时产生冰晶,形成的冰晶数量多、细小且分布均匀。小冰晶的膨胀力小,对组织结构破坏很小,解冻时汁液流失少,解冻品的复原性好。因此,尽量采用速冻和缓慢解冻的方法。化学方法常用防腐剂、抗氧化剂、脱氧剂等食品添加剂。常用的无机防腐剂中,有漂白作用的防腐剂包括亚硫酸盐、过氧化氢、溴酸钾、过氧化二苯甲酰,有保色作用的防腐剂包括硝酸钾、硝酸钠、亚硝酸钾、亚硝酸钠。常用的有机防腐剂包括苯甲酸及其盐、对羟基苯甲酸酯、山梨酸及其盐三大类,其毒性依次降低。抗氧化剂用来阻止或延迟食品的氧化,动植物原体中常含没食子酸、抗坏血酸、黄色素类,还有小麦胚芽中的维生素 E、芝麻油中的芝麻油酚、丁香酚等,都是天然抗氧化剂。脱氧剂可用于游离氧的吸收或驱除,以起到食物的保鲜作用。

食品添加剂是为改善食品品质和色、香、味,及防腐和加工工艺需要而加入食品中的天然或化学合成物质。天然食品添加剂的毒性较小,但品种少,价格高;人工化学合成添加剂的品种多,价格低,但毒性较大,成分不纯。按功能可分为酸度调节剂、抗结剂、消泡剂、抗氧化剂、漂白剂、膨松剂、胶姆糖基础剂、着色剂、护色剂、乳化剂、酶制剂、增味剂、面粉处理剂、被膜剂、水分保持剂、营养增强剂、防腐剂、稳定和凝固剂、甜味剂、增稠剂 20 类。常用的防腐剂是安全的,尤其是苯丙氨酸,是人体内一种生来就有的氨基酸,只在游离态时有杀菌作用,完全安全。味精名为谷氨酸钠,也是人体内大量存在的一种氨基酸的钠盐,在体内自然水解,无害,但高于 110 ℃会分解为有害物质。

8.6.4　食品安全与检测

化学的发展推动了食品工业的发展,但是,化学的研究成果却或多或少被食品掺假者所利用。联合国粮食及农业组织和世界卫生组织(FAO/WHO)1962 年成立了食品法典委员会(CAC),专司协调各国政府间食品标准化工作,凡不符合该标准的食品在其成员国内得不到保护。20 世纪中期,全球经济复苏,带动了工农业生产。盲目生产加剧了环境污染,造成了越来越严重的食品污染问题。接连不断发生的恶性食品安全事故引发了人们对食品安全的高度关注,也促使各国政府纷纷加大对本国食品安全的监管力度。化学在食品研究中的任务和作用可概括为:① 通过食品分析,研究天然食品、配方食品和加工食品的组成和特性,以及判断是否掺假和污染,以确定食品产品是否符合食品安全卫生要求和是否达到营养与感官标准。② 结合食品加工中食品成分的化学变化研究,开发食品储藏方法,延长储存期,保持其营养成分及色、香、味等感官品质,延缓食物变质时间。③ 为改进食品质量和开发新型食品提供依据,如建立合理的营养配方食品,添加某些成分开发强化食品,开发高温瞬时杀菌技术,采用无菌包装、挤压膨化等以保留较多营养成分和优良感官质量的新工艺。④ 对食品质量进行监督和管理,提供质量信息,为消费者提供食品化学知识,指导消费。

化学分析方法在食品领域早已广泛应用,而现代仪器分析技术则为阐明食品中功能成分的组成与结构提供了更加快速准确高效的手段,如原子光谱、分子光谱、电化学、X 射线衍射、核磁共振、质谱、色谱,特别是它们的联用技术,如 GC－MS、LC－MS、LC－NMR 等。在另一方面,超声提取技术、生物酶解技术、微波技术、超临界流体萃取技术、膜分离技术、大孔树脂分离技术、高速逆流色谱等已广泛应用于天然功能成分的分离提纯。

8.6.5　食品的发展趋势

采用化学、生物和现代工业技术改变食品的成分、结构与营养性,从分子水平上研究功能食品,健康而持续地发展食品的趋势是绿色食品、有机食品、便携食品及太空食品等。

1. 绿色食品

绿色食品指产自纯净、优良生态环境、按照绿色食品标准生产、实行全程质量控制并获得绿色食品标志使用权的安全、优质食用农产品及相关产品。

2. 有机食品

不同的语言中有不同的名称,国际普遍称为 organic food,或生态食品、自然食品等。FAO/WHO 的 CAC 将这类称谓各异但内涵实质基本相同的食品统称为有机食品。1939 年,Lord Northbourne 在 *Look to the Land* 中提出了有机耕作的概念,意指整个农场作为一个整体的有机组织,是生态良好的有机农业生产体系。生产和加工不使用化学农药、化肥、化学防腐剂等合成物质,也不用基因工程生物及其产物,因此,有机食品是一类真正来自自然、富营养、高品质和安全环保的生态食品。

3. 太空食品

太空食品指经特殊工艺加工而成的专供太空环境下食用的食品和饮水。太空食品要求安全、耐冲击、体积小、质量轻、营养丰富、无流动汤汁、方便进食、不含残渣等,大致有两类:一类是太空正常飞行时宇航员吃的日常食品,包括即食食品、复水食品、热稳定食品、冷冻冷藏食品、辐射食品、自然型食品和复水饮料;另一类是特殊情况下使用的特殊食品,主要有备用食品、应急食品、舱外活动食品。

4. 其他食品

功能性食品中真正起生理作用的成分,称为生理活性成分,富含这些成分的物质则称为功能性食品基料或生理活性物质。此外,“易用性”方便食品和零食日益受到欢迎,健康饮料的消费也逐年增加。未来食品正朝着合理营养、科学保健、绝对安全和伴随享受的方向发展。

8.7 化学与农林

化学与生活息息相关,化学自然也促进了农林业的发展。人口数量的急剧增长,可耕地面积的逐渐减少,人们对生活品质的要求日益提高,传统农林业的长周期、低产出、口味单一等不利因素日渐显得不能适应现代人类的需求。农林业发展中所使用的化肥、农药、育种、植物生长调节剂和农林材料及维护生态平衡都离不开化学,可以说化学对农林业的发展起着举足轻重的作用。

8.7.1 化肥

化学肥料,简称化肥(chemical fertilizer),是用化学和(或)物理方法制成的含有一种或几种农作物生长需要的营养元素的肥料,也称无机肥料,包括氮肥、磷肥、钾肥、微肥、复合肥料等,是农林业生产中不可或缺的肥源。肥料是植物的粮食,是提高农业生产的物质基础之一。肥料不仅能为植物供给营养,促进植物新陈代谢,而且还能调节土壤性质,改善土壤结构,协调土壤中水、肥、气、热等条件。因此,合理施用化肥,对于促进作物生长,提高单位面积产量和不断提高土壤肥力都是至关重要的。

植物对氮、磷、钾三种元素需求量最高,其次是钙、镁、硫及铁、锰、锌、硼、铜、钼等微量元素。常见的氮肥有:尿素$[CO(NH_2)_2]$,碳酸氢铵(NH_4HCO_3),硫酸铵$[(NH_4)_2SO_4]$,硝酸铵(NH_4NO_3)等。常见的磷肥有:磷酸一铵、磷酸二铵、磷肥、双烧磷肥、钙镁磷肥、重过磷酸钙、过磷酸钙、颗粒磷肥、富过磷酸钙、磷酸铵、白磷肥、磷酸氢钙。常见的钾肥有:氯化钾、硫酸钾、草木灰、钾泻盐等;果树生产常用的钾肥有:硫酸钾、氯化钾、窖灰钾和草木灰等。复合肥主要有:一铵(磷酸一铵)、二铵、硝酸钾、磷酸二氢钾、磷酸氢二钾,以及市面上销售的那些三元、二元的复合肥。近些年来,在肥料中添加微量元素、稀土元素增产粮食已取得很大成效。

8.7.2 农药

病虫害是农业生产的大敌。据统计,全世界每年因虫害造成的农业(含林业)损失高达13.8%,因病害使农业(含林业)损失11.6%。全世界因病虫害造成的经济损失每年均在750亿美元以上。目前,人们对付农业病虫害的主要手段有两种:化学防治和生物防治。化学防治的主要武器是农药。农药(agricultural pesticide)是指在植物保护中广泛使用的各类化学药物的总称,通常是用来保护植物免受昆虫、螨、软体动物、植物病原菌、鼠类、线虫及杂草等有害生物危害的各种无机物、有机物和生物制剂。广义的农药还包括可调节植物与昆虫生长发育、杀灭家畜体内外寄生虫及人类公共环境中有害生物的药物。优良的农药应对有害生物高效杀灭、对人畜低毒且无残留毒害、对环境友好无污染。农药从不同的角度,可以进行不同的分类。按农药性质的不同可分为化学农药、微生物农药和植物性农药;按农药的用途的不同可分为杀虫剂、杀菌剂、杀螨剂、杀鼠剂、除草剂等。

8.7.3 化学诱变育种

某些特殊的化学药剂能和生物体内的遗传物质发生作用,改变其结构,使后代产生变异,提高生物体的自然突变率,这些具有诱变能力的药剂称为化学诱变剂。化学诱变育种(chemical mutation breeding)是用化学诱变剂处理植物材料,以诱发遗传物质的突变,从而引起形态特征的变异,然后根据育种目标,对这些变异进行鉴定、培育和选择,最终育成品质优异的新品种。

化学诱变育种在作物品种改良上具有独特的作用,是目前广泛使用的一种作物育种技术,具有使用方便,特异性较强和诱变后代较易稳定遗传等特点。通过化学诱变剂对农作物诱变后代的多世代筛选、鉴定,已经直接或者间接地培育出大量具有生产利用价值的农作物新品种,在农业生产中产生了巨大的经济效益和社会效益。

1. 常用化学诱变剂及其诱变原理

常用化学诱变剂类型与特性详见表8-1。

表8-1 常用化学诱变剂类型与特性

诱变类型	代表物	诱变作用原理
烷化剂	甲基磺酸乙酯(EMS)、硫酸二乙酯(DES)、亚硝基乙基脲(NEH)	烷化剂通过烷化作用,使DNA键断裂或使碱基从DNA链上裂解下来
核酸碱基类似物	5-溴尿嘧啶(5-BU)、8-氮鸟嘌呤、咖啡碱、马来酰胺(MH)等	碱基类似物不妨碍DNA复制,作为组分渗入DNA分子中去,使DNA复制时发生配对错误
嵌入剂	EB(溴化乙啶),吖啶黄,吖啶橙,原黄素5-氨基吖啶等	分子嵌入DNA中心的碱基之间,引起单一核苷的缺失或插入,造成移码突变
其他诱变剂	HNO_2(亚硝酸)	能使嘌呤或嘧啶脱氨,改变核酸结构和性质
	NaN_3(叠氮化钠)	NaN_3是一种呼吸抑制剂,能引起基因突变

2. 化学诱变育种的特点与展望

利用化学诱变技术人工诱发遗传变异是丰富作物种质资源、选育作物新品种的重要手段之一。化学诱变育种的诱变效应通常以点突变为主,诱变专一性强,操作方法简便易行,诱变后代的稳定过程较短,可缩短育种年限,利用化学诱变剂可提高突变频率,扩大突变范围。利用化学诱变手段进行育种,可以有效改良如早熟性、株高、抗病性、籽粒品质性状(如甜、糯、含油量)等遗传比较简单的性状。这些化学诱变所特有的优点,使其在农作物育种方面得到了较为迅速的发展。但是化学诱变育种尚存在一些不足,需要进一步优化完善。如突变方向随机性大、有益突变频率较低、化学诱变剂毒性较大、具有残留效应、选择最佳浓度难度大等。另外,化学诱变育种不是一条独立的育种途径,在应用过程中,化学诱变育种还应当与其他育种方法和技术紧密结合,为更加有效、快速培育农作物新品种创造有利条件。

8.7.4 植物生长调节剂

植物生长调节剂(plant grouth regulator)是一类专门用于调节和控制植物生长发育的农药,多为激素。通过这类农药的有效使用,可调控植物的生长、发芽、生根、开花、结果、成熟,形成无籽果实,防止徒长,增强抗旱、抗寒、抗早衰和抗倒伏能力等多种生理作用。如控制植物生长的矮壮素、促进草坪生长的草坪促茂剂、改造观赏植物株型的助壮素等。生长调节剂按其作用特点,又可分为生长素类、赤霉素类、细胞分裂素类、成熟素(乙烯)类和脱落酸类等。

这些天然内源激素各有独特的生理调节功能,彼此间有相互增强或相互拮抗作用,达到平衡就能使植物正常生长发育,失去平衡就会出现不正常生理变化。目前能直接作为植物生长调节剂利用的天然激素尚只有赤霉素一种(可以用发酵方法大量生产)。一般的植物生长调节剂多是用人工合成的模拟或改变天然化合物结构的类似物。这些类似物通常是模拟天然物质的原型,既可以起到天然物的作用或效应,又可以避免有害的副作用。利用这种有生理作用的物质可以起到事半功倍的效果。

8.7.5 农用材料

当前,农用新材料主要是高分子材料。用塑料制造的各种农具及输水管道因具有不生锈、轻盈、光滑、耐用、便宜等优点而日益普及。农用塑料薄膜更是广泛使用,1999 年我国农膜消费量为 90 万吨,其中耐候、耐低温、防雾滴高档农膜约为 14 万吨。地膜覆盖用于早稻育秧、作物防霜、防暑,使作物早产、高产。塑料薄膜的应用曾被称为农业上的"白色革命",但现在"白色革命"已形成"白色污染"。为了减少污染,现在已有生物降解、光降解的塑料薄膜生产,其降解产物可作为肥料并能改良土壤。另外,用油状的聚醚树脂倒入水田(一亩只要一墨水瓶的量)便可使稻田保温,并可防止水分蒸发。将聚醚树脂喷于成熟的香蕉、苹果、梨子等水果上,可在水果表面形成一层薄膜,可防止水果在贮藏、运输过程中风干、腐烂变质。将泡沫塑料制成极细的粉末,作为水汽的凝结中心用飞机喷洒或利用火箭发射至云中,可实现人工降雨,其成本比用干冰(固体二氧化碳)便宜得多。

8.7.6 农副产品的综合利用

农副产品以其供应充足、廉价而被认为是精细化工产品及燃料的最重要的自然资源之一。农副产品的综合利用涉及面十分广泛,将农林废料、木材加工废物、造纸工业废料、城市垃圾等原料用化学和生物方法处理,将它们转化为精细化工品和液体燃料,既可扩大原料来源,提高天然资源附加值,又可进行环境保护和防止社会公害;既有经济效益,又兼顾了生态效益和社会效益,可谓一举多得。科学研究表明,地球上的植物类群和农林业残渣是最丰富的再生资源。世界上每年能形成约 0.15 T t(1.5×10^{11} t)的植物资源,这些植物资源能储存 62.8 PJ(6.28×10^{16} J)的太阳能,可固定 0.5 Tt(5×10^{11} t)有机碳,是地球上天然气、石油和煤总量的 20 倍,因此,农林副产品的综合利用十分重要,具有广阔的发展前景。

1. 农副产品的分类

农副产品是由农业生产所带来的副产品,包括农、林、牧、副、渔五业产品,分为粮食、经济作物、竹木材、工业用油及漆胶、禽畜产品、蚕茧蚕丝、干鲜果、干鲜菜及调味品、药材、土副产品、水产品等若干大类,每个大类又分若干小类。

2. 农副产品的化学组成

农副产品的化学组成极其复杂,通常可分为两大类:一类是天然高分子聚合物及其混合物,如纤维素、半纤维素、淀粉、蛋白质、天然橡胶、果胶和木质素等;另一类是天然小分子化合物,如生物碱、氨基酸、单糖、抗生素、脂肪、脂肪酸、激素、黄酮素、醌类、甾族化合物、萜烯类和各种碳氢化合物。尽管天然小分子化合物在植物体内含量甚微,但大多具有生理活性,因而具有重要的经济价值。

3. 农副产品综合利用新技术

农副产品综合利用需要高新制备技术、分离提取技术、浓缩技术和干燥技术等,化学原理及化工工艺是这些技术能成功运用的关键因素之一。限于篇幅,本节仅做以上简单介绍,详情请参照李全宏主编的《农副产品综合利用》等相关资料。

8.8 化学与海洋

全球海洋总面积约 3.61 亿平方千米,约占地表总面积的 71%。海洋的容积约 13.7 亿立方千米,相当于地球总水量的 90%。海洋中蕴藏着丰富的化学知识,水产资源是人类社会经济发展和人类生存环境的重要组成部分。

海洋化学(marine chemistry)是研究海洋各部分的化学组成、物质分布、化学性质和化学过程,并研究海洋化学资源在开发利用中所涉及的化学问题的科学。

8.8.1 海水中的化学元素

海水被公认是具有胶体化学特性和生物特性的电解质水溶液。在海水中,水占 96.5%,

其余是各种各样溶解和悬浮的盐类、矿物和有机物质,还有来自大气中的氧气、二氧化碳、氮气等各种溶解的气体。世界海洋中平均盐度为35,其总盐量约为$48×10^{15}$ t。目前海水中已发现的化学元素超过80种,主要有Cl、Na、Mg、S、Ca、K、Br、C、Sr、B、F 11种,占海水中所有溶解成分的 99.9%以上,称为海水中主要(或常量)溶解成分。其余的元素含量甚微,称为海水微量元素,它们广泛地参与海洋生物地球化学过程。海水中 N、P、Si 元素的盐,是海洋生物所必需的成分,称为海水营养盐。其实,除上述之外,C、Fe、Cu、Mn 及其他一些金属和非金属,也都参与海洋生物地球化学循环,也可称为广义的营养元素。溶解于海水中的氧气、二氧化碳等气体不仅对海洋生物的生存极为重要,而且因"温室效应"造成对气候的影响而为世人所瞩目。

世界海盐年产总量4000万吨左右。我国1978年产量为1540万吨,居世界首位。这一格局至今没有大的变更。海盐生产除了沿用盐田法外,目前已用工业高效蒸发、电渗析等方法生产海盐。总的趋势是后者必将替代前者。因为城市人口的剧增,且向超级大城市发展,造成工业用水和农业用水加剧;同时沙漠化现象在一些干旱地区扩大、缺水现象也日益严重。水资源缺乏已成为某些地区工业化的严重挑战和关键制约。我国的情况亦然,从经济考虑,海水综合利用是必由之路。

8.8.2　海水中的营养盐

1. 氮

海水中的氮包括大量的无机和有机氮化合物,海水中氮气几乎处于饱和状态,但氮气不能被绝大多数的植物所利用,它只有转换为氮的化合物后,才能被植物吸收。海水中有机氮主要为蛋白质、氨基酸、脲和甲胺等一系列含氮有机化合物。此外,海洋中含有活着的生物的和不溶于海水的颗粒氮。

2. 磷

磷是海洋生物必需的营养要素之一。磷以不同的形态存在于海洋水体、海洋生物体、海洋沉积物和海洋悬浮物中。海水中磷的化合物有多种形式,如溶解态无机磷酸盐、溶解态有机磷化合物、颗粒态有机磷物质和吸附在悬浮物上的磷化合物。通常以溶解的无机磷酸盐为主要形态。

3. 硅

海水中硅的存在形式颇多,有可溶性的硅酸盐、胶体状态的硅化合物、悬浮硅和作为海洋生物组织一部分的硅等。其中以可溶性硅酸盐和悬浮二氧化硅两种为主。

8.8.3　海水中微量元素与重金属元素

微量元素(或痕量元素)是相对常量元素而言的。除上述11种海水中常量溶解成分和N,P,Si营养元素以外的其他元素都属于这一类。它们在海水中的含量非常低,仅占海水总含盐量的 0.1%,但其种类却比常量组分多得多。其中有两种微量元素意义特殊:一种是铀(U),另一种是锂(Li)。铀是重要的战略性资源,地球储量有限,且大多集中在海洋中,约有 45 亿吨之多,是陆地铀储量的千倍以上,但是浓度极低,仅为 3.3 μg·dm^{-3},必须研发新的技术来提升它的利用价值。锂是最轻的金属元素,具有与其他金属不同的理化性质,用途非常广泛。随着锂离子电池的兴起及"碳中和"期限的临近,对锂的需求也与日俱增。海水中的锂含量超过 2000 亿吨,是陆锂资源的近万倍,但同样由于海水中锂浓度低,约为 $170 \mu g \cdot dm^{-3}$,尚待有简便高效的方法来提取和利用。所谓重金属元素,一般指密度大于 $5.0 g \cdot dm^{-3}$ 的金属元素,如铜、铅、锌、镉、汞、铬、锡等。这些金属元素大多具有较强的地球化学活性和生物活性,是海洋化学研究的热点之一。重金属元素具有"两性":一方面它们是生物体生长发育所必需的元素,如作为催化剂可激发或增强生物体中酶的活性;另一方面,这些重金属元素一旦过量会对生物体产生毒性效应。

8.8.4　海洋有机物

1. 氨基酸类

氨基酸类包括各种酸性的、中性的和碱性的氨基酸。它们在大洋水中的总含量为 $5 \sim 90 \mu g \cdot dm^{-3}$,但在近海或生物生产力高的海域,总含量可高达 $400 \mu g \cdot dm^{-3}$。它们在海水中通常以肽的形式存在,主要由动物蛋白和植物蛋白降解而来。海水中的溶解氨基酸大部分是结合氨基酸,以肽的形式或较高相对分子质量化合物的形式存在,颗粒态氨基酸主要由活体浮游植物及其分解碎屑组成。

2. 糖类

海水中溶解态碳水化合物主要来自表层水中的浮游植物。种类包括单糖和多糖,在海水的糖类中,多糖的含量通常较高。大洋中的糖类,已确定的有葡萄糖、半乳糖和甘露糖等各种己糖、鼠李糖、木糖和阿拉伯糖等戊糖及糖醛酸等。糖类的总含量为 $200 \sim 600 \mu g \cdot dm^{-3}$。个别糖类的含量只有几到几十微克每立方分米。

3. 腐殖质

腐殖质是地球表面分布最广的天然有机物质之一,它广泛存在于土壤、煤炭、沉积物和天然水中,是一类结构复杂的高分子聚合物。组分中重要的活性基团有羧基、羰基、羟基、酚羟基、氨基和醌基等,它们赋予腐殖质特有的反应活性。海水中的腐殖质是海洋有机物的主要组成部分,由于会赋予海水以黄色而被称为"黄色物质(Gelbstoff)",对海洋中生物学、环境化学和地球化学的变化过程具有重要影响。沉向海底的腐殖质对生物降解和生化氧化相当稳定,而对难溶的金属盐则具有较强的溶解性,所以在沉积物的地球化学史中起着重要的作用。它是海洋中浮游生物排泄的 OM(有机物质)和它的残体经转化、分解和合成的不易再分解的产物,其最后的结构在很大程度上取决于微生物的活动,在海水有机物中占有的比例为 $60\% \sim 80\%$。

4. 烃和氯代烃

烃和氯代烃在海水中以溶解态和颗粒态存在,包括饱和脂肪烃、不饱和脂肪烃、饱和脂环烃、不饱和脂环烃、芳香烃等,种类繁多,结构复杂。它们通常是海洋有机物循环过程中的最终稳定产物。

5. 维生素类

维生素类主要由细菌产生,还会来源于浮游植物和某些生长期的藻类,其种类比较复杂。

8.8.5　海洋同位素

海洋同位素化学是同位素与海洋化学相互渗透结合而成的交叉分支边缘学科,主要研究海洋中同位素的来源、含量、分布、分析和分离,化学物种存在形式,迁移变化规律和在海洋学各分支学科中的应用。它可以揭示海洋的发展历史。

8.8.6　海洋化学资源的综合利用

海水综合利用的前景是诱人的,也是切实可行的。例如,用于国防和原子能发电的核燃料铀和作为热核能源的氘和锂,海洋储量都很丰富,但含量都很低,综合利用成本很高。如果超高温核聚变问题一旦解决,人类将真正获得可谓"取之不尽"的能源。

海水综合利用当然还应包括海洋天然有机物资源,如海豚毒素、阿糖核苷、沙蚕毒素、前列腺素(PG)及其衍生物等,对世界上一些疑难病症,如癌症、心血管疾病等均有奇效。目前,已经开辟了海洋药物这一新学科。

海水中化学资源的综合利用领域:一方面可提取出我国紧缺的基础化学物资;另一方面可消除浓海水排入海洋对海洋的污染。这将有利于海水资源的有效利用,有利于企业综合效益的提高,综合开发利用海水中化学资源,是解决我国人口众多、资源贫瘠、环境与发展等问题的重要途径和手段,是沿海省市国民经济可持续发展的重要支撑条件。

综合利用海水,将生产淡水、海盐、溴素(和含溴精细化学品)、钾肥、镁肥(和氢氧化镁等)、发电及微量元素提取等工艺,进行有效链接联产,将可改变传统的产业、产品结构,降低土地、能源、淡水等的综合消耗,充分发挥海水资源利用的潜力。

当然,海洋中鱼类及其他生物是人类最早且一直作为重点开发的水产资源,也是水产化学研究的主要对象。

8.9　化学与地矿

在人类的生存和发展过程中,人类无时无刻不从地球采集和利用资源,也无时无刻不在影响和改造着地球。20世纪初,地球化学(geochomistry)学科诞生,特别是第二次世界大战后发展迅速,主要表现在地球化学成为独立的交叉学科。地球化学的任务由解决矿藏资源问题发展到解决地球科学问题。并建立了较完整的地球化学理论体系,成为当前国际地球科学重要前沿领域。

地球化学历经 80 余年的历史,人们对它的研究范围和任务的认识已经有了一定的演变和发展:早期研究元素主要解决成岩和成矿作用问题,现今主要通过研究地球的化学组成、化学作用和化学演化,解决地球、地圈、太阳系、行星的形成演化历史。现代学者对地球化学认识的进展,一方面表现为学科研究范围的扩大,另一方面对地球化学研究的着眼点也从"地壳中的原子"和"元素的行为"发展为地球的"化学组成""化学演变",甚至"地球和行星演化中的所有化学方面"。目前,地球化学研究正在经历三个较大的转变:由大陆转向海洋;由地表、地壳转向地壳深部、地幔;由地球转向球外空间。

8.9.1　地球的结构及其化学组成

1. 地球结构

地球物理学资料是建立地球内部结构最重要的基础。依据地震波传播速度在地球内部的变化和显示出的间断面,以及地球内部物质密度等的不均匀分布,人们已得出地球具有圈层结构的认识,即地球是由地壳、地幔和地核等不同层圈组成的,地球结构模型如图 8-4。

2. 地壳的化学组成

地壳可分为大陆地壳和大洋地壳。大陆地壳厚度大,平均为 33 km,由硅铝层和硅镁层组成,是双层结构;大洋地壳厚度薄,一般只有 5~6 km 厚,仅有硅镁层,是单层结构。大陆地壳覆盖地球表面的 45%左右,大陆地壳的质量占整个地壳质量的 79%,加之大陆是人们生活和获取资源的主要场所,因此大陆地壳是地壳化学组成研究的中心。

大陆地壳由演化的、低密度的岩石组成,使大陆高于海平面。大陆地壳这种演化的成分在太阳系是独一无二的,也明显有别于洋壳和地幔成分。虽然大陆地壳在质量上仅占整个地球总质量的

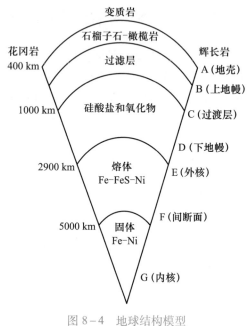

图 8-4　地球结构模型

0.35%,但最重要的不相容元素(如 Cs、Rb、K、U、Th 和 La)在大陆地壳中的总量占地球中这些元素总量的 20%以上,因此大陆地壳是一个重要的地球化学储库。

3. 矿物的化学组成

自然界中,矿物的化学组成是十分复杂的,根据元素结合的基本形式,可分为单质和化合物两种类型。

(1) 单质　单质由同种元素自相结合而成,称为自然元素矿物,如自然金、自然铜、石墨、自然硫等。这类矿物在自然界中分布不多。

(2) 化合物　化合物是由两种或两种以上的元素化合而成。绝大多数的矿物属于此类。根据元素化合的方式,可分为

① 简单化合物。由阴、阳离子结合而成,如食盐($NaCl$)、赤铁矿(Fe_2O_3)、氧化锑(Sb_2O_3)等。另外,还有一些含酸根的化合物,如方解石($CaCO_3$)、重晶石($BaSO_4$)等,也可归入此类。

② 复杂化合物。由两种阳离子或两种阴离子(含配阴离子)所组成,如黄铜矿[$CuFeS_2$]、白云石[$CaMg(CO_3)_2$](又称复盐)等。复杂化合物也可以是由两种或两种以上的简单化合物按一定的比例组合而成,如黄铜矿可看成是 CuS 和 FeS 的组合,白云石是 $CaCO_3$ 和 $MgCO_3$ 的组合。

8.9.2 同位素揭示了地球的发展历史

地球在形成宏观地质体的同时,还发生了同位素成分的变异。这种变异记录着地球物质作用发生的时间和条件,同位素化学为研究地球的成因与演化,包括地质时钟、地球热源、大气圈-海洋的相互作用、壳幔相互作用及壳幔演化、成岩成矿作用、构造作用及古气候和古环境记录等方面都提供了重要的有价值的信息。为地球科学从定性到定量的发展做出了重要贡献。

自然界的同位素按其原子核的稳定性可以分为放射性同位素和稳定同位素两大类。

放射性同位素的原子核是不稳定的,它们以一定方式自发地衰老变成其他核素的同位素。稳定同位素的原子核是稳定的,或者其原子核的变化不能被觉察。目前,凡原子能稳定存在的时间大于 $10^{17}a$ 的就称为稳定同位素,反之则称为放射性同位素。

稳定同位素又分为轻稳定同位素和重稳定同位素。轻稳定同位素的特点是:① 相对原子质量小,同一元素的各同位素间的相对质量差异较大。② 轻稳定同位素组成变化的主要原因是同位素分馏作用所造成的,其反应是可逆的。重稳定同位素的特点是:相对原子质量大,同一元素各同位素间的相对质量差异小(0.7%~1.2%),环境的物理和化学条件变化通常不导致重稳定同位素组成改变;同位素组成的变化主要是由放射性同位素衰变造成的,这种变化在地球历史的演变中是单方向进行的、不可逆的。因此,地质体中重稳定同位素的组成变化常用来研究地球、地质体的演化和成岩成矿作用等,是一个极为重要的地球化学参数和示踪剂。

8.9.3 元素的迁移和循环

元素的重新组合常伴随元素的空间位移及元素在系统不同部分状态的转化,这样的过程称作元素的地球化学迁移,它是包含了体系物理化学条件和迁移介质特性等制约关系变化的动态过程。元素的分布、分配、共生组合和分散、集中等特征,实质上是自然界原子结合、转化及迁移运动的结果和表现。元素迁移的自然过程是难以直接观察的,但是只要系统地对比各种地质和地球化学的实际资料,研究产生实际结果的原因和条件,就能够得出元素的迁移规律。例如,通过对一条矿脉的考查,根据矿体和相关岩石中在成矿前后元素含量的变化及围岩的蚀变特征,就能追踪元素迁移的过程;通过矿脉中矿物形成的化学反应可以推断成矿流体的组成和性质;综合对反应和过程的认识,可以判断元素发生活化、转移和富集的化学机制。

8.9.4 现代化学与地矿研究

20 世纪 70 年代以来,现代化学与地矿的主要特征可概括如下:

① 各种精密、灵敏、高效的分析技术不断引入,微区、微量分析(X 射线荧光分析、等离子发射光谱、精密质谱仪、电子探针等)和实验模拟技术不断得到改进;随着宇航、超深钻、深海探测等研究的进展,人类得以更全面深入地观察和认识地球。

② 基础科学成果的引入和广泛运用,提高了对地球化学的理解能力和认识深度。如化学热力学、化学动力学和量子力学新理论的引入,以及登月、陨石资料的积累等,促使化学与地矿突破了原来的研究范围,并向定量化、模型化、预测化的方向大大地跨进了一步。

③ 随着电子计算机的普及和电子技术的不断提升,化学与地矿"正在进入一个对自然过程进行全面、广泛的数字模拟的阶段"。

④ 化学与地矿在解决与人类息息相关的诸如矿产资源、能源、环境以及地震等问题方面提供了重要途径,做出了实际贡献。

8.9.5 现代化学与地矿的发展趋势

① 由经验性研究向理论化方向发展,化学与地矿已有可能将对地壳和地幔中化学作用的研究与模拟实验研究相结合,也就是将逆向研究与正向研究相结合。

② 不断引用相邻学科的最新理论和技术,使化学与地矿研究继续由定性研究向定量研究发展。

③ 为避免单项研究造成结论的多解性,研究正在向与地球科学系统内其他学科及与相邻学科间密切结合的方向发展。

④ 以地球化学理论、方法的不断发展为支持,积极参与地球和生命的起源、地幔柱的活动、地球动力学、造山带形成、地壳和大气圈的形成和演化等重大基础课题的研究等。

8.10　化学与冶金

8.10.1　冶金概述

冶金(metallurgy)就是从矿石中提取金属或金属化合物,用各种加工方法将金属制成具有一定性能的金属材料的过程和工艺。冶金在我国具有悠久的发展历史,从石器时代到随后的青铜器时代,再到近代钢铁冶炼的大规模发展。人类发展的历史就融合了冶金的发展。随着物理化学在冶金中的成功应用,冶金从工艺走向科学。从科学本质来看,冶金的主要过程均是化学反应过程,其相关规律也符合物理化学的规律。因此化学与冶金密不可分。同时与冶金相关的金属材料及工艺过程(热处理、焊接、锻压、铸造等)与化学也联系紧密。

冶金从古代陶术中发展而来,首先是冶铜。铜的熔点相对较低,随着陶术的发展,陶术需要的工作温度越来越高,达到铜的熔点温度。而在陶术制作过程中,在一些有铜矿的地方制作陶术,铜自然成了附生物质而被发现。随着经验慢慢地积累,古人也逐渐掌握了铜的冶炼方法。

从地球化学的本质来看,40 亿~50 亿年前,茫茫宇宙中诞生了地球。宇宙好比是一个高温冶炼炉,将还原的金属向中心聚集,沉在地球中心的就成为地核(Fe、Ni 金属熔体),然后金属的表面形成硫化物层(熔锍),再在表面形成氧化物层(渣),最后在金属熔体及渣的外表面包围一层大气层(相当于温度压力气氛),于是人类赖以生存的地球形成了。在其整个形成过程中,基于化学反应的冶金过程贯穿始终。

8.10.2　冶金过程与化学

冶金的技术主要包括火法冶金、湿法冶金及电冶金。

　　火法冶金是在高温条件下进行的冶金过程。矿石或精矿中的部分或全部矿物在高温下经过一系列物理化学变化,生成另一种形态的化合物或单质,分别富集在气体、液体或固体产物中,达到所要提取的金属与脉石及其他杂质分离的目的。实现火法冶金过程所需热能,通常是依靠燃料燃烧来供给,也有依靠过程中的化学反应来供给的,比如,硫化矿的氧化焙烧和熔炼就无需由燃料供热;金属热还原过程也是自热进行的。火法冶金包括:干燥、焙解、焙烧、熔炼,精炼,蒸馏等过程。

　　湿法冶金又称水法冶金,是在溶液中进行的冶金过程,涉及溶液化学的很多实际反应过程。湿法冶金温度不高,一般低于 100 ℃,包括:浸出、净化、制备金属等过程。浸出用适当的溶剂处理矿石或精矿,使要提取的金属成某种离子(阳离子或配阴离子)形态进入溶液,而脉石及其他杂质则不溶解,这样的过程叫浸出。浸出后经沉清和过滤,得到含金属离子的浸出液和由脉石矿物绢成的不溶残渣(浸出渣)。对某些难浸出的矿石或精矿,在浸出前常需要进行预备处理,使被提取的金属转变为易于浸出的某种化合物或盐类。例如,转变为可溶性的硫酸盐而进行的硫酸化焙烧等,都是常用的预备处理方法。在浸出过程中,常有部分金属或非金属杂质与被提取金属一道进入溶液,从溶液中除去这些杂质的过程叫作净化。制备金属是用置换、还原、电积等方法从净化液中将金属提取出来的过程。湿法冶金就是对金属矿物原料在酸性介质或碱性介质的水溶液进行化学处理或有机溶剂萃取、分离杂质、提取金属及其化合物的过程。湿法冶金作为一项独立的技术是在第二次世界大战时期迅速发展起来的,在提取铀等一些矿物质的时候不能采用传统的火法冶金,而只能用化学溶剂把他们分离出来,这种提炼金属的方法就是湿法冶金。

　　现代的湿法冶金几乎涵盖了除钢铁以外的所有金属提炼,有的金属其全部冶炼工艺都属于湿法冶金。但大多数是矿物分解、提取和除杂采用湿法工艺,最后还原成金属采用火法冶炼或粉末冶金完成。湿法冶金萃取效率极高,对于分配系数差异较小的两种物质也能轻松分离。该法适用范围广,可用于液液萃取的所有应用领域,节约成本,设备占地面积小,节省溶剂,易工艺放大,可轻松实现从试验级到生产级的放大,安全环保,仪器密闭性好,溶剂不易挥发,不产生固体废弃物,工作灵活,运行中途可停止,并不影响分离效果。它是利用某种溶剂,借助化学作用,包括氧化、还原、中和、水解及配位等反应,对原料中的金属进行提取和分离的冶金过程。湿法冶金包括下列步骤:① 浸取,将原料中有用成分转入溶液;② 浸取溶液与残渣分离,同时将夹带于残渣中的冶金溶剂和金属离子洗涤回收;③ 浸取溶液的净化和富集,常采用离子交换和溶剂萃取技术或其他化学沉淀方法;④ 从净化液提取金属或化合物。在生产中,常用电解提取法从净化液制取金、银、铜、锌、镍、钴等纯金属。铝、钨、钼、钒等多数以含氧酸的形式存在于水溶液中,一般先以氧化物析出,然后还原得到金属。

　　许多金属或化合物都可以用湿法生产。湿法冶金在锌、铝、铜、铀等工业中占有重要地位,目前世界上全部的氧化铝、氧化铀、约 74%的锌、近 12%的铜都是用湿法生产的。地壳中可利用的有色金属资源品位越来越低,这些金属的提取将更多地依赖于湿法冶金。湿法冶金的优点是原料中有价金属综合回收程度高,有利于环境保护,并且生产过程较易实现连续化和自动化。

　　电冶金是利用电能提取金属的方法。根据利用电能效应的不同,电冶金又分为电热冶金和电化冶金。其中电化冶金(电解和电积)是利用电化学反应,使金属从含金属盐类的溶液或熔体中析出。前者称为溶液电解,如铜的电解精炼和锌的电积,可列入湿法冶金一类;后者称为熔盐电解,不仅利用电能的化学效应,而且也利用电能转变为热能,借以加热金属盐类使之成为熔体。

8.10.3　冶金理论与化学

冶金物理化学(metallurgical physical chemistry)是全部冶金过程的理论基础,冶金物理化学可以分为冶金热力学和冶金动力学。

冶金热力学利用化学热力学原理,研究冶金中反应的可能性(反应方向);确定冶金反应过程的最大产率(反应限度);找出控制反应过程的基本参数(T, p, c_i)。冶金热力学的局限性是:所确定的冶金过程的条件是必要的,但不是充分的。应用冶金热力学可以确定冶金体系状态变化前后焓、熵及吉布斯自由能等热力学参数的变化。冶金热力学还应用于确定冶金反应进行的条件和方向。应用热力学可以确定冶金体系状态变化时,过程进行的限度及与其影响因素的关系。应用标准平衡常数可以计算在一定的热力学条件下(如温度、压力恒定)反应能进行的限度和生成物的理论最高产量。冶金反应一般都包括一系列基元反应。通过添加催化剂,可以改变反应的机理,从而改变冶金反应的速率。从机理和速率的角度来研究冶金反应的规律及其影响因素属于冶金动力学的研究范畴。

冶金动力学是利用化学动力学与传输原理,研究冶金过程的机理;确定各基元反应及总过程的速率;找出反应过程的限制环节。冶金动力学的作用:提供了冶金反应过程研究内容的完备性,提供了反应的充分性条件。冶金热力学和冶金动力学两者研究内容不同,但它们相辅相成,互相补充。掌握冶金热力学与动力学对于开发冶金新工艺、新技术及现行工艺过程的优化非常重要。

我国冶金物理化学研究已形成了自己的特点。在多金属矿综合利用物理化学、冶金热力学、计算冶金物理化学、冶金熔渣理论、材料物理化学、二次资源综合利用物理化学和环境化学等分支领域都取得了可喜的成绩。应用冶金热力学和动力学理论,指导了我国多金属矿共生矿综合提取中的工艺流程和技术路线等方面的研究工作。

8.11　化学与体育

体育(sports)在很多方面与化学密切相关。例如,体育器材的材质(包括影响运动成绩的游泳衣等)、运动环境的物质组成、运动员的饮食起居,当然还有为追求成绩而违规使用的兴奋剂等,都离不开化学。

兴奋剂,常被用来在短期内提高运动成绩。是通过强加的方法来改变身体的机能,这将破坏身体平衡,造成身体原有功能受到抑制,形成对药物不可恢复的长期依赖,甚至导致猝死的发生。兴奋剂问题是盛名、厚利、重奖刺激带来的负效应,它已成为当代竞技体育的"癌症"。兴奋剂及其检测已经成为体育界乃至全社会关注的问题。兴奋剂在英语中称"dope",

原义为"供赛马使用的一种鸦片麻醉混合剂"。由于运动员为提高成绩而最早服用的药物大多属于兴奋剂药物——刺激剂类,所以尽管后来被禁用的其他类型药物并不都具有兴奋性(如利尿剂),甚至有的还具有抑制性(如β-阻断剂),国际上对禁用药物仍习惯沿用兴奋剂的称谓,实际上是对禁用药物的统称。世界反兴奋剂机构于 1999 年成立。尽管国际体坛进行了积极的反兴奋剂运动,但兴奋剂的使用仍是有增无减,而且使用方法更加巧妙、隐蔽。据估计,世界各国一流选手中有 6%的人使用兴奋剂。兴奋剂对运动员的危害及危害机理有很大的不可知性,兴奋剂的监测也面临着严峻的挑战。本节将主要讨论体育运动中违禁药物兴奋剂相关的化学或生物化学问题。

8.11.1　兴奋剂的分类

目前,兴奋剂分为七大类。虽然在分类时的表述有所不同,但基本上是按照这些物质的药理作用来分类的。不同种类的兴奋剂对人体的作用机理不同。

1. 刺激剂

刺激剂是对中枢神经系统有强烈兴奋作用的药物,包括苯丙胺、可卡因、麻黄素等。刺激剂可以提高神经系统的兴奋性、增加肌体新陈代谢,使运动者的行为和能力直接得到迅速调整。这类药物按药理学特点和化学结构可分为精神刺激药、拟交感神经胺类药物、咖啡因类、杂类中枢神经刺激物质四类。由于促进葡萄糖、糖原和脂肪酸代谢,导致能量更快地消耗,并掩盖疲劳所致过度的兴奋与焦虑,会影响运动者的判断能力而使运动中受伤的概率大大增加,造成致命性心律失常、心肌梗死、脑梗死等,甚至会引起猝死。另外,大量服用还可引起失眠、焦虑、神经过敏、慌乱、攻击行为、偏执狂、幻觉等。

2. 类固醇同化激素

所有的合成雄性激素类固醇都有与睾酮相似的化学结构,因而具有与睾酮类雄性激素相似的生理作用,能够促进蛋白质的合成、减少分解代谢,因而合成类固醇兴奋剂能够加速肌肉增长,提高肌肉力量。是目前运动员使用频率最高、范围最广的一类兴奋剂(如大力补、康力龙、苯丙酸诺龙等)。这些药物有一定的兴奋作用,也可促使运动员比赛后尽快恢复体力。服用后,会干扰人体的自然激素平衡,造成人体内分泌紊乱。男性服用后会抑制雄性激素分泌,造成睾丸缩小、早衰等;女性服用后可产生男性化,造成月经失调、毛发增多等;过多使用还会引起血液中高密度脂蛋白浓度降低,使人易患心血管疾病,损害肝、肾功能,诱发肝癌,严重损害身心健康。

3. 利尿剂

利尿剂是通过影响肾脏的尿液生成过程,来增加尿量排出,从而缓解或消除水肿等症状。主要目的有通过快速排除体内水分来减轻体重;通过加速排泄过程以尽快减少体液和排泄物中其他兴奋剂代谢物,造成药检的假阴性,逃避处罚。理论上讲,利尿剂还能够迅速减轻体重,使运动员参加较低级别的比赛,获得较高的名次;体操、赛马、冰上运动员服用使体重减轻后,利于各种高难动作的完成,提高比赛成绩。但大剂量和长期使用会导致尿中的电解质过度流失,引起人体电解质紊乱,产生低血钾、低血钠、高尿酸、高血糖等症,也会引起腹部和小腿肌肉痉挛,甚至导致心律不齐或心脏衰竭而危及生命。

4. 麻醉止痛剂

按药理学特点和化学结构可分为哌替啶类和阿片生物碱类两大类。药物通过直接作用于中枢神经系统而抑制疼痛的产生,可提高痛阈。常会使运动员产生欣快感和错觉,想尽量表现自己,不顾严重的伤病,继续参加运动,结果造成更严重的机体组织损伤。长期使用会成瘾,导致严重的性格改变,还出现冷漠、神思恍惚、头昏、烦躁不安和低血压等副作用。超剂量服用可出现呼吸抑制症、昏睡等现象,甚至造成生命危险。

5. β – 阻断剂

以抑制性为主。体育运动中多用于需要平稳的射击、射箭、体操、滑雪等项目。作用为降低血压,减慢心率,减少心肌消耗氧量,增加人体平衡功能和耐力,也适于长跑运动员,其镇静作用能消除运动员的赛前心理紧张。长期服用会抑制心肌的收缩力,导致心力衰竭、心源性休克、肺水肿等,严重威胁运动员的生命安全。

6. 内源性肽类激素

肽激素及其类似物,包括绒毛膜促性腺激素、促肾上腺皮质激素、人体生长激素和促红细胞生长素等。

7. 血液兴奋剂

又称为血液红细胞回输技术,通过异体同型输血来达到短期内增加血红细胞数量,从而达到增强血液载氧能力,能使红细胞数量等血液指标的升高可延续 3 个月。

8. 基因兴奋剂

通过基因治疗的方式将优势基因或 DNA 导入运动员靶细胞内。包含在患者身上插入人工基因片段,而此人工基因片段能产生合成蛋白质的 RNA。其最大的问题是缺乏对人工插入基因表达的控制,且不完全清楚它是否还有预期以外的其他效应。

8.11.2　兴奋剂的危害

使用兴奋剂会对人的身心健康产生许多直接的危害,不同种类和不同剂量的禁用药物,对人体的损害程度也不相同。除了对运动员的生理和心理产生危害之外,还会对社会产生不良影响。

1. 生理危害

表现为严重的性格变化、药物依赖性、细胞和器官功能异常、过敏反应、免疫力的损害、引起各种感染(如肝炎和艾滋病)。会使服用者心力衰竭、激动狂躁,成年女性男性化,男性过早秃顶、前列腺炎、前列腺肥大、患糖尿病或心脏病等。使用兴奋剂的危害主要来自激素类和刺激剂类的药物,而且许多有害作用在数年之后才表现出来。

2. 心理危害

现代体育运动最强调公平竞争的原则,这意味着"干净的比赛"、正当的方法和光明磊落的行为。使用兴奋剂既违反体育法规,又有悖于基本的体育道德。兴奋剂可引起中毒症状,包括心动过速、瞳孔扩大、血压升高、反射亢进、出汗、寒战、恶心或呕吐,及异常行为,如斗殴、夸大、过度警觉、激越和判断力受损。长期使用会导致人格改变,如冲动、攻击、易激惹和猜疑,也可导致妄想性精神病。长期或大量使用后停用,可产生戒断综合征,表现为抑郁心境、疲劳、睡眠障碍和梦多。

3. 社会危害

在竞技体育中,服用兴奋剂会造成运动员之间的不公平竞争,也给广大青少年树立不好的形象,在社会上产生不良的影响,甚至会滋生腐败。

8.11.3 兴奋剂的检测

目前兴奋剂的检测方式仍是尿检为主,血检是辅助尿样中难于检测的违禁物和违禁方法。

1. 尿样检测

取样方便、对人无害、尿液中的药物浓度高于血液中的药物浓度、干扰少。过程如下:

(1) 采取尿样　运动员当着一名同性检查官或陪护员的面,留取至少 75 mL 尿量,自己从几套未使用过有号码的密封样品瓶(A 和 B)中挑选一套,先将尿液倒入 A 瓶 50 mL,再倒入 B 瓶 25 mL。经检查官员检测留尿杯中残留的尿,若尿相对密度低于 1.010 或 pH 不在 5~7 之间,则运动员必须留取另一份尿样。运动员盖紧并加封 A 瓶和 B 瓶后,将瓶子号码和包装运输盒密封卡号码记录在检查记录单上,然后将 A 和 B 瓶装入包装盒并插入防拆密封卡。

(2) 筛选与确认分析　分析大体分筛选和确认两个过程。筛选即对所有的样本进行过筛,当发现某样本可疑有某种药物或其代谢产物时,再对此样本进行该药物的确认分析,这时尿样要重新提取,此提取过程与空白尿(即肯定不含有此药物的尿液)和阳性尿样(即服用过该药物后存留的尿样)同时进行,以保证确认万无一失。分析过程中按药物的化学特征和分析方法将所有药物分成四类,包括以游离形式排泄的易挥发性含氮化合物(主要是刺激剂)、以硫酸或葡萄糖醛酸结合的难挥发性含氮化合物(主要是麻醉止痛剂,β-阻断剂和少数刺激剂)、化学结构和特性特殊的刺激剂(咖啡因,匹莫林)和利尿剂、合成类固醇及睾酮。

尿样进入实验室,首先进行尿样 pH 和相对密度测定,然后进行筛选分析,主要是化学提取和仪器分析两步,最后由计算机打出检测报告。

2. 血样检测

血样检测的日的主要是补充尿样分析方法的不足,目前尚处于研究探索阶段,目前仅用于血液回输、红细胞生成素、生长激素、绒毛膜促性腺激素、睾酮等的测量。兴奋剂进入人体后,大部分都先进入血液,血液中药物的原型往往要高于尿样,而且可以在服药之后立刻被检出。对血样检测的研究包括全血样、血浆和血清。关于血样中禁用药物的检测,主要是针对刺激剂和麻醉剂检测的应用。

3. 头发检测

头发因为采样容易、无损伤,不易作弊等特点而受到关注。对于不同取样位置、种族、性别和年龄的样本,头发生长的平均速度为 0.35 mm/天。根部约 3 cm 长的头发在大约 3 个月前就由头发形成细胞形成于头发的毛囊中。因此,从理论上说 3 个月前的用药就可以在头发中得以体现。头发毛囊的血液供应非常充足,血液循环中的药物会迅速进入头发毛囊,并与其中的形成细胞相结合,且已经与头发结合的药物无法再回到血液里,因此当药物及其代谢物在体内已经消除时,在头发中还会存在,而且头发中原型药物浓度一般要大于其代谢物的浓度。由于头发生长存在延迟时期,发样分段检测还可以提供用药时间的信息。

4. 体液检测

体液基质在兴奋剂检测中受到限制的主要原因有两个：可收集的体液量少和体液中药物的浓度低。但研究显示药物在体液基质中的分布特点有别于尿液和血液，可以提供有益的互补信息，因此仍不失为一种值得研究的基质。

5. 兴奋剂检测的新方法

一种泰国产的、体长只有 2～3 cm 的红尾黑鲨鱼，对脱氧麻黄碱和安非他明等兴奋剂，能产生身体变色反应。日本的长井辰男教授利用红尾黑鲨鱼的身体变色情况，通过测定脱氧麻黄碱的量与鱼鳞色调变化的关系，确立了用色素表来进行半定量化分析的方法。而这种利用鱼的高敏度的判别方法，可望用到兴奋剂快速检测中去，并有可能开发出新的生物传感器。

8.12　化学与刑侦

8.12.1　刑事侦查与化学的联系

刑事侦查(criminal investigation)指研究犯罪和抓捕罪犯的各种方法的总和。侦查是指公安机关、人民检察院在办理案件过程中，依照法律进行的专门调查工作和有关的强制性措施。侦查的任务，是依照法定程序发现和收集有关案件的各种证据，查明犯罪事实，查获和确定犯罪嫌疑人，并采取必要的强制措施，防止现行犯和犯罪嫌疑人继续进行犯罪活动或者逃避侦查、起诉和审判，从而保证刑事追诉的有效进行。侦查工作要遵循的基本原则是：迅速及时原则、客观全面原则、深入细致原则、依靠群众原则、遵守法制原则、保守秘密原则、比例原则。

随着社会的发展和科学技术的进步，司法部门已经大量地依靠物证鉴定结果作为破案的依据。利用化学方法对犯罪现场和侦查过程中获取的犯罪物证成分进行检验已经成为刑事刑侦的重要技术。在犯罪现场遇到的物证种类繁多，所需检验的对象也十分复杂。涂料残渣、玻璃碎片、毛发、纤维、药物、射击残余物、易爆品、纵火材料等都可以作为物证鉴定的对象。以往的检测方法只能使法庭科学家确定这种可疑物品与已知的证据物品是否类似；现如今，更灵敏准确的及更加智能的仪器分析新方法不断涌现，于是就能使法庭科学家更准确地达到把物证材料与某种特定的来源联系起来的目的。

8.12.2　刑侦中常用的分析化学方法

1. 扫描电镜与能谱分析法

通过扫描电子显微镜(SEM)能获得可提供物证的形态和表面结构特点的高放大倍率图像。SEM 和 X 射线能谱分析仪(EDX)联用可用来鉴定样品中存在的化学元素。枪击案中，常需要判断嫌疑人是否开过枪，与涉嫌枪支是否有关。射击残余物(GRS)的提取与鉴定不仅能获得这方面的证据，还可以估计射击的距离，有助于判断枪击案的性质(自杀、他杀或事故)。例如，手枪射击后，排出的种种残余物，会沉积于射击者的手上、衣服上和被射击的客体上。这些残余物包括起爆剂、发射剂填料及弹头、弹壳、润滑剂等。这些微粒具有 GRS 特有的形态和基本组成。利用 SEM 检测 GRS,以确定它是否有这些特殊微粒的存在。凶杀案中常见的刀、锤、铁棍等金属凶器,用 SEM 观察伤口肌肉可判断是生前伤或死后伤,还可从伤口和衣服破口处检验出凶器的金属成分以判断死因和凶器。在电流凶杀案中,死者往往没有伤口,但人体与导体接触的部位会留下电流斑,电流斑上会沉淀一定量的导体金属成分,通过 SEM/EDX 联用分析可成功地确定是否为电谋杀及使用的导体种类。

2. 色谱及色—质联用检测法

(1) 薄层色谱法(TLC) 一种简便、快速的微量分析法,在法庭科学中常用于药物、毒品、炸药、笔墨等检材的鉴定。鸦片是由罂粟果中的汁液干燥而成,含有 40 多种生物碱,其中含量较多是吗啡、可卡因、蒂巴因、罂粟碱和那可汀。吗啡和可卡因具有显著的生理作用,而当今国际社会最常见的毒品海洛因则为二乙酰基吗啡,是吗啡的人工合成产物。用 TLC 定性分析鸦片类毒品化合物,可显出鸦片中五种主要成分及海洛因的斑点。

(2) 气相色谱(GC)和液相色谱(LC) 具有很高的分离效能,可以同时测定多种物质,灵敏度高,用样量少,特别适用于微量的毒物、毒品、石油成分、石蜡、脂类及炸药等检材的分析。LC 不受样品挥发性和热稳定性的限制,对 GC 是很好的补充。GC 和 LC 还可以和质谱(MS)等联用(GC-MS 和 LC-MS),把高效分离和定性定量分析优势结合起来,大大提高了检测效能和效率。

(3) 高效毛细管电泳(HPCE) 具有高效、快速、低成本、易操作、样品少等特点,近年来已广泛用于蛋白质、多肽、寡聚核苷酸和 DNA 的分离。在刑侦中,由于其常温工作的特点,常用该法对热不稳定物质如炸药、易挥发毒物以及生物活性分子的分析测定。如可对血、尿等生物检材中的冰毒、吗啡、可待因、海洛因等进行测定。

3. 原子光谱法

原子光谱法目前在物证鉴定中应用最多的是等离子体发射光谱(ICP−AES)。用 ICP−AES 可一次同时测定多个元素,定性、定量都很准确,其检测的灵敏度可达纳克级($1\ ng=10^{-9}\ g$),是分析痕量元素的有效方法。多用于检测可疑射击残留物检材中钡、锑、铝的含量,确定检材中有无重金属毒物存在及对犯罪现场中痕量提取物的无机成分检测。

4. 分子光谱法

(1) 红外光谱法(IR) 是利用物质对红外光的吸收进行分析的方法,不同的物质都有其独特的红外吸收光谱,故红外光谱可称作是分子结构的指纹。若检材与标准物光谱对应的谱带完全一致,即可断定两者是同一物质。基于 IR 的这一特性,在物证鉴定中可用于确定检材的种属、来源等,常用来鉴定药物、油漆、塑料、纤维等。

(2) 紫外−可见光谱法(UV−Vis) 该法在物证鉴定中多用于对血液、体液中的药物进行定量分析。由于电脑刻章的普及,印章的模仿性极高,有关印文的案件可采用印泥或印油进行检验以协助鉴定。用 UV−Vis 法可粗分印泥及印油的牌号,而一阶导数光谱的峰谷比值法能对印泥及印油进行更详细的区分。

(3) 荧光光度法(SPF) 利用物质产生的荧光光谱鉴别物质的方法。不仅可以鉴别物质成分,还可以鉴别文书真伪及显现潜在指纹等。在刑事侦查中,现场手印是最有价值的物证之一。而潜在手印的显现技术是分析、鉴定手印的关键问题。手印遗留物中有多种化合物,其中有氨基酸、类脂化合物和各种维生素,有些化合物在激光的照射下会发出荧光,如维生素 B₂ 和维生素 B₆ 就能分别发射 565 nm 和 400 nm 的荧光。当手印遗留在本身并不发生荧光、表面光滑的物体上时,用激光器激发手印物质可以检测到手印固有荧光。

5. X 射线分析法

X 射线衍射光谱法(XRD)是检验物质晶体结构的有效方法。在物证鉴定 XRD 多用来确定不同场合发现的物质是否相同。有时也可利用该法鉴定某一特殊的化合物为何种物质。X 射线荧光法(XRF)可对检材中含有的元素进行定性和半定量分析。物证鉴定中,常将 SEM 与 XRF 联用,当 SEM 的电子枪轰击检材时不仅能获得清晰的放大三维图像,而且能根据 X 射线的能量,对检材进行定性及定量分析。

6. DNA 分析技术

DNA 名为脱氧核糖核酸,是遗传信息的载体。人类基因组 DNA 的限制片段长度多态性,如同人的指纹一样,具有高度的个体特异性,称为 DNA 指纹。没有两个人(除同卵双生子外)的遗传指纹图会完全相同。人体子代 DNA 片段均来自父母双方,因此它可以用于法医学个体识别及亲子鉴定。目前该项技术已用于实际办案。

7. 刑侦中指纹的化学显示方法

人的皮肤由表皮、真皮和皮下组织三部分组成。指纹就是表皮上突起的纹线,每个人的指纹除形状不同之外,纹形的多少、长短也不同,每个人的指纹也是独一无二。因此,罪犯在犯案现场留下的指纹,均成为警方追捕疑犯的重要线索。现今鉴别指纹方法已经普遍使用计算机,使鉴别程序更快更准。然而罪犯作案时留下的指纹印是无法用肉眼看出的,但指纹印上总会留下手指表面化的微量物质,如油脂、盐分和氨基酸等。由于指纹凹凸不平,其微量物质的排列与指纹呈相同的图案。因而只需检测这些微量物质,就能显示出指纹。具体方法主要有四种:

(1) 碘蒸气法　碘能溶解在指纹印上的油脂之中,用碘蒸气熏能检测出数月之前的指纹。

(2) 硝酸银溶液法　向指纹印上喷硝酸银溶液,指纹印上的氯化钠就会转化成氯化银不溶物。经光照,氯化银分解出银细粒,显示棕黑色的指纹,可检测出更长时间之前的指纹。

(3) 有机显色法　因指纹印中含有多种氨基酸成分,因此采用二氢茚三酮的试剂跟氨基酸反应产生紫色物质,就能检测出指纹。该方法可检出一两年前的指纹。

(4) 激光检测法　用激光照射指纹印显示出指纹。这种方法可检测出长达五年前的指纹。

8. 刑侦中血痕的检验方法

血痕的实验室检验可分为预试验、确证试验、种属判定及血型判定四个步骤进行。

(1) 酚酞试验　通过血痕中正铁血红素或血红蛋白的过氧化酶作用,使过氧化氢放出新生态的氧,将无色的碱性酚酞氧化为红色的酚酞。采用的试剂有 100 mL 20%KOH,2 g 酚酞,1 g 锌粉,三者混合后置于回流冷凝器装置中煮沸,变为无色的碱性酚酞后,过滤,滤液中加少量锌粉,保存于棕色瓶中备用。检查时,取检材浸液一滴,置于反应板或滤纸上,加碱性还原酚酞试剂 1 滴,3%过氧化氢溶液 1 滴,如含血痕则呈红色。灵敏度 3 万~5 万倍。

(2) 无色孔雀绿试验　利用血痕中酶作用分解出的新生态氧,可将无色孔雀绿变为孔雀石绿。采用的试剂有 0.05 g 无色孔雀绿,10 mL 冰醋酸,50 mL 蒸馏水。检查时,取检材少许置

滤纸上,加试剂 1 滴,3%过氧化氢溶液 1 滴,如含血痕立即呈青蓝色。灵敏度 2 万倍左右。

(3) 联苯胺试验　原理同前,采用的试剂有联苯胺无水酒精饱和溶液,3%过氧化氢溶液,冰醋酸。取微量检材置于滤纸上,依次加冰醋酸 1 滴,联苯胺无水酒精饱和溶液 1 滴。应该不显蓝色,如再滴加 3%过氧化氢溶液 1 滴,此时立即呈现蓝色或绿色者为阳性,灵敏度 20 万倍。

(4) 鲁米诺试验　原理是鲁米诺的碱性溶液在过氧化氢存在下与血红素反应发出强的荧光。所用试剂有 0.1 g 鲁米诺,5 g 无水碳酸钠,15 mL 30%过氧化氢溶液,加蒸馏水至 100 mL。因溶液有弱的自体发光,可按 0.2%的比例加入尿酸以抑制之。在暗室中把试剂喷到检体上,如含血痕则发出较强荧光。此法最适用于黑暗的广面积场合,且不损坏检体,可做进一步检验。灵敏度 1 万~2 万倍。

随着经济的发展和科学技术的进步,犯罪分子采用的作案手段也更为诡秘。侦察人员从犯罪现场发现和提取的物证检材常是微量的,而且往往这些检材中可检成分更是极其痕量。同时,检材的种类也不断有新的变化。采用单一的、传统的手段处理和检测样品会存在许多困难。将化学的最新成果及时运用到法庭科学之中,可以更有力地打击犯罪,维护社会的安定。

8.13 化学与工程领域

8.13.1 化学与土木建筑

1. 土木建筑材料

土木建筑材料作为工程物质基础,对土木工程的发展起着关键作用,优良建筑材料的涌现一直促进着土木工程的飞速发展。建筑材料种类繁多,可按其性质和用途的不同进行分类。按性质的不同可区分为金属材料、无机非金属材料、有机高分子材料,以及由两种以上材料组合而成的复合材料等。

2. 土木建筑材料的腐蚀与防护

(1) 混凝土的腐蚀与防护　钢筋混凝土作为各项工程建设的主要材料,在很大程度上影响着建筑构件整体稳定性及在正常使用中的安全性。受到周围环境的物理、化学、生物等作用,混凝土内的某些成分发生反应、溶解和膨胀,从而造成混凝土构筑物的破坏。环境中的各种腐蚀介质如 CO_2、Cl^-、SO_4^{2-}、Mg^{2+} 等进入混凝土内,与之发生化学反应,造成化学腐蚀。根据混凝土的腐蚀破坏的反应机理可将其分为碳化腐蚀、硫酸盐腐蚀、氯盐侵蚀、镁盐腐蚀和盐类结晶腐蚀等几种方式。

(2) 钢筋的腐蚀与防护　钢筋腐蚀分为化学腐蚀和电化学腐蚀。在钢筋混凝土中,不同的环境条件下,这两种腐蚀均有可能发生。当钢筋表面与气体或电解质溶液接触发生化学作用时,就会发生电化学腐蚀。具体腐蚀机理及防护参见本书第四章(4.5 金属的腐蚀与防护)。

（3）高分子材料的腐蚀与防护 随着新型高分子材料的不断涌现,建筑材料中高分子材料的使用越来越广泛,如各种新型塑料、橡胶、纤维、薄膜、胶黏剂和涂料等。但高分子材料在使用过程中,由于受到热、氧、水、光、微生物、化学介质等环境因素的综合作用,老化现象不可避免。老化是高分子材料的固有特性之一,难以完全消除,但可以通过添加防老剂、物理防护、聚合物改性、优化聚合条件和方法等措施,有效延长材料的使用寿命。

3. 土木工程中的化学灌浆

化学灌浆(chemical grouting)是一项加固基础、防水堵漏及混凝土缺陷补强的技术,一般是将一定的化学材料(无机/有机材料)配制成真溶液并通过化学灌浆泵等设备将其注入地层或者缝隙中,使其渗透、扩散、凝胶或固化,从而达到增加地层强度、降低地层渗透性、防止地层变形及进行混凝土建筑物裂缝修补的目的。化学灌浆原理主要涉及胶体化学。

根据灌浆的目的和用途,化学灌浆材料可分为两大类。一类为防渗堵漏灌浆材料,如水玻璃类灌浆材料、木质素类灌浆材料、丙烯酰胺类灌浆材料、丙烯酸盐类灌浆材料、聚氨酯类灌浆材料等。另一类为补强加固灌浆材料,如环氧树脂类灌浆材料、甲基丙烯酸酯类灌浆材料等。根据灌浆溶液分散性质的不同,又可分为悬浮固体颗粒溶液(多为早期使用)和真溶液(即化学浆,当今普遍使用)。

4. 土木工程的检测技术

当今世界,建筑工程施工监管越来越规范,化学分析检测工作也越来越重要。分析检测是保障工程施工质量以及工程使用安全的关键,在施工检测的各个环节都需要测定有关组分的含量。例如,工程砂、水泥、混凝土等组成成分检测。另外室内污染物甲醛、苯、氨、挥发性有机化合物(VOCs)和氡等有毒、有害气体的监测控制也十分重要,若这些气体严重地污染了室内空气,将对人体造成致癌等各种健康危害。建筑材料腐蚀是一个受各种因素影响的相对漫长的过程,因此根据材料腐蚀的原理和腐蚀表现可以对腐蚀过程进行监测,从而便于在腐蚀之前采取有效的防护措施。

8.13.2 化学与机械

机械制造是个复杂的过程,包括铸造、锻造、机械加工、焊接、热处理等多个工序,且每个工序都与化学密切相关,机械制造过程中需要依赖化学工艺提高机械产品的质量,降低机械产品制造的难度,提高机械产品的使用效益。

1. 化学与铸造

铸造(casting),又称金属流体成型工程,俗称翻砂,通常是将液态金属浇铸到零件模具中,冷却凝固后即可得到对应的零件或毛坯。铸造领域的新技术与化学紧密相连。生铁中含有硅(Si)、锰(Mn)、磷(P)、硫(S)等多种元素,铸造过程中,生铁中含有的化学元素及其含量影响着铸造产品的性能与用途。例如,铁碳合金,就是铸铁过程中加入了碳(C)、铝(AL)等物质,也有可能需要去除生铁中的一些化学物质,以提高铸铁某些方面的性能。

2. 化学与锻造

锻造(forging)是一种利用锻压机械对金属坯料施加压力,使其产生塑性变形从而赋予锻件一定机械性能及一定形状和尺寸的加工方法。锻造的过程能够消除金属在冶炼过程中产

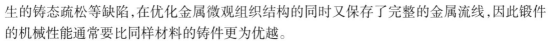

生的铸态疏松等缺陷,在优化金属微观组织结构的同时又保存了完整的金属流线,因此锻件的机械性能通常要比同样材料的铸件更为优越。

3. 化学与焊接

焊接(welding)是一种以加热、高温或高压的方式来接合金属或其他热塑性材料的制造工艺及技术,也称作熔接或镕接。焊接是机械制造中的关键步骤,可将需要连接的材料连在一起,大多数的焊接以铝或氧化铁、氧化铜为还原剂进行铸造件的焊接。常规的焊接反应是

$$2Al+Fe_2O_3 \Longrightarrow 2Fe+Al_2O_3$$

这一反应被称为铝热反应。但如果焊接口处有较多的铁锈、油污和氧化皮等焊接有害杂质,焊接时应先对焊接口处进行必要的处理,以消除这些杂质可能对焊接质量的影响,比如"酸洗"或"碱洗"。

4. 化学与机械加工

机械加工(machining)是机械制造业中最重要的生产手段,它包括车、铣、刨、磨、钻、镗、冲压、切割、拉伸等多种工艺方法。在机械加工过程中,往往会用到润滑冷却液,合适化学配比的润滑冷却液能够改善工件和刀具之间的接触状况,从而保护刀具、提高其使用寿命并改善加工表面。除此之外,润滑冷却液往往还具有冷却、润滑、清洗和防锈等多种功能。此外,在某些加工环境中还需要一些具有特定性质的液体介质,比如对于线切割和电火花加工都需要调制出耐高温、高绝缘的液体介质。

5. 化学与工件的表面处理

机械制造的表面处理(surface treatment)有多种功能,其一,利用化学性质及物理方法改变工件表面的化学成分、组织结构与性能,进而达到机械部件与半成品的使用目的。其二,提高工件表面的抗腐性、抗疲劳度等,以此延长工件的使用寿命。其三,表面处理可以达到更好的修饰美化作用,使机械设备更美观、安全、耐用。机械表面的处理方式很多,除热处理(heat treatment)外还可以利用喷漆、镀锌、抛光等手段进行处理,在这些处理方式中也会广泛地应用到化学原理与电化学知识。

6. 化学与机械运转

(1) 润滑(lubrication) 除了金属表面处理外,对工件进行润滑(通常采用润滑油法,包括动、植物油、矿物油和人工合成润滑油)是另外一种有效减缓材料损耗的方法。有些工件运行时害怕油污污染,于是固态润滑剂也应运而生。

润滑油添加剂种类繁多,根据其作用可以大致分为两类,一类是用于提高润滑油物理性能的,如黏度指数改进剂、油性剂、降凝剂和抗泡剂等,这些添加剂能够使得润滑油分子变形、吸附、增溶;另一类则是用于提高润滑油化学性质的,如极压抗磨剂、抗氧剂、抗氧抗腐剂、防锈剂和清净分散剂等,这些添加剂本身能够与润滑油发生化学反应。

(2) 摩擦(friction) 摩擦材料是一种应用在动力机械上,依靠摩擦作用来执行制动和传动功能的部件材料。高分子摩擦材料以摩擦为主要功能(制动、传动、控速),同时还需要满足结构性能的要求。基体的耐热性和耐分解性在很大程度上决定了高分子摩擦材料的摩擦热稳定性与耐磨性。

8.13.3　化学与信息

21 世纪是信息技术（information technology）的时代，信息技术迅猛发展和普及，不断改变着人们的生产和生活方式，而且化学在信息科学的发展历程中发挥着越来越重要的作用。信息材料（information materials）是实现高度信息化所需元器件的基础，其涉及信息的获取、显示、存储、传输、探测和运算等诸多方面。

1. 信息获取材料

信息获取是信息技术的源头，也是信息技术的关键。

（1）探测器材料　光电探测器按光电转换方式可分为光电导型、光生伏打型及热电偶型三大类。光电转换中根据探测的光子波长分为狭能隙材料和宽能隙材料。宽能隙材料以 SiC、金刚石、GaN、AlN、InN 及 Ⅱ—Ⅵ 族的化合物和合金为主；狭能隙材料以铅盐、碲镉汞和 SbIn 等为主。

（2）传感器材料　各种传感器由于所测的量的不同，所用的材料也不同，材料种类繁多。力学量传感器主要用的是单晶硅和多晶硅，纳米硅、碳化硅和金刚石薄膜；温度传感器主要用金属氧化物功能陶瓷、单晶硅、单晶锗也有应用，多晶碳化硅和金刚石薄膜是正在研究的材料；磁学量传感器主要用单晶硅、多晶 InSb、GaAs、InAs 和金属材料；辐射传感器主要用Ⅲ—Ⅴ 族和Ⅱ—Ⅵ 族化合物半导体及其多元化合物，也有 Si、Ge 材料。

2. 信息转换材料

（1）压电转换材料　压电转换材料是进行机械能和电能相互转换的工作物质，包括压电晶体、压电陶瓷和压电聚合物。压电转换材料有很多，目前应用较为普遍的是石英晶体和压电陶瓷。

（2）光电转换材料　目前应用的太阳能光电转换材料主要有硅材料（单晶、多晶、非晶等）和化合物薄膜半导体材料（GaAs、CdTe、$CuInSe_2$ 等）。新型有机无机杂化钙钛矿太阳电池以其廉价的原材料和简单的制作工艺、宽的吸收光谱，以及高的光电转换效率等特点而被广泛应用，前景十分广阔。

（3）热电转换材料　热电转换材料（又称温差电材料），简称热电材料，是一种利用固体内部载流子的运动实现热能和电能直接相互转换的功能材料，主要用于热电发电和制冷。已用作热电设备的材料主要是金属化合物及其固溶体合金，如 Bi_2Te_3/Sb_2Te_3、$PbTe$、$SiGe$、$CrSi$ 等。

3. 信息存储材料

（1）磁存储材料　磁存储材料是应用最广泛的信息存储材料。在录音、录像带应用方面，以前和目前大部分使用的都是氧化物 $\gamma-Fe_2O_3$ 系列颗粒涂布磁带。近年来，国外重点发展了金属磁粉和钡铁氧体磁粉，并由颗粒涂布型磁存储介质向连续薄膜型磁存储介质方向发展。利用 Fe（铁）粉制备的涂布型磁盘已商品化，利用真空镀膜技术制备的伽马氧化铁（$\gamma-Fe_2O_3$）薄膜、钴-镍（Co-Ni）金属薄膜具有极好的性能，用其制备的软磁盘也已商品化。

（2）磁光存储材料　第一代磁光存储材料是非晶稀土-过渡金属合金连续薄膜，典型材料是 Ti－Fe－Co(钛－铁－钴)薄膜。第二代磁光存储磁性材料适合于短波记录,有较好的磁光特性、热稳定性和耐腐蚀性,用其制备的磁光盘可以极大提高现有磁光盘的容量和存储密度。典型的第二代磁光存储材料主要是铋(Bi)、镓(Ga)代镝石榴石(Dy IG)材料,铋(Bi)、铝(Al)代镝石榴石(Dy IG)材料,铈(Ce)、铝(Al)代 Dy IG 材料,锰铋/铋(MnBi/Bi)多层薄膜材料,锰铋铝镝(MnBiAlDy)、锰铋/钽镝(MnBi/TaDy)多层薄膜材料,以及钴/铂(Co/Pt),钴/钯(Co/Pd)纳米多层调制磁光存储材料。

（3）光存储材料　目前新型光存储材料主要有:相变型直接重写光存储材料、有机光色存储材料和电子俘获光存储材料等。利用晶体结构两种状态的转变,如非晶态到晶态或者是由一种结构的非晶态到另一种结构的非晶态的转变也可实现信息存储,并由两种状态对光的折射率或反射率不同来读出信息,这种信息存储材料称为相变光盘材料。

4. 信息传输材料

信息传输材料是指那些用于传输各种文字、图像等信息的材料,包括电缆和光缆。其中,光纤通信由于具有信息容量大,质量轻(塑料光纤相对密度一般仅为 1 左右)、占有空间小、偶合损耗低、串话少、保密性极强、价格低、加工方便等优点,取代电缆和微波通信是当今通信技术的发展趋势。光纤基本上被分为三类:玻璃光纤、塑料包层石英光纤和塑料光纤。光纤是光导纤维的简称,是由高折射率、高透明度的芯子(玻璃或塑料)和低折射率的皮层(塑料或玻璃)所组成。按照芯材的不同,光纤可以分为石英系光纤、多组分玻璃光纤和塑料光纤。

5. 信息显示材料

自 20 世纪初阴极射线管(CRT)问世以来,其一直是活动图像的主要显示手段。但其发光材料的纯度、显示亮度和色彩质量还需进一步提高。近年来,平板显示(FPD)技术由于避免了阴极射线管体积庞大的缺点而得到了较快发展。它主要包括:液晶显示(LCD)技术、场致发射显示(FED)技术、等离子体显示(PDP)技术、发光二极管(LED)和有机发光二极管(OLED)显示技术、真空荧光显示(VFD)等。

8.13.4 化学与车辆交通

化学在车辆(vehicle)和交通(traffic)中的应用实例比比皆是,汽油、柴油、动力电池、燃料电池是汽车的能量源泉;各种化学材料可为汽车提供身躯支撑,油漆和镀膜又能有效保护汽车外壳,机油可润滑运动机械部件,电瓶可为电启动和电开关提供能量,安全气囊的工作原理亦是化学原理的直接应用。同时道路交通材料和安全标识都离不开化学,此处仅对化学在车辆交通中的主要应用进行简单介绍。

1. 车用能源

车用能源主要包括燃油(汽油、柴油)和电池(动力电池、燃料电池)。

（1）燃油　车用燃油主要由汽油和柴油组成。汽油主要是由 C5～C12 脂肪烃和环烷烃类组成,同时还含有一定量的芳香烃。汽油往往具有较高的抗爆震燃烧性能,辛烷值是指示这一性能的重要指标,辛烷值越高,汽油的抗爆震燃烧性能越好,根据辛烷值的不同,汽油可以分为 89 号、92 号及 95 号等不同的标号。如今开发新能源汽车、利用新能源代替传统燃料是必然的发展趋势。

（2）电池　当前电动汽车供电部分使用的电池大致可以分为锂离子电池、镍氢电池、铅酸电池、燃料电池四大类。

2. 车用材料

正如结构决定性质，车用材料是决定汽车性能的一大重要因素，是汽车行业发展进步的有力保障。轻量和节能环保是目前车用材料的主流发展趋势。在不影响汽车整体性能的情况下，尽量使用轻质材料以降低汽车的质量，能够有效降低汽车的能耗，从而达到节能和环保的目的。目前在常规的家庭轿车中，钢材料占据一半以上的比例，此外还有铝合金、镁合金、塑料、橡胶、玻璃、碳纤维等重要的组成材料。

3. 化学与道路交通

（1）沥青混合材料　随着道路交通的发展及车辆载重的增加，传统的沥青路面越来越难以满足当今社会的需求，在前期使用过程中会出现一定程度的损害，对于路面的后期维护带来了较大的工作量和更高的成本，同时还存在着一定的安全隐患。改性沥青是指在普通沥青中掺入高分子聚合物、树脂等其他填料和外掺剂，或采取对沥青氧化加工等技术工艺使沥青的性能得到改善。目前，沥青改性的方法种类繁多，其中又以加入高分子聚合物改性剂最为常见，高聚物改性剂大致可以分为三类：热塑橡胶类改性剂、橡胶类改性剂及热塑性树脂类改性剂。

（2）道路标线和指示牌材料　道路标线涂料是指涂刷于路面上用以指示交通的涂料。因为道路标识铺设于地面、暴露在各种天气环境之下，还要经受车辆不断地磨损，所以对涂料的性能有严格的要求。道路标线涂料一般分为溶剂型涂料、热熔型涂料、双组分涂料还有水性涂料四大类。道路指示牌主要涉及底板材料（铝合金等）、反光材料（反光膜等）、发光涂料、发光的二极管等。

随着道路的扩建与改建，原有的道路标线也会失去其意义，一般处理道路废旧标线的方法主要有两大类：标线去除法与标线涂改法。标线涂改法是指在原有的标线上面直接进行涂覆而不用去除原有标线，简单方便，但是难以满足附着力、耐磨，以及抗滑等性能；标线去除法则是用物理或者化学的方法去除掉原有的标线，物理方法主要包括机械打磨法及高压水射流清除法，而化学方法主要是通过酸、碱或者有机溶剂来清除旧标线。

8.13.5　化学与航空航天

化学作为中心科学，与航空航天（aevospace）的发展密切相关。化学推进就是航空航天器最重要的推进方式，如氢气作为高效燃料将中国大推力运载火箭长征五号成功送入太空；其工作原理是燃料与空气中的氧气（吸气式发动机）或自带的氧化剂（火箭发动机）发生燃烧化学反应，将储存在燃料中的化学能转化为推进动能。限于篇幅，此处仅简单介绍化学在航空航天材料、航空航天燃料、航天服、航天生命保障系统 4 个方面的应用。

1. 航空航天材料

航空材料是制造航空器、航空发动机和机载设备等所用各种材料的总称。由于航空器的特殊使用环境，所以航空材料需要具有质量轻、强度高、韧性强、耐腐蚀、耐高温等特性。目前

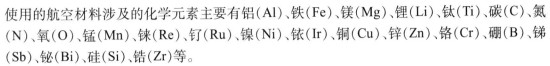

使用的航空材料涉及的化学元素主要有铝(Al)、铁(Fe)、镁(Mg)、锂(Li)、钛(Ti)、碳(C)、氮(N)、氧(O)、锰(Mn)、铼(Re)、钌(Ru)、镍(Ni)、铱(Ir)、铜(Cu)、锌(Zn)、铬(Cr)、硼(B)、锑(Sb)、铋(Bi)、硅(Si)、锆(Zr)等。

2. 航空航天燃料

传统的航空燃料主要来源于不可再生的石油,由碳(C)、氢(H)、氧(O)、氮(N)、硫(S)等元素组成。火箭发动机所需的燃料是一般以液态或固态形式存储在燃料容器里,以氧化反应产生的流体喷射物产生推力作为飞行动力。火箭推进剂主要由燃料和氧化剂组成,涉及 C, H, O, F, N, Cl, Al, B 等元素。火箭(含军事导弹)的推进剂,目前以肼类化合物及其衍生物和 N_2O_4 为主。中国的长征系列运载火箭即是如此。

同时,液氢/液氧,甲烷/液氧等燃料亦可作为航天推进剂。在航空航天的推进剂(燃料)方面涉及的化学问题越来越多,用途越来越广。推进剂的密度、毒性、化学反应热效应、氧化还原反应速度、环保因素、价格成本等众多因素促使化学科学家开发更加高效、环保、价格低廉和安全的航空航天推进剂。

3. 航天服

航天服主要分为三类:舱内航天服、舱外航天服及舱内舱外共用航天服。航天服大致可以分为五层:第一层(最外层)常采用涂有聚四氟乙烯的纤维织物、聚酯纤维织物等作为原材料;第二层是真空隔热屏蔽层,常用的材料为金属镀膜的聚酯/聚酰胺薄膜及卡普龙编制的网状衬垫;第三层是气密限制层,通常选择漏气量甚微的胶卡或胶布作为原材料并通过橡胶与织物模压成型的方法进一步降低材料的透气性;第四层为通风结构与水冷系统,通风结构通过很长的微细管道连接在衣服上制成,而水冷系统则主要是采用水升华器来实现;第五层(最内层)则是保暖层与内衣,内衣裤选用纯棉布或棉麻布来制作,柔软、有弹性而且具有良好的吸湿性以及较高的透气率,保暖层在内衣之外并与内衣裤结合,一般选用热阻大、柔软、轻质的材料制成,如羊毛制品、合成纤维絮片等,以达到保温隔热的目的。

4. 航天生命保障系统

载人航空站、宇宙飞船主要的航大生命保障系统包括水、空气和食物。航天飞机中的用水主要来自两个方面:一方面是离开地面时航天器上会携带一定量的水,另一方面可通过氢氧燃料电池的运行($2H_2+O_2 \longrightarrow 2H_2O+$电能)在提供能源的同时生成水,反应生成的水又可以通过电解来产生氧气供给航天员呼吸。

空气处理系统则主要有三种方式:第一种是将浓缩后的 CO_2 通入 Li_2O_2 中,两者发生化学反应($2CO_2+2\ Li_2O_2 \longrightarrow 2Li_2CO_3+O_2$),在固定 CO_2 气体的同时,生成可供呼吸的氧气;第二种则是通过水的电解来制取氧气,生成的氢气可以与呼吸产生的二氧化碳反应生成水和碳($CO_2+2H_2 \longrightarrow 2H_2O+C$),这种方法虽然没有直接生成氧气,但是生成的水可以通过电解生成氧气,同时形成一个循环;还有一种常用的固定方法,就是通过 LiOH 与 CO_2 之间的化学反应来吸收 CO_2,同时在储存 LiOH 的罐子里装有一定量的活性炭,可以吸附空气中的某些有害物质,起到一定的净化作用,而氧气的产生可以采用电解水的方法,生成的氧气用于呼吸,而氢气则被排放到太空中。

第 9 章　化学前沿讲座

9.1　纳米材料与纳米科技

随着经典力学和量子力学的发展,人类对客观世界的认识逐渐集中在两个层次:一是以肉眼可见为下限的宏观领域;二是以分子原子为上限的微观领域。然而,在这两个领域之间,其实存在着一块被人们忽略已久的过渡区域,也就是所谓的介观领域。这个领域包括了从微米、亚微米、纳米到团簇尺寸的范围。自 20 世纪后半叶开始,不断有人发现这个领域存在着既非宏观又非微观的特殊性质,于是介观世界便逐渐引起人们的极大兴趣。其中纳米尺度更是不断刷新人们对物质本征性质的认知。所谓纳米材料(nanomaterials),是指在三维空间中至少有一维处于纳米尺寸(1~100 nm)或由它们作为基本单元构成的且具有特异性能的材料。当物质处于纳米尺度时,它的原子排列已不具有一般晶体的无限长程有序和非晶体的完全拓扑构造,但又不同于单个分子原子,从而构成介于两者之间的一种新的结构状态。纳米技术(nanotechnology)是用单个原子、分子制造物质并研究其相互作用的科学技术,研究结构尺寸在 0.1~100 nm 范围内材料的性质和应用。纳米技术是一门应用科学,它是现代科学和现代技术结合的产物,并将引发一系列新的科学技术。可以预见,纳米技术通过给人们提供超常的生产与生活工具,将会把人类带向一个前所未见的工作和生活环境。

纳米材料是纳米科技研究的重要基础和重点内容。对纳米材料的分类方法多种多样,目前普遍将纳米材料从维度上分为四类:零维,指在三维空间均属纳米尺度,如纳米颗粒;一维,指在空间上有两个维度处于纳米尺度,如纳米棒、纳米线、纳米管等;二维,指在空间上有一个维度处于纳米尺度,如纳米薄膜;三维,指由上述纳米基本单元构成的三维纳米结构材料,即宏观尺度纳米材料。

纳米材料的合成与制备方法很多,目前普遍采用的分类方法是:① 按制备原理的不同可分为物理法、化学法和生物或仿生方法;② 按物料状态的不同可分为气相法、液相法和固相法;③ 按制备过程的不同则可分为自上而下(top-down)和自下而上(bottom-up)两条途径。

纳米材料的尺寸评估方法多种多样,比如电子显微镜观察法、X 射线衍射法、激光粒度分析法、比表面积法、拉曼散射法、紫外－可见光谱法等。这些方法对纳米尺寸评估的正负偏差各不相同,最好用多种方法相互印证。

　　当物质尺寸进入纳米量级时,其本身具有量子尺寸效应、小尺寸效应、表面效应和宏观量子隧道效应等,因而展现出许多特异的性质,并具有广阔的应用前景。

　　目前,纳米材料和纳米技术已经给生命、医药、化工、环保、信息、通信、海洋、地质、航空、航天、能源、测绘、机械、交通、建筑、照明等诸多领域带来革命性变化。因此人们有理由相信纳米科技(NanoST)这门几乎跨越所有领域的交叉学科的未来一定会更加美好。

9.2　性能丰富的稀土材料

　　稀土是战略资源,是新材料的宝库,在高新技术领域占据重要位置。无论是结构材料还是功能材料,稀土作为必要的活性组元都扮演重要的角色。特别是功能材料领域,稀土元素充当活性基元发挥无法替代的作用。稀土材料(rare earth materials)已展示出优异的光、声、电、磁等功能特性。

　　稀土光材料包括:① 稀土阴极射线发光材料、彩色投影电视荧光体等,其中尤以铕激活红色荧光粉应用最为普遍,如硫氧化物体系 $Y_2O_2S:Eu^{3+}$ 和氧化物体系 $Y_2O_3:Eu^{3+}$。② 稀土光致发光材料:主要应用的是紧凑型荧光灯用稀土三基色荧光体。其红色荧光体 $Y_2O_3:Eu^{3+}$,绿色荧光体 $CeMgAl_{11}O_{19}:Tb^{3+}$ 和蓝色荧光体 $BaMg_2Al_{16}O_{27}:Eu^{2+}$。③ 稀土电致发光材料:电致发光是将电能直接转换为光能的发光现象。主要分为交流薄膜电致发光 ACTFEL 及粉末直流电致发光 DCEL 两类。交流薄膜电致发光,采用稀土离子掺杂硫化锌和硒化锌,呈现稀土离子锐线发射谱带。直流粉末电致发光目前普遍采用的是稀土激活的碱土金属硫化物荧光粉。④ X射线稀土发光材料:常用的 X 射线稀土发光材料为稀土硫氧化物、溴氧化镧、氟卤化钡、稀土钽酸盐。其中有一类特殊性能的材料,称为 X 射线影像光激励荧光体。⑤ 稀土上转换发光材料:上转换发光现象是指激发辐射波长大于发光波长,发射光子能量大于吸收光子能量,绝大部分上转换发光与稀土离子有关。稀土离子的上转换发光机制主要有:能量传递、两步吸收、合作敏化、合作发光、二次谐波和双光子激发。稀土上转换发光材料主要有稀土氟化物,稀土碱金属和碱土金属复合氟化物等,其中 $NaYF_4$ 为目前最有效的上转换发光基质。采用的敏化剂 - 激活剂离子对是 $Yb^{3+} - Er^{3+}$（Ho^{3+}、Tm^{3+}）。⑥ 稀土激光材料:主要有稀土晶体激光材料和稀土玻璃激光材料。稀土晶体激光材料已知的有 290 种以上,主要是含氧含氟化合物。激光晶体的稀土基质主要有氟化物、复合氟化物、卤化物、氧化物和含氧酸盐。其中性能最好的是石榴石 $Y_3Al_5O_{12}$ 激光材料,它是唯一能在常温连续工作,并有较大功率输出的激光晶体。稀土激光玻璃材料是目前输出脉冲能量最大,输出功率最高的固体激光材料,但不能用于连续激光操作和高重复率的操作。

　　稀土磁性材料包括:① 稀土永磁材料,分为稀土钴永磁体和稀土铁硼系永磁体,其中NdFeB 系永磁体被称为"永磁王",是现在已知的综合性能最高的一种永磁材料。② 稀土超磁致伸缩材料,主要是指稀土 - 铁系金属间化合物。这类材料具有比铁、镍等大得多的磁致伸缩值,被称为大(或超)磁致伸缩材料。其中 $Tb(Dy,Ho)Fe_2$ 磁致伸缩合金的研制成功,更是开辟了磁致伸缩材料的新时代。③ 稀土磁光材料,是指当稀土元素掺入光学玻璃、化合物晶体、合金薄膜等光学材料之中时,显现稀土元素强磁光效应的材料,目前应用最多的是稀土铁系石榴石磁光材料。④ 稀土磁致冷材料,低温磁致冷所使用的磁致冷材料主要是稀土石榴石单晶。

稀土陶瓷材料包括:① 稀土氧化物工程陶瓷,稀土氧化物主要作为添加物改进陶瓷烧结性、显微织构、致密度和相组成,使产品能够满足不同的质量要求和性能要求。如稀土氧化物与氮陶瓷,其中稀土氧化物的加入可改善氮化硅的烧结性,从而改善氮化硅陶瓷的使用性能。稀土氧化物与氧化锆陶瓷是添加 Y_2O_3、CeO_2、La_2O_3 于 ZrO_2 相变增韧陶瓷材料和固体电解质材料中形成的。加入稀土氧化物或碱土金属氧化物可降低氧化锆相变温度,稳定四方相。② 稀土氧化物功能陶瓷,包含稀土氧化物压电陶瓷、稀土氧化物电光陶瓷及稀土氧化物敏感陶瓷等。

稀土玻璃材料包括:① 稀土玻璃光纤,分为氧化物玻璃光纤和非氧化物玻璃光纤两种。重要的基质材料涉及稀土氧化物玻璃光纤与稀土氟化物玻璃光纤,其中掺杂稀土元素为 Nd、Er、Tm、Er 等,最重要的是氟锆酸盐玻璃光纤。② 稀土光学玻璃:稀土光学玻璃组成和结构主要为三元体系组成的硼酸盐系统、硅酸盐系统、磷酸盐系统、锗酸盐系统、碲酸盐系统和卤化物系统等。

稀土催化剂及助催化剂种类繁多,但目前形成产业化的只有石油裂化催化剂、汽车尾气净化催化剂及合成橡胶催化剂。① 石油裂化催化剂:在石油工业中采用稀土分子筛催化剂进行石油裂化催化,可以大幅度提高原油裂化转化率,增加汽油和柴油的产率。运用稀土分子筛催化剂进行石油裂化催化,具有原油处理量大、轻质油收率高、产品质量高、活性高、生焦率低、催化剂损耗低、选择性好等优点。② 稀土汽车尾气净化催化剂:含稀土的汽车尾气净化催化剂其特点是价格低、热稳定性好、活性较高、使用寿命长。稀土汽车尾气净化催化剂所用的稀土主要是以氧化铈、氧化镨和氧化镧的混合物为主,稀土汽车尾气净化催化剂由稀土与钴、锰、铅的复合氧化物组成,是一类三元催化剂,对尾气中的 CO、HC 和 NO_x 同时起氧化还原作用,使其转化成无害物质 CO_2、H_2O、N_2。③ 合成橡胶用的催化剂:在化学工业中,稀土催化剂是一种有独特性质的合成橡胶催化剂,可以把石油提炼工业中的副产品乙烯、丙烯、丁烯和芳香烃等迅速聚合成各种性能的橡胶,并达到同天然橡胶相同的性能。

稀土元素是超导材料的重要元素。具有广泛应用潜力的当属稀土铜氧化物高温超导陶瓷和稀土铁氧化物高温陶瓷两大类。

9.3　奇异的形状记忆合金

种类繁多的金属材料已成为人类社会发展的重要物质基础,而当金属形成合金后其性质会发生很大变化。这里介绍一种重要的合金——形状记忆合金(shapememory alloy),它因其对形状记忆的智能效应而受到关注。形状记忆合金是指由两种或两种以上金属元素组成的具有形状记忆效应的合金,它在发生了塑性变形后,经过合适的热过程,就能恢复到变形前的状态。加上无磁性、耐磨耐蚀、无毒性等优点,应用面十分广阔。

1962 年,Buehler 及其合作者在等原子比的 TiNi 合金中观察到具有宏观形状变化的记忆效应,即合金的形状被改变之后,一旦加热到一定的跃变温度时,它又可以魔术般地变回到原来的形状,这引起了材料科学界与工业界的重视,人们把具有这种特殊功能的合金称为形状记忆合金。到 20 世纪 70 年代初,在 CuZn、CuZnAl、CuAlNi 等合金中也发现了与马氏体相变有关的形状记忆效应。到目前为止,发现具有形状记忆效应的合金有几十种,其中"记忆力"最好的还是 TiNi 合金,它还具有抗蚀性好,疲劳寿命长等特点,适用于人体植入、生物、航天及原子工程;CuNiAl 记忆合金因为加工性能好,价格仅为 TiNi 合金的 1/10,在工业领域得到普遍的应用。

形状记忆合金可以记忆一种温度下的形状,也可以记忆多个温度下的形状,根据它们记忆方式的不同,可以分为单程记忆效应形状记忆合金、双程记忆效应形状记忆合金和全程记忆效应形状记忆合金。合金形状记忆效应产生的原因在于一种被称为热弹性马氏体的相变,这种马氏体一旦形成,就会随着温度下降而继续生长,如果温度上升它又会减少,以完全相反的过程消失。两项自由能之差作为相变驱动力。两项自由能相等的温度称为平衡温度。只有当温度低于平衡温度时才会产生马氏体相变,反之,只有当温度高于平衡温度时才会发生逆相变。这就导致了形状随着温度变化而变化的记忆效应,其应用涉及机械、电子、化工、宇航、能源和医疗等许多领域,其效应特异,被誉为"神奇的功能材料"。

温控器件记忆合金应用于如温控电路、温控阀门,温控管道连接等。比如自动消防龙头和火灾检查阀门,当失火后,温度升高,记忆合金变形,使水龙头开启,喷水救火;而阀门则自动关闭,防止了有毒危险气体进入。这种火灾检查阀门已在半导体制造、化学和石油工厂等领域获得了很好的应用。飞机的空中加油的接口处也是利用了记忆合金——两机油管套结后,通过电加热改变温度,接口处记忆合金变形,使接口紧密,滴"油"不漏。宇宙空间站的面积几百平方米的自展天线是先在地面上制成大面积的抛物线形或平面天线,折叠成团,火箭升空把卫星送到预定轨道后,只需经太阳照射,温度转变,自展成原来的面积和形状。将记忆合金制成的弹簧放在热水中,弹簧的长度立即伸长,再放到冷水中,它会立即恢复原状。因此,利用形状记忆合金弹簧可以控制浴室水管的水温。基于优异的生物相容性,医用 TiNi 记忆合金利用其形状记忆效应和超弹性,在现代医疗中正扮演着不可替代的角色,可制成人造骨骼、血栓过滤器、脊柱矫形棒、牙齿矫形丝、各类腔内支架、栓塞器、脑动脉瘤夹、接骨板、髓内针、人工关节、避孕器、心脏修补元件、人造肾脏用微型泵、介入导丝和手术缝合线、骨连接器、血管夹、凝血滤器及血管扩张元件等,广泛应用在外科、口腔科、骨科、心血管科、胸外科、肝胆科、泌尿科、妇科。由于 TiNi 合金所具有的柔韧性,已使它们广泛用于眼镜时尚界,在眼镜框架的鼻梁和耳部装配 TiNi 合金可使人感到舒适。此外,由于直升机高震动和高噪声使用受到限制,其噪声和震动的来源主要是叶片涡流干扰,以及叶片型线的微小偏差。这就需要一种平衡叶片螺距的装置,使各叶片能精确地在同一平面旋转。目前已开发出一种叶片的轨迹控制器,它是用一个小的双管形状记忆合金驱动器控制叶片边缘轨迹上的小翼片的位置,使其震动降到最低。形状记忆材料还兼有传感和驱动的双重功能,可以实现控制系统的微型化和智能化,如全息机器人、毫米级超微型机械手等。形状记忆合金机器人的动作除温度外不受任何环境条件的影响,可望在反应堆、加速器、太空实验室等高技术领域大显身手。

9.4 PM₂.₅ 与大气污染

大气污染是指大气中一些物质的含量达到有害的程度以至破坏生态系统和人类正常生存和发展的条件,对人或物造成危害的现象。由于人类活动或自然过程排入大气并对环境或人产生有害影响的那些物质即为大气污染物。PM₂.₅ 就是重要的大气污染物之一。

图 9−1 展示了 PM₂.₅ 的来源、危害、监测及防治。希望读者能够树立"绿水青山就是金山银山"的理念,明确人与自然和谐相处的重要性,同时意识到空气质量管理是一个持续发展和改善的过程,任重而道远。大家一齐努力,共同维护好人类赖以生存的生态环境。

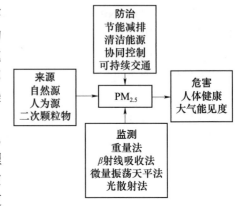

图 9−1 PM₂.₅ 的来源、危害、监测及防治

9.5 手性分子与手性药物

人的两只手看起来没什么差别,但当我们两手相对时,两只手中间若有一面镜子,左手就是右手的镜影,左右手无论怎么放置都无法重合在一起(手的特性见图 9−2)。

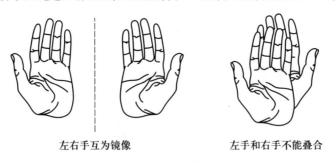

左右手互为镜像   左手和右手不能叠合

图 9−2 手的特性

人们把左右手互为镜像且不能重合的性质叫作手性(chirality)。在立体化学中,将结构上镜像对称而又不能重合的分子叫作手性分子(chiral molecule);将实物和镜像的关系称为"对映关系",具有对映关系的两个分子被称为(互为)对映体(enantiomer)。对映体在元素组成上是相同的,具有相同的物理性质(但其化学和生物学性质不尽相同),仅在它们的三维空间排列方面有所不同。手性分子具有一个特殊性质——旋光性(optical activity),即手性物质的晶体或是其溶液可以使平面偏振光发生一定角度的旋转。使偏振光顺时针方向旋转的对映体,称为"右旋分子",用"+"或"d"表示;以逆时针方向旋转的对映体,称为左旋分子,用"−"或"l"表

示;如果将互为对映体的手性物质等物质的量混合后,用偏振光照射时偏振光不发生旋转,称为外消旋体(racemate),外消旋体会使左旋分子和右旋分子发生的偏振光旋转相互抵消;而内消旋体(mesomer)则是单个分子内含有偶数个手性原子,且具有对称因素,使旋光性相互抵消,分子内总旋光度为零。注意,外消旋体是混合物,而内消旋体则是纯净物。手性分子间的两个对映体的构型通常采用 *R/S* 构型标记法来表示。对于氨基酸、肽类、糖类、环多元醇及其衍生物,也常用 D/L 标记法或俗名来表示。

手性是宇宙间的普遍特征,也是人类赖以生存的自然界的本质属性之一。许多作为生命活动重要基础的生物大分子,如蛋白质、多糖、核酸和酶等,几乎都具有手性特征。在生命的产生和演变过程中,自然界往往对一种手性有所偏爱,如自然界中,蛋白质和 DNA 双链的螺旋是右旋的,构成蛋白质的 20 余种天然氨基酸,除甘氨酸外都是 L 型的,而构成 DNA 和 RNA 主链的糖类都是 D 型的等,这种独特的偏好被视为对称性破缺(symmetry breaking),是自然选择的结果。自然界的这种手性选择,也就使得作为生命活动重要基础物质的生物大分子或其组成单元如核酸、蛋白质、酶、多糖及离子通道等具有不对称的性质,当它们与手性的两个对映体作用时,只是选择性地与特定手性的分子结合,这种选择性作用的现象,称为手性识别(chiral recognition)。

手性药物(chiral drug)严格来说是指药物的分子结构中存在手性因素而言。但通常手性药物是指由具有药理活性的手性化合物组成的药物,其中只含有效对映体或者以含有效的对映体为主。药物的药理作用是通过与体内的大分子之间严格的手性识别和匹配而实现的,药物分子必须与受体(起反应的物质)分子几何结构匹配,才能起到应有的药效。因此,在许多情况下,化合物的一对对映体在生物体内的药理活性、代谢过程、代谢速率及毒性等存在显著的差异,往往这两种异构体中仅有一种是有效的,另一种无效甚至有害,"反应停"致畸事件就是其典型事例(见本书 8.3.2)。

药物的一对对映体按药效方面的简单划分,可能存在四种不同的情况:① 只有一种对映体具有所要求的药理活性,而另一种对映体没有药理作用甚至有害;② 一对对映体中的两个化合物都有同等的或近乎同等的药理活性;③ 两种对映体具有不同的药理活性;④ 各对映体药理活性相同但不相等。因此药物在批准之前,必须对药物所有手性结构可能的副作用和活体内手性的稳定性等进行严格的试验。

手性药物的制备有多种方法,且在不断发展。常用的方法有:① 从天然产物中提取;② 由外消旋体拆分;③ 化学合成;④ 生物合成。

据报道 2010 年全球 100 种畅销药物中手性药物所占比例已超过 70%;2011 年世界手性药物总销售额已达到 4000 亿美元左右。可见手性药物发展迅速,其开发前景十分广阔。

9.6 太阳能及其光电化学转换

太阳是一座炽热的核聚合反应器,其内部持续不断地进行着由"氢"聚变成"氦"的核反应,并释放出巨大的能量,源源不断向宇宙空间辐射,这种能量就是太阳能(solar energy)。太阳能既是一次能源,又是可再生能源。它资源丰富,可谓取之不尽用之不竭;既可免费使用,又无须运输,可直接利用;对环境无污染,是一种绿色清洁能源。在当前能源短缺及传统能源的开发利用带来的环境污染及气候问题日益严重的背景下,有效开发和利用太阳能无疑是世人瞩目的重要课题,这对缓解能源危机、改善生存环境和实现可持续发展有着重要意义。太阳能的利用方式主要是光热转换,光电转换和光化学转换。光热转换是目前太阳能利用的最普遍的形式,它利用太阳光照射物体表面产生的热效应,是效率低的一种被动式利用。而太阳能光电转化、光化学转化则是基于半导体材料的光电效应,即以半导体材料为基础,利用光激发产生电子-空穴对,从而实现太阳能直接转化为电能或化学能的目的。太阳能光电转化和光化学转化技术被认为是最有希望真正解决当前所面临问题的先进技术。本讲座主要介绍太阳能的光电转换和光化学转换。

太阳能的光电利用有两种方式:一种是通过利用太阳辐射热能发电的光—热—电转换方式;另一种是利用半导体材料的光电效应,将太阳辐射能直接转换成电能的光—电直接转换方式。太阳能热力发电效率低而成本高,目前只能小规模地应用于特殊的场合;太阳能电池是一种基于光电效应即光生伏特效应将太阳光能转换成电能的半导体光电器件,是一种大有前途的新型能源,具有永久性、清洁性和灵活性等优点,有望成为世界能源供应的主体。第一代太阳能电池是以晶硅为光电转化材料的单晶硅太阳能电池和多晶硅太阳能电池;第二代太阳能电池是基于薄膜材料的太阳能电池;第三代太阳能电池是基于纳米技术的新型低成本薄膜太阳能电池,如染料敏化太阳能电池、钙钛矿太阳能电池和量子点太阳能电池等。

太阳能光化学转换是继太阳能的光电转换之后发展起来的一种新的太阳能利用方式。光化学转换通过光催化技术实现,是基于光催化剂在光照的条件下具有的氧化还原能力,从而达到降解污染物、合成和转化新物质等目的。

(1) 光催化水解制氢　氢是一种清洁可再生的二次能源,利用太阳能进行光催化分解水制氢是最有效的途径。当光敏半导体材料受到等于或大于其禁带能量的光照射时,其价带电子被激发,跃迁到导带上,在价带生成空穴,在导带生成电子,这种光生电子-空穴对分别具有很强的还原和氧化活性,水在这种电子-空穴对的作用下即可分解生成氢气和氧气。

(2) 光催化环境治理　主要是利用上述光生电子和空穴与表面或溶剂中的物质发生作用产生的强氧化性自由基和氧化性物质,使有机污染物降解为 CO_2 和 H_2O。

(3) 光催化化学合成　通过控制光生电子和空穴,使之分别发生还原和氧化反应,从而选择性合成某种或某几种有机化合物。光催化还原 CO_2 合成小分子有机原料是近些年的研究热点。

9.7　导电高分子

金属中因存在自由电子而导电性能卓越;硅等半导体的禁带能量小于 3 eV,它们在一定条件下能够导电;许多有机高分子因其禁带宽度通常超过 5 eV,满带中的电子难以激发至空带,因而不能导电。物质的导电性能按电导率(σ)可分为超导体($\sigma > 10^8$ S·cm^{-1})、导体($\sigma > 10^2$ S·cm^{-1})、半导体(σ 为 $10^{-6} \sim 10^2$ S·cm^{-1})和绝缘体($\sigma < 10^{-6}$ S·cm^{-1})。一些结构特殊的

晶体如石墨也能导电(σ可达$1\sim10^3\,\text{S}\cdot\text{cm}^{-1}$),这是由于石墨的层状结构中存在大尺度的离域$\Pi$键所致。

1977 年,美国的黑格(Heeger)和麦克迪尔米德(MacDiarmid)及日本的白川英树(Shirakawa)首次发现掺杂碘的聚乙炔具有金属的特性,并因此获得 2000 年诺贝尔化学奖。随后发现的一系列有机高分子化合物(见表 9-1)因其主链含有大尺度的离域Π键,它们都能导电,且具有本征半导体的特性。导电高分子(conducting polymer)能为载流子(电子、空穴、离子等)提供迁移通道,在外电场的作用下,这些载流子可以沿高分子链做定向运动,也可以在高分子链之间跃迁迁移,产生电流。

表 9-1　常见的导电高分子化合物

名称	重复单元	名称	重复单元	名称	重复单元
聚乙炔	$\left[C=C\right]_n$	聚苯撑	（苯环结构）$_n$	聚苯硫醚	（苯环-S）$_n$
聚吡咯	（吡咯环，含N）$_n$	聚噻吩	（噻吩环,含S）$_n$	聚苯胺	（苯环-NH）$_n$

导电高分子的电导率是由链上电导率和链间电导率两部分组成。前者主要由高分子主链结构和π电子的离域程度决定;而后者主要由载流子的传导性能决定。因此,增大导电高分子的 π 共轭程度及结晶度(或链的有序化程度)是提高导电高分子的室温电导率的有效途径,而提高聚合物的共轭程度是导电高分子设计的重中之重。掺杂是提高导电高分子电导率的重要手段,这是因为导电高分子的能隙很小,电子亲和力很大,容易与适当的电子受体或电子给体发生电荷转移,是一种氧化-还原过程。例如,在聚乙炔中添加碘,电导率可增至$10^3\,\text{S}\cdot\text{cm}^{-1}$,与铂、铁的导电能力相当。碘掺杂过程实际上是聚乙炔被氧化,聚乙炔的 π 电子向受体转移,从而在聚合物骨架链上产生碳正离子和自由基,碳正离子和自由基在电场作用下可沿共轭链定向移动,从而使聚合物导电。另一方面,由于聚乙炔的电子亲和力很大,也可以从作为电子给体的碱金属接受电子而使电导率上升。

导电高分子已在能源存储、电磁屏蔽、军事隐身、信息传感、光电子器件、显示器件、仿生器件等领域发挥了巨大作用,未来则更加可期。

9.8　基因组计划与后基因组时代

基因是指 DNA 链上由若干核苷酸所组成的,包含着特殊遗传信息的片段;基因工程(genetic engineering)是对携带遗传信息的分子进行设计和加工的分子工程,包括基因重组、克隆和表达。基因工程的核心技术是 DNA 重组。

人类基因组计划(human genome project, HGP)是一项规模宏大,跨国跨学科的科学探索工程。其宗旨在于测定组成人类染色体(指单倍体)中所包含的 30 亿个碱基对组成的核苷酸序列,从而绘制人类基因组图谱,并辨识其载有的基因及其序列,达到破译人类遗传信息的最终目的。人类基因组计划由美国科学家于 1985 年率先提出,于 1990 年正式启动。美国、英国、法国、德国、中国和日本科学家共同参与了这一预算达30亿美元的浩大科学工程。经过10年的努力,于 2000 年 6 月人类基因组草图宣告完成。

人类基因组计划的顺利进展鼓舞了科学家们进一步规划后基因组时代(postgenome era)的研究任务,由此提出了功能基因组的研究方案。基因组学(genomics)的任务已不仅限于研究基因组的结构,还要研究基因组的功能,研究基因组表达的产物。

基因工程的发展不但改变了生物化学与分子生物学的面貌,而且给整个生物学带来了巨大影响,新的发现不断涌现,新的研究领域不断开拓,一个生物学的新纪元已经开始。基因工程首先在医药和化工等领域中崭露头角。其实,它的最大用武之地是在农业领域和医疗保健领域。基因工程产业化的范围十分宽广,这里仅就其主要方面加以说明。

(1)新药物　基因工程药物包括各类激素、酶、酶的激活剂和抑制剂、受体和配件、细胞因子和调节肽、抗原和抗体等。借助蛋白质工程不断改进蛋白质和多肽药物性能,并设计和制造出自然界不存在的新的蛋白质和多肽,其意义远比抗生素的发现和应用更为深远。一些恶性疾病,过去无药可治,现在有了特异的基因工程药物,将识别肽段、配基或抗体与蛋白质药物融合,可构成分子导向药物,它们能够选择性作用于靶部位,从而大大提高了疗效。基因工程正在改变,今后将更大程度改变化学治疗面貌和生产途径。

(2)新农业　转基因技术改变了传统的育种方法,通过导入优良基因而使作物获得新的性状。最早进行的基因工程育种是使作物获得各种抗性,抗病菌、抗虫害、抗除草剂、抗寒、抗涝、抗干旱及抗盐碱等。通过转基因可以控制作物的生长发育,缩短生长期,影响各器官的形成。新的育种方法增加了农产品的产量,还可改良农产品的品质,增加营养成分,并使农产品便于保存。

(3)新治疗　所谓基因治疗(gene therapy)是指向受体细胞中引入具有正常功能的基因,以纠正或补偿基因的缺陷,也可以利用引入基因以杀死体内的原体或恶性细胞。基因工程的兴起,使得基因治疗成为可能。一些目前尚无有效治疗手段的疾病,如遗传病、肿瘤、心脑血管疾病、老年痴呆症及艾滋病等,可望通过基因治疗来达到防治的目的。

新技术革命引起新的产业革命,促使世界产业迅速地朝向尖端技术化、知识密集化、高增殖价值化方向发生结构性的变化。领头产业正在更替。当今是信息经济时代,据估计,再过20~30 年,生物经济可能进入成熟阶段,并将取代目前的信息经济。到那时生物技术产业将会是领头的产业,生物技术会影响到经济结构、生活方式和社会的各个主要方面。

9.9　冠状病毒相关的重大疫情及其化学防疫与抗疫

病毒是一种个体微小(纳米量级),结构简单(由一个核酸长链和蛋白质外壳构成),必须在活细胞内寄生并以复制方式增殖的非细胞型生物。在病毒家族中,冠状病毒是一类可在动物与人类之间传播的 RNA 病毒。进入 21 世纪以来,在世界范围内已发生了三次严重的冠状病毒相关疫情,分别是"非典"(SARS)疫情、中东呼吸综合征(MERS)疫情,以及新型冠状病肺炎(COVID-19)疫情。而COVID-19则是前所未有的波及面广、感染人数多、死亡数量大、控制十分困难、损失极其惨重的一次疫情。目前,已造成全球数亿人感染、数百万人死亡,且尚有不少国家仍未得到有效控制。我国是新冠疫情管控得最好的国家,并且通过科学的预防措施、中西医结合的治疗方案及多种新型冠状病毒疫苗的接种,基本上能将感染患者的死亡率控制到最低。

化学是研究物质变化的科学,利用化学知识研发出来的一系列技术、方法和材料在抵御病毒引起的疾病流行中发挥着至关重要的作用。希望读者通过本讲座加深对化学防疫抗疫的了解,以便在面对病毒疫情时能够利用化学知识进行防控治疗;并能够积极参与相关知识和技术的普及推广,进而提高全社会战胜病毒的能力。

附　录

附录1　我国法定计量单位

我国法定计量单位主要包括下列单位。

（1）国际单位制（简称 SI）的基本单位

量的名称	单位名称	单位符号
长度	米	m
质量	千克（公斤）	kg
时间	秒	s
电流	安[培]	A
热力学温度	开[尔文]	K
物质的量	摩[尔]	mol
发光强度	坎[德拉]	cd

（2）国际单位制的辅助单位

量的名称	单位名称	单位符号
平面角	弧度	rad
立体角	球面度	sr

（3）国际单位制中具有专门名称的导出单位（摘录）

量的名称	单位名称	单位符号	其他表示式例
频率	赫[兹]	Hz	s^{-1}
力；重力	牛[顿]	N	$kg \cdot m/s^2$
压力；压强；应力	帕[斯卡]	Pa	N/m
能量；功；热	焦[耳]	J	$N \cdot m$
功率；辐射通量	瓦[特]	W	J/s

续表

量的名称	单位名称	单位符号	其他表示式例
电荷量	库[仑]	C	A·s
电势;电压;电动势	伏[特]	V	W/A
电容	法[拉]	F	C/V
电阻	欧[姆]	Ω	V/A
电导	西[门子]	S	A/V
磁通量	韦[伯]	Wb	V·s
磁通量密度,磁感应强度	特[斯拉]	T	Wb/m²
摄氏温度	摄氏度	℃	
光通量	流[明]	lm	cd·sr
光照度	勒[克斯]	lx	lm/m²
放射性活度	贝可[勒尔]	Bq	s⁻¹

（4）国家选定的非国际单位制单位（摘录）

量的名称	单位名称	单位符号	换算关系和说明
时间	分	min	1 min=60 s
	[小]时	h	1 h=60 min=3600 s
	天(日)	d	1 d=24 h=86400 s
平面角	[角]秒	(″)	$1''=(\pi/648000)rad$（π 为圆周率）
	[角]分	(′)	$1'=60''=(\pi/10800)rad$
	度	(°)	$1°=60'=(\pi/180)rad$
旋转速度	转每分	r/min	$1\ r/min=(1/60)s^{-1}$
质量	吨	t	$1\ t=10^3\ kg$
	原子质量单位	u	$1\ u\approx1.6605655\times10^{-27}\ kg$
体积	升	L,(l)	$1\ L=1\ dm^3=10^{-3}\ m^3$
能	电子伏	eV	$1\ eV\approx1.6021892\times10^{-19}\ J$

（5）用于构成十进倍数和分数单位的词头

所表示的因数	词头名称	词头符号
10^{24}	尧[它]	Y
10^{21}	泽[它]	Z

所表示的因数	词头名称	词头符号
10^{18}	艾[可萨]	E
10^{15}	拍[它]	P
10^{12}	太[拉]	T
10^{9}	吉[咖]	G
10^{6}	兆	M
10^{3}	千	k
10^{2}	百	h
10^{1}	十	da
10^{-1}	分	d
10^{-2}	厘	c
10^{-3}	毫	m
10^{-6}	微	μ
10^{-9}	纳[诺]	n
10^{-12}	皮[可]	p
10^{-15}	飞[母托]	f
10^{-18}	阿[托]	a
10^{-21}	仄[普托]	z
10^{-24}	幺[科托]	y

注：[]内的字,是在不致混淆的情况下,可以省略的字。

附录 2　基本物理常数

物理量的名称	符号	物理量的值
真空中光的速度	c	$2.9979 \times 10^{8}\,\mathrm{m \cdot s^{-1}}$
电子质量	m_e	$9.109 \times 10^{-31}\,\mathrm{kg}$
电子电荷	e	$1.602 \times 10^{-19}\,\mathrm{C}$
法拉第常数	F	$9.6485 \times 10^{4}\,\mathrm{C \cdot mol^{-1}}$
阿伏伽德罗常量	N_A	$6.022 \times 10^{23}\,\mathrm{mol^{-1}}$
摩尔气体常数	R	$8.3145\,\mathrm{J \cdot mol^{-1} \cdot K^{-1}}$
理想气体的摩尔体积	V_0	$2.241 \times 10^{-2}\,\mathrm{m^3 \cdot mol^{-1}}$

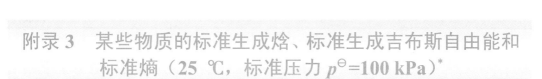

附录 3　某些物质的标准生成焓、标准生成吉布斯自由能和标准熵（25 ℃，标准压力 $p^{\ominus}$=100 kPa）*

物质	$\dfrac{\Delta_f H_m^{\ominus}}{kJ \cdot mol^{-1}}$	$\dfrac{\Delta_f G_m^{\ominus}}{kJ \cdot mol^{-1}}$	$\dfrac{S_m^{\ominus}}{J \cdot K^{-1} \cdot mol^{-1}}$
Ag(s)	0	0	42.55
AgCl(s)	-127.01 ± 0.05	-109.78	96.3
Ag_2O(s)	-31.1	-11.2	121.3
Al(s)	0	0	28.3
Al_2O_3(α,刚玉)	-1675.7	-1582.3	50.92
Br_2(l)	0	0	152.23
Br_2(g)	30.91	3.11	245.46
HBr(g)	-36.29 ± 0.16	-53.45	198.70
Ca(s)	0	0	41.6
CaC_2(s)	-62.8	-67.8	70.3
$CaCO_3$(方解石)	-1206.8	-1128.8	92.9
CaO(s)	-634.9	-603.3	38.1
$Ca(OH)_2$(s)	-985.2	-897.5	83.4
C(石墨)	0	0	5.740
C(金刚石)	1.897	2.900	2.38
CO(g)	-110.52	-137.17	197.67
CO_2(g)	-393.51	-394.36	213.8
CS_2(l)	89.70	64.6	151.3
CS_2(g)	116.6	62.12	237.4
CCl_4(l)	-135.4	-65.20	216.4
CCl_4(g)	-103	-60.60	309.8
HCN(l)	108.9	124.9	112.8
HCN(g)	135.1	124.7	201.8
Cl_2(g)	0	0	223.07
Cl(g)	121.67	105.68	165.20

物质	$\dfrac{\Delta_f H_m^{\ominus}}{kJ \cdot mol^{-1}}$	$\dfrac{\Delta_f G_m^{\ominus}}{kJ \cdot mol^{-1}}$	$\dfrac{S_m^{\ominus}}{J \cdot K^{-1} \cdot mol^{-1}}$
HCl(g)	−92.307	−95.299	186.91
Cu(s)	0	0	33.15
CuO(s)	−157.3	−129.7	42.63
Cu_2O(s)	−168.6	−146.0	93.14
F_2(g)	0	0	202.8
HF(g)	−273.3	−275.4	173.78
Fe(α)	0	0	27.3
$FeCl_2$(s)	−341.8	−302.3	118.0
$FeCl_3$(s)	−399.5	−334.1	142.3
FeO(s)	−272		
Fe_2O_3(赤铁矿)	−824.2	−742.2	87.40
Fe_3O_4(磁铁矿)	−1118.4	−1015.4	146.4
$FeSO_4$(s)	−928.4	−820.8	107.5
H_2(g)	0	0	130.68
H(g)	217.97	203.24	114.71
H_2O(l)	−285.83	−237.18	69.91
H_2O(g)	−241.82	−228.57	188.83
I_2(s)	0	0	116.14
I_2(g)	63.438	19.33	260.7
I(g)	106.84	70.267	180.79
HI(g)	26.5	1.7	206.59
Mg(s)	0	0	32.7
$MgCl_2$(g)	−641.3	−591.8	89.6
MgO(s)	−601.6	−569.3	27.0
$Mg(OH)_2$(s)	−924.66	−833.68	63.14
Na(s)	0	0	51.3
Na_2CO_3(s)	−1130.7	−1044.4	135.0
$NaHCO_3$(s)	−950.8	−851.0	101.7

续表

物质	$\dfrac{\Delta_f H_m^{\ominus}}{kJ \cdot mol^{-1}}$	$\dfrac{\Delta_f G_m^{\ominus}}{kJ \cdot mol^{-1}}$	$\dfrac{S_m^{\ominus}}{J \cdot K^{-1} \cdot mol^{-1}}$
NaCl(s)	−411.2	−384.1	72.1
NaNO₃(s)	−467.9	−367.0	116.5
Na₂O(s)	−414.2	−375.5	75.1
NaOH(s)	−425.6	−379.5	64.5
Na₂SO₄(s)	−1387.1	−1270.2	149.6
N₂(g)	0	0	191.6
NH₃(g)	−45.9	−16.4	192.8
N₂H₄(l)	50.63	149.3	121.2
NO(g)	90.25	86.57	210.76
NO₂(g)	33.2	51.32	240.1
N₂O(g)	82.05	104.2	219.8
N₂O₃(g)	83.72	139.4	312.3
N₂O₄(g)	9.16	97.89	304.3
N₂O₅(g)	11.3	115.1	355.7
HNO₃(g)	−135.1	−74.72	266.4
HNO₃(l)	−174.1	−80.7	155.6
HN₄HCO₃(s)	−849.4	−666.0	121
O₂(g)	0	0	205.14
O(g)	249.17	231.73	161.06
O₃(g)	142.7	163.2	238.9
P(α,白磷)	0	0	41.1
P(红磷,三斜)	−17.6	−12	22.8
P₄(g)	58.91	24.4	280.0
PCl₃(g)	−287.0	−267.8	311.8
PCl₅(g)	−375	−305	364.6
POCl₃(g)	−558.48	−512.93	325.4
H₃PO₄(s)	−1284.4	−1124.3	110.5
S(正交)	0	0	31.8

物质	$\dfrac{\Delta_f H_m^{\ominus}}{\text{kJ} \cdot \text{mol}^{-1}}$	$\dfrac{\Delta_f G_m^{\ominus}}{\text{kJ} \cdot \text{mol}^{-1}}$	$\dfrac{S_m^{\ominus}}{\text{J} \cdot \text{K}^{-1} \cdot \text{mol}^{-1}}$
$S(g)$	277.2	236.7	167.82
$S_8(g)$	102.3	49.63	430.98
$H_2S(g)$	−20.6	−33.4	205.8
$SO_2(g)$	−296.83	−300.19	248.2
$SO_3(g)$	−395.7	−371.1	256.8
$H_2SO_4(l)$	−813.989	−690.003	156.90
$Si(s)$	0	0	18.8
$SiCl_4(l)$	−687.0	−619.83	239.7
$SiCl_4(g)$	−675.01	−616.98	330.7
$SiH_4(g)$	34.3	56.9	204.6
$SiO_2(石英)$	−910.7	−856.3	41.6
$SiO_2(s,无定形)$	−903.49	−850.79	46.9
$Zn(s)$	0	0	41.6
$ZnCO_3(s)$	−812.8	−731.5	82.4
$ZnCl_2(s)$	−415.1	−369.40	111.5
$ZnO(s)$	−350.5	−320.5	43.7
$CH_4(g)$(甲烷)	−74.4	−50.3	186.3
$C_2H_6(g)$(乙烷)	−83.8	−31.9	229.6
$C_3H_8(g)$(丙烷)	−103.8	−23.4	270.0
$C_4H_{10}(g)$(正丁烷)	−124.7	−15.6	310.1
$C_2H_4(g)$(乙烯)	52.5	68.4	219.6
$C_3H_6(g)$(丙烯)	20.4	62.79	267.0
$C_4H_8(g)$(1−丁烯)	1.17	72.15	307.5
$C_2H_2(g)$(乙炔)	228.2	210.7	200.9
$C_6H_6(l)$(苯)	48.66	123.1	
$C_6H_6(g)$(苯)	82.93	129.8	269.3
$C_6H_5CH_3(g)$(甲苯)	50.00	122.4	319.8
$CH_3OH(l)$(甲醇)	−239.1	−166.6	126.8

续表

物质	$\dfrac{\Delta_f H_m^{\ominus}}{\text{kJ} \cdot \text{mol}^{-1}}$	$\dfrac{\Delta_f G_m^{\ominus}}{\text{kJ} \cdot \text{mol}^{-1}}$	$\dfrac{S_m^{\ominus}}{\text{J} \cdot \text{K}^{-1} \cdot \text{mol}^{-1}}$
CH₃OH(g)(甲醇)	−201.5	−162.6	239.8
C₂H₅OH(l)(乙醇)	−277.7	−174.8	160.7
C₂H₅OH(g)(乙醇)	−235.1	−168.5	282.7
HCHO(g)(甲醛)	−108.6	−102.5	218.8
CH₃CHO(l)(乙醛)	−191.8	−127.6	160.2
CH₃CHO(g)(乙醛)	−166.2	−132.8	263.7
(CH₃)₂CO(l)(丙酮)	−248.1	−155.6	199.8
(CH₃)₂CO(g)(丙酮)	−217.3	−152.6	297.6
HCOOH(l)(甲酸)	−424.72	−361.3	129.0
CH₃COOH(l)(乙酸)	−484.5	−389.9	159.8
CH₃COOH(g)(乙酸)	−432.2	−374.5	282.5
CH₃NH₂(l)(甲胺)	−47.3	35.7	150.2
CH₃NH₂(g)(甲胺)	−22.5	32.7	242.9
(NH₂)₂CO(s)(尿素)	−322.9	196.7	104.6

* 数据摘自 Lange's Handbook of Chemistry,11th ed.,并按 1cal=4.184 J 加以换算。标准压力 $p^{\ominus}$ 已由 101.325 kPa 换算至 100 kPa。

元 素 周 期 表

注:
1. 相对原子质量引自国际纯粹与应用化学联合会 (IUPAC) 相对原子质量表 (2018)，删节至五位有效数字，末尾数的准确度加注在其后括号内。
2. 稳定元素列有其在自然界存在的同位素的质量数；放射性元素、人造元素同位素质量数的选列参考自有关文献。

图例：
- 原子序数（加底线的是天然丰度最大的同位素，红色指放射性同位素）
- 同位素的质量数
- 元素符号（红色指放射性元素）
- 元素名称（标*的为人造元素）
- 价层电子构型
- 相对原子质量（加括号的是放射性元素半衰期最长的同位素的质量数）

示例：19 K 钾 39.098 — 39 40 41 — 4s¹

金属　稀有气体　非金属　过渡元素

周期 \ 族	1 IA	2 IIA	3 IIIB	4 IVB	5 VB	6 VIB	7 VIIB	8	9 VIII	10	11 IB	12 IIB	13 IIIA	14 IVA	15 VA	16 VIA	17 VIIA	18 0	电子层	18族电子数
1	1 H 氢 1.008 1s¹																	2 He 氦 4.0026 1s²	K	2
2	3 Li 锂 6.94 2s¹	4 Be 铍 9.0122 2s²											5 B 硼 10.81 2s²2p¹	6 C 碳 12.011 2s²2p²	7 N 氮 14.007 2s²2p³	8 O 氧 15.999 2s²2p⁴	9 F 氟 18.998 2s²2p⁵	10 Ne 氖 20.180 2s²2p⁶	L K	8 2
3	11 Na 钠 22.990 3s¹	12 Mg 镁 24.305 3s²											13 Al 铝 26.982 3s²3p¹	14 Si 硅 28.085 3s²3p²	15 P 磷 30.974 3s²3p³	16 S 硫 32.06 3s²3p⁴	17 Cl 氯 35.45 3s²3p⁵	18 Ar 氩 39.95 3s²3p⁶	M L K	8 8 2
4	19 K 钾 39.098 4s¹	20 Ca 钙 40.078(4) 4s²	21 Sc 钪 44.956 3d¹4s²	22 Ti 钛 47.867 3d²4s²	23 V 钒 50.942 3d³4s²	24 Cr 铬 51.996 3d⁵4s¹	25 Mn 锰 54.938 3d⁵4s²	26 Fe 铁 55.845(2) 3d⁶4s²	27 Co 钴 58.933 3d⁷4s²	28 Ni 镍 58.693 3d⁸4s²	29 Cu 铜 63.546(3) 3d¹⁰4s¹	30 Zn 锌 65.38(2) 3d¹⁰4s²	31 Ga 镓 69.723 4s²4p¹	32 Ge 锗 72.630(8) 4s²4p²	33 As 砷 74.922 4s²4p³	34 Se 硒 78.971(8) 4s²4p⁴	35 Br 溴 79.904 4s²4p⁵	36 Kr 氪 83.798(2) 4s²4p⁶	N M L K	8 18 8 2
5	37 Rb 铷 85.468 5s¹	38 Sr 锶 87.62 5s²	39 Y 钇 88.906 4d¹5s²	40 Zr 锆 91.224(2) 4d²5s²	41 Nb 铌 92.906 4d⁴5s¹	42 Mo 钼 95.95 4d⁵5s¹	43 Tc 锝 (98) 4d⁵5s²	44 Ru 钌 101.07(2) 4d⁷5s¹	45 Rh 铑 102.91 4d⁸5s¹	46 Pd 钯 106.42 4d¹⁰	47 Ag 银 107.87 4d¹⁰5s¹	48 Cd 镉 112.41 4d¹⁰5s²	49 In 铟 114.82 5s²5p¹	50 Sn 锡 118.71 5s²5p²	51 Sb 锑 121.76 5s²5p³	52 Te 碲 127.60(3) 5s²5p⁴	53 I 碘 126.90 5s²5p⁵	54 Xe 氙 131.29 5s²5p⁶	O N M L K	8 18 18 8 2
6	55 Cs 铯 132.91 6s¹	56 Ba 钡 137.33 6s²	57-71 La-Lu 镧系	72 Hf 铪 178.49(2) 5d²6s²	73 Ta 钽 180.95 5d³6s²	74 W 钨 183.84 5d⁴6s²	75 Re 铼 186.21 5d⁵6s²	76 Os 锇 190.23(3) 5d⁶6s²	77 Ir 铱 192.22 5d⁷6s²	78 Pt 铂 195.08 5d⁹6s¹	79 Au 金 196.97 5d¹⁰6s¹	80 Hg 汞 200.59 5d¹⁰6s²	81 Tl 铊 204.38 6s²6p¹	82 Pb 铅 207.2 6s²6p²	83 Bi 铋 208.98 6s²6p³	84 Po 钋 (209) 6s²6p⁴	85 At 砹 (210) 6s²6p⁵	86 Rn 氡 (222) 6s²6p⁶	P O N M L K	8 18 32 18 8 2
7	87 Fr 钫 (223) 7s¹	88 Ra 镭 (226) 7s²	89-103 Ac-Lr 锕系	104 Rf 铲* (267) 6d²7s²	105 Db 𬭊* (270) 6d³7s²	106 Sg 𬭳* (269) 6d⁴7s²	107 Bh 𬭶* (270) 6d⁵7s²	108 Hs 𬭛* (270) 6d⁶7s²	109 Mt 𬭶* (278) 6d⁷7s²	110 Ds 𫟼* (281) 6d⁸7s²	111 Rg 𬬭* (281) 6d¹⁰7s¹	112 Cn 鿔* (285) 6d¹⁰7s²	113 Nh 鿭* (286) 7s²7p¹	114 Fl 𫓧* (289) 7s²7p²	115 Mc 镆* (289)	116 Lv 𫟷* (293)	117 Ts 础* (293) 7s²7p⁵	118 Og 𬬤* (294)	Q P O N M L K	8 18 32 32 18 8 2

镧系

57 La 镧 138.91 5d¹6s²	58 Ce 铈 140.12 4f¹5d¹6s²	59 Pr 镨 140.91 4f³6s²	60 Nd 钕 144.24 4f⁴6s²	61 Pm 钷 (145) 4f⁵6s²	62 Sm 钐 150.36(2) 4f⁶6s²	63 Eu 铕 151.96 4f⁷6s²	64 Gd 钆 157.25(3) 4f⁷5d¹6s²	65 Tb 铽 158.93 4f⁹6s²	66 Dy 镝 162.50 4f¹⁰6s²	67 Ho 钬 164.93 4f¹¹6s²	68 Er 铒 167.26 4f¹²6s²	69 Tm 铥 168.93 4f¹³6s²	70 Yb 镱 173.05 4f¹⁴6s²	71 Lu 镥 174.97 4f¹⁴5d¹6s²

锕系

89 Ac 锕 (227) 6d¹7s²	90 Th 钍 232.04 6d²7s²	91 Pa 镤 231.04 5f²6d¹7s²	92 U 铀 238.03 5f³6d¹7s²	93 Np 镎 (237) 5f⁴6d¹7s²	94 Pu 钚 (244) 5f⁶7s²	95 Am 镅* (243) 5f⁷7s²	96 Cm 锔* (247) 5f⁷6d¹7s²	97 Bk 锫* (247) 5f⁹7s²	98 Cf 锎* (251) 5f¹⁰7s²	99 Es 锿* (252) 5f¹¹7s²	100 Fm 镄* (257) 5f¹²7s²	101 Md 钔* (258) 5f¹³7s²	102 No 锘* (259) 5f¹⁴7s²	103 Lr 铹* (262) 5f¹⁴6d¹7s²

扫码或访问网站，获取更多元素信息

2d.hep.com.cn/pte

高等教育出版社印制
(2022)